Vol. 2

공학도를 위한 응용수학

이승준 지음

GS인터비전

들어가기

이 책은 필자가 근무하는 충남대학교 선박해양공학과의 대학원 1학년 2학기 전공 선택 과목인 '응용수학특론 2'의 강의록을 보강, 정리하여 만들어졌다. 한 학기가 15주인 점을 감안하여 총 14장으로 편성하였으며,

15장부터 20장까지의 4부는 복소함수의 기초와 응용,

21장부터 22장까지의 5부는 상미분 방정식의 정성적 해석,

23장부터 28장까지의 3부는 편미분 방정식에 대해 다루었다.

2014년 '공학도를 위한 응용수학'이란 제목으로 이 책의 1권을 내보내고 항상 2권을 마무리하고자 하였으나 이제야 출간할 수 있게 되었다. 교재로 사용해 오던 Greenberg(1978)가 2권이 다루어야 하는 분야에 대해서는 조금 미흡하다고 항상 생각하고 있었으므로, 차제에 여러 부분을 보강하였다. 복소함수와 관련하여 등각 사상, 또 상미분 방정식의 정성적 해석과 관련하여 Duffing 및 Van der Pol 방정식, 그리고 편미분 방정식과 관련하여 1계 편미분 방정식, 특성곡선법 및 충격파, 버거스 방정식, 분산성 파동 등을 추가하여 대학원생을 포함한 공학도들이 항상 옆에 두고 쓸 수 있는 책으로 만들고자 하였다.

이제 정년을 6 개월 정도 앞두고 거의 마지막으로 교과서로 쓰일 수 있는 책을 탈고하였다. 대학원 학생들에게 유용한 응용수학 책이 있었으면 좋겠다고 생각하던 소망을 늦게나마 이루고 교단을 떠날 수 있게 되어 매우 다행스럽게 생각한다. 공학자들에게 응용수학은 어려운 과목이 아니고 대단히 편리한 과목으로 느껴져야 한다는 저자의 지론이 이 책을 사용하는 후학들에게 전해질 수 있다면 더 이상 바랄 것이 없을 것이다.

이 책을 쓰면서 다시 한 번 수학의 여러 분야와 관련된 기초에 대해 자료들을 찾아 볼 수 있었던 것을 매우 기쁘게 생각하며, 황종흘, 吳耀祖 선생님의 가르치심에 재삼 감사드린다. 처음 수학의 응용에 대해 눈을 뜨게 해 주신 은사님과 넓고도 넓은 수학의 응용 분야를 그렇게도 재미있게 보여 주신 선생님께 늦게나마 그 은혜에 고개 숙여 깊이깊이 감사드린다.

학문의 길로 인생의 방향타를 잡을 수 있게 해주신 부모님, 그 동안 묵묵히 내조에 힘써 준 인숙, 그리고 이제는 본인들의 전공에 매진하고 있는 정익과 현아에게 이 책을 바친다.

유성에서 2018년 8월 6일,

이승준

차 례

제4부
복소 함수

이승준(2014)<1>[1] 제1부에서는 실변수 함수의 해석과 관련된 기본적인 사항들에 대해 논의하였다. 잘 알려진 바와 같이 지금은 실수를 복소수의 일부로 생각하고 있지만, 이와 같은 관점은 대부분 19세기 후반에 이르러서야 성립되었다. 실변수 함수, 즉 실함수와는 상당히 다른 성질을 가지는 복소함수의 미분, 적분과 관련된 이론도 19세기에야 정립되었으며, 특히 라플라스 변환은 20세기에 이르러서야 복소함수를 사용한 그 역변환에 대한 연구와 더불어 오늘날의 위치를 가지게 되었다.

2차원 라플라스 방정식의 해를 구하는 문제와 관련하여 복소함수론은 해의 존재 및 유일성과 관련된 매우 기본적인 결과를 다수 제공하였으며, 또한 등각 사상은 기본적, 실제적인 두 관점에서 다양한 분야에 속한 물리 문제의 해결에 큰 도움을 주었다.

15장에서는 복소수의 기원으로 시작하여 그 기본적인 개념과 차후 수행될 작업을 위해 필요한 정의들을 소개한다. 16장에서는 복소함수의 미분에 대해 고찰하며, 특히 실함수의 미분과 다른 점에 유의하며 본문을 읽어주기 바라고, 복소함수의 몇 가지 대표적인 함수들을 일가함수로 만들기 위해 도입해야 하는 **분지**(branch)와 **절선**(cut)에 대해 설명한다.

17장에서는 복소함수의 적분에 대해 생각하는데, 정칙 함수의 성질과 관련된 기본적인 내용들이 적분과 관련하여 얻어지는 점에 유의하기 바란다. 18장에서는 복소함수의 급수 전개와 관련하여 테일러 급수와 로랑 급수를 소개하는데, 실함수의 테일러 급수에 대한 기본적인 정의들도 복소함수와 관련이 깊은 점에 주의하기 바라며, 실제 응용에서 빈번하게 다루게 될 고립 특이점의 특성에 대해서 논의한다.

19장에서는 실함수의 적분 계산에 사용되며, 복소함수와 관련된 이론 중 이용도가 가장 높은 유수 정리에 대해 논의하고, 라플라스 변환의 역변환 및 복소적분의 주치적분에 대해 생각한다. 20장에서는 2차원 라플라스 방정식의 해를 구하는데 있어 등각 사상의 응용에 대해 언급하기로 하며, 유체역학에서 많이 사용되는 주코우스키 변환과 Schwarz-Christoffel 변환에 대해 논의한다.

---

1) 단행본인 참고도서는 < > 안에, 논문 등의 참고문헌은 [ ] 안에 숫자를 써서 나타내기로 하며, 책의 끝부분에 정리하였다.

15장

복소수

자연수로부터 시작되어, 양의 유리수, 영과 음의 유리수, 그리고 무리수를 포함한 실수, 나아가 복소수로 확장되어온 수의 역사 속에서 복소수는 18세기부터 서서히 관심을 받아오다가, 19세기에 이르러서야 숫자체계로 인정되었다.

1절에서는 복소수의 기원에 대해 간단히 살펴보고, 2절에서는 복소수의 사칙 연산 및 오일러 공식, 복소켤레, 복소수의 크기와 편각 등, 기초적인 개념과 그 정의에 대해 논의한다. 여기서 논의할 오일러 공식의 특수한 경우로, **오일러 항등식**(Euler identity)이라고 불리는 식, $e^{i\pi}+1=0$은 여러 가지 측면에서 많은 수학자들의 감탄을 불러일으킨 식이었다. 수학적 기호를 대표하는 $+$와 $=$, 덧셈과 곱셈의 항등원인 0과 1, 그리고 π와 e라는 무리수, 또 i라는 허수를 포함하고 있는 이 식은 수학사 이천 년을 갈무리하고 있다고 해도 과언이 아니다. 실수를 거듭제곱하는 것은 멱함수로 나타내고 또 그와 같은 연산이 실제 무엇에 상응하는지 이해하기 어렵지 않지만, 실수인 무리수 e의 허수 승($i\pi$)이 무엇을 뜻하는지를 수의 연산으로 이해하는 것은 아마도 불가능할 것이며, **지수 함수**(exponential function)의 지수를 복소수로 확장한다는 개념을 가지지 않고서는 위의 식을 이해할 수 없을 것이다.

15.1 복소수의 기원

가우스(Gauss, 1831)[1]에 의해 명명된 **복소수**(complex number)는 3차 방정식의 해와 관련하여 16세기 중엽에 발견된 이래 상당 기간 동안 숫자로 인정받지 못하였다.

이하에서는 비록 일반적인 형태의 근이 3차 방정식의 근보다는 나중에 얻어졌지만, 그 형태가 훨씬 간단한 다음과 같은 2차 방정식에 대해 생각하기로 한다.

$$x^2+2bx+c=0. \tag{15.1}$$

여기서 b, c는 주어진 **실수**(real number)의 상수라고 하면 2차 방정식의 근의 공식에 따라 그 근 x_1, x_2는 다음과 같이 주어진다.

$$x_{1,2} = -b \pm \sqrt{b^2 - c}. \tag{15.2}$$

여기서 우변 제곱근 안의 양을 **판별식**(discriminant) D라고 부르는데, $D \geq 0$인 경우에는 식 (15.2)를 사용하여 식 (15.1)의 근을 구하는데 문제가 없지만, $D < 0$인 경우에는 2차 방정식의 근을 실수만 허용하는 경우, 식 (15.1)은 해를 가지지 않는다고 해야만 한다. 위의 논의는 실수 계수를 가지는 n차 방정식에 대해서도 비슷한 방식으로 적용될 수 있으며, n차 방정식의 해가 몇 개라고 단정하기 힘든 상황에 직면하게 된다.

반면에 만약 예를 들어 2차 방정식의 근을 복소수까지 포함하는 것으로 확장하고 **허수**(imaginary number) $\sqrt{-1} \equiv i$를 도입하기로 하면, 식 (15.1)의 근은 항상 두 개가 존재하며, 그들은 식 (15.2)에 의해 주어진다. 물론 $D < 0$인 경우에 대해서는 식 (15.2)는 다음과 같이 쓸 수 있고,

$$x_{1,2} = -b \pm i\sqrt{c - b^2}, \tag{15.3}$$

여기서 제곱근에 상당하는 부분은 근의 **허수부**(imaginary part)라고 부른다.

위의 논의를 n차 방정식으로 확장하면 복소수 계수를 가지는 n차 방정식은 항상 n 개의 근을 가진다고 할 수 있으며, 이에 대한 사항은 보통 **대수학의 근본 정리**(fundamental theorem of algebra)로 알려져 있고, Argand(1768-1822, France, 1814)[2]에 의해 최초로 완벽한 형태의 증명이 주어졌다.

한편, Argand(1806)[3]는 서로 수직한 두 축에 의해 이루어지는 평면, 즉 **Argand 평면**(Argand plane)[1] 상에서 수를 생각할 때, 실수 x에 수직인 방향으로 허수부 y를 나타내기로 하면 복소수는 Argand 평면 상의 한 점에 상응함을 지적하였다([그림 15.1] 참조).

1) 이와 같은 생각을 최초로 발표한 사람은 Wessel(1797, 1745-1818, Norway-Denmark)로 알려져 있으나, 그의 논문은 100 년이 지난 후에야 불어로 번역되어 세상에 알려졌다.

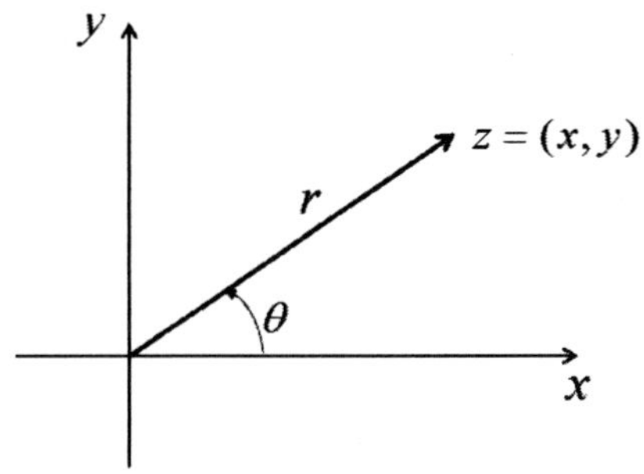

그림 15.1 Argand 평면

그는 또한 반경이 1인 **단위원**(unit circle) 상의 두 복소수를 곱하는 것은 두 복소수와 실수 축 사이의 각도를 더하는 것에 상응함과, 또 복소수는 원점으로부터 생각하는 복소수에 상응하는 점까지를 이어서 얻는 직선에 대해 그 길이 r과 실수 축으로부터의 각도 θ로 나타낼 수 있다는 점을 지적하였다. Argand의 이와 같은 생각은 **코쉬**(Cauchy)에 의해 받아들여져 차후 복소함수론을 발전시키는데 결정적인 역할을 하였고, 또 복소수와 2차원 평면 상의 벡터를 관련짓는 관점을 제공하였다.

[그림 15.1]에서 **직각 좌표**(Cartesian coordinates) (x, y)와 **극 좌표**(polar coordinates) (r, θ)의 관계를 이용하여 다음 관계가 성립함을 알 수 있다.

$$(x, y) = r(\cos\theta, \sin\theta), \tag{15.4}$$

$$r = \sqrt{x^2 + y^2}, \tag{15.5}$$

$$\theta = \begin{cases} \cos^{-1}\dfrac{x}{\sqrt{x^2+y^2}}, & y \geq 0, \\ -\cos^{-1}\dfrac{x}{\sqrt{x^2+y^2}}, & y < 0. \end{cases} \tag{15.6}$$

단 위의 마지막 식에서 $r = \sqrt{x^2 + y^2} = 0$인 경우는 제외되며, 이 때 θ는 정의되지 않는다. $\theta = \tan^{-1}\dfrac{y}{x}$를 사용하는 경우도 있으나, 이 경우에는 $x = 0$과 관련하여 여러 가지 경우를 나누어 생각해야 하므로, 위와 같이 $\cos^{-1}$ 함수를 사용하여 정의하는 것이 편리한 것으로 보인다.

15.2 기본적인 개념과 정의

복소수를 **숫자 체계**(number system)로 생각하기 위해서는 복소수들 사이의 4칙 연산, 즉 **덧셈**(addition), **뺄셈**(subtraction), **곱셈**(multiplication), **나눗셈**(division)에 대해 정해진 규칙이 있어야 한다. 임의의 복소수 z가 두 실수 x, y를 사용하여 다음과 같이 주어졌다고 할 때,

$$z = x + iy, \tag{15.7}$$

실수부(real part) $x = Re z$, 허수부 $y = Im z$라고 각각 나타낸다.

두 복소수 z_1, z_2가 다음과 같이 주어질 때,

$$z_1 = x_1 + iy_1,\ z_2 = x_2 + iy_2, \tag{15.8}$$

그들의 덧셈, 뺄셈은 다음과 같이 정의할 수 있고,

$$z_1 \pm z_2 \equiv (x_1 \pm x_2) + i(y_1 \pm y_2), \tag{15.9}$$

그 결과는 각각 **합**(sum), **차**(difference)로 부르기로 한다. 실수의 덧셈에 대해 성립하는 **교환성**(commutativity), **결합성**(associativity), **분배성**(distributivity) 등이 복소수에 대해서도 모두 만족되는 것을 보일 수 있으며, 또한 임의의 두 복소수가 같다면 그 실수부와 허수부가 각각 같아야 함을 얻을 수 있다([연습문제 1] 참조). 위의 연산에 따르면 두 복소수의 합 또는 차는 평행 사변형 법칙을 사용하여 얻을 수 있는 상응하는 2차원 벡터의 합 또는 차와 같은 결과를 주는 것을 알 수 있다.

한편 두 복소수 z_1, z_2의 곱셈은 다음과 같이 정의할 수 있으며,

$$z_1 z_2 \equiv (x_1 x_2 - y_1 y_2) + i(x_1 y_2 + x_2 y_1), \tag{15.10}$$

그 결과는 **곱**(product)으로 부르기로 한다.

이를 이용하여 두 복소수 z_1, z_2의 나눗셈도 정의할 수 있는데, 그 결과를 **몫**(quotient) z_3라고 할 때, 만약 $z_1 = z_2 z_3$의 관계가 성립한다고 하면 다음과 같이 정의하기로 한다.

$$z_3 \equiv \frac{z_1}{z_2}. \tag{15.11}$$

단 여기서 $z_2 \neq 0$이어야 한다.

$z_3 = x_3 + iy_3$라고 하면 위의 관계로부터 다음을 얻으며,

$$z_2 z_3 = (x_2 x_3 - y_2 y_3) + i(x_2 y_3 + x_3 y_2) = x_1 + iy_1, \tag{15.12}$$

위 식이 성립하기 위해서는 실수부와 허수부가 각각 같아야 하므로 다음을 얻고,

$$x_2 x_3 - y_2 y_3 = x_1, \tag{15.13}$$

$$y_2 x_3 + x_2 y_3 = y_1, \tag{15.14}$$

이 두 식에 Cramer **해법**(Cramer rule)을 적용하여 x_3, y_3를 각각 다음과 같이 얻는다.

$$x_3 = \frac{(x_1 x_2 + y_1 y_2)}{\Delta}, \; y_3 = \frac{(x_2 y_1 - x_1 y_2)}{\Delta}, \; \Delta = x_2^2 + y_2^2. \tag{15.15}$$

따라서 z_3은 다음과 같이 정의된다.

$$z_3 \equiv \frac{z_1}{z_2} \equiv \frac{(x_1 x_2 + y_1 y_2) + i(x_2 y_1 - x_1 y_2)}{\Delta} \tag{15.16}$$

물론 여기서 $z_2 \neq 0$이므로 $\Delta \neq 0$도 성립한다.

위에서 보인 연산을 수행하는 데는 코쉬(1821)에 의해 명명된 **복소켤레**(complex conjugate)를 정의하여 사용하는 것이 편리한데, 주어진 복소수 $z = x + iy$에 대해 그 복소켤레 $\bar{z}$는 다음과 같이 정의한다.

$$\bar{z} = x - iy. \tag{15.17}$$

기하학적으로 생각하면 $\bar{z}$는 z의 실수 축에 대한 **경상**(mirror image) 또는 **반사**(reflection)임에 유의한다.

식 (15.3)에 따르면 식 (15.1)로 주어지는 2차 방정식의 근은 $x_1 = \zeta$라고 하면, $x_2 = \bar{\zeta}$를 얻으므로, 복소수인 근은 항상 서로 켤레인 두 복소수로 얻어짐을 알 수 있다.

먼저 z와 $\bar{z}$의 합을 생각하면 식 (15.9)로부터 다음을 얻는데,

$$z+\bar{z}=2x=2Re z,\ z-\bar{z}=2iy=2iIm z, \tag{15.18}$$

이 식에 따르면 임의의 복소수와 그 복소켤레의 합은 실수이며, 또 그 차는 허수이다.

또 z와 $\bar{z}$의 곱을 생각하면 식 (15.10)으로부터 다음을 얻는데,

$$z\bar{z}=x^2+y^2, \tag{15.19}$$

이 식에 따르면 임의의 복소수와 그 복소켤레의 곱은 실수이며, 또 식 (15.5)로부터 다음을 얻는다.

$$z\bar{z}=r^2. \tag{15.20}$$

다시 말하면 $z\bar{z}$는 복소수 z에 상응하는 2차원 벡터의 길이 r의 제곱과 같다. 이하에서는 이 벡터의 길이 r을 복소수 z의 **크기**(modulus)라고 부르기로 하고 다음과 같이 나타내기로 한다.

$$r\equiv \mathrm{mod}z\equiv|z|=\sqrt{z\bar{z}}. \tag{15.21}$$

$\bar{z}$를 사용하면 주어진 복소수의 역수 z^{-1}를 쉽게 얻을 수 있는데, $z^{-1}\equiv\dfrac{1}{z}$임을 이용하면 다음을 얻는다.

$$z^{-1}=\frac{\bar{z}}{z\bar{z}}=\frac{x}{r^2}-i\frac{y}{r^2}. \tag{15.22}$$

식 (15.20)을 이용하고 $|z_2|=r_2$라고 하면 다음 결과를 쉽게 얻으며,

$$\frac{z_1}{z_2}=\frac{z_1\overline{z_2}}{z_2\overline{z_2}}=\frac{z_1\overline{z_2}}{r_2^2}, \tag{15.23}$$

이 식의 우변은 식 (15.16)의 우변과 같음을 확인할 수 있다.

한편 [그림 15.1]에 보였고 식 (15.6)으로 정의된 각도 θ를 주어진 복소수 z의 **편각**(argument)이라고 하고 다음과 같이 나타내기로 하며,

$$\theta \equiv \arg z, \tag{15.24}$$

또 극 좌표 (r, θ)를 사용하여 임의의 복소수 z를 나타내면 식 (15.4)를 사용하여 다음과 같이 쓸 수 있다.

$$z = x + iy = r(\cos\theta + i\sin\theta). \tag{15.25}$$

오일러(Euler, 1748)[4]는 다음과 같이 실변수에 대해 정의된 **삼각 함수**(trigonometric functions)와 **지수 함수**(exponential function)의 $x=0$에 대한 **테일러 급수**(Taylor series)를 고려하였는데,

$$\cos x = 1 - \frac{x^2}{2} + \frac{x^4}{4!} - \cdots, \tag{15.26}$$

$$\sin x = x - \frac{x^3}{3!} + \frac{x^5}{5!} - \cdots, \tag{15.27}$$

$$e^x = 1 + x + \frac{x^2}{2} + \frac{x^3}{3!} + \frac{x^4}{4!} + \frac{x^5}{5!} + \cdots, \tag{15.28}$$

만약 마지막 식에 x 대신 ix를 대입하면 다음을 얻음에 착안하여,

$$\begin{aligned} e^{ix} &= 1 + ix + \frac{(ix)^2}{2} + \frac{(ix)^3}{3!} + \frac{(ix)^4}{4!} + \frac{(ix)^5}{5!} + \cdots \\ &= 1 + \frac{(ix)^2}{2} + \frac{(ix)^4}{4!} + \cdots + ix + \frac{(ix)^3}{3!} + \frac{(ix)^5}{5!} + \cdots \\ &= \left(1 - \frac{x^2}{2} + \frac{x^4}{4!} + \cdots\right) + i\left(x - \frac{x^3}{3!} + \frac{x^5}{5!} + \cdots\right) = \cos x + i\sin x, \end{aligned} \tag{15.29}$$

저 유명한 **오일러 공식**(Euler formula)을 얻었다.

$$e^{i\theta} = \cos\theta + i\sin\theta. \tag{15.30}$$

물론 그는 아직 지수 함수의 지수를 복소수로 확장하는 함수를 생각하거나, 실변수를 복소변수로 대체하는 일반적인 의미의 복소함수를 고려한 것은 아니었고 위의 관계는 순전히 대수적으로 성립하는 식으로 보았다.

여기서도 오일러 공식을 순전히 대수적으로 성립하는 식으로 간주하면, 식 (15.25)를 다음과 같이 다시 쓸 수 있고,

$$z = x + iy = re^{i\theta}, \tag{15.31}$$

또한 오일러 공식으로부터 $\mathrm{mod}\, e^{i\theta} = \cos^2\theta + \sin^2\theta = 1$을 얻으며, 이 결과는 식 (15.21)의 $r \equiv \mathrm{mod} z$와도 일관됨을 알 수 있다. 식 (15.31)의 우변은 복소수의 **극형식**(polar form)이라고 부르는데, 그 크기 r, 편각 θ와 복소수 z의 관계가 매우 간명하게 나타나 있다.

복소수에 대해 극형식을 사용하면 복소켤레 $\bar{z}$는 그 편각이 $-\theta$이므로 다음을 얻으며,

$$\bar{z} = re^{-i\theta}, \tag{15.32}$$

또 두 복소수의 곱셈과 나눗셈을 보다 쉽게 나타낼 수 있다. 두 복소수 z_1, z_2를 다음과 같이 극형식을 사용하여 나타내면,

$$z_1 = r_1 e^{i\theta_1}, \; z_2 = r_2 e^{i\theta_2}, \tag{15.33}$$

그 곱은 다음과 같이 얻을 수 있다.

$$z_1 z_2 = r_1 r_2 e^{i\theta_1} e^{i\theta_2}. \tag{15.34}$$

여기서 우변의 $e^{i\theta_1} e^{i\theta_2}$을 $e^{i(\theta_1 + \theta_2)}$로 쓰고 싶지만, 아직 지수 함수의 지수가 허수인 함수를 정의하지 않았으므로 이와 같은 연산은 허용되지 않음에 유의한다.

단 Argand에 의해 지적된 바와 같이 단위원 상의 두 복소수를 곱하는 것은 두 복소수와 실수 축 사이의 각도를 더하는 것에 상응한다는 점을 사용하기로 하면 $e^{i\theta_1}$과 $e^{i\theta_2}$는 명백히 단위원 상의 두 복소수이므로, $e^{i\theta_1} e^{i\theta_2}$를 $e^{i(\theta_1 + \theta_2)}$로 쓸 수 있으며, 결국 다음을 얻는다.

$$z_1 z_2 = r_1 r_2 e^{i(\theta_1 + \theta_2)}, \; |z_1 z_2| = r_1 r_2, \; \arg(z_1 z_2) = \arg z_1 + \arg z_2. \tag{15.35}$$

이 식에 따르면 두 복소수의 곱은 그 크기는 두 복소수의 크기를 곱한 양과 같고, 그 편각은 두 복소수의 편각의 합과 같은 복소수임을 알 수 있으며, 이와 같은 기하학적인 관계를 식 (15.10)으로 주어진 정의로부터 알아내기 쉽지 않음과, 아직 지수가 복소수인 지수 함수를 정의하지 않았음에도 불구하고 $e^{i\theta_1}e^{i\theta_2}=e^{i(\theta_1+\theta_2)}$의 관계를 Argand의 논의를 이용하여 사용했음에 다시 한 번 유의한다.

극형식을 이용하여 복소수의 역수 z^{-1}을 나타내면 식 (15.22)로부터 다음을 얻으며,

$$z^{-1}=\frac{\bar{z}}{z\bar{z}}=\frac{e^{-i\theta}}{r}, \tag{15.36}$$

또 이 식에 $r=1$을 대입하여 $\left(e^{i\theta}\right)^{-1}=e^{-i\theta}$임을 얻는다. 따라서 복소수 z_1을 z_2로 나눈 몫은 식 (15.35)의 곱셈에 대한 결과와 $\left(e^{i\theta}\right)^{-1}=e^{-i\theta}$를 사용하여 다음과 같이 얻는다.

$$\frac{z_1}{z_2}=\frac{r_1}{r_2}e^{i(\theta_1-\theta_2)}, \quad \left|\frac{z_1}{z_2}\right|=\frac{r_1}{r_2}, \ \arg\left(\frac{z_1}{z_2}\right)=\arg z_1-\arg z_2. \tag{15.37}$$

이 식에 따르면 z_1을 z_2로 나눈 몫은 그 크기는 두 복소수의 크기의 비 $\dfrac{r_1}{r_2}$과 같고, 그 편각은 두 복소수의 편각의 차 $\theta_1-\theta_2$와 같은 복소수임을 알 수 있으며, 이와 같은 기하학적인 관계를 식 (15.16)으로 주어진 정의로부터 알아내기는 어렵다.

한편 $\sqrt{-1}\equiv i$는 그 실수부가 0이고 허수부가 1인 복소수이기도 하므로, 극형식으로 나타내면 다음 식을 얻으며,

$$i=e^{i\pi/2}, \tag{15.38}$$

따라서 다음을 얻고,

$$i^2=e^{i\pi}=-1,\ i^3=e^{i3\pi/2}=-i,\ i^4=e^{i2\pi}=1,\ \cdots, \tag{15.39}$$

보다 일반적으로는 다음 결과를 얻는다.

$$i^n=e^{in\pi/2},\ n=0,1,2,\ \cdots. \tag{15.40}$$

복소켤레에 대한 결과인 식 (15.18)로부터 다음을 얻는데,

$$x = \frac{z + \bar{z}}{2}\,,\; y = \frac{z - \bar{z}}{2i}\,, \tag{15.41}$$

이를 이용하면 두 실변수 x, y의 임의의 함수 $f(x,y)$는 항상 다음과 같이 쓸 수 있으므로,

$$f(x,y) = f\left(\frac{z + \bar{z}}{2}, \frac{z - \bar{z}}{2i}\right) = F(z, \bar{z}), \tag{15.42}$$

따라서 x, y 대신에 z, $\bar{z}$를 독립 변수로 사용할 수 있다. 또한 만약 독립 변수가 단위원 상의 점으로 한정되어 있으면, $|z| = r = 1$이므로 다음 결과를 얻으며,

$$f(x, y) = f(\cos\theta, \sin\theta) = F(\theta). \tag{15.43}$$

이때에는 θ가 단독의 독립 변수가 된다.

▶ **예제 15.1) $z^3 = 1$을 만족하는 z를 구하시오.**

✎ 답) z를 극형식으로 나타내고 이를 주어진 식에 대입하면 다음을 얻고,

$$r^3 e^{i3\theta} = 1 = e^{i2n\pi}, \ \therefore r = 1, \ 3\theta = 2n\pi, \ n = 0, 1, 2, \tag{예15.1}$$

따라서 얻고자 하는 z는 단위원 상의 점이며, 그 편각은 다음 식으로 주어지므로,

$$\theta = \frac{2n}{3}\pi, \ n = 0, 1, 2, \tag{예15.2}$$

$z = 1, e^{i2\pi/3}, e^{i4\pi/3}$을 얻는다. 주어진 식은 $z^3 - 1 = 0$인 3차 방정식으로 볼 수 있고, 따라서 세 개의 복소근을 기대할 수 있는데, 하나의 실근 $z = 1$과 두 개의 복소근 $z = e^{i2\pi/3}, e^{i4\pi/3}$을 얻었으며, 이들을 이용하면 위의 3차 방정식은 다음과 같이 쓸 수 있는데,

$$z^3 - 1 = (z-1)\left(z - e^{i2\pi/3}\right)\left(z - e^{i4\pi/3}\right), \tag{예15.3}$$

여기서 $e^{i4\pi/3} = e^{-i2\pi/3}$임을 고려하면 두 개의 복소근은 서로 복소켤레임을 확인할 수 있다.

▶ **예제 15.2) $f(x,y) = x^2 + y^2$을 z, $\bar{z}$의 함수로 나타내시오.**

✎ 답) 식 (15.42)를 이용하면 다음을 얻고,

$$f(x,y) = \frac{\left(z+\bar{z}\right)^2}{4} - \frac{\left(z-\bar{z}\right)^2}{4} = \frac{2z\bar{z} - \left(2z\bar{z}\right)}{4} = z\bar{z} = F\left(z, \bar{z}\right), \tag{예15.4}$$

따라서 식 (15.21)로부터 $F\left(z, \bar{z}\right) = |z|^2$ 을 얻는다.

연습문제

1. 식 (15.9)와 관련하여 실수의 덧셈에 대해 성립하는 교환성, 결합성, 분배성 등이 복소수의 덧셈에 대해서도 모두 만족되는 것을 보이고, 또한 임의의 두 복소수가 같다면 그 실수부와 허수부가 각각 같아야 함을 보이시오.

2. 13.2절에서 보인 바와 같이 미지 함수 $y(x)$에 대해 상수 계수를 가지는 제차인 2계 선형 상미분 방정식이 다음과 같이 주어질 경우,

$$y'' + 2by' + cy = 0, \qquad \text{(연15.1)}$$

그 해를 구하기 위해 $y = e^{\lambda x}$를 가정하고, 이를 위의 식에 대입하여 λ에 대한 2차 방정식을 다음과 같이 얻는다.

$$\lambda^2 + 2b\lambda + c = 0. \qquad \text{(연15.2)}$$

만약 이 2차 방정식의 근이 복소수일 경우, 다시 말하면, $b^2 - c < 0$일 경우, 오일러 공식이 알려지지 않았다면, 어떤 결론을 얻을 것인지에 대해 논하시오.

3. 오일러 공식을 사용하여 다음 결과를 증명하시오.

$$(\cos\theta + i\sin\theta)^n = \cos n\theta + i\sin n\theta, \ n = 0, 1, 2, \cdots. \qquad \text{(연15.3)}$$

위 결과는 **de Moivre 공식**(de Moivre formula)으로 알려져 있다.

4. 다음을 증명하시오.

1) $\overline{z_1 z_2 z_3} = \overline{z_1}\,\overline{z_2}\,\overline{z_3}$, 2) $\overline{(z^4)} = (\overline{z})^4$,

3) $\overline{\left(\dfrac{z_1}{z_2 z_3}\right)} = \dfrac{\overline{z_1}}{\overline{z_2 z_3}}$, 4) $\left|\dfrac{z_1}{z_2 z_3}\right| = \dfrac{|z_1|}{|z_2||z_3|}$, 단 $z_2 z_3 \neq 0$이다.

5. 2.1절의 [정의 2.3]과 7장의 [연습문제 2]에서 다루었던 **거리**(distance)와 관련하여 **삼각형 부등식**(triangle inequality)에 대해 논의한 바 있다. 복소수와 관련하여서도 삼각형 부등식을 생각할 수 있으며, 임의의 두 복소수 z_1, z_2에 대해 다음과 같이 나타낼 수 있다.

$$|z_1 + z_2| \leq |z_1| + |z_2|. \tag{연15.4}$$

다음 식을 먼저 얻고, 다음 식으로부터 위 식을 증명하시오.

$$|z_1 + z_2|^2 \leq (|z_1| + |z_2|)^2. \tag{연15.5}$$

6. 다음 항등식을 증명하시오.

$$1 + z + z^2 + \cdots + z^n = \frac{1 - z^{n+1}}{1 - z}, \quad z \neq 1. \tag{연15.6}$$

위의 관계를 이용하여 **라그랑쥐의 삼각 함수 항등식**(Lagrange trigonometric identity)이라고 불리는 다음 관계를 증명하시오.

$$1 + \cos\theta + \cos 2\theta + \cdots + \cos n\theta = \frac{1}{2} + \frac{\sin[n + (1/2)]\theta}{2\sin(\theta/2)}. \tag{연15.7}$$

16장

복소함수와 미분

복소변수의 복소함수는 코쉬(Cauchy, 1829)[5]에 의해 최초로 정의되었으며, 관련 이론의 상당 부분이 코쉬에 의해 최초로 만들어졌다. 실변수의 실함수와는 다른 성격을 많이 가지고 있으므로, 그 기본적인 개념에 대해 확실한 이해가 요구된다.

1절에서는 복소함수의 성질과 관련된 기본적인 개념, 즉 사상과 일대일 대응 등의 개념에 대해 생각하며, 2절에서는 복소함수의 미분을 정의하고, 미분이 가능하기 위한 필요충분 조건에 대해 고찰한다. 3절에서는 지수 함수, 삼각 함수, 쌍곡선 함수 등의 기본적인 함수들에 대해 논의하며, 4절에서는 대수 함수 및 분수를 승수로 하는 멱함수 등의 일가성과 관련하여 분지 및 절선에 대해 배운다.

16.1 기본적인 개념

복소변수 $z = x + iy$를 독립 변수로 하는 **복소변수 함수**(function of a complex variable), 또는 줄여서 **복소함수** $f(z)$는 일반적으로 실수부와 허수부를 분리하여 다음과 같이 쓸 수 있다.

$$f(z) = u(x, y) + i\,v(x, y). \tag{16.1}$$

여기서 $u(x,y)$, $v(x,y)$는 각각 $f(z)$의 실수부와 허수부를 나타내며 실수 값을 가지는 함수들이다. 실수 x를 독립 변수로 하는 **실수함수**(real-valued function, 이하에서는 줄여서 **실함수**라고 부르기로 한다) $F(x)$는 x의 값이 주어지면 $F(x)$의 값이 결정되는 반면, 복소변수 z를 독립 변수로 하는 복소함수 $f(z)$는 x, y의 값이 주어지면 $u(x,y)$, $v(x,y)$의 값이 결정되므로, [그림 16.1]에 보인 바와 같이 $f(z)$는 z평면에서의 **정의역**(domain) D에 속한 점들을 f평면의 어떤 영역, 즉 **치역**(range) R에 속하는 점들로 보내는, 다시 말하면 일종의 **사상**(mapping)으로 간주할 수 있다.

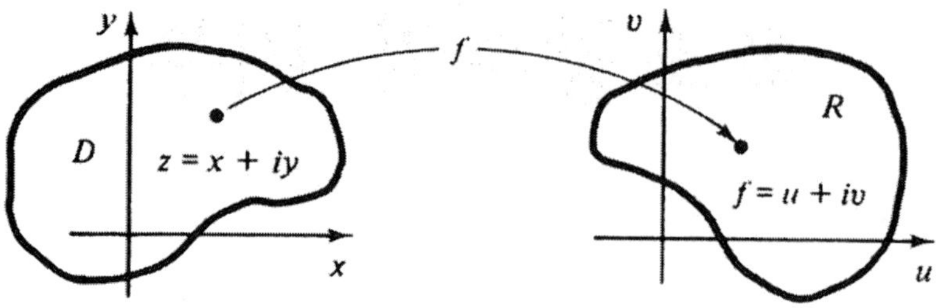

그림 16.1 사상으로서의 복소함수 $f(z)$

▶ **예제 16.1) $f(z)=z^2$일 때, 이 복소함수의 실수부 $u(x,y)$와 허수부 $v(x,y)$를 구하시오.**

✎ 답) $z=x+iy$를 주어진 식에 대입한 뒤, 식 (15.10)을 사용하여 $u(x,y)$, $v(x,y)$를 각각 다음과 같이 얻는다.

$$f(z)=(x+iy)^2=\left(x^2-y^2\right)+i2xy,$$
$$\therefore u(x,y)=x^2-y^2,\ v(x,y)=2xy. \qquad \text{(예16.1)}$$

위의 예제에서 고려한 $f(z)$가 어떤 종류의 사상인지 알아보기 위해 먼저 임의의 양의 실수 c에 대해 $y=c$를 만족하는 직선 상의 점들에 대해 생각하면, 상반 평면을 정의역 D로 취하여, 식 (예16.1)로부터 다음을 얻으므로,

$$u(x,y)=x^2-c^2,\ v(x,y)=2cx, \qquad (16.2)$$

이 두 식으로부터 x를 소거하여 다음과 같은 u, v 사이의 관계를 얻는다.

$$u=\left(\frac{v}{2c}\right)^2-c^2. \qquad (16.3)$$

이 식에 따르면 u는 v의 2차 다항식으로 주어지므로, z평면의 $y=c$에 상응하는 f평면의 곡선은 포물선이 되며, 이를 [그림 16.2]에 보였다.

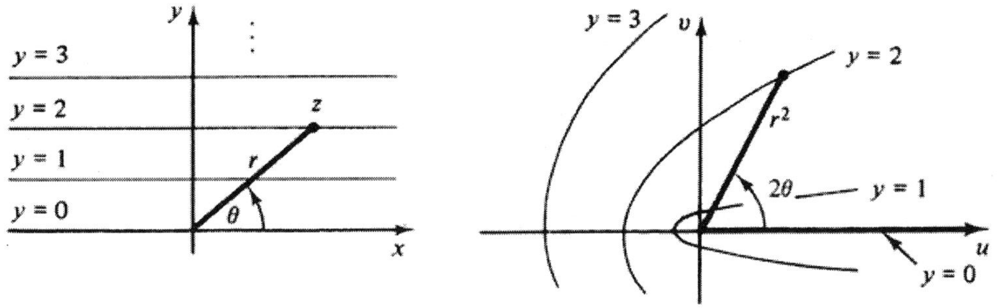

그림 16.2 $f(z)=z^2$

[그림 16.2]로부터 치역 R은 f평면에서 양의 u축($c=0$에 상응)을 제외한 전체 평면임을 알 수 있으며, 또한 $f(z)$에 의해 D와 R에 속한 점들은 **일대일 대응**(one-to-one correspondence) 관계에 있음을 확인할 수 있다. 한편, D가 $y<0$인 하반 무한 영역인 경우에도, $f(z)$는 D를 R로 보내는 사상이며, 또 일대일 대응 관계가 성립한다. 하지만 D를 전체 z평면이라고 하면 이에 상응하는 치역 R은 전체 f평면이 되며, 이때 $f(z)$는 **일가함수**(single-valued function)이지만 일대일 대응 관계는 더 이상 성립하지 않는다. 이상으로 매우 간단한 함수를 예로 들어 동일한 함수에 대해서도 그 정의역이 달라지면 함수의 성질이 바뀌는 것을 보았으며, 실함수의 경우에도 함수의 정의역이 중요한 의미를 가지지만, 복소함수의 경우에는 보다 다양한 견지에서 정의역이 중요한 의미를 가지는 것을 보게 될 것임을 지적해 둔다.

이하에서는 먼저 1장에서 실함수의 해석을 위해 도입했던 대수적인 정의 또는 개념, 즉 극한값, 연속성을 복소함수에 대해 사용할 수 있도록 확장하기로 한다.

먼저 실변수의 **구간**(interval)에 대한 개념은 복소변수의 경우 2.1절의 [정의 2.5]에서 도입한 **근방**(neighborhood)의 개념으로 확장, 대체할 수 있다. Argand 평면 또는 복소평면에서 근방은 주어진 양의 실수 ε, 복소수 z_0에 대해 $|z-z_0|<\varepsilon$를 만족하는, 즉 중심이 z_0이고 반경이 ε인 원 안에 속하는 모든 복소수 z로 정의되며, 이를 z_0의 ε 근방이라고 부른다.

복소함수 $f(z)$의 $z=z_0$에서의 **극한값**(limit)은, 아무리 작다고 하더라도 주어진 각각의 양의 실수 ε에 대해 z가 z_0의 δ 근방에 속하면 $f(z)$가 항상 복소수 C의 ε 근방에 속하도록 하는 δ가 존재할 때([그림 16.3] 참조), C는 $z=z_0$에서 $f(z)$의 극한값이라고 정의하며 다음과 같이 $\lim$을 이용하여 나타낸다.

$$\lim_{z \to z_0} f(z) = C. \tag{16.4}$$

여기서 δ는 일반적으로 ε과 z_0의 함수이다.

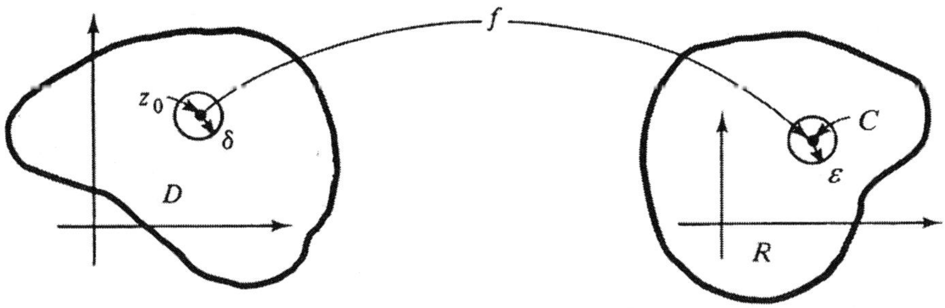

그림 16.3 극한값

1.1절의 극한값에 대한 [정의 1.1]에서 생각했던 바와 같이 실변수 x가 실수 x_0에 접근하는 방법은 x_0보다 작은 쪽과 큰 쪽으로부터 접근하는 두 가지 방법밖에 없지만, 복소변수의 경우에는 z가 z_0에 접근하는 방법이 무수히 많다. 따라서 z가 z_0에 접근하는 무수히 많은 방법에 상관없이 $f(z)$가 항상 같은 복소수 값 C를 가질 경우에만 식 (16.4)가 성립함에 유의한다. 나아가 $f(z_0)=C$이면 f는 $z=z_0$에서 **연속**(continuous)이라고 한다.

16.2 복소함수의 미분

두 개의 실변수 x, y를 독립 변수로 가지는 실함수 $u(x,y)$의 변화율과 관련하여 **연쇄율**(chain rule)에 대해 먼저 생각하기로 한다. 만약 $x=x(t)$, $y=y(t)$로 주어지는 곡선 C 상의 한 점에서의 $u(x,y)$의 변화율을 고려한다고 하면 다음을 얻는데,

$$\begin{aligned}\frac{du}{dt} &= \lim_{\Delta t\to 0}\frac{u(x+\Delta x, y+\Delta y)-u(x,y)}{\Delta t}\\ &= \lim_{\Delta t\to 0}\frac{u(x+\Delta x, y+\Delta y)-u(x+\Delta x,y)+u(x+\Delta x,y)-u(x,y)}{\Delta t}\\ &= \lim_{\Delta t\to 0}\frac{u(x+\Delta x, y+\Delta y)-u(x+\Delta x,y)}{\Delta t}+\lim_{\Delta t\to 0}\frac{u(x+\Delta x,y)-u(x,y)}{\Delta t}\\ &= \lim_{\Delta t\to 0}\frac{u(x+\Delta x,y)-u(x,y)}{\Delta x}\frac{\Delta x}{\Delta t}\\ &\quad+\lim_{\Delta t\to 0}\frac{u(x+\Delta x, y+\Delta y)-u(x+\Delta x,y)}{\Delta y}\frac{\Delta y}{\Delta t},\end{aligned} \tag{16.5}$$

여기서 생각하는 점에서 $\dfrac{dx}{dt}$, $\dfrac{dy}{dt}$가 존재하고, 또 $\dfrac{\partial u}{\partial x}$, $\dfrac{\partial u}{\partial y}$가 연속임을 가정하면 다음을 얻으며,

$$\frac{du}{dt}=\frac{\partial u}{\partial x}\frac{dx}{dt}+\frac{\partial u}{\partial y}\frac{dy}{dt}, \tag{16.6}$$

이 결과는 2변수 함수에 대한 연쇄율이라고 부른다.

식 (16.6)에서 매개변수 t는 임의이므로, 식 (16.6)은 종종 다음과 같이 쓰기도 하며,

$$du=\frac{\partial u}{\partial x}dx+\frac{\partial u}{\partial y}dy, \tag{16.7}$$

여기서 u의 1계 편도함수 $\dfrac{\partial u}{\partial x}$, $\dfrac{\partial u}{\partial y}$가 연속이라는 가정이 성립해야 함에 대해 다시 한 번 강조한다.

복소함수 $f(z)$의 미분 $\dfrac{df}{dz}$ 또는 $f'(z)$도 실함수의 경우와 같이 차분비의 극한을 이용하여 다음과 같이 정의할 수 있다.

$$\frac{df}{dz} = f'(z) \equiv \lim_{\Delta z \to 0} \frac{f(z+\Delta z) - f(z)}{\Delta z}. \tag{16.8}$$

실함수의 미분에 대한 1.1절의 [정의 1.4]와 그 형태는 유사하지만, 복소함수의 미분은 우선 z가 z_0에 접근하는 방법의 수가 무한히 많은 것에 기인하여 보다 깊은 생각을 요구한다.

z가 z_0에 접근하는 방법에 무관하게 식 (16.8)의 우변으로 정의된 극한값이 하나의 값을 가져야 하는 것에 착안하여 z가 x축에 평행한 방향을 따라 z_0에 접근하는 경우와 y축에 평행한 방향을 따라 접근하는 두 경우에 대해 생각하기로 한다([그림 16.4] 참조). 먼저 x축에 평행한 방향을 따라 z_0에 접근하는 경우에 대해서는 다음을 얻으며,

$$\begin{aligned}
&\lim_{\Delta x \to 0} \frac{f(z+\Delta x) - f(z)}{\Delta x} \\
&\quad = \lim_{\Delta x \to 0} \frac{u(x+\Delta x, y) - u(x, y) + i\{v(x+\Delta x, y) - v(x, y)\}}{\Delta x} \\
&\quad = \frac{\partial u}{\partial x} + i\frac{\partial v}{\partial x},
\end{aligned} \tag{16.9}$$

y축에 평행한 방향을 따라 z_0에 접근하는 경우에 대해서는 다음을 얻는다.

$$\begin{aligned}
&\lim_{\Delta y \to 0} \frac{f(z+i\Delta y) - f(z)}{i\Delta y} \\
&\quad = -i\lim_{\Delta y \to 0} \frac{u(x, y+\Delta y) - u(x, y) + i\{v(x, y+\Delta y) - v(x, y)\}}{\Delta y} \\
&\quad = -i\frac{\partial u}{\partial y} + \frac{\partial v}{\partial y}.
\end{aligned} \tag{16.10}$$

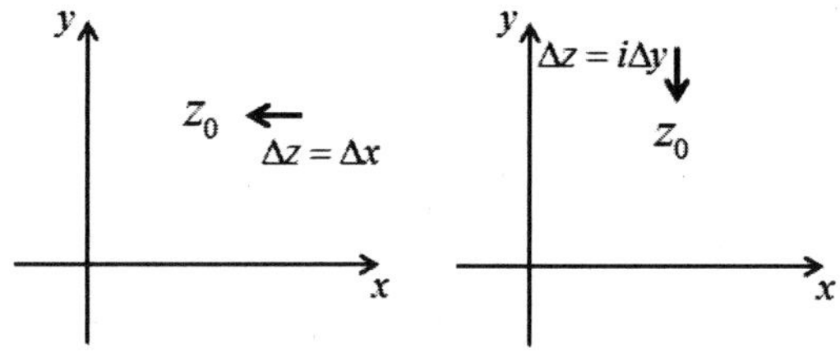

그림 16.4 미분에 대한 필요 조건

위의 결과로부터 식 (16.8)로 정의된 미분이 존재하기 위해서는 식 (16.9)와 (16.10)의 우변이 같아야 하므로 다음 식이 만족되어야 한다.

$$\frac{\partial u}{\partial x} = \frac{\partial v}{\partial y},\ \frac{\partial u}{\partial y} = -\frac{\partial v}{\partial x}. \tag{16.11}$$

이 식은 **코쉬-리만 조건**(Cauchy-Riemann condition; Cauchy(1814)[6], Riemann(1851)[7])으로 알려져 있으며, $f'(z)$가 존재하기 위한 필요 조건이다.

미분이 존재하기 위한 보다 일반적인 조건을 생각하기 위해 df를 다음과 쓸 수 있음을 생각한다.

$$\begin{aligned} df = du + i\,dv &= \left(\frac{\partial u}{\partial x}dx + \frac{\partial u}{\partial y}dy\right) + i\left(\frac{\partial v}{\partial x}dx + \frac{\partial v}{\partial y}dy\right) \\ &= \left(\frac{\partial u}{\partial x} + i\frac{\partial v}{\partial x}\right)dx + \left(\frac{\partial u}{\partial y} + i\frac{\partial v}{\partial y}\right)dy. \end{aligned} \tag{16.12}$$

여기서 둘째 등호를 얻는 데는 연쇄율을 적용하였으므로, 따라서 1계 편도함수들의 연속성이 가정되어야 한다. 만약 코쉬-리만 조건이 만족된다면 식 (16.11)을 위 식에 대입하고 정리하여 다음을 얻으며,

$$\begin{aligned} df &= \left(\frac{\partial u}{\partial x} + i\frac{\partial v}{\partial x}\right)dx + \left(-\frac{\partial v}{\partial x} + i\frac{\partial u}{\partial x}\right)dy \\ &= \left(\frac{\partial u}{\partial x} + i\frac{\partial v}{\partial x}\right)dx + \left(i\frac{\partial v}{\partial x} + \frac{\partial u}{\partial x}\right)i\,dy \\ &= \left(\frac{\partial u}{\partial x} + i\frac{\partial v}{\partial x}\right)(dx + i\,dy) = \left(\frac{\partial u}{\partial x} + i\frac{\partial v}{\partial x}\right)dz, \end{aligned} \tag{16.13}$$

따라서 다음 결과를 얻는다.

$$\frac{df}{dz} = \frac{\partial u}{\partial x} + i\frac{\partial v}{\partial x} = \frac{\partial v}{\partial y} - i\frac{\partial u}{\partial y}\,. \tag{16.14}$$

다시 말하면 고려하고 있는 점 z에서 u, v의 1계 편도함수들이 모두 연속이고 코쉬-리만 조건이 만족될 경우, $f'(z)$는 식 (16.14)로 주어지며, 이 결과는 복소함수 $f(z)$의 점 z에서의 **미분에 대한 충분 조건**(sufficient conditions for differentiability)으로 알려져 있다.

만약 $f(z)$가 한 점 z_0에서 미분 가능이며, 또한 z_0의 한 근방에 속하는 모든 점에서 미분 가능이면, $f(z)$는 점 z_0에서 **정칙**(analytic)이라고 한다.1)

▶ **예제 16.2) $f(z) = |z|^2$이고, 정의역 D가 z평면 전체라고 할 때, 이 함수가 정칙인 영역을 구하시오.**

답) 식 (15.21), (15.19)로부터 다음을 얻으며,

$$f(z) = z\bar{z} = x^2 + y^2, \tag{예16.2}$$

따라서 $u(x, y)$, $v(x, y)$를 각각 다음과 같이 얻는다.

$$u(x, y) = x^2 + y^2,\ v(x, y) = 0\,. \tag{예16.3}$$

이들의 1계 편도함수는 다음과 같으며,

$$\frac{\partial u}{\partial x} = 2x\,,\ \frac{\partial u}{\partial y} = 2y\,,\ \frac{\partial v}{\partial x} = 0\,,\ \frac{\partial v}{\partial y} = 0\,, \tag{예16.4}$$

식 (16.11)로 주어지는 코쉬-리만 조건은 다음과 같이 쓸 수 있으므로,

$$2x = 0,\ 2y = 0, \tag{예16.5}$$

주어진 함수 $f(z)$는 원점에서만 미분 가능하며, 어떤 점에서도 정칙이 아니다.

1) 2.3절의 [정리 2.14]에서 기술한 **정칙성**(analyticity)과의 관련성에 대해서는 18.1절을 참조하기 바란다.

어떤 복소함수 $f(z)=u(x,y)+iv(x,y)$가 정의역 D에서 정칙이고, 또 만약 $u(x,y)$, $v(x,y)$의 모든 2계 편도함수들이 연속이면 $u(x,y)$에 대해 다음을 얻으므로,

$$\frac{\partial^2 u}{\partial x^2}=\frac{\partial}{\partial x}\left(\frac{\partial u}{\partial x}\right)=\frac{\partial}{\partial x}\left(\frac{\partial v}{\partial y}\right)=\frac{\partial}{\partial y}\left(\frac{\partial v}{\partial x}\right)=\frac{\partial}{\partial y}\left(-\frac{\partial u}{\partial y}\right)=-\frac{\partial^2 u}{\partial y^2},\quad (16.15)$$

$u(x,y)$는 다음과 같이 D에서 **라플라스 방정식**(Laplace equation)을 만족한다.

$$\nabla^2 u=\frac{\partial^2 u}{\partial x^2}+\frac{\partial^2 u}{\partial y^2}=0.\quad (16.16)$$

또한 $v(x,y)$에 대해서도 다음을 얻으므로,

$$\frac{\partial^2 v}{\partial x^2}=\frac{\partial}{\partial x}\left(\frac{\partial v}{\partial x}\right)=\frac{\partial}{\partial x}\left(-\frac{\partial u}{\partial y}\right)=-\frac{\partial}{\partial y}\left(\frac{\partial u}{\partial x}\right)=-\frac{\partial}{\partial y}\left(\frac{\partial v}{\partial y}\right)=-\frac{\partial^2 v}{\partial y^2},\quad (16.17)$$

$v(x,y)$도 D에서 라플라스 방정식을 만족한다.

어떤 영역 D에서 라플라스 방정식을 만족하는 함수는 **조화 함수**(harmonic function)라고 부르며, 따라서 정칙인 복소함수 $f(z)$의 실수부 $u(x,y)$와 허수부 $v(x,y)$의 모든 2계 편도함수들이 연속임을 가정할 수 있을 때, $u(x,y)$, $v(x,y)$는 각각 조화 함수이다. 그런데, 나중에 보이겠지만, 정칙인 복소함수의 실수부와 허수부는 모든 계수의 편도함수가 존재하고 또 연속이므로, 사실 위에서 $u(x,y)$와 $v(x,y)$의 모든 2계 편도함수들이 연속이어야 한다는 조건은 필요하지 않으며, 결국 정의역 D에서 정칙인 복소함수의 실수부와 허수부는 그 정의역 D에서 각각 조화 함수이다.

어떤 조화 함수 $u(x,y)$가 주어졌을 경우, $u(x,y)$를 실수부로 하는 정칙인 복소함수 $f(z)$의 허수부 $v(x,y)$는 위의 식 (16.11)로 주어진 코쉬-리만 조건을 사용하여 구할 수 있으며, 이때 조화 함수 $v(x,y)$는 $u(x,y)$의 **조화켤레**(harmonic conjugate)라고 부른다.

정칙인 복소함수 $f(z)$의 실수부 $u(x,y)$와 허수부 $v(x,y)$는 또 다른 재미있는 성질을 가진다. $u(x,y)=const.=c$는 xy평면 상의 곡선에 상응하며, ∇u는 이 곡선 상의 한 점에서 이 곡선에 대해 법선 방향의 벡터를 주는 것은 벡터미적분에서 이미 배운 바 있다. 마찬가지로 ∇v는 $v(x,y)=const.=C$인 곡선에 대해 법선 방향의 벡터를 나타내는데, ∇u와 ∇v의 **스칼라곱**(scalar product)에 대해 다음 결과를 얻는다.

$$(\nabla u)\cdot(\nabla v)=\left(\frac{\partial u}{\partial x},\frac{\partial u}{\partial y}\right)\cdot\left(\frac{\partial v}{\partial x},\frac{\partial v}{\partial y}\right)$$

$$=\frac{\partial u}{\partial x}\frac{\partial v}{\partial x}+\frac{\partial u}{\partial y}\frac{\partial v}{\partial y}=-\frac{\partial u}{\partial x}\frac{\partial u}{\partial y}+\frac{\partial u}{\partial y}\frac{\partial u}{\partial x}=0. \tag{16.18}$$

이 결과에 따르면 ∇u와 ∇v는 서로 직교하는 벡터들이며, 따라서 $u(x,y)=c$인 곡선과 $v(x,y)=C$인 곡선도 서로 직교한다.

▶ **예제 16.3) [예제 16.1]에서 다룬 복소함수, $f(z)=z^2$에 대해, $u(x,y)=c$인 곡선과 $v(x,y)=C$인 곡선이 직교함을 보이시오. 여기서 c, C는 각각 주어진 실수이다.**

답) $u(x,y)=c$인 곡선과 $v(x,y)=C$인 곡선은 각각 다음과 같이 주어지므로,

$$u(x,y)=x^2-y^2=c,\ v(x,y)=2xy=C, \qquad \text{(예16.6)}$$

이 곡선들에 법선 방향인 벡터 ∇u와 ∇v는 각각 다음과 같이 얻으며,

$$\nabla u=(2x,\ -2y),\ \nabla v=(2y,2x), \qquad \text{(예16.7)}$$

따라서 $(\nabla u)\cdot(\nabla v)=4xy-4yx=0$을 얻어, [그림 예16.1]에 보인 바와 같이 ∇u와 ∇v는 서로 직교함을 알 수 있으며, 결국 두 곡선군은 그 교점에서 서로 직교함을 얻는다.

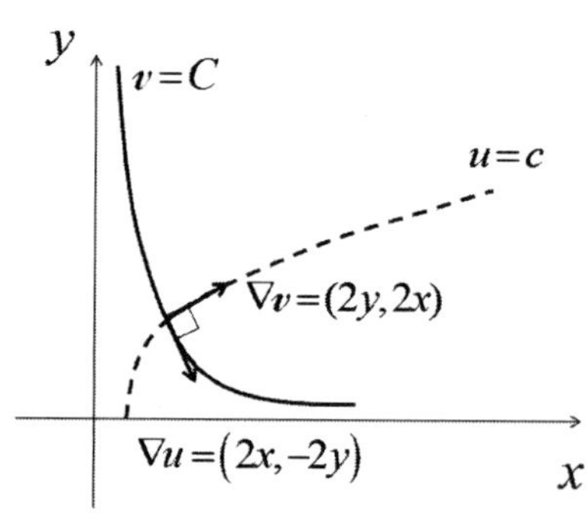

그림 예16.1 $u=c$인 곡선과 $v=C$인 곡선의 직교성

16.3 기본적인 함수

먼저 **지수 함수**(exponential function) $f(z)=e^z=e^{x+iy}$에 대해 생각하기로 한다. 실수 x, y에 대해서는 $e^{x+y}=e^x e^y$임을 알고 있지만, 지수 함수의 지수가 복소수인 경우에 대해서는 아직 정의한 바가 없으므로, 일단 $f(z)$를 다음과 같은 형태로 가정한다.

$$f(z)=e^{x+iy}=e^x\{\xi(y)+i\eta(y)\}. \tag{16.19}$$

여기서 $f(z)$가 식 (16.11)로 주어진 코쉬-리만 조건을 만족함을 가정하면 다음을 얻고,

$$\frac{\partial u}{\partial x}=e^x\xi=\frac{\partial v}{\partial y}=e^x\frac{d\eta}{dy},\ \ \therefore\xi=\frac{d\eta}{dy}, \tag{16.20}$$

$$\frac{\partial u}{\partial y}=e^x\frac{d\xi}{dy}=-\frac{\partial v}{\partial x}=-e^x\eta,\ \ \therefore\eta=-\frac{d\xi}{dy}, \tag{16.21}$$

위의 두 식으로부터 η, 또는 ξ를 소거하여 다음을 얻으며,

$$\frac{d^2\xi}{dy^2}+\xi=0,\ \ \frac{d^2\eta}{dy^2}+\eta=0, \tag{16.22}$$

$y=0$일 때, $\xi(0)=1$, $\eta(0)=0$임을 고려하여 다음을 얻는다.

$$\xi(y)=\cos y,\ \ \eta(y)=\sin y. \tag{16.23}$$

따라서 이 결과를 식 (16.19)에 대입하여 다음 결과를 얻으며,

$$f(z)=e^x(\cos y+i\sin y), \tag{16.24}$$

이 식은 복소수를 지수로 하는 지수 함수의 정의로 볼 수 있다. $x=0$인 경우를 고려하면 다음을 얻으므로,

$$f(z)|_{x=0}=e^{iy}=\cos y+i\sin y, \tag{16.25}$$

식 (15.30)에서 얻었던 오일러 공식을 얻는다. 그러므로 $e^{x+iy}=e^{x}e^{iy}$가 성립함을 알 수 있으며, 이를 이용하여 식 (15.35)를 증명할 수 있을 뿐만 아니라, 이제는 임의의 복소수 z_1, z_2에 대해 다음 관계를 사용할 수 있음도 보일 수 있다([연습문제 1] 참조).

$$e^{z_1+z_2}=e^{z_1}e^{z_2}. \tag{16.26}$$

$f(z)=e^{z}$의 미분은 $\dfrac{df}{dz}=\dfrac{\partial f}{\partial x}$의 관계를 이용하여 다음과 같이 얻을 수 있으며,

$$\frac{df}{dz}=\frac{\partial f}{\partial x}=e^{x}e^{iy}=e^{z}=f(z), \tag{16.27}$$

복소함수 $f(z)=e^{z}$는 복소평면의 모든 점에서 정칙이고, 이와 같이 복소평면의 모든 점에서 정칙인 복소함수를 **전역 함수**(entire function)라고 한다. 한편, 실함수인 e^{x}의 미분이 e^{x}인 점과, 복소함수 e^{z}의 미분이 e^{z}인 점을 상기하면, 그 관계가 동일함을 알 수 있는데, 이와 같은 동일성은 사실 우연의 일치가 아니며, 나중에 18장에서 논의하게 될 **정칙 연속**(analytic continuation)이라고 불리는 성질에 기인한다.

실함수인 쌍곡선 함수에 대해 다음 관계를 알고 있는데,

$$\cosh x=\frac{e^{x}+e^{-x}}{2},\ \sinh x=\frac{e^{x}-e^{-x}}{2}, \tag{16.28}$$

복소함수로서의 **쌍곡선 함수**(hyperbolic function)도 동일한 관계를 사용하여 다음과 같이 정의하기로 한다.

$$\cosh z\equiv\frac{e^{z}+e^{-z}}{2},\ \sinh z\equiv\frac{e^{z}-e^{-z}}{2}. \tag{16.29}$$

나아가 식 (16.25)의 오일러 공식을 사용하여 삼각 함수에 대해 다음을 얻는데,[2)]

2) 물론 삼각 함수는 tan 등의 함수도 포함하지만 여기서는 싸인, 코싸인 함수를 뜻한다.

$$\cos x = \frac{e^{ix} + e^{-ix}}{2}, \ \sin x = \frac{e^{ix} - e^{-ix}}{2i}, \tag{16.30}$$

복소함수로서의 **삼각 함수**(trigonometric function)도 동일한 관계를 사용하여 다음과 같이 정의하기로 한다.

$$\cos z \equiv \frac{e^{iz} + e^{-iz}}{2}, \ \sin z \equiv \frac{e^{iz} - e^{-iz}}{2i}. \tag{16.31}$$

식 (16.29)와 (16.31)로부터 다음 관계를 얻으며,

$$\cosh z = \cos iz, \ \sinh z = -i \sin iz, \tag{16.32}$$

이 식들은 z 대신 iz를 변수로 사용하여 다음과 같이 쓸 수도 있다.

$$\cos z = \cosh iz, \ i \sin z = \sinh iz. \tag{16.33}$$

식 (16.29)에 보인 쌍곡선 함수의 정의를 이용하여 그 미분을 구하면 다음을 얻고,

$$\frac{d\cosh z}{dz} = \sinh z, \ \frac{d\sinh z}{dz} = \cosh z, \tag{16.34}$$

또 식 (16.31)에 보인 삼각 함수의 정의를 이용하여 그 미분을 구하면 다음을 얻는다.

$$\frac{d\cos z}{dz} = -\sin z, \ \frac{d\sin z}{dz} = \cos z. \tag{16.35}$$

지수 함수가 전역 함수인 점과, 위에서 정의한 쌍곡선 함수와 삼각 함수는 지수 함수의 선형 결합으로 정의된 점을 고려하면 쌍곡선 함수와 삼각 함수도 전역 함수임을 알 수 있다.

▶ **예제 16.4) $f(z) = \cos z$ 가 코쉬-리만 조건을 만족함을 보이시오.**

✎ 답) 먼저 $\cos z$ 의 실수부 u와 허수부 v를 구하면 다음을 얻는다.

$$\begin{aligned}\cos z &\equiv \frac{e^{iz}+e^{-iz}}{2} = \frac{e^{ix-y}+e^{-ix+y}}{2} \\ &= \frac{1}{2}\{e^{-y}(\cos x + i\sin x)+e^{y}(\cos x - i\sin x)\} \\ &= \frac{1}{2}\{\cos x(e^{-y}+e^{y}) + i\sin x(e^{-y}-e^{y})\} \\ &= \cos x\cosh y - i\sin x\sinh y,\end{aligned}$$

$$\therefore u = \cos x\cosh y,\ v = -\sin x\sinh y. \tag{예16.8}$$

여기서 셋째 등호를 얻는 데는 식 (16.26)과 (16.25)의 오일러 공식을 사용하였으며, 다섯째 등호를 얻는 데는 식 (16.28)을 사용하였다.

u, v의 1계 편도함수를 다음과 같이 얻으므로,

$$\frac{\partial u}{\partial x} = -\sin x\cosh y,\ \frac{\partial u}{\partial y} = \cos x\sinh y, \tag{예16.9}$$

$$\frac{\partial v}{\partial x} = -\cos x\sinh y,\ \frac{\partial v}{\partial y} = -\sin x\cosh y, \tag{예16.10}$$

$f(z) = \cos z$ 가 코쉬-리만 조건을 만족함을 확인할 수 있다.

위에서 식 (예16.8)과 관련하여 만약 실함수에 대한 다음 관계가 복소함수에 대해서도 성립하는 것으로 가정하면

$$\cos(x+y) = \cos x \cos y - \sin x \sin y, \tag{16.36}$$

다음 결과를 얻는데,

$$\cos(x+iy) = \cos x \cos iy - \sin x \sin iy, \tag{16.37}$$

여기에 식 (16.32)를 사용하면 다음을 얻는다.

$$\cos(x+iy) = \cos x \cosh y - i \sin x \sinh y. \tag{16.38}$$

명백히 이 식은 식 (예16.8)과 동일한 결과이고, 따라서 식 (16.37)은 정당화될 수 있으며, $\sin z$에 대해서도 다음 결과를 얻는다.

$$\sin z = \sin(x+iy) = \sin x \cosh y + i \cos x \sinh y. \tag{16.39}$$

나아가 임의의 복소수 z_1, z_2에 대해 다음 결과가 성립함도 보일 수 있다([연습문제 2] 참조).

$$\cos(z_1+z_2) = \cos z_1 \cos z_2 - \sin z_1 \sin z_2, \tag{16.40}$$

$$\sin(z_1+z_2) = \sin z_1 \cos z_2 + \cos z_1 \sin z_2. \tag{16.41}$$

또한 $\tanh z$와 $\tan z$도 다음과 같이 정의할 수 있고,

$$\tanh z \equiv \frac{\sinh z}{\cosh z} = \frac{e^z - e^{-z}}{e^z + e^{-z}}, \quad \tan z \equiv \frac{\sin z}{\cos z} = \frac{1}{i}\frac{e^{iz} - e^{-iz}}{e^{iz} + e^{-iz}}, \tag{16.42}$$

$\mathrm{sech}\, z$, $\mathrm{cosech}\, z$, $\coth z$와 $\sec z$, $\mathrm{cosec}\, z$, $\cot z$도 실함수의 관계를 확장하여 같은 방법으로 정의할 수 있다.

복소함수의 미분은 식 (16.8)에 보인 바와 같이 실함수의 미분과 같은 형태로 정의되었으므로, 실함수에 대해 고려하였던 미분과 관련된 연산들이 복소함수의 미분에 대해서도 그대로 적용된다. 어떤 영역 D에서 정칙인 임의의 두 복소함수 $f(z)$, $g(z)$에 대해 다음이 성립함을 보일 수 있다.

$$\frac{d}{dz}(f+g)=\frac{df}{dz}+\frac{dg}{dz}, \tag{16.43}$$

$$\frac{d}{dz}(fg)=f\frac{dg}{dz}+g\frac{df}{dz}, \tag{16.44}$$

$$\frac{d}{dz}\left(\frac{f}{g}\right)=\frac{1}{g^2}\left(g\frac{df}{dz}-f\frac{dg}{dz}\right), \tag{16.45}$$

$$\frac{d}{dz}\left[f\{g(z)\}\right]=\frac{df}{dg}\frac{dg}{dz}. \tag{16.46}$$

▶ **예제 16.5)** $F(z)=\dfrac{\sin z}{z}$ **라고 할 때, 그 미분을 구하시오.**

답) 식 (16.45)를 사용하기로 하면 $f(z)=\sin z$, $g(z)=z$ 이므로, 다음을 얻는다.

$$\frac{dF}{dz}=\frac{1}{z^2}(z\cos z-\sin z). \tag{예16.11}$$

위 예제에서 고려한 함수 $F(z)=\dfrac{\sin z}{z}$ 에 대해 $z\to 0$ 일 때의 극한값을 고려하면 **로피탈 규칙**(l'Hopital's rule)을 복소함수의 극한에도 확장 적용할 수 있음을 가정하여 다음을 얻으므로([연습문제 3] 참조),

$$\lim_{z\to 0}F(z)=\lim_{z\to 0}\cos z=1, \tag{16.47}$$

만약 $F(0)=1$로 정의하면, 함수 $F(z)$는 $z=0$에서 연속임을 얻는다. 한편, $F(z)=\dfrac{\cos z}{z}$라고 하면, $z\to 0$일 때의 극한값은 그 크기가 무한히 증가하므로 상한이 존재하지 않으며, 이와 같은 경우 점 $z=0$는 함수 $F(z)$의 **특이점**(singular point)이라고 한다.

15.2절에서 논의한 바와 같이 두 실변수 x, y의 함수로 그 값이 복소수인 임의의 일가함수 $f(x,y)$는 항상 식 (15.41)의 변환을 통하여 두 복소변수 z, $\bar{z}$의 함수 $F(z,\bar{z})$로 바꾸어 쓸 수 있다. 여기서 함수 $F(z,\bar{z})$가 z만의 함수 즉 $F(z)$인 경우에 대해 생각해 보기로 한다. $f(x,y)$는 다음과 같이 실수부와 허수부로 나누어 쓸 수 있으며,

$$f(x,y)=u(x,y)+iv(x,y), \tag{16.48}$$

만약 u, v의 1계 편도함수들이 고려 중인 영역 D에서 모두 연속이면 $f(x,y)$를 변환하여 얻은 $F(z,\bar{z})$가 z만의 함수가 되기 위해서는 $\dfrac{\partial F}{\partial \bar{z}}=0$이 만족되어야 하는데, 이 조건은 다음과 같이 바꾸어 쓸 수 있다.

$$\frac{\partial F}{\partial \bar{z}}=\frac{\partial f}{\partial x}\frac{\partial x}{\partial \bar{z}}+\frac{\partial f}{\partial y}\frac{\partial y}{\partial \bar{z}}=\frac{1}{2}\left(\frac{\partial f}{\partial x}+i\frac{\partial f}{\partial y}\right)=\frac{1}{2}\left(\frac{\partial u}{\partial x}+i\frac{\partial v}{\partial x}+i\frac{\partial u}{\partial y}-\frac{\partial v}{\partial y}\right)$$

$$=\frac{1}{2}\left\{\left(\frac{\partial u}{\partial x}-\frac{\partial v}{\partial y}\right)+i\left(\frac{\partial v}{\partial x}+\frac{\partial u}{\partial y}\right)\right\}=0,$$

$$\therefore \frac{\partial u}{\partial x}=\frac{\partial v}{\partial y},\ \frac{\partial v}{\partial x}=-\frac{\partial u}{\partial y}. \tag{16.49}$$

여기서 첫째 등호를 얻기 위해서는 연쇄율을 사용하였고, 둘째 등호를 얻기 위해서는 식 (15.41)을 이용하였다. 이 결과에 따르면 $\dfrac{\partial F}{\partial \bar{z}}=0$의 조건이 식 (16.11)로 주어지는 코쉬-리만 조건과 등가임을 알 수 있으며, 따라서 임의의 일가함수 $f(x,y)$를 변환하여 얻은 함수 $F(z,\bar{z})$가 z만의 함수 즉 $F(z)$이면, $F(z)$는 영역 D에서 정칙이다(Wu(2014)〈3〉 참조).

▶ **예제 16.4) $f(x,y)=x^2+y^2$ 이고, 정의역 D가 z평면 전체라고 할 때, 이 함수가 정칙인 영역을 구하시오.**

✎ 답)식 (15.41)을 이용하여 $F(z,\bar{z})$를 구하면 다음을 얻으며,

$$F(z,\bar{z})=\frac{1}{4}(z+\bar{z})^2-\frac{1}{4}(z-\bar{z})^2=z\bar{z}\,,\quad \therefore \frac{\partial F}{\partial \bar{z}}=z, \qquad \text{(예16.12)}$$

따라서 주어진 함수 $f(x,y)=x^2+y^2$는 원점에서만 $\frac{\partial F}{\partial \bar{z}}=0$의 조건을 만족하므로 어떤 점에서도 정칙이 아닌 것을 확인할 수 있으며, 이는 [예제 16.2]에서 얻었던 결과와 동일하다.

위에서 기술한 $\frac{\partial F}{\partial \bar{z}}=0$과 관련된 복소함수의 **정칙성**(analyticicity)은 두 가지 관점에서 특기할 만하다.

첫째는 하나의 복소변수 z의 복소함수 $f(z)$는 두 실변수 x, y의 복소함수 $f(x,y)=u(x,y)+iv(x,y)$와 비교하면 전자는 미분 가능이라는 점에서 보다 부드러운 함수이며, 또한 z, $\bar{z}$가 아닌 z만의 함수라는 점에서 보다 제한된 성질의 함수라는 점이다. 17장에서 알게 되겠지만 $f(z)$는 한 번 미분 가능이면 무한히 미분할 수 있는 성질을 가지고 있으므로, 사실 복소함수 $f(z)$는 매우 부드러운 함수라고 할 수 있다.

둘째는 위의 결과를 함수의 정칙성을 판정함에 있어 매우 유용하게 사용할 수 있다는 점이다. 예를 들어 z의 n차 다항식으로 주어진 함수는 당연히 z만의 함수이므로 고려 중인 영역에서 정칙이라고 할 수 있으며, 이 경우 코쉬-리만 조건의 적용을 생략할 수 있다는 장점이 있다.

한편, [예제 16.4]에서 고려한 함수 $f(x,y)=x^2+y^2$는 [예제 16.2]에서와 같이 $f(z)=|z|^2$으로 쓸 수도 있어 z만의 함수로 볼 수도 있지 않은가 하는 반론이 제기될 수 있지만, 이 경우 위에서 보인 바와 같이 $(x,y)\rightarrow(z,\bar{z})$의 변환을 통해서 얻은 함수 $F(z,\bar{z})=z\bar{z}$가 정칙성에 관한 조건의 대상임을 생각하면 혼동의 여지가 없을 것이다. 단 $f(x,y)$가 일가함수라는 조건은 매우 중요하며 이에 관해서는 다음 절에서 다루기로 한다.

16.4 분지와 절선

앞 절에서 정의한 지수 함수의 역함수는 **대수 함수**(logarithmic function)라고 불리는데, 실변수의 실함수로서 대수 함수는 2.1절에서 보인 바와 같이 $f(x)=\dfrac{1}{x}$로 주어지는 곡선 아래의 면적과 관련되어 정의될 수 있다. 복소함수의 경우에는 z의 극형식을 사용하면 다음을 얻는데,

$$f(z)=\ln z=\ln\left(re^{i\theta}\right), \tag{16.50}$$

지수 함수의 경우와 같이 아직 복소변수의 대수 함수를 정의하지 않았으므로, $\ln\left(re^{i\theta}\right)=\ln r+i\theta$로 쓸 수 있는지에 대해 확언할 수 없다. 따라서 지수 함수에 대해 했던 것과 유사하게 다음을 가정하고,

$$f(r,\theta)=\ln\left(re^{i\theta}\right)=\ln r+\xi(\theta)+i\eta(\theta), \tag{16.51}$$

이 함수가 코쉬-리만 조건을 만족함을 가정하기로 한다. 단 코쉬-리만 조건을 $f(r,\theta)=u(r,\theta)+iv(r,\theta)$에 대해 적용하기 위해서는 좌표 변환을 해야 하는데, 이 방법은 [연습문제 4]로 남기기로 하고, 여기서는 미분의 정의와, 식 (16.8)에서 $\Delta z=\Delta re^{i\theta}$, $\Delta z=(r\Delta\theta)ie^{i\theta}$인 두 경우에 대해 고려하는 방법을 사용하기로 한다.

먼저 반경 방향을 따라 z_0에 접근하는 경우에 대해서는 다음을 얻으며([그림 16.5] 참조),

$$\begin{aligned}
&\lim_{\Delta r\to 0}\frac{f\left(z+\Delta re^{i\theta}\right)-f(z)}{\Delta re^{i\theta}}\\
&=e^{-i\theta}\lim_{\Delta r\to 0}\frac{u(r+\Delta r,\theta)-u(r,\theta)+i\{v(r+\Delta r,\theta)-v(r,\theta)\}}{\Delta r}\\
&=e^{-i\theta}\left(\frac{\partial u}{\partial r}+i\frac{\partial v}{\partial r}\right),
\end{aligned} \tag{16.52}$$

원주 방향을 따라 z_0에 접근하는 경우에 대해서는 다음을 얻는다.

$$\lim_{\Delta\theta \to 0} \frac{f(z + ir\Delta\theta e^{i\theta}) - f(z)}{ir\Delta\theta e^{i\theta}}$$

$$= -\frac{ie^{-i\theta}}{r} \lim_{\Delta\theta \to 0} \frac{u(r, \theta + \Delta\theta) - u(r, \theta) + i\{v(r, \theta + \Delta\theta) - v(r, \theta)\}}{\Delta\theta}$$

$$= -\frac{ie^{-i\theta}}{r}\left(\frac{\partial u}{\partial\theta} + i\frac{\partial v}{\partial\theta}\right). \tag{16.53}$$

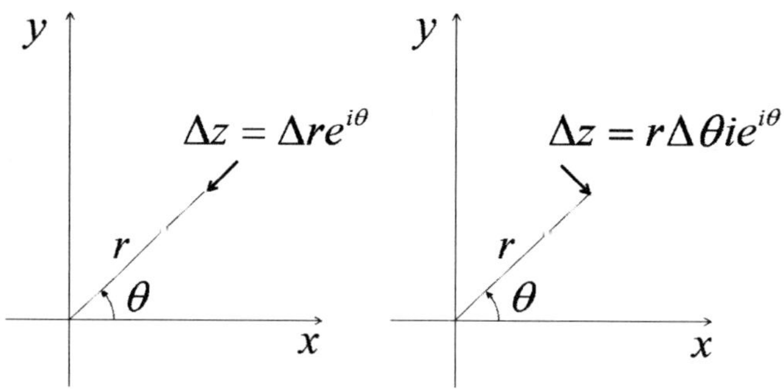

그림 16.5 극 좌표로 주어진 함수에 대한 미분

위의 결과로부터 미분이 존재하기 위해서는 식 (16.52)와 (16.53)의 마지막 우변이 서로 같아야 하므로 다음 식이 만족되어야 함을 알 수 있으며,

$$\frac{\partial u}{\partial r} = \frac{1}{r}\frac{\partial v}{\partial\theta}, \quad \frac{1}{r}\frac{\partial u}{\partial\theta} = -\frac{\partial v}{\partial r}, \tag{16.54}$$

이들은 극 좌표로 주어진 함수 $f(r, \theta) = u(r, \theta) + iv(r, \theta)$에 대한 코쉬-리만 조건이다.

식 (16.51)에 위에서 구한 코쉬-리만 조건을 적용하면 다음을 얻으며,

$$\frac{\partial u}{\partial r} = \frac{1}{r} = \frac{1}{r}\frac{\partial v}{\partial\theta} = \frac{1}{r}\frac{d\eta}{d\theta}, \quad \frac{1}{r}\frac{\partial u}{\partial\theta} = \frac{1}{r}\frac{d\xi}{d\theta} = -\frac{\partial v}{\partial r} = 0,$$

$$\therefore \frac{d\eta}{d\theta} = 1, \quad \frac{d\xi}{d\theta} = 0, \tag{16.55}$$

이들로부터 $\theta = 0$일 때, $\xi(\theta) = \eta(\theta) = 0$을 고려하여 다음 결과를 얻는다.

$$\xi(\theta) = 0,\ \eta(\theta) = \theta. \tag{16.56}$$

이들을 식 (16.51)에 대입하여 다음을 얻으며,

$$f(z) = \ln z = f(r, \theta) = \ln\left(re^{i\theta}\right) = \ln r + i\theta, \tag{16.57}$$

이 식은 복소변수의 대수 함수에 대한 정의로 볼 수도 있다.

식 (16.57)을 이용하여 임의의 복소수 z_1, z_2에 대해 다음 관계를 얻을 수 있다([연습문제 5] 참조).

$$\ln\left(z_1 z_2\right) = \ln z_1 + \ln z_2. \tag{16.58}$$

단 이때 대수 함수 $\ln z$의 **일가성**(single-valuedness)과 관련하여 정의역 D를 제한해야 하는 문제점이 발생한다. 위에서 대수 함수는 $\ln z = \ln r + i\theta$로 정의할 수 있음을 보였는데, θ의 범위를 제한하지 않으면 하나의 점 z에 대해 무수히 많은 함수 값이 상응될 수 있기 때문이다. 원래 복소평면 상의 한 점 z는 다음과 같이 나타낼 수 있는데,

$$z = re^{i\theta},\ \theta = \theta_0 + 2n\pi,\ \theta_0 \in (0, 2\pi),\ n = 0,\ \pm 1,\ \pm 2,\ \cdots, \tag{16.59}$$

여기서 n이 어떤 값을 가지더라도 z는 하나의 값을 가지지만, 대수 함수 $\ln z$는 그 정의에 의해 θ가 달라짐에 따라 무수히 많은 값을 가지게 되므로, 이하에서는 $\theta = \theta_0$을 택하여 사용하기로 하며, 이에 상응하는 함수 $\ln z = \ln r + \theta_0$을 $\ln z$의 **주치**(principal value)라고 부르기로 한다. 이와 같이 일가성과 관련하여 문제가 있는 함수를 다루기 위해 **분지**(branch)와 **분지절선**(branch cut) 또는 간단히 줄여서 **절선**(cut)의 개념을 도입하기로 한다.[3)]

예를 들어 위에서 생각한 대수 함수 $\ln z$에 대해 각각의 n에 대응하는 $\ln z$의 값을 대수 함수 $\ln z$의 분지라고 하고([그림 16.6] 참조), 그들은 양의 x축, 즉 $x \in (0, \infty)$에 설치된 절선들에 의해 분리되어 있다고 하면, 대수 함수 $\ln z$의 각각의 분지는 일가성을 가진다.

3) 분지와 절선은 원래 **리만 표면**(Riemann surface, 1851)과 관련하여 알려진 개념이지만 리만 표면에 대한 일반적인 논의는 Churchill(1960)<3>로 미루기로 한다.

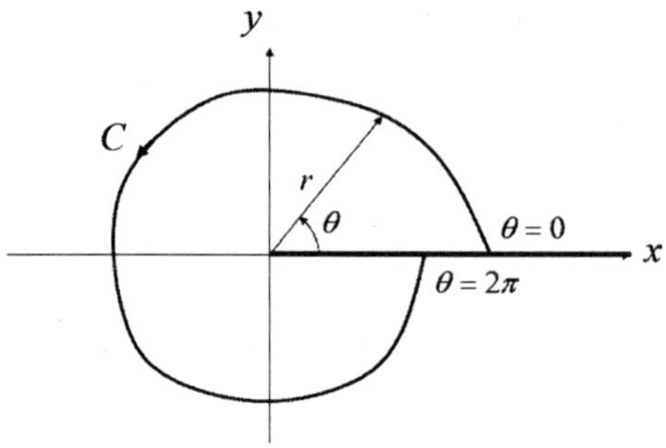

그림 16.6 $\ln z$에 대한 분지와 절선

절선의 도입에 따라 양의 x축을 가로질러서 $\ln z$는 연속이 아님에 유의한다. 물론 이와 같은 절선을 반드시 양의 x축에 설치할 이유는 없으며, 고려 중인 함수의 일가성을 위해 도입하는 것이므로, 음의 x축, 또는 $r=\theta$의 곡선 등도 절선으로 사용할 수 있다.

어떤 절선을 도입하느냐에 따라 함수의 값도 달라지며, $\ln z$의 경우, 원점인 $z=0$는 모든 절선의 **극한점**(limit point)이고 이와 같은 점은 **분지점**(branch point)이라고 부른다. 절선을 도입하여 얻어지는 평면을 **절단 평면**(cut plane)이라고 부르며, 일단 하나의 절선을 도입하여 분지가 선택되면 $\ln z$는 그 절단 평면 내에서는 연속이고 또한 정칙인데 이때, 대수 함수의 특이점인 원점은 절단 평면에 속하지 않음에 유의한다.

▶ **예제 16.6) $f(z)=\ln(z-a)$, a는 주어진 복소상수일 때, 절선을 도입하여 이 함수가 하나의 값을 가지는 분지에 대해 고려하고, $z=1$, $a=1+i$일 때, 주어진 함수 값을 구하시오.**

답)주어진 함수에 대해 $z=a$가 위에서 고려한 대수 함수 $\ln z$의 원점에 상응하는 분지점이므로, [그림 예16.2]에 보인 것과 같이 $z=a$를 분지점으로 하는 절선을 도입하기로 하고, $z-a=\rho e^{i\phi}$로 나타내면, 다음을 얻는다.

$$\ln(z-a)=\ln\rho+i\phi,\ \ \phi\in(0,2\pi). \qquad (예16.13)$$

$z=1$, $a=1+i$일 때, 위에서 택한 분지에 대해 함수 값을 다음과 같이 얻는다.

$$\ln(z-a)=\ln 1+i\frac{3\pi}{2}=i\frac{3\pi}{2}. \qquad (예16.14)$$

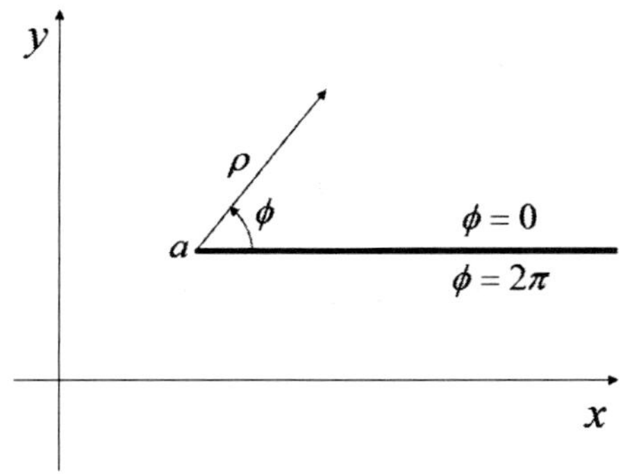

그림 예16.2 $\ln(z-a)$에 대한 분지와 절선

함수의 일가성과 관련하여 정의역을 제한해야 하는 함수는 위에서 고려한 대수 함수 외에도, 정수가 아닌 분수 p를 승수로 가지는 멱함수, z^p와 같은 함수, 또는 삼각 함수의 역함수 등을 들 수 있는데, 아래에서는 $f(z)=z^p$와 관련된 세 가지 경우에 대해 생각하기로 한다([연습문제 8] 참조).

1) $f(z)=z^{1/2}=\sqrt{z}$

$z=re^{i\theta}$의 극형식을 사용하면 다음을 얻는데,

$$f(z)=z^{1/2}=\sqrt{r}\,e^{i\theta/2}, \tag{16.60}$$

여기서 θ는 식 (16.59)에 주어진 바와 같이 나타낼 수 있다. 따라서 $f(z)=\sqrt{z}$의 값은 다음과 같이 쓸 수 있으므로,

$$f(z)=\sqrt{r}\,e^{i\theta_0/2}e^{in\pi},\ n=0,\ \pm 1,\ \pm 2,\ \cdots \tag{16.61}$$

n이 영 또는 짝수일 때와 홀수일 때에 대해 $f(z)=\pm\sqrt{r}\,e^{i\theta_0/2}$의 두 개의 값을 가질 수 있다. 그러므로 이 함수에 대해 원점에 위치한 분지점을 고려하여 양의 x축에 위치한 절선을 도입하면 함수가 일가성을 가지도록 할 수 있다. 또 절단 평면 상에서 주어진 함수는 연속이고 정칙이며, 물론 이때 주어진 함수는 절선을 가로질러서 불연속이다.

2) $f(z)=z^{-2/3}$

$z=re^{i\theta}$의 극형식을 사용하면 다음을 얻는데,

$$f(z)=z^{-2/3}=r^{-2/3}e^{-2i\theta/3}, \tag{16.62}$$

여기서 θ는 식 (16.59)에 주어진 바와 같이 나타낼 수 있으므로, 다음과 같이 쓸 수 있고,

$$f(z)=r^{-2/3}e^{-2i\theta_0/3}e^{2in\pi/3},\ n=0,\ \pm1,\ \pm2,\ \cdots, \tag{16.63}$$

$n=0,1,2$일 경우에 대해 $f(z)=z^{-2/3}$는 다음과 같은 세 개의 값을 가질 수 있다.

$$f(z)=r^{-2/3}e^{-2i\theta_0/3},\ \alpha r^{-2/3}e^{-2i\theta_0/3},\ \alpha^2 r^{-2/3}e^{-2i\theta_0/3},\ \alpha=e^{2i\pi/3}. \tag{16.64}$$

그러므로 이 함수에 대해서도 원점에 위치한 분지점을 고려하여 양의 x축에 위치한 절선을 도입하면 함수가 일가성을 가지도록 할 수 있다. 절단 평면 상에서 주어진 함수는 연속이고 정칙이며, 물론 이때 주어진 함수는 절선을 가로질러서 불연속인 점은 위에서 고려한 $f(z)=\sqrt{z}$에 대해서와 동일하다.

3)$f(z)=\sqrt{z^2-b^2}$, $b>0$인 실수

[예제 16.6]에서의 경험을 바탕으로 이 함수에 대해 다음과 같은 변수를 쓰기로 하면([그림 16.7] 참조),

$$z+b=\rho_1 e^{i\phi_1},\ z-b=\rho_2 e^{i\phi_2}, \tag{16.65}$$

주어진 함수에 대해 다음 결과를 얻는다.

$$f(z)=\sqrt{z^2-b^2}=\sqrt{\rho_1\rho_2}\,e^{i(\phi_1+\phi_2)/2}. \tag{16.66}$$

ϕ_1, ϕ_2의 값에 따라 위의 함수는 하나보다 많은 값을 가질 수 있으므로, 일가성을 위해서는 절선을 도입해야 하며, $z=-b$, $z=b$에 위치한 분지점을 고려하여 [그림 16.7]에 보인 바와 같이 x축 상에 $x\in(-b,\infty)$, $x\in(b,\infty)$인 두 개의 절선을 도입하기로 한다.

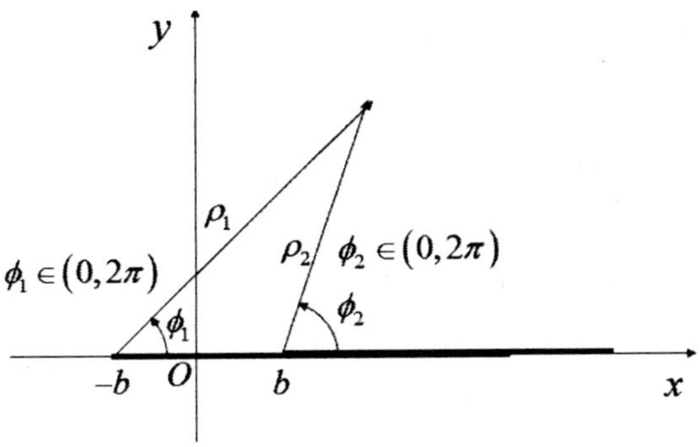

그림 16.7 $\sqrt{z^2 - b^2}$에 대한 절선

$\phi_1 \in (0, 2\pi)$, $\phi_2 \in (0, 2\pi)$이므로, 예를 들어 $z = -2b$에서의 함수 값은 다음과 같고,

$$f(z) = \sqrt{\rho_1 \rho_2}\, e^{i(\phi_1 + \phi_2)/2} = \sqrt{3}\, b e^{i(\pi + \pi)/2} = -\sqrt{3}\, b, \tag{16.67}$$

$z = 2be^{i\epsilon}$, $\epsilon > 0$인 매우 작은 실수일 때, 다시 말하면 생각하는 점이 x축 바로 위에 있을 때, 함수 값은 다음과 같으며,

$$f(z) = \sqrt{\rho_1 \rho_2}\, e^{i(\phi_1 + \phi_2)/2} = \sqrt{3}\, b e^{i(0 + 0)/2} = \sqrt{3}\, b, \tag{16.68}$$

또 만약 $\epsilon < 0$인 크기가 매우 작은 실수일 때, 다시 말하면 생각하는 점이 x축 바로 아래에 있을 때, 함수 값은 다음과 같다.

$$f(z) = \sqrt{\rho_1 \rho_2}\, e^{i(\phi_1 + \phi_2)/2} = \sqrt{3}\, b e^{i(2\pi + 2\pi)/2} = \sqrt{3}\, b. \tag{16.69}$$

이 결과에 따르면 두 개의 절선이 겹쳐진 $x \in (b, \infty)$의 절선을 가로질러서는 주어진 함수가 연속임을 알 수 있으며, 따라서 [그림 16.7]에서 고려한 절선은 사실 상 [그림 16.8]에 보인 것과 같이 $x \in (-b, b)$인 하나의 절선을 도입한 것과 같은 것으로 볼 수 있다.

$\delta \to 0$, $\epsilon > 0$인 매우 작은 실수일 때, $z = \delta e^{i\epsilon}$, 다시 말하면 절선의 바로 위에 있는 원점 부근의 점에서 함수 값은 다음과 같으며,

$$f(z) = \sqrt{\rho_1 \rho_2}\, e^{i(\phi_1 + \phi_2)/2} = b e^{i(0 + \pi)/2} = ib, \tag{16.70}$$

또 $\epsilon < 0$인 크기가 매우 작은 실수일 때, 다시 말하면 절선의 바로 아래에 있는 원점 부근의 점에서 함수 값은 다음과 같으므로,

$$f(z) = \sqrt{\rho_1 \rho_2}\, e^{i(\phi_1 + \phi_2)/2} = b e^{i(2\pi + \pi)/2} = -ib, \tag{16.71}$$

절선을 가로질러서 함수가 불연속임을 알 수 있으며, 절단 평면 상에서는 주어진 함수가 연속이며 정칙이다.

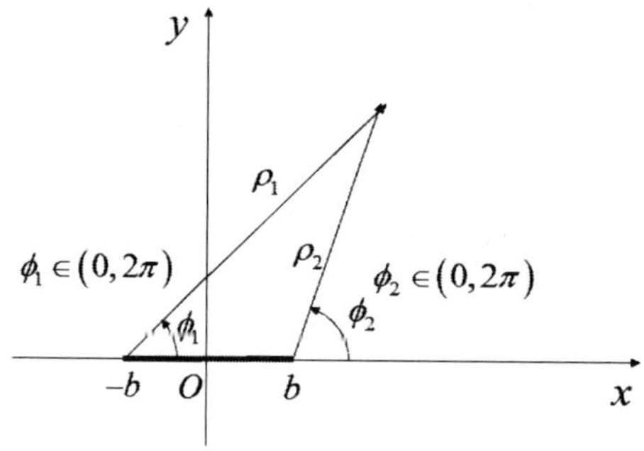

그림 16.8 $\sqrt{z^2 - b^2}$ 에 대한 실제적인 절선

위에서 고려한 함수 $f(z) = \sqrt{z^2 - b^2}$ 와 관련하여 [그림 16.7] 또는 [그림 16.8]에 보인 절선이 유일한 것은 아니며, 만약 [그림 16.9]에 보인 것과 같이 $z = -b$의 분지점에 대한 절선으로 음의 x축 상에 위치한 $x \in (-\infty, -b)$을 취하고 $\phi_1 \in (-\pi, \pi)$라고 하고, $z = b$의 분지점에 대한 절선은 위에서와 같이 취하기로 하면, $z = 0$은 절선 상에 있지 않으므로 이 점에서 주어진 함수는 $f(z) = b e^{i(0 + \pi)/2} = ib$의 값을 가지며 연속임을 확인할 수 있다.

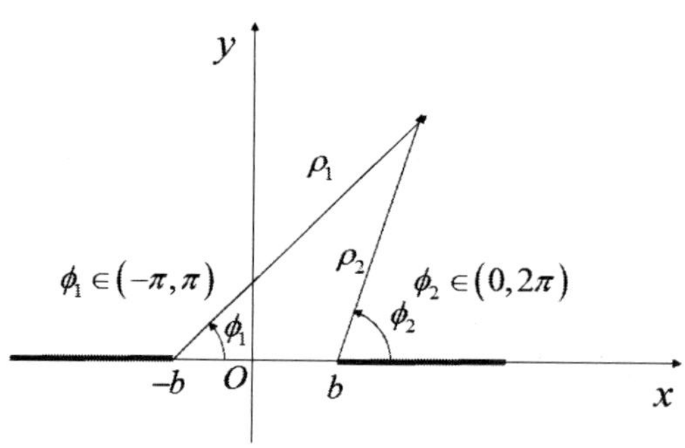

그림 16.9 $\sqrt{z^2 - b^2}$ 에 대한 절선

연습문제

1. $e^{x+iy} = e^x e^{iy}$를 이용하여 식 (15.35)를 증명하고, 또 식 (16.25)를 증명하시오.

2. 식 (16.38), (16.39)를 이용하여 임의의 복소수 z_1, z_2에 대해 식 (16.40), (16.41)을 증명하시오.

3. 로피탈 규칙을 복소함수의 극한에도 확장 적용할 수 있음을 증명하고, 식 (16.47)을 얻으시오.

4. 직각 좌표계 (x, y)와 극 좌표계 (r, θ) 사이의 좌표 변환은 다음 식으로 주어지는데,

$$r = \sqrt{x^2 + y^2}\ ,\ \tan\theta = \frac{y}{x}\ , \tag{연16.1}$$

이들로부터 다음을 얻으시오.

$$\frac{\partial r}{\partial x} = \cos\theta\ ,\ \frac{\partial r}{\partial y} = \sin\theta\ ,\ \frac{\partial \theta}{\partial x} = -\frac{\sin\theta}{r}\ ,\ \frac{\partial \theta}{\partial y} = \frac{\cos\theta}{r}\ . \tag{연16.2}$$

이 결과를 이용하여 식 (16.11)의 직각 좌표계로 주어진 코쉬-리만 조건으로부터 식 (16.54)의 극 좌표계에 대한 코쉬-리만 조건을 유도하시오.

5. 식 (16.57)을 이용하여 임의의 복소수 z_1, z_2에 대해 식 (16.58)을 증명하시오.

6. 다음을 보이시오.

1) $1 + \tan^2 z = \sec^2 z$, 2) $\cos(i\bar{z}) = \overline{\cos(iz)}$.

7. $\sin z$를 식 (16.31)에 보인 바와 같이 정의할 수 있음과 $w(z) = \sin^{-1} z$이면 $z = \sin w$가 성립함을 이용하여 다음을 보이시오.

$$\sin^{-1} z = -i \ln\left[iz + \left(1 - z^2\right)^{1/2}\right]. \tag{연16.3}$$

8. p가 복소수라고 할 때, z^p는 다음과 같이 정의할 수 있다.

$$z^p \equiv e^{p \ln z}. \tag{연16.4}$$

이를 이용하여 1) i^i, 2) $(1-i)^{4i}$의 주치를 구하시오.

17장

복소적분

복소적분의 정의는 실함수에 대한 적분의 정의 연장선 위에 있지만, 복소적분에 대해서는 매우 강력한 적분 정리 및 공식을 사용할 수 있어, 실함수 적분의 계산에 대단히 유용하게 사용되고 있다.

뿐만 아니라 복소함수의 정칙성에 대한 본질적인 이해는 복소적분에 대한 고려를 통해 얻어지며, 이와 같은 관점에서 코쉬-고올사 정리가 이해되어야 할 것이다. n차 대수 방정식의 근이 항상 n 개 존재한다는 대수학의 근본 정리 또한 복소함수의 적분과 관련하여 얻을 수 있음에 유의하기 바란다.

1절에서는 복소적분의 경로가 되는 곡선의 성질과 관련된 기본 개념, 복소적분의 정의, 적분의 근본 정리 등에 대해 논의하고, 2절, 3절에서는 복소적분과 관련하여 가장 강력한 도구로 볼 수 있는 코쉬 적분 정리와 적분 공식에 대해 공부한다. 4절에서는 대수학의 근본 정리 및 코쉬-고올사 정리의 역으로 볼 수 있는 모레라 정리에 대해 알아본다.

17.1 기본적인 개념 및 정의

복소함수에 대한 적분은 일반적으로 어떤 **곡선**(curve)을 따라 정의되므로, 먼저 복소평면 상에서 곡선의 성질에 대해 생각하기로 한다.

어떤 곡선을 C라고 부르기로 하고, 이 곡선 상의 한 점으로부터 시작하여 **곡선의 길이**(arc length) s를 잴 수 있다고 할 때, 곡선 C 상의 점의 위치 벡터 $\underline{x}$를 s의 함수 $\underline{x}(s)$로 나타낼 수 있다고 하자. 만약 이 곡선 상에서의 단위 접선 벡터 $\hat{e}_t \equiv \dfrac{dx}{ds}$를 s의 연속인 함수로 나타낼 수 있다면, 다시 말하면 $\underline{x}(s)$가 연속적으로 미분 가능하면, 곡선 C는 **부드럽다**(smooth)고 한다.

어떤 곡선이 그 곡선 상에 위치한 유한한 수의 점을 제외하면 부드러울 경우, 그와 같은 곡선은 **부분적으로 부드럽다**(piecewise smooth)고 하며, 이 곡선은 **유한한 길이를 가진다**(rectifiable).

만약 곡선 C의 **시점**(initial point)과 **종점**(final point)이 같으면, 곡선 C는 **닫혔다**(closed)고 하며, 부분적으로 부드럽고 닫힌 곡선이 곡선 상의 한 점을 오직 한 번만 지날 경우, 곡선 C는 **단순폐곡선**(simple closed curve)이라고 한다.

단순폐곡선 C를 따라 움직일 경우 C의 내부가 항상 왼쪽에 있을 때, 그 방향을 **양향**(positive sense), 그 반대 경우를 **음향**(negative sense)이라고 한다. 따라서 양향은 반시계방향, 음향은 시계방향으로 부르기도 한다.

어떤 영역을 R이라고 부르기로 할 때, 이 영역 내부의 임의의 두 점이 그 영역 내에 있는 부분적으로 부드러운 곡선에 의해 연결될 수 있으면 영역 R은 **연결**(connected) 영역이라고 한다.

어떤 영역 R 내부의 모든 단순폐곡선이 그 영역을 떠나지 않고 하나의 점으로 줄어들 수 있다면 영역 R은 **단순연결**(simply connected) 영역이라고 한다.

복소평면 상의 곡선 C가 부분적으로 부드럽고 적분의 방향을 양향을 기준으로 생각할 때, 복소함수 $f(z)$의 적분, $\int_C f(z)dz$는 다음과 같이 정의한다.

$$\int_C f(z)dz \equiv \lim_{|P|\to 0}\sum_{k=1}^{n} f(z_{k-1})(z_k - z_{k-1}). \tag{17.1}$$

여기서 $|P| \equiv \max|z_k - z_{k-1}|$, $k\in[1;n]$이며, **분할의 정준**(norm of partition)이라고 부르고, z_0은 C의 시점, z_n은 C의 종점에 상응하며, z_k, $k\in[0;n]$는 양향으로 k가 순차적으로 증가하는 C 상의 점들이다. 식 (17.1)의 정의에 따라 $f(z)=u(x,y)+iv(x,y)$라고 할 때, 복소적분은 두 개의 실함수의 **선적분**(line integral)으로 분리하여 다음과 같이 쓸 수 있다.

$$\int_C f(z)dz = \int_C (u+iv)(dx+idy) = \int_C (u\,dx - v\,dy) + i\int_C (v\,dx + u\,dy). \tag{17.2}$$

만약 단순연결 영역 R 내부에 위치한 적분경로 C의 시점이 z_0이고 종점이 z일 때, 또 df/dz가 영역 R 내에서 연속이면, $f(z)$의 적분으로 정의된 $F(z) \equiv \int_C f(z)dz$는 다음 관계를 만족한다.

$$\frac{dF}{dz} = f(z). \tag{17.3}$$

역으로, 만약 식 (17.3)이 성립하고, $f(z)$가 영역 R 내에서 연속이면 다음 관계가 성립한다.

$$\int_C f(z)dz = F(z). \tag{17.4}$$

위의 식 (17.3), (17.4)와 관련된 내용은 **복소적분의 근본 정리**(fundamental theorem of complex integral calculus)로 알려져 있다.

위 정리의 증명은 복소적분의 성질을 이해하는데 큰 도움이 되므로, 전반부, 즉 식 (17.3)과 관련된 부분에 대한 증명을 아래에 보이기로 한다. 먼저 적분경로와 무관하게 $F(z)$가 일가함수임을 보이기 위해, 시점이 z_0이고 종점이 z인 임의의 두 적분경로 C_1, C_2를 생각하고, 그들의 합집합으로 주어지는 단순폐곡선 C를 고려하면([그림 17.1] 참조), **그린 정리**(Green's theorem)[1]를 식 (17.2) 우변의 적분들에 적용하여 다음을 얻는다.

$$\int_C (u\,dx - v\,dy) = \iint_D (-v_x - u_y)dxdy = 0, \tag{17.5}$$

$$\int_C (v\,dx + u\,dy) = \iint_D (u_x - v_y)dxdy = 0. \tag{17.6}$$

여기서 D는 C의 내부 영역이며, 그린 정리를 적용하기 위해 u, v의 1계 편도함수가 D에서 연속이어야 함에 유의하고, 위 식들에서 둘째 등호는 $f(z)$가 R에서 미분 가능이므로 코쉬-리만 조건을 적용하여 얻었다. 이 결과에 따르면 임의의 두 경로 C_1, C_2에 대한 선적분은 같아야 하며, 따라서 적분경로에 무관하게 $F(z)$가 일가함수로 결정됨을 알 수 있다.

---

1) 이승준(2010)<4>, 78쪽을 참조하기 바란다.

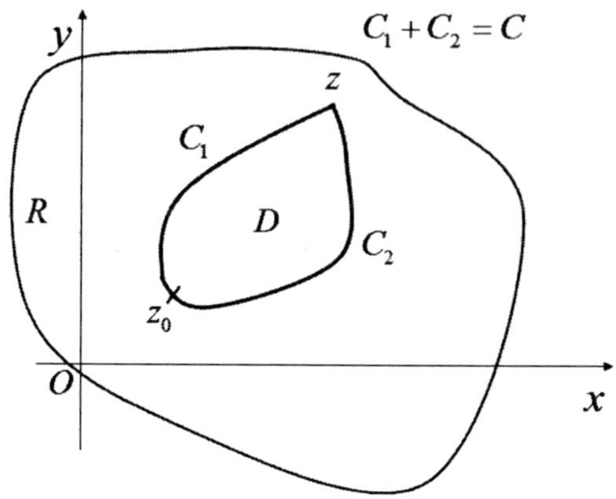

그림 17.1 적분경로와 무관

다음으로 식 (17.3)을 증명하기 위해서는 먼저 $F(z)$가 경로에 무관함을 이용하여 다음과 같이 쓰고,

$$F(z) \equiv \int_{z_0}^{z} f(z)dz, \tag{17.7}$$

미분의 정의를 이용하기로 한다([그림 17.2] 참조).

미분의 정의, 식 (16.8)을 적용하기 위해 다음을 고려하면,

$$F(z+\Delta z) - F(z) = \int_{z_0}^{z+\Delta z} f(\zeta)d\zeta - \int_{z_0}^{z} f(\zeta)d\zeta$$

$$= \int_{z}^{z+\Delta z} f(\zeta)d\zeta = \int_{z}^{z+\Delta z} \{f(\zeta) - f(z) + f(z)\}d\zeta$$

$$= \int_{z}^{z+\Delta z} \{f(\zeta) - f(z)\}d\zeta + f(z)\int_{z}^{z+\Delta z} d\zeta$$

$$= I + f(z)\Delta z, \ I \equiv \int_{z}^{z+\Delta z} \{f(\zeta) - f(z)\}d\zeta, \tag{17.8}$$

마지막 식으로 정의된 I에 대해 다음을 얻는다.

$$\left|\frac{I}{\Delta z}\right| = \left|\frac{1}{\Delta z}\int_{z}^{z+\Delta z}\{f(\zeta)-f(z)\}d\zeta\right| \le M,\ M=\max|f(\zeta)-f(z)|. \quad (17.9)$$

$f(\zeta)$는 연속이므로 $\Delta z \to 0$일 때 $M \to 0$, 즉 $\dfrac{I}{\Delta z} \to 0$을 얻으며, 미분의 정의로부터 결국 다음과 같이 원하는 결과를 얻는다.

$$\frac{dF}{dz} \equiv \lim_{\Delta z \to 0}\frac{F(z+\Delta z)-F(z)}{\Delta z} = f(z). \quad (17.10)$$

전반부의 역에 해당하는 후반부, 식 (17.4)와 관련된 부분의 증명은 [연습문제 1]로 남기기로 한다.

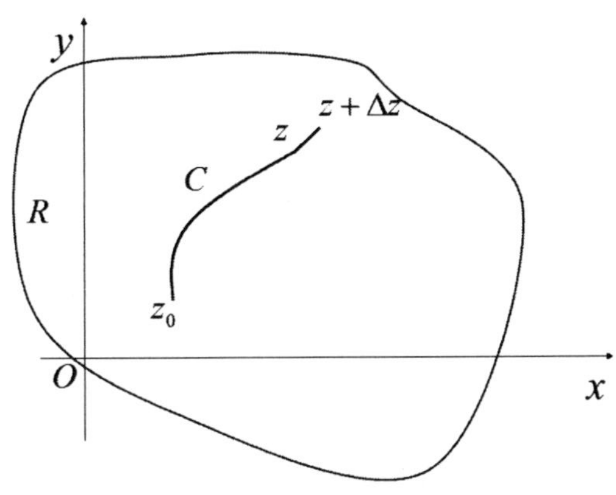

그림 17.2 복소적분의 근본 정리

▶ **예제 17.1) 다음 적분 I의 값을 1) 식 (17.2), 2) 복소적분의 근본 정리를 이용하여 구하시오.**

$$I=\int_C \sqrt{z}\,dz. \qquad (예17.1)$$

단 여기서 C는 [그림 예17.1]에 보인 바와 같이 반경 1인 단위원이다.

답) 먼저 식 (17.2)와 C 상에서 $z=e^{i\theta}$임을 이용하면 다음을 얻는데,

$$I=\int_C \sqrt{z}\,dz=\int_0^{2\pi} e^{i\theta/2}e^{i\theta}i\,d\theta=i\int_0^{2\pi}\left(\cos\frac{3}{2}\theta+i\sin\frac{3}{2}\theta\right)d\theta$$

$$=\frac{2}{3}\left(i\sin\frac{3}{2}\theta+\cos\frac{3}{2}\theta\right)\Big|_0^{2\pi}=-\frac{4}{3}, \qquad (예17.2)$$

위의 결과를 얻기 위해 수행된 적분은 실함수에 대한 적분뿐임에 유의한다.

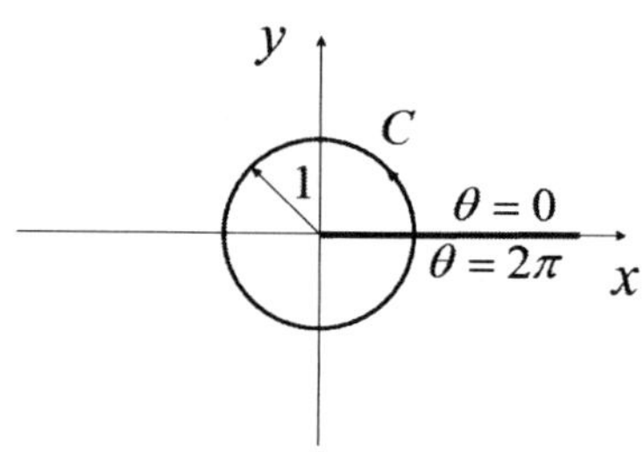

그림 예17.1 적분경로와 절선

복소적분의 근본 정리를 이용하기 위해서는 피적분 함수의 일가성을 위해 양의 x축 상에 절선을 도입하여 다음을 얻으며,

$$I=\int_C \sqrt{z}\,dz=\frac{2}{3}z^{3/2}\Big|_{\theta=0}^{\theta=2\pi}=\frac{2}{3}\left(e^{i3\pi}-e^{i\cdot 0}\right)=-\frac{4}{3}, \qquad (예17.3)$$

여기서 둘째 등호는 임의의 실수 p에 대해 $\dfrac{dz^p}{dz}=p\,z^{p-1}$임을 이용하여 얻었고, 이 결과는 명백히 식 (예17.2)와 같다.

다음으로는 복소적분의 크기에 대한 **상한**(upper bound)과 관련하여 유용한 결과를 얻기로 한다. 식 (17.1)의 복소적분에 대한 정의로부터 다음을 얻는데,

$$\left|\int_C f(z)dz\right| = \lim_{|P|\to 0}\left|\sum_{k=1}^{n} f(z_{k-1})(z_k - z_{k-1})\right| \le \lim_{|P|\to 0}\sum_{k=1}^{n}\left|f(z_{k-1})(z_k - z_{k-1})\right|$$

$$\le \lim_{|P|\to 0}\sum_{k=1}^{n}\left|f(z_{k-1})\right|\left|(z_k - z_{k-1})\right| = \int_C |f(z)||dz|, \qquad (17.11)$$

C 상의 모든 점에 대해 $|f(z)| \le M$이 성립한다고 하면 다음 결과를 얻는다.

$$\left|\int_C f(z)dz\right| \le M\int_C |dz| = ML. \qquad (17.12)$$

여기서 L은 적분경로 C의 길이이다. 이 결과에 따르면 식 (17.12) 좌변 적분의 크기는 피적분 함수의 크기의 적분경로 C 상에서의 최대값 M과 적분경로의 길이 L의 곱보다 클 수 없다.

17.2 코쉬 적분 정리

이 절에서는 먼저 처음 코쉬(1825)[8]에 의해 주어진 형태 그대로의 **코쉬 적분 정리**(Cauchy integral theorem)에 대해 논하고, 다음으로 차후에 얻어진 보다 개선된 형태의 코쉬-고올사 정리에 대해 생각하기로 한다.

코쉬 적분 정리는 다음과 같이 나타낼 수 있다. df/dz가 어떤 단순폐곡선 C의 내부와 그 위에서 존재하고, 또 연속이면, 다음이 성립한다.

$$\int_C f(z)dz = 0. \qquad (17.13)$$

이 정리에 대한 증명은 식 (17.2)에 그린 정리를 사용하여 얻을 수 있으며, 그린 정리를 사용하기 위해 u, v의 1계 편도함수의 연속성이 필요함에 유의한다.

고올사(Goursat, 1858-1936, France, 1884)[9]는 위의 df/dz가 연속이어야 한다는 조건을 사용하지 않고 단지 df/dz가 존재한다는 조건, 다시 말하면 $f(z)$가 정칙이라는 조건만 만족하는 경우에도 식 (17.13)이 성립하는 것을 증명하였으며, 차후에 보일 바와 같이 이 정리에 의해 정칙인 함수는 거듭하여 미분 가능이라는 결과를 얻게 되므로, 이 정리는 복소함수론 전반을 통해 매우 중요한 위치를 차지하고 있다. '$f(z)$가 어떤 단순폐곡선 C의 내부와 그 위에서 정칙이면, 식 (17.13)이 성립한다'는 정리는 종종 **코쉬-고올사 정리**(Cauchy-Goursat theorem)로 불리는데, 이에 대한 증명은 Churchill(1960)〈3〉로 미루기로 한다.

코쉬-고올사 정리를 이용하면, $f(z)$가 어떤 단순폐곡선 C_1과 온전히 그 안에 위치한 다른 단순폐곡선 C_2의 사이 및 두 곡선 상에서 정칙이면 두 곡선에 대한 $f(z)$의 복소적분은 같다는 것을 쉽게 보일 수 있다([그림 17.3] 참조).

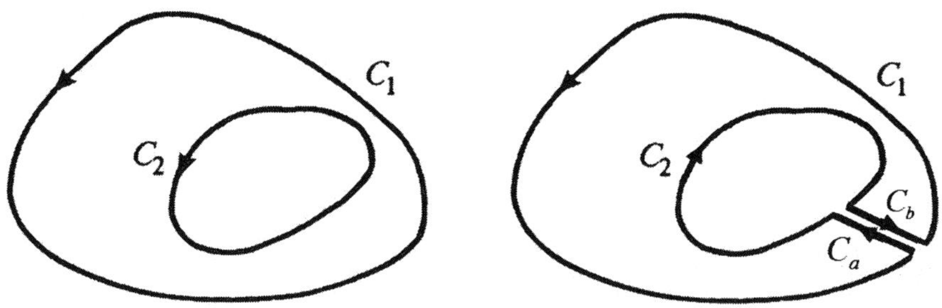

그림 17.3 적분경로의 변형

C_1과 C_2의 사이의 영역에 대해 생각하기 위해 매우 가깝게 위치한 경로 C_a와 C_b를 도입하고, [그림 17.3우]에 보인 바와 같이 곡선 C_1, C_a, C_2, C_b로 이루어진 반시계방향의 단순폐곡선 C를 생각한다. 이때 C_2에 대한 적분은 시계방향이 된다. 이제 $f(z)$는 단순폐곡선 C의 내부와 그 위에서 정칙이므로, 식 (17.13)이 성립하며, C_a와 C_b에 대한 적분은 매우 가깝게 하면 상쇄될 것이므로, C_1과 C_2에 대한 적분만 남는데, 적분경로 C_2의 방향을 바꾸면 적분의 부호가 바뀌므로, 다음과 같이 원하는 결과를 얻는다.

$$\int_{C_1} f(z)dz = \int_{C_2} f(z)dz\,. \tag{17.14}$$

여기서 C_2에 대한 적분은 원래대로 반시계방향으로 취한 적분임에 유의한다.

아래에서는 다음 절에서 고려할 코쉬 적분 공식의 유도를 위해 필요한 결과를 얻기로 한다. n이 정수라고 할 때, 다음과 같은 적분 I에 대해 생각하는데,

$$I = \int_C (z-a)^n dz\,, \tag{17.15}$$

여기서 C는 단순폐곡선, a는 C 안에 있는 주어진 복소수라고 한다.

만약 n이 음수가 아닌 정수, 즉 $0, 1, 2, \cdots$ 라고 하면, 피적분 함수가 전체 복소평면 상에서 정칙이므로, 코쉬-고올사 정리에 의해 $I=0$을 얻는다. 다음으로 n이 -1이 아닌 정수, 즉 $-2,\ -3,\ -4,\ \cdots$ 라고 하면, 피적분 함수가 일가함수이고 C는 폐곡선이므로, 복소적분에 대한 근본 정리를 이용하여 다음을 얻는다.

$$I = \left.\frac{(z-a)^{n+1}}{n+1}\right|_{z_i}^{z_f} = 0\,. \tag{17.16}$$

여기서 $z_i = z_f$는 C 상에 위치한 임의의 점이다.

이제 $n=-1$인 경우에 대해 생각하는데, 식 (17.14)를 이용하여 먼저 적분경로를 [그림 17.4]에 보인 바와 같이 $z-a=\rho e^{i\phi}$인 원 C'으로 바꾸어 생각하기로 하면 다음을 얻는다.

$$I = \int_C \frac{dz}{z-a} = \int_0^{2\pi} \frac{i\rho e^{i\phi} d\phi}{\rho e^{i\phi}} = 2\pi i\,. \tag{17.17}$$

위의 결과를 종합하면 정수 n, 단순폐곡선인 C, C 안에 위치한 주어진 복소수 a에 대해 다음을 얻는다.

$$I = \int_C (z-a)^n dz = \begin{cases} 0, & n \neq -1, \\ 2\pi i, & n = -1. \end{cases} \tag{17.18}$$

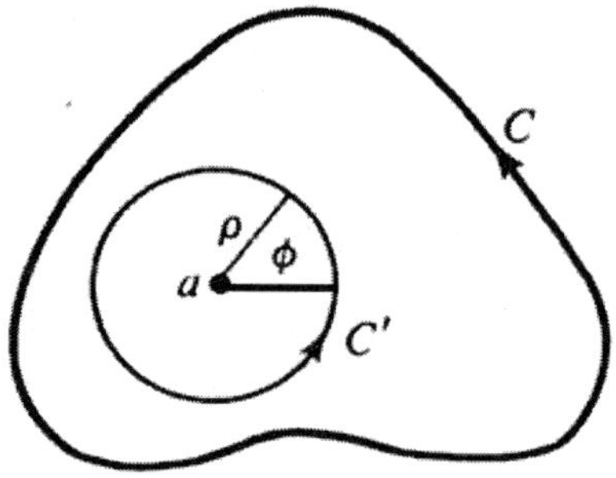

그림 17.4 $n=-1$인 경우에 대한 적분경로의 변형

17.3 코쉬 적분 공식

복소적분에 대한 코쉬의 지속적인 연구는 오늘날 공과대학에서 다루는 복소함수론과 관련된 전반적인 문제들을 다루고 있었는데, 그는 다음과 같은 **코쉬 적분 공식**(Cauchy integral formula; Cauchy, 1831)[10]으로 불리는 매우 중요한 결과를 발표하였다.

$f(z)$가 어떤 단순폐곡선 C의 내부와 또 그 위에서 정칙이고, a는 C 안에 있는 주어진 복소수라고 하면 다음이 성립한다.

$$f(a)=\frac{1}{2\pi i}\int_C \frac{f(z)}{z-a}dz. \tag{17.19}$$

이 결과를 증명하기 위해 먼저 위 식 우변의 적분을 다음과 같이 바꾸어 쓰기로 한다.

$$\begin{aligned}\int_C \frac{f(z)}{z-a}dz &= \int_C \frac{f(z)-f(a)+f(a)}{z-a}dz \\ &= \int_C \frac{f(z)-f(a)}{z-a}dz+f(a)\int_C \frac{dz}{z-a} \\ &= I+2\pi i f(a),\ I\equiv \int_C \frac{f(z)-f(a)}{z-a}dz.\end{aligned} \tag{17.20}$$

여기서 셋째 등호를 얻는 데는 식 (17.18)을 사용하였다. I의 크기, 즉 $|I|$의 상한에 대해서는 식 (17.12)를 사용하는데, 적분경로를 $z-a=\rho e^{i\phi}$인 원 C'으로 바꾸어 생각하면 다음을 얻으며,

$$|I|=\left|\int_{C'}\frac{f(z)-f(a)}{z-a}dz\right|\leq\frac{\varepsilon}{\rho}2\pi\rho=2\pi\varepsilon,\ \ \varepsilon=\max|f(z)-f(a)|, \tag{17.21}$$

$f(z)$는 C의 내부에서 정칙이므로 $\rho\to 0$에 따라 $\varepsilon\to 0$이며, 따라서 이들 결과들로부터 식 (17.19)를 얻는다.

식 (17.19)로 대표되는 코쉬 적분 공식은 세 가지 관점에서 중요한 의미를 가진다.

1) 아래 예제에서 보이는 바와 같이 복소적분과 실함수의 적분을 구하는데 다양한 방법으로 사용될 수 있다.

2) 식 (17.19) 우변의 피적분 함수에 포함된 $f(z)$가 어떤 단순폐곡선 C 상의 모든 점에서 주어진다면, C 내부의 임의의 점 a에서 함수의 값 $f(a)$를 구할 수 있다. 이는 $f(z)$의 실수부와 허수부가 각각 라플라스 방정식을 만족하는 것을 생각할 때, 라플라스 방정식의 해와 관련하여 중요한 점을 시사한다.

3) 정칙인 함수의 반복적인 미분을 구하는데 이 식을 사용할 수 있다.

먼저 df/dz를 구하기 위해 식 (17.19)에서 $z\to\zeta$, $a\to z$로 바꾸어 쓰면 다음을 얻으며,

$$f(z)=\frac{1}{2\pi i}\int_C\frac{f(\zeta)}{\zeta-z}d\zeta, \tag{17.22}$$

미분의 정의, 식 (16.8) 우변 극한의 분자에 대해 이 결과를 적용하면 다음을 얻는다.

$$\begin{aligned}f(z+\Delta z)-f(z)&=\frac{1}{2\pi i}\int_C f(\zeta)\left\{\frac{1}{\zeta-(z+\Delta z)}-\frac{1}{\zeta-z}\right\}d\zeta\\&=\frac{\Delta z}{2\pi i}\int_C\frac{f(\zeta)}{\{\zeta-(z+\Delta z)\}(\zeta-z)}d\zeta.\end{aligned} \tag{17.23}$$

따라서 df/dz는 식 (16.8)에 주어진 미분의 정의에 의해 다음과 같이 얻는데,

$$\frac{df}{dz}=\frac{1}{2\pi i}\lim_{\Delta z\to 0}\int_C \frac{f(\zeta)}{\{\zeta-(z+\Delta z)\}(\zeta-z)}d\zeta$$

$$=\frac{1}{2\pi i}\lim_{\Delta z\to 0}\int_C\left[\frac{f(\zeta)}{\{\zeta-(z+\Delta z)\}(\zeta-z)}-\frac{f(\zeta)}{(\zeta-z)^2}\right]d\zeta+\frac{1}{2\pi i}\int_C\frac{f(\zeta)}{(\zeta-z)^2}d\zeta$$

$$=I(z)+\frac{1}{2\pi i}\int_C\frac{f(\zeta)}{(\zeta-z)^2}d\zeta,$$

$$I(z)\equiv\lim_{\Delta z\to 0}\frac{\Delta z}{2\pi i}\int_C\frac{f(\zeta)}{\{\zeta-(z+\Delta z)\}(\zeta-z)^2}d\zeta, \tag{17.24}$$

여기서 $I(z)=0$임을 보이기 위해서는 $\left|\int_C \frac{f(\zeta)}{\{\zeta-(z+\Delta z)\}(\zeta-z)^2}d\zeta\right|<\infty$이 성립하는 것을 보이면 된다. 적분경로 C를 $\zeta-z=\rho e^{i\phi}$인 원 C'으로 바꾸어 생각하기로 하는데, [그림 17.5]에 보인 바와 같이 ρ는 C'이 C 안에 위치하도록 충분히 작게 잡고, 또 $|\Delta z|<\frac{\rho}{5}$를 만족하도록 잡으면 다음을 얻는다.

$$\left|\int_C\frac{f(\zeta)}{\{\zeta-(z+\Delta z)\}(\zeta-z)^2}d\zeta\right|\le\frac{M}{\frac{4}{5}\rho^3}2\pi\rho=\frac{10\pi M}{4\rho^2}<\infty. \tag{17.25}$$

여기서 M은 적분경로 C 상에서의 $|f(\zeta)|$의 최대값이다. 따라서 정칙인 함수 $f(z)$의 미분을 다음과 같이 얻는다.

$$\frac{df(z)}{dz}=\frac{1}{2\pi i}\int_C\frac{f(\zeta)}{(\zeta-z)^2}d\zeta. \tag{17.26}$$

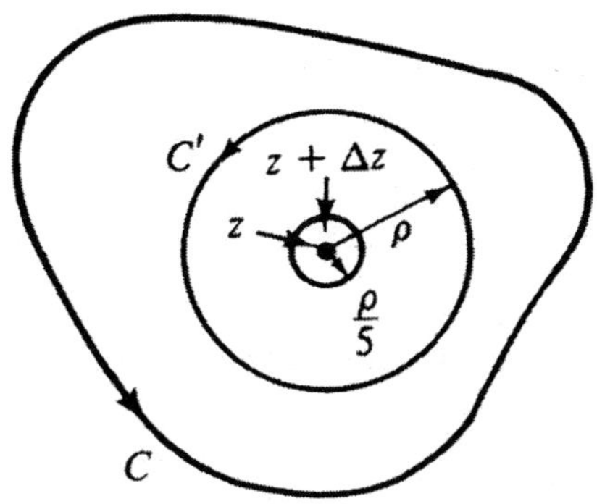

그림 17.5 $I(z)=0$ 임을 보이기 위한 적분경로

위에서 보인 과정을 df/dz 에 똑같이 적용하여 다음을 얻으며,

$$\frac{d^2 f(z)}{dz^2}=\frac{2}{2\pi i}\int_C \frac{f(\zeta)}{(\zeta-z)^3}d\zeta, \tag{17.27}$$

반복적으로 적용하거나 또는 수학적 귀납법을 사용하여 다음 결과를 얻는다([연습문제 2] 참조).

$$\frac{d^n f(z)}{dz^n}=\frac{n!}{2\pi i}\int_C \frac{f(\zeta)}{(\zeta-z)^{n+1}}d\zeta,\ n=1,2,\cdots\ . \tag{17.28}$$

이 결과에 따르면 코쉬-고올사 정리와 관련하여 기술한 바와 같이 정칙인 함수는 모든 계수의 미분을 가지며, 무한히 미분 가능하다고 할 수 있다. 어떤 점에서 정칙인 함수는 그 점을 중심으로 하는 최소한 하나의 근방에 속하는 모든 점에서 미분 가능하므로, 그 근방 안에 위치한 단순폐곡선 C를 생각하면, 식 (17.28)이 성립하기 때문에 어떤 점에서 정칙인 함수는 그 점에서 모든 계수의 미분을 가진다.

▶ **예제 17.2) 다음과 같이 주어지는 적분 I의 값을 구하시오.**

$$I=\int_C \frac{e^{-z}}{z-2}dz. \tag{예17.4}$$

여기서 C는 $|z|=3$인 원이다([그림 예17.2] 참조).

✎ 답) 식 (17.19)로 주어지는 코쉬 적분 공식을 사용하기로 하면 다음을 얻으므로,

$$a=2,\ f(z)=e^{-z}, \tag{예17.5}$$

이들을 식 (17.19)에 대입하여 다음 결과를 얻는다.

$$I=2\pi i f(2)=2\pi i e^{-2}. \tag{예17.6}$$

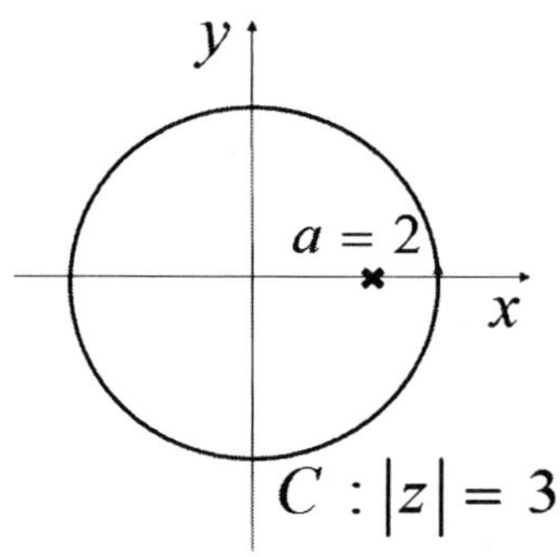

그림 예17.2

▶ **예제 17.3) 다음과 같이 주어지는 적분 I의 값을 구하시오.**

$$I=\int_C \frac{z^2-z-1}{z-2}dz. \tag{예17.7}$$

여기서 C는 $|z|=3$인 원이다([그림 예17.2] 참조).

답) 식 (17.19)로 주어지는 코쉬 적분 공식을 사용하기로 하면 다음을 얻으므로,

$$a = 2,\ f(z) = z^2 - z - 1, \tag{예17.8}$$

이들을 식 (17.19)에 대입하여 다음 결과를 얻는다.

$$I = 2\pi i f(2) = 2\pi i. \tag{예17.9}$$

▶ 예제 17.4) 다음과 같이 주어지는 적분 I의 값을 구하시오.

$$I = \int_C \frac{e^{kz}}{z} dz. \tag{예17.10}$$

여기서 C는 $|z| = 1$인 단위원이고, k는 주어진 양의 실수이다.

답) 식 (17.19)로 주어지는 코쉬 적분 공식을 사용하기로 하면 다음을 얻으므로,

$$a = 0,\ f(z) = e^{kz}, \tag{예17.11}$$

이들을 식 (17.19)에 대입하여 다음 결과를 얻는다.

$$I = 2\pi i f(0) = 2\pi i. \tag{예17.12}$$

▶ 예제 17.5) 위의 [예제 17.4]의 결과를 이용하여 다음을 구하시오.

$$J = \int_0^{2\pi} e^{k\cos\theta} \cos(k\sin\theta) d\theta = 2\pi. \tag{예17.13}$$

답) 단위원 상의 z에 대해서는 $z = e^{i\theta}$를 사용하면 식 (예17.10)의 적분에 대해 다음을 얻는다.

$$\begin{aligned} I &= \int_C \frac{e^{kz}}{z} dz = \int_0^{2\pi} \frac{e^{ke^{i\theta}}}{e^{i\theta}} i e^{i\theta} d\theta = i \int_0^{2\pi} e^{k\cos\theta} e^{ik\sin\theta} d\theta \\ &= i \int_0^{2\pi} e^{k\cos\theta} \cos(k\sin\theta) d\theta - \int_0^{2\pi} e^{k\cos\theta} \sin(k\sin\theta) d\theta \\ &= iJ - \int_0^{2\pi} e^{k\cos\theta} \sin(k\sin\theta) d\theta = 2\pi i. \end{aligned} \tag{예17.14}$$

따라서 $J = 2\pi$를 얻는다.

17.4 기타 유용한 정리들

이 절에서는 앞 절들에서 기술한 코쉬-고올사 정리와 코쉬 적분 공식을 이용하여 증명할 수 있고, 또 복소함수론과 관련하여 자주 사용되는 세 가지 정리를 소개하기로 한다.

1) **Liouville 정리**(Liouville's theorem; Liouville, 1809-1882, France, 1847)[11]
$f(z)$가 전역 함수일 때, 모든 z에 대해 $|f(z)| < \infty$가 성립하면, $f(z)$는 어떤 상수가 되어야 한다.

이를 증명하기 위해서는 코쉬 적분 공식으로부터 얻어진 식 (17.26)을 이용하기로 하고, C는 $|\zeta - z| = r$인 원이라고 하면 다음을 얻는다.

$$\left|\frac{df(z)}{dz}\right| \le \frac{1}{2\pi}\int_C \left|\frac{f(\zeta)}{(\zeta - z)^2}\right| d\zeta \le \frac{M}{r}. \tag{17.29}$$

여기서 M은 적분경로 C 상에서의 $|f(\zeta)|$의 최대값으로 유한하고, $f(z)$는 전역 함수이므로 r은 필요한 만큼 크게 잡을 수 있으며 $r \to \infty$에 대해 위 식의 우변은 0에 수렴한다. 따라서 $\dfrac{df(z)}{dz} = 0$을 얻고, 결국 $f(z)$는 상수가 되어야 함을 얻어 원하는 결과를 얻는다.

그러므로 상수가 아닌 전역 함수의 경우 $z \to \infty$일 때, 함수의 크기가 무한히 증가해야 하며 점 $z = \infty$는 특이점이라고 볼 수도 있다. 더구나 복소함수를 사상으로 간주하는 경우 $f(z) = z^{-1}$의 특이점 $z = 0$는 $f = \infty$에 상응하므로, 복소평면에서의 ∞는 하나의 점으로 볼 수도 있으나, 일반적으로 복소평면이라고 하면 점 $z = \infty$는 포함하지 않는 것으로 간주한다.

2) **대수학의 근본 정리**(Fundamental theorem of algebra)
$P(z)$가 다음과 같은 n차 다항식이라고 할 때,

$$P(z) = a_0 + a_1 z + a_2 z^2 + \cdots + a_n z^n,\ a_n \ne 0,\ n = 1, 2, \cdots, \tag{17.30}$$

$P(z) = 0$는 최소한 하나의 근을 가진다.

위의 Liouville 정리를 이용하여 이를 증명하는데 모순법을 사용하기로 한다. 따라서 $P(z)=0$를 만족하는 근이 없다고 가정하고, 다음과 같은 함수를 고려하기로 하면,

$$f(z)=\frac{1}{P(z)}, \tag{17.31}$$

$f(z)$는 전역 함수이어야 한다. 또한 $|z|\to\infty$일 때, $|f(z)|\to 0$이므로, 모든 z에 대해 $|f(z)|<\infty$가 성립해야 한다. 따라서 Liouville 정리에 의해 $f(z)$는 상수가 되어야 하는데 명백히 $f(z)$는 상수가 아니므로 모순된 결과를 얻었으며, 이는 $P(z)=0$를 만족하는 근이 최소한 하나 존재함을 뜻하며, 이로써 원하는 결과를 얻는다.

3) **모레라 정리**(Morera's theorem; Morera, 1856-1909, Italy, 1886)[12]
복소함수 $f(z)$가 어떤 단순연결 영역 R 안에서 연속이고, 또 영역 R 안에 위치한 모든 단순폐곡선 C에 대해 다음 식이 성립하면,

$$\int_C f(z)dz=0, \tag{17.32}$$

$f(z)$는 영역 R 안에서 정칙이다. 이 정리는 코쉬-고올사 정리의 역으로 볼 수 있다.

이를 증명하기 위해 다음과 같은 함수를 정의하면,

$$F(z)=\int_{z_0}^{z} f(\zeta)d\zeta, \tag{17.33}$$

$f(\zeta)$가 연속이고 식 (17.32)가 성립하기 때문에 복소함수 $F(z)$는 일가함수이며, 또한 복소적분의 근본 정리와 관련하여 식 (17.10)에서 증명한 것과 같은 방법으로 $\frac{dF}{dz}=f(z)$가 성립하는 것을 보일 수 있으므로 $F(z)$는 영역 R 안에서 정칙이다. 그런데 앞 절에서 보인 바와 같이 정칙 함수는 모든 계수의 미분을 가지므로 $f(z)$ 역시 정칙이어야 하며, 따라서 원하는 결과를 얻는다.

▶ **예제 17.6)** C가 z에 중심을 둔 반경 r인 원이고, M은 적분경로 C 상에서의 $|f(\zeta)|$의 최대값으로 유한하다고 할 때, 식 (17.28)을 이용하여 다음을 보이시오.

$$\left|\frac{d^n f(z)}{dz^n}\right| \le \frac{n!\,M}{r^n},\ n=1,2,\cdots\ . \qquad \text{(예17.15)}$$

✎ [답] 식 (17.28)에 주어진 조건을 적용하여 다음을 얻는다.

$$\left|\frac{d^n f(z)}{dz^n}\right| \le \frac{n!}{2\pi}\int_C \left|\frac{f(\zeta)}{(\zeta-z)^{n+1}}\right| d\zeta$$

$$\le \frac{n!}{2\pi}\frac{M}{r^{n+1}}2\pi r = \frac{n!\,M}{r^n},\ n=1,2,\cdots\ . \qquad \text{(예17.16)}$$

식 (17.29)는 이 결과에 $n=1$을 대입하여 얻을 수 있음에 유의한다.

연습문제

1. 만약 $\dfrac{dF}{dz}=f(z)$가 성립하고, $f(z)$가 영역 R 내에서 연속이면 식 (17.4)가 성립함을 보이시오.

2. 식 (17.28)을 수학적 귀납법을 사용하여 얻으시오.

3. 다음과 같은 적분이 주어졌다고 하자.

$$I=\int_C \frac{z+2}{z}\,dz. \tag{연17.1}$$

C가 다음과 같이 주어지는 각 경우에 대해 I를 구하시오.

1) $z=2e^{i\theta},\ \theta\in[0,\pi]$, 2) $z=2e^{i\theta},\ \theta\in[\pi,2\pi]$,

3) $z=2e^{i\theta},\ \theta\in[-\pi,\pi]$.

4. 적분경로 C가 $|z-i|=2$인 원이라고 할 때 다음 적분을 구하시오.

1) $\displaystyle\int_C \frac{dz}{z^2+4}$, 2) $\displaystyle\int_C \frac{dz}{(z^2+4)^2}$.

5. 적분경로 C가 $|z|=1$인 단위원이고, a는 임의의 실수라고 할 때, 다음 을 보이시오.

$$\int_C \frac{e^{az}}{z}dz=2\pi i. \tag{연17.2}$$

이 결과를 이용하여 다음 공식을 유도하시오.

$$\int_0^\pi e^{a\cos\theta}\cos(a\sin\theta)d\theta=\pi. \tag{연17.3}$$

18장

테일러 급수와 로랑 급수

2장에서 실변수의 급수에 대해 고려하였는데, 이 장에서는 복소변수의 급수에 대해 생각하기로 한다. 무한 급수의 수렴에 관한 사항은 2장에서 다루었던 결과를 그대로 이용할 것이므로 이 장을 공부하기 전에 2.1절, 2.2절의 내용을 다시 한 번 복습할 것을 권한다.

1절에서는 먼저 복소 급수, 특히 멱급수의 수렴에 관해 생각하고, 정칙 함수의 테일러 급수를 유도하여 정칙 연속을 포함한 기본적인 성질에 대해 고찰하며, 2절에서는 중심을 공유하는 두 개의 동심원 사이의 영역과 같은 **환형**(annular) 영역에서 정칙인 함수의 로랑 급수를 유도하고 그 성질에 대해 공부한다. 3절에서는 복소함수의 응용과 관련하여 자주 다루어야 하는 고립 특이점의 분류와 그 특성에 대해 알아본다.

18.1 테일러 급수

2.1절에서 급수와 관련하여 도입한 개념, 정의에 대해 실수를 복소수로 바꾸면 대부분 그대로 성립하므로, 급수의 각 항이 복소변수로 주어진 **복소 급수**(complex series)에 대해 생각하는데, 먼저 앞으로 주로 다루게 될 **멱급수**(power series)의 예로 급수, $\sum_{n=1}^{\infty} \frac{(z-a)^n}{n}$의 수렴성에 대해 고려하기로 한다. 2.2절의 [정리 2.5]에서 기술한 **비율 검사**(ratio test)를 적용하기로 하고, 급수의 일반항 $a_n \equiv \frac{(z-a)^n}{n}$ 으로 보면, r 을 다음과 같이 정의할 수 있다.

$$r \equiv \lim_{n \to \infty} \left| \frac{a_{n+1}}{a_n} \right|. \tag{18.1}$$

2.2절에서 급수의 수렴을 고려할 때, 급수의 각 항이 영보다 큰 경우에 대해 생각하였는데, 복소 급수에 대해서는 각 항의 크기를 생각하기로 하면 0이 아닌 복소수에 대해서는 그와 같은 조건이 그대로 성립함을 알 수 있다. 물론 복소수는 항상 실수부와 허수부로 나누어 쓸 수 있고, 각각의 부분은 실변수에 대한 급수이므로 2장의 결과를 그대로 적용할 수도 있으나, 이하에서는 복소변수 z를 주변수로 보아 고려하는 방법을 택하기로 한다.

식 (18.1)에 일반항 a_n을 대입하면 다음을 얻으므로,

$$r = \lim_{n \to \infty} \left| \frac{n(z-a)}{(n+1)} \right| = |z-a|, \tag{18.2}$$

[정리 2.5]에 따르면 다음과 같은 세 경우를 생각할 수 있다.

1) $|z-a| < 1$이면 주어진 급수는 수렴하고,

2) $|z-a| > 1$이면 주어진 급수는 발산하며,

3) $|z-a| = 1$이면 수렴에 대한 판정이 불가하다.

다시 말하면 [그림 18.1]에 보인 바와 같이 z가 a에 중심을 둔 반경 1인 원 안에 속하면 수렴하고, 바깥에 위치하면 발산하며, 원주 상에 있으면 판정이 불가한 경우에 속한다고 할 수 있다. 여기서 a에 중심을 둔 반경 1인 원을 **수렴원**(circle of convergence)이라고 부르며 그 반경은 **수렴 반경**(radius of convergence)이라고 부른다. 실변수 급수의 수렴과 관련하여서는 **수렴 구간**(interval of convergence)을 고려했던 반면에, 복소 급수와 관련하여서는 수렴원을 고려해야 함에 유의한다.

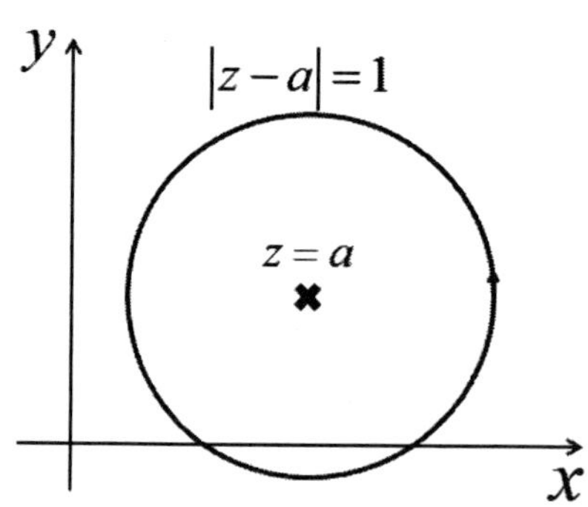

그림 18.1 복소 급수의 수렴원

균일 수렴(uniform convergence)의 개념을 사용하여 멱급수 $\sum_{n=0}^{\infty} a_n z^n$ 은 수렴원 내부에서는 연속임을 보일 수 있으며,[1] 수렴원 내부에 위치한 어떠한 단순폐곡선 C에 대해서도 다음이 성립한다.

$$\int_C \left(\sum_{n=0}^{\infty} a_n z^n \right) dz = \sum_{n=0}^{\infty} a_n \left(\int_C z^n dz \right) = 0 . \tag{18.3}$$

여기서 첫째 등호는 멱급수가 균일 수렴함을 이용하여, 둘째 등호는 식 (17.18)을 이용하여 각각 얻는다. 그러므로 17.4절에서 소개한 모레라 정리에 의해 $\sum_{n=0}^{\infty} a_n z^n \equiv f(z)$ 는 수렴원 내부에서 정칙이어야 하며, 또한 코쉬-고올사 정리에 의해 모든 계수의 미분이 존재해야 한다. 나아가 멱급수가 균일 수렴하므로 **항별 미분**(termwise differentiation)에 의해 $\frac{df}{dz}$ 를 다음과 같이 구할 수 있으며,

$$\frac{df}{dz} = \sum_{n=1}^{\infty} n a_n z^{n-1} , \tag{18.4}$$

여기서 $\frac{df}{dz}$ 는 원래의 수렴원 내부에서 정칙이다.

이제 주어진 임의의 함수 $f(z)$ 의 **테일러 급수**(Taylor series)를 얻기 위해 $f(z)$ 가 주어진 복소수 a를 중심으로 하는 원 C의 내부와 C 상에서 정칙이라고 가정하자. z가 C 내부에 위치한 점이라고 하면 코쉬 적분 공식, 식 (17.22)로부터 다음을 얻는다.

$$f(z) = \frac{1}{2\pi i} \int_C \frac{f(\zeta)}{\zeta - z} d\zeta = \frac{1}{2\pi i} \int_C \frac{f(\zeta)}{\zeta - a - z + a} d\zeta . \tag{18.5}$$

여기서 ζ는 C 상의 점에 상응하므로 $|\zeta - a| > |z - a|$ 임을 이용하기로 하면 위 식의 우변을 다음과 같이 바꾸어 쓸 수 있다([그림 18.2] 참조).

---

1) Churchill(1960)<3>을 참조하기 바란다.

$$f(z) = \frac{1}{2\pi i}\int_C \frac{f(\zeta)}{\zeta - a}\left(\frac{1}{1-t}\right)d\zeta,\ t \equiv \frac{z-a}{\zeta - a}. \tag{18.6}$$

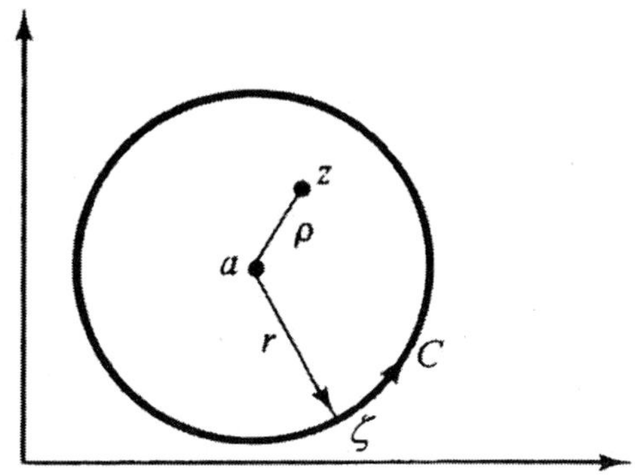

그림 18.2 테일러 급수의 증명

피적분 함수에 포함된 $\frac{1}{1-t}$ 에 대해서는 다음의 항등식을 사용하기로 하면,

$$\frac{1}{1-t} = 1 + t + t^2 + \cdots + t^{n-1} + \frac{t^n}{1-t}, \tag{18.7}$$

식 (18.6)으로부터 다음을 얻는다.

$$f(z) = \frac{1}{2\pi i}\int_C \frac{f(\zeta)}{\zeta - a}\left\{1 + \frac{z-a}{\zeta - a} + \cdots + \frac{(z-a)^{n-1}}{(\zeta - a)^{n-1}} + \frac{t^n}{1-t}\right\} d\zeta$$

$$= \frac{1}{2\pi i}\left\{\int_C \frac{f(\zeta)}{\zeta - a}d\zeta + (z-a)\int_C \frac{f(\zeta)}{(\zeta - a)^2}d\zeta + \cdots + (z-a)^{n-1}\int_C \frac{f(\zeta)}{(\zeta - a)^n}d\zeta\right\}$$

$$+ R_n,\ R_n = \frac{(z-a)^n}{2\pi i}\int_C \frac{f(\zeta)}{(\zeta - a)^n(\zeta - z)}d\zeta. \tag{18.8}$$

이 식의 마지막 우변에 코쉬 적분 공식, 식 (17.22)와 식 (17.28)을 적용하면 다음을 얻으며,

$$f(z) = f(a) + \frac{df(a)}{dz}(z-a) + \cdots + \frac{df^{n-1}(a)}{dz^{n-1}}\frac{(z-a)^{n-1}}{(n-1)!} + R_n, \tag{18.9}$$

또 $|R_n|$에 대해서는 다음이 성립한다.

$$|R_n| \le \frac{\rho^n}{2\pi}\int_C \left|\frac{f(\zeta)}{(\zeta-a)^n(\zeta-z)}\right| d\zeta \le \frac{\rho^n}{r^n}\frac{Mr}{(r-\rho)}. \tag{18.10}$$

여기서 $|z-a| = \rho$, $|\zeta - a| = r$, $M = \max|f(\zeta)|$이고, 둘째 부등호는 복소적분의 크기에 대한 상한과 관련하여 얻었던 식 (17.12)를 사용하여 얻었으며, 또 $r > \rho$이므로 $n \to \infty$에 따라 $|R_n| \to 0$을 얻는다.

따라서 주어진 함수 $f(z)$와 관련하여 C 내부에 위치한 z에 대해 다음을 얻으며,

$$f(z) = \sum_{n=0}^{\infty} \frac{f^{(n)}(a)}{n!}(z-a)^n, \tag{18.11}$$

여기서 $f^{(0)}(a) = f(a)$, $f^{(n)}(a) = \dfrac{d^n f(a)}{dz^n}$, $n = 1, 2, \cdots$를 뜻하고, 위 식은 $f(z)$의 $z = a$에 대한 **테일러 급수**(Taylor series)라고 부른다. 테일러 급수에 대한 엄밀한 최초의 증명은 코쉬에 의해 주어졌으며, 그가 재직했던 Ecole Polytechnique의 학생들을 위해 저술했던 교재, Cours d'analyse(1821)[13]에 실렸다.

2.3절의 [정리 2.13]에서 기술한 바와 같이 실변수 x의 실함수 $f(x)$에 대한 테일러 급수 $f_T(x)$가 존재하기 위해서는 그 함수를 무한히 미분할 수 있어야 한다는 조건이 필요하지만, 복소변수 z의 복소함수 $f(z)$는 위에서 보인 바와 같이 정칙, 즉 한 번만 미분 가능하면 테일러 급수 $f_T(z)$를 가진다. 또 [정리 2.14]에서 밝힌 바와 같이 실함수의 테일러 급수 $f_T(x)$가 주어진 실함수 $f(x)$로 수렴하는지에 대해서는 각각의 주어진 함수에 대해 증명을 요하지만, 복소함수 $f(z)$의 경우에는 위에서 보인 바와 같이 $f_T(z)$는 항상 주어진 함수 $f(z)$로 수렴한다. 물론 식 (18.11)과 식 (2.20)의 우변은 x와 z의 차이를 제외하면 전적으로 일치하므로 테일러 급수는 실함수이거나 복소함수이거나 동일한 형태로 주어진다.

식 (18.11)의 테일러 급수를 이용하고, $a=0$ 으로 취하면, 실변수 함수에 대한 것과 동일한 형태의 급수 전개를 다음과 같이 얻는다.

$$e^z = 1 + z + \frac{z^2}{2} + \frac{z^3}{3!} + \cdots , \tag{18.12}$$

$$\sin z = z - \frac{z^3}{3!} + \frac{z^5}{5!} + \cdots , \tag{18.13}$$

$$\cos z = 1 - \frac{z^2}{2} + \frac{z^4}{4!} + \cdots . \tag{18.14}$$

▶ **예제 18.1) 다음과 같이 주어진 함수의 $z=0$ 에 대한 테일러 급수를 구하시오.**

$$f(z) = \frac{1}{1+z^2} . \qquad \text{(예18.1)}$$

답) 먼저 주어진 함수의 미분들을 얻고 $z=0$ 에서의 값을 구하면 다음을 얻으므로,

$$f(0) = 1 , \qquad \text{(예18.2)}$$

$$\frac{df}{dz} = -\frac{2z}{(1+z^2)^2} , \ f^{(1)}(0) \equiv f'(0) = 0 , \qquad \text{(예18.3)}$$

$$\frac{d^2 f}{dz^2} = -\frac{2}{(1+z^2)^2} + \frac{(2z)^2}{(1+z^2)^3} , \ f^{(2)}(0) \equiv f''(0) = -2 , \qquad \text{(예18.4)}$$

이들을 식 (18.11)에 대입하여 다음을 얻는다.

$$f(z) = 1 - z^2 + z^4 + \cdots . \qquad \text{(예18.5)}$$

물론 실변수 x 에 대해, $|x| < 1$ 일 때 성립하는 다음과 같은 식을 사용할 수도 있으며,

$$\frac{1}{1-x} = 1 + x + x^2 + x^3 + \cdots , \tag{예18.6}$$

$x = -z^2$ 을 대입하면 위에서 얻었던 식 (예18.5)와 같은 결과를 얻는다. 단 이때 식 (예18.6)의 경우에는 분모가 $x = 1$ 에서 0이 되므로 $|x| < 1$ 의 조건이 필요함을 납득할 수 있지만, 다음과 같은 식이 주어졌다고 할 때,

$$\frac{1}{1+x^2} = 1 - x^2 + x^4 + \cdots , \tag{예18.7}$$

왜 이 식이 $|x| < 1$ 의 조건을 만족해야만 성립하는지에 대한 설명은 실변수 함수로만 다루어서는 쉽지 않다. 그러나 식 (예18.5)에 대해서는 비율 검사에 의해 매우 쉽게 수렴 반경이 1, 즉 $|z| < 1$ 의 조건이 만족되어야만 수렴함을 알 수 있으며, 또한 그와 같은 결과는 $z = \pm i$ 에서 분모가 0이 되기 때문에 얻어지는 것이므로, 실변수 함수의 성질에 대한 이해와 관련하여서도 복소함수로의 확장이 매우 도움이 됨을 알 수 있다.

이하에서는 복소함수의 급수 전개와 관련하여 매우 중요한 성질 중의 하나인 **정칙 연속**(analytic continuation)에 대해 설명하기로 한다. 위의 예제에서 고려한 함수의 테일러 급수는 $|z| < 1$ 인 단위원 C 안에서는 정칙이며 $z = \pm i$ 에서 함수의 값이 무한히 증가하여 [그림 18.3]에 보인 바와 같이 이 두 점에서 특이점을 가진다.

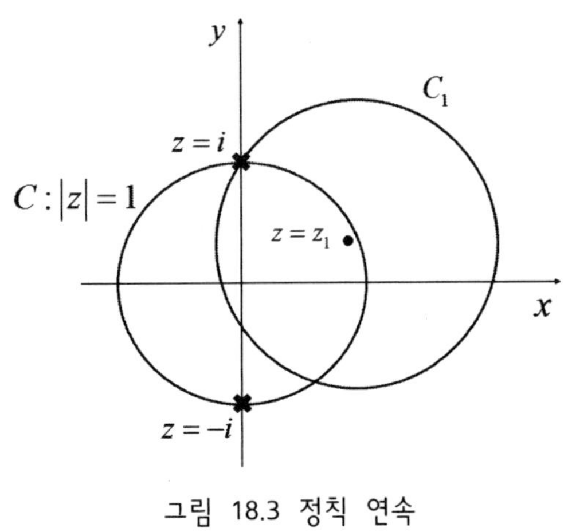

그림 18.3 정칙 연속

이때 생길 수 있는 의문은 주어진 함수가 단위원 C 바깥의 점들에 대해서는 어떤 형태의 테일러 급수를 가지는가 하는 점이다. 식 (예18.5)로 주어진 테일러 급수를 사용하면 [그림 18.3]에 보인 $z=z_1$에서의 값을 구하는 데는 문제가 없으며, 이 점에 대한 주어진 함수의 테일러 급수는 $z=z_1$에서의 함수 값 및 도함수의 값들을 알면 구할 수 있으므로, 이를 구하는 것은 어렵지 않다. 단 가장 가까운 특이점이 $z=i$에 위치하고 있고, 또 $|z_1-i|>1$이므로 명백히 C보다 반경이 큰 원 C_1을 수렴원으로 하는 테일러 급수를 구할 수 있다. 이와 같은 과정은 무한히 반복될 수 있으며, 반복 적용에 의해 $z=\pm i$의 두 특이점을 제외하면 z평면의 어떤 점에 대해서도 테일러 급수를 구할 수 있고, 각각의 테일러 급수는 상응하는 수렴원 내에서 정칙일 것이다. 당연히 이들 급수는 주어진 하나의 함수를 어떤 점에 대해 급수 전개하였는가에 따라 다른 형태를 가지며, 이들 급수는 모두 각각의 수렴원 안에서 정칙이고 유일하므로, 이와 같은 과정을 적용하여 주어진 함수에 대해 얻어진 정칙인 테일러 급수들을 서로에 대한 정칙 연속이라고 부른다.

정칙 연속의 개념은 함수의 값을 계산하는데 실제적으로 사용된다고 할 수는 없지만 실변수 함수와 복소함수 사이의 관계를 설명하는 데는 좋은 방편이 된다. 예를 들어 실변수 x의 함수인 e^x는 복소평면에서 보면 실수 축 상에서만 정의된 정칙 함수이지만, 복소변수 z의 함수인 e^z는 복소평면 전역에서 정칙인 전역 함수이며, 개념적으로 볼 때 복소함수 e^z는 실함수 e^x의 정칙 연속으로 볼 수 있다. 이와 같이 지수 함수에 대해 성립하는 실변수 함수와 복소함수 사이의 관계는 대부분의 기본적인 함수, 즉 삼각 함수, 쌍곡선 함수 등에 대해서도 마찬가지로 적용될 수 있다.

18.2 로랑 급수

앞 절에서는 수렴원 내에서 정칙인 테일러 급수를 생각하였는데, 이 절에서는 예를 들어 [그림 18.4좌]에 보인 바와 같이 $z=a$를 중심으로 하는 두 개의 동심원, C_i와 C_o 상에서 그리고 그 사이에서 정칙인 함수 $f(z)$의 급수 전개에 대해 생각하기로 한다.

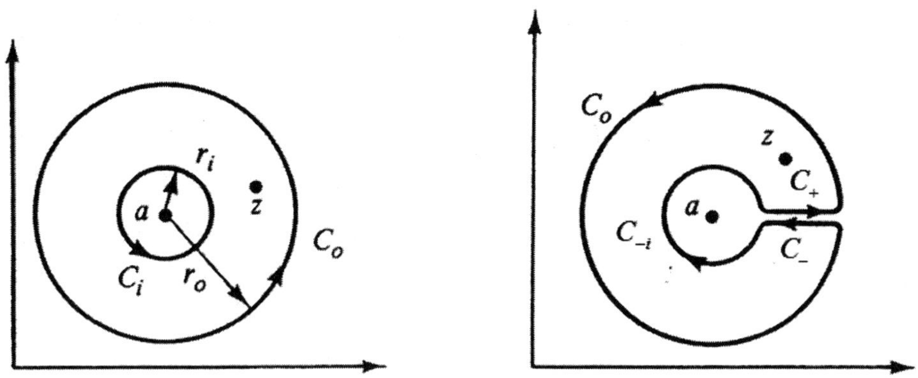

그림 18.4 적분경로의 변형

C_i과 C_o의 사이의 영역에 대해 생각하기 위해 매우 가깝게 위치한 경로 C_-와 C_+를 도입하고, [그림 18.4우]에 보인 바와 같이 곡선 C_o, C_-, C_{-i}, C_+로 이루어진 단순폐곡선 C를 생각한다. 여기서 C_{-i}는 C_i를 따라 시계방향으로 취한 경로이다. 이제 $f(z)$는 단순폐곡선 C의 내부와 그 위에서 정칙이므로, 코쉬 적분 공식, 식 (17.22)를 적용할 수 있으며, C_-와 C_+에 대한 적분은 매우 가깝게 하면 상쇄될 것이므로, C_o과 C_{-i}에 대한 적분만 남는데, 적분경로 C_i의 방향을 바꾸면 적분의 부호가 바뀌므로, 두 동심원 사이에 위치한 임의의 점 z에 대해 다음 결과를 얻는다.

$$f(z) = \frac{1}{2\pi i}\left\{\int_{C_o} \frac{f(\zeta)}{\zeta - z} dz - \int_{C_i} \frac{f(\zeta)}{\zeta - z} dz\right\} \equiv \frac{I_o - I_i}{2\pi i}. \tag{18.15}$$

여기서 우변의 적분은 원래대로 모두 반시계방향으로 취한 적분이다.

이제 C_o에 대한 적분 I_o에 대해서는 식 (18.5)에서와 같이 다시 쓴 후, 같은 방법에 의해 다음 결과를 얻는다.

$$I_o = \int_{C_0} \frac{f(\zeta)}{\zeta - a} d\zeta + (z-a)\int_{C_o} \frac{f(\zeta)}{(\zeta - a)^2} d\zeta + \cdots + (z-a)^{n-1}\int_{C_o} \frac{f(\zeta)}{(\zeta-a)^n} d\zeta + R_n$$

$$R_n = (z-a)^n \int_{C_o} \frac{f(\zeta)}{(\zeta - a)^n (\zeta - z)} d\zeta. \tag{18.16}$$

식 (18.10)을 얻을 때와 같은 방법에 의해 $|R_n|$에 대해 다음을 얻는다([그림 18.5] 참조).

$$|R_n| \le \frac{\rho^n}{2\pi}\int_C \left|\frac{f(\zeta)}{(\zeta-a)^n(\zeta-z)}\right| d\zeta \le \frac{\rho^n}{r_o^n}\frac{M_o r_o}{(r_o-\rho)}. \tag{18.17}$$

여기서 $|z-a|=\rho$, $|\zeta-a|=r_o$이며, $M_o=\max|f(\zeta)|$, $\zeta\in C_o$이고, $r_o>\rho$이므로 $n\to\infty$에 따라 $|R_n|\to 0$을 얻는다.

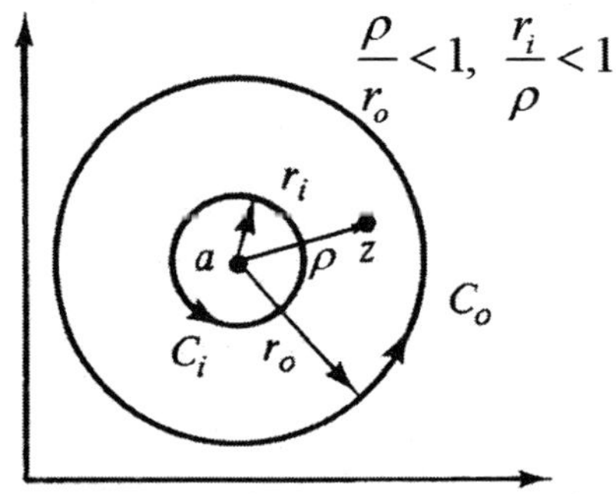

그림 18.5 로랑 급수의 증명

C_i에 대한 적분 I_i에 대해서는 다음과 같이 다시 쓴 후,

$$I_i \equiv \int_{C_i}\frac{f(\zeta)}{\zeta-z}dz = -\int_{C_i}\frac{f(\zeta)}{z-\zeta}dz = -\int_{C_i}\frac{f(\zeta)}{z-a-\zeta+a}dz, \tag{18.18}$$

$|z-a|>|\zeta-a|$임을 이용하기로 하면 위 식의 우변을 다음과 같이 바꾸어 쓸 수 있다([그림 18.5] 참조).

$$-I_i = \int_{C_i}\frac{f(\zeta)}{z-a}\left(\frac{1}{1-t}\right)d\zeta,\ t\equiv\frac{\zeta-a}{z-a}. \tag{18.19}$$

이 식의 우변에 항등식인 식 (18.7)을 적용하면 다음 결과를 얻는다.

$$-I_i = \int_{C_i} \frac{f(\zeta)}{z-a}\left\{1+\frac{\zeta-a}{z-a} + \cdots + \frac{(\zeta-a)^{n-1}}{(z-a)^{n-1}} + \frac{t^n}{1-t}\right\} d\zeta$$

$$= \frac{1}{z-a}\int_{C_i} f(\zeta)\, d\zeta + \frac{1}{(z-a)^2}\int_{C}(\zeta-a)f(\zeta)\, d\zeta + \cdots$$

$$\left. + \frac{1}{(z-a)^n}\int_{C}(\zeta-a)^{n-1}f(\zeta)d\zeta\right\} + Q_n,$$

$$Q_n = \frac{1}{(z-a)^n}\int_{C_i}\frac{(\zeta-a)^n f(\zeta)}{(z-\zeta)}\, d\zeta. \tag{18.20}$$

식 (18.10)을 얻을 때와 같은 방법에 의해 $|Q_n|$에 대해 다음을 얻는다([그림 18.5] 참조).

$$|Q_n| \le \frac{1}{\rho^n}\int_{C}\left|\frac{(\zeta-a)^n f(\zeta)}{(z-\zeta)}\right| d\zeta \le \frac{r_i^n}{\rho^n}\frac{M_i r_i}{(\rho - r_i)}. \tag{18.21}$$

여기서 $|\zeta-a| = r_i$, $M_i = \max|f(\zeta)|$, $\zeta \in C_i$이고, $\rho > r_i$이므로 $n \to \infty$에 따라 $|Q_n| \to 0$을 얻는다.

위의 결과들을 종합하여 식 (18.15)로부터 다음 식을 얻는다.

$$f(z) = \sum_{n=0}^{\infty} a_n (z-a)^n + \sum_{n=1}^{\infty} b_n (z-a)^{-n}, \tag{18.22}$$

$$a_n \equiv \frac{1}{2\pi i}\int_{C_0}\frac{f(\zeta)}{(\zeta-a)^{n+1}}\, d\zeta,\ n = 0, 1, 2, \cdots, \tag{18.23}$$

$$b_n \equiv \frac{1}{2\pi i}\int_{C_i}(\zeta-a)^{n-1}f(\zeta)\, d\zeta,\ n = 1, 2, \cdots. \tag{18.24}$$

주어진 함수 $f(z)$는 C_i와 C_o 사이에서 정칙이므로 식 (18.23), (18.24)에 보인 적분경로는 두 동심원 사이의 어떤 단순폐곡선을 적분경로로 잡아도 같은 결과를 얻을 것이므로, 결국 다음 결과를 얻는다.

$$f(z)=\sum_{n=0}^{\infty}a_n(z-a)^n+\sum_{n=1}^{\infty}b_n(z-a)^{-n}=\sum_{n=-\infty}^{\infty}c_n(z-a)^n, \tag{18.25}$$

$$c_n\equiv\frac{1}{2\pi i}\int_C\frac{f(\zeta)}{(\zeta-a)^{n+1}}d\zeta,\ a_n=c_n,\ b_n=c_{-n},\ n>0. \tag{18.26}$$

식 (18.25)는 $f(z)$의 $z=a$에 대한 **로랑 급수**(Laurent series; Laurent, 1813-1854, France, 1843)[14]라고 부른다.

만약 C_i 내부에 특이점이 없다면 식 (18.26)의 $a_n=\dfrac{1}{n!}\dfrac{d^n f(a)}{dz^n}$, $b_n=0$이 되므로, 로랑 급수는 $z=a$에 대한 $f(z)$의 테일러 급수가 된다. 또 만약 $z=a$가 함수 $f(z)$의 특이점인 경우에는 식 (18.26)의 c_n이 일반적으로 0이 아니므로, 로랑 급수에는 **음의 승수**(negative power)를 가지는 부분이 포함되며, 이때 n이 음수인 부분, 즉 식 (18.25) 첫째 등호 우변의 둘째 급수를 **주요부**(principal part)라고 부른다.

이하에서는 5 개의 예제를 통해 급수 전개에 대해 생각하기로 한다.

▶ **예제 18.2) 다음과 같이 주어진 함수의 $z=0$에 대한 급수 전개를 구하고 결과에 대해 논하시오.**

$$f(z)=\frac{1}{z-1}. \tag{예18.8}$$

답) 주어진 함수 $f(z)$는 $z=1$에서 특이점을 가지므로, $|z|<1$인 영역과 $|z|>1$인 두 영역에 대해 급수 전개를 생각할 수 있다.

1) 먼저 $|z|<1$인 영역에 대해 생각하면 $f(z)$는 단위원 내의 모든 점에서 정칙이므로 테일러 급수를 가질 것이며, 식 (18.11)로부터 다음을 얻는다.

$$f(z)=-1-z-z^2-\cdots. \tag{예18.9}$$

한편 $f(z)$를 다음과 같이 바꾸어 쓰고,

$$f(z)=-\frac{1}{1-z}, \tag{예18.10}$$

이 식의 우변에 식 (예18.6)을 사용하여도 식 (예18.9)와 같은 결과를 얻음에 유의한다.

2) 다음으로 $|z|>1$인 영역에 대해 생각하면, $f(z)$는 $z=1$에 특이점을 가지므로 식 (18.26)에서 C를 중심이 원점에 있고 반경이 1보다 큰 임의의 원으로 잡으면 $a=0$이므로 다음을 얻으며,

$$c_n = \frac{1}{2\pi i}\int_C \frac{d\zeta}{\zeta^{n+1}(\zeta-1)} = \frac{1}{2\pi i}\int_C \frac{d\zeta}{\zeta^{n+2}(1-\zeta^{-1})}, \tag{예18.11}$$

$|\zeta|>1$이므로 피적분 함수에 식 (예18.6)을 다시 한 번 사용하여 다음을 얻는다.

$$c_n = \frac{1}{2\pi i}\int_C \left(\frac{1}{\zeta^{n+2}} + \frac{1}{\zeta^{n+3}} + \frac{1}{\zeta^{n+4}} + \cdots\right)d\zeta. \tag{예18.12}$$

식 (17.18)로부터 이 식의 우변은 $n=0, 1, 2, \cdots$ 인 경우에는 0이 되며, $n=-1, -2, \cdots$ 일 때는 1이 되므로 이들을 식 (18.25)에 대입하여 다음 결과를 얻는다.

$$f(z) = z^{-1} + z^{-2} + z^{-3} + \cdots. \tag{예18.13}$$

한편 $f(z)$를 다음과 같이 바꾸어 쓰고,

$$f(z) = \frac{1}{z}\frac{1}{1-z^{-1}}, \tag{예18.14}$$

이 식의 우변에 식 (예18.6)을 사용하여도 식 (예18.13)과 같은 결과를 얻고, 또 식 (예18.13) 우변의 급수는 음의 승수를 가지는 멱함수들로만 이루어지고 있으며, 무한 급수인 주요부만 가진다.

위에서 테일러 급수 또는 로랑 급수를 구함에 있어 식 (18.11) 또는 (18.26)을 사용하여 급수의 계수를 얻거나, 또는 식 (예18.6)과 같이 이미 알려진 관계식을 이용하여 급수를 얻거나 간에 동일한 급수를 얻음을 보았는데, 이와 같은 결과는 테일러 급수 또는 로랑 급수 전개의 동일성(identity)에 기인하며, 실제로 급수 전개를 얻을 때는 이미 알려진 관계식들을 사용하는 것이 더욱 편리하다.

▶ **예제 18.3) 다음과 같이 주어진 함수의 $z=0$ 및 $z=i$에 대한 급수 전개를 구하고 결과에 대해 논하시오.**

$$f(z)=\frac{1}{z(1-z)}. \tag{예18.15}$$

답] 주어진 함수 $f(z)$는 $z=0,1$에서 특이점을 가지며, 각각의 특이점에 대해 차례로 생각하기로 한다.

1) $z=0$에 대한 급수 전개를 생각하기로 하는데, $0<|z|<1$인 영역과 $|z|>1$인 두 영역에 대해 급수 전개를 생각할 수 있다.

1a) $0<|z|<1$인 영역에 대해서는 식 (18.26)에서 C를 중심이 원점에 있고 반경이 1보다 작은 임의의 원으로 잡으면 $a=0$이므로 다음을 얻으며([그림 예18.1] 참조),

$$c_n=\frac{1}{2\pi i}\int_C\frac{d\zeta}{\zeta^{n+2}(1-\zeta)}, \tag{예18.16}$$

$|\zeta|<1$이므로 피적분 함수에 식 (예18.6)을 다시 한 번 사용하여 다음을 얻는다.

$$c_n=\frac{1}{2\pi i}\int_C\left(\frac{1}{\zeta^{n+2}}+\frac{1}{\zeta^{n+1}}+\frac{1}{\zeta^{n}}+\cdots\right)d\zeta. \tag{예18.17}$$

식 (17.18)로부터 이 식의 우변은 $n=-2,-3,-4,\cdots$인 경우에는 0이 되며, $n=-1,0,1,2,\cdots$ 일 때는 1이 되므로 이들을 식 (18.25)에 대입하여 다음 결과를 얻는다.

$$f(z)=z^{-1}+1+z+z^2+\cdots. \tag{예18.18}$$

이 식 우변의 급수는 z^{-1}을 제외하면 모두 양의 승수를 가지는 멱함수로 되어 있어 주요부는 z^{-1}의 한 항으로 구성된다.

이 경우에도 식 (예18.6)을 직접 주어진 함수에 적용하면 다음을 얻는데,

$$f(z)=\frac{1}{z(1-z)}=\frac{1}{z}\left(1+z+z^2+\cdots\right), \tag{예18.19}$$

이를 정리하면 식 (예18.18)과 같은 결과임을 확인할 수 있다.

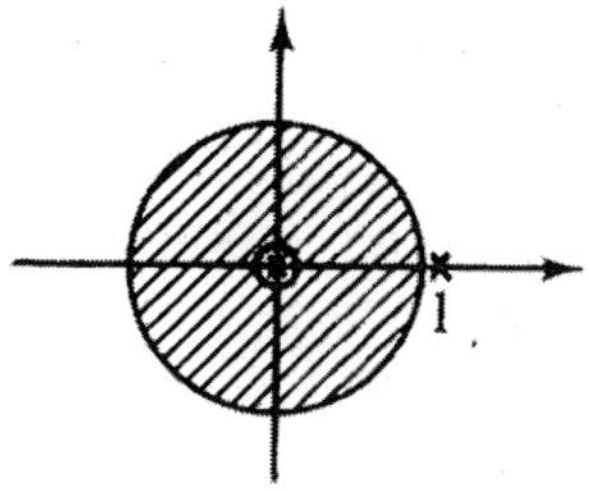

그림 예18.1

1b) $|z|>1$인 영역에 대해서는 식 (18.26)에서 C를 중심이 원점에 있고 반경이 1보다 큰 임의의 원으로 잡으면 $a=0$이므로 다음을 얻으며([그림 예18.2] 참조),

$$c_n = \frac{1}{2\pi i}\int_C \frac{d\zeta}{\zeta^{n+2}(1-\zeta)} = -\frac{1}{2\pi i}\int_C \frac{d\zeta}{\zeta^{n+3}(1-\zeta^{-1})}, \qquad (예18.20)$$

$|\zeta|>1$이므로 피적분 함수에 식 (예18.6)을 다시 한 번 사용하여 다음을 얻는다.

$$c_n = -\frac{1}{2\pi i}\int_C \left(\frac{1}{\zeta^{n+3}} + \frac{1}{\zeta^{n+4}} + \frac{1}{\zeta^{n+5}} + \cdots\right) d\zeta. \qquad (예18.21)$$

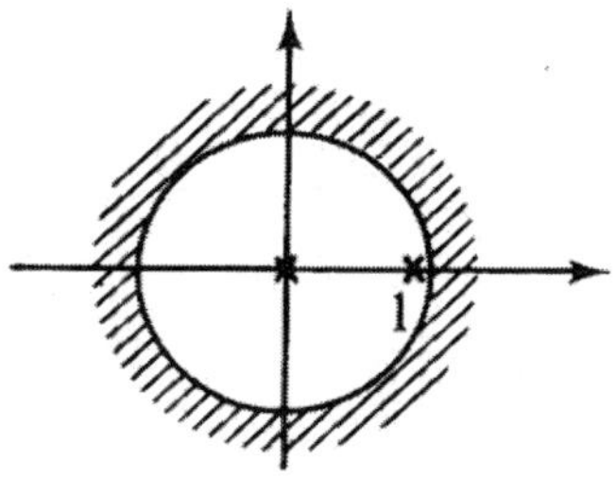

그림 예18.2

식 (17.18)로부터 이 식의 우변은 $n=-1, 0, 1, 2, \cdots$ 인 경우에는 0이 되며, $n=-2, -3, -4, \cdots$ 일 때는 1이 되므로 이들을 식 (18.25)에 대입하여 다음 결과를 얻는다.

$$f(z) = -\left(z^{-2} + z^{-3} + z^{-4} + \cdots\right). \quad \text{(예18.22)}$$

이 식 우변의 급수는 음의 승수를 가지는 무한히 많은 항의 멱함수로 되어 있으며, 주요부는 무한 급수이다.

이 경우에도 식 (예18.6)을 직접 주어진 함수에 적용하는데, $|z| > 1$임을 고려하여 다음을 얻을 수 있으며,

$$f(z) = \frac{1}{z(1-z)} = -\frac{1}{z^2(1-z^{-1})} = -z^{-2}\left(1 + z^{-1} + z^{-2} + \cdots\right), \quad \text{(예18.23)}$$

이를 정리하면 식 (예18.22)와 같은 결과임을 확인할 수 있다.

2) $z = i$에 대한 급수 전개를 생각하기로 하는데, 이 점으로부터 가장 가까운 특이점은 $z = 0$에 위치하므로, $|z-i| < 1$인 영역과, 또 $z = 1$에도 특이점이 위치하고 있으므로, $1 < |z-i| < \sqrt{2}$, $|z-i| > \sqrt{2}$인 세 영역에 대해 급수 전개를 생각할 수 있다.

$|z-i| < 1$인 영역에서는 주어진 함수 $f(z)$가 정칙이므로 테일러 급수를, $1 < |z-i| < \sqrt{2}$인 **환형**(annular) 영역에서는 로랑 급수를 각각 가지며, 이들에 대해서는 [연습문제 2]로 남기기로 한다.

$|z-i| > \sqrt{2}$인 영역에 대해서는 식 (18.26)에서 C를 중심이 $z = i$에 있고 반경이 $\sqrt{2}$보다 큰 임의의 원으로 잡으면 $a = i$이므로 다음을 얻으며([그림 예18.3] 참조),

$$\begin{aligned} c_n &= \frac{1}{2\pi i}\int_C \frac{d\zeta}{(\zeta-i)^{n+1}\zeta(1-\zeta)} \\ &= \frac{1}{2\pi i}\int_C \frac{d\zeta}{(\zeta-i)^{n+1}(\zeta-i+i)(1-\zeta+i-i)} \\ &= -\frac{1}{2\pi i}\int_C \frac{d\zeta}{t^{n+3}(1+it^{-1})\{1-(1-i)t^{-1}\}}, \quad t \equiv \zeta - i, \end{aligned} \quad \text{(예18.24)}$$

$|t| > \sqrt{2}$ 이므로 피적분 함수에 식 (예18.6)을 사용하여 다음을 얻는다.

$$c_n = -\frac{1}{2\pi i}\int_{C_1} \frac{1}{t^{n+3}}\left(1 - it^{-1} - t^{-2} + \cdots\right)\left(1 + \alpha t^{-1} + \alpha^2 t^{-2} + \cdots\right)dt. \tag{예18.25}$$

여기서 $\alpha = 1 - i$ 이고, 위 식의 우변을 정리하여 다음을 얻으며,

$$c_n = -\frac{1}{2\pi i}\int_{C_1} \frac{1}{t^{n+3}}\left\{1 + (\alpha - i)t^{-1} + (-i\alpha - 1 + \alpha^2)t^{-2} + \cdots\right\}dt, \tag{예18.26}$$

식 (17.18)로부터 이 식의 우변은 $n = -1, 0, 1, 2, \cdots$ 인 경우에는 0이 되는데 $n = -2,\ -3,\ -4,\ \cdots$ 일 때는 0이 아니므로 이들을 식 (18.25)에 대입하여 다음 결과를 얻는다.

$$f(z) = -\left\{(z-i)^{-2} + (1-2i)(z-i)^{-3} - (2+3i)(z-i)^{-4} + \cdots\right\}. \tag{예18.27}$$

이 식 우변의 급수는 음의 승수를 가지는 무한히 많은 항의 멱함수로 되어 있으며, 주요부는 무한 급수이다.

이 문제의 경우에도 식 (예18.6)을 직접 주어진 함수에 적용하여 보다 쉽게 얻고자 하는 급수 전개, 식 (예18.27)을 얻을 수 있으며, 이는 [연습문제 3]으로 남기기로 한다.

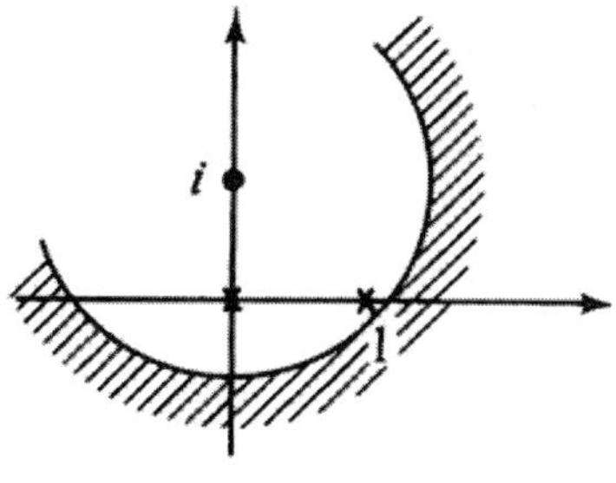

그림 예18.3

▶ **예제 18.4) 다음과 같이 주어진 함수의 $z=0$에 대한 급수 전개를 $|z|>0$인 영역에 대해 구하시오.**

$$f(z)=\frac{\cos z}{z}. \tag{예18.28}$$

답) 주어진 함수 $f(z)$는 $z=0$에서 특이점을 가지고, $\cos z$는 전역 함수로 $z=0$에 대한 테일러 급수는 식 (18.14)에 주어진 바와 같으므로, 이를 이용하기로 하면 다음을 얻는다.

$$f(z)=\frac{1}{z}\left(1-\frac{z^2}{2}+\frac{z^4}{4!}+\cdots\right)=z^{-1}-\frac{z}{2}+\frac{z^3}{4!}+\cdots. \tag{예18.29}$$

로랑 급수의 동일성에 의해 위 식 우변의 급수는 주어진 함수의 로랑 급수이며, z^{-1}을 제외하면 음의 승수를 가지는 멱함수를 포함하지 않고, 주요부는 한 항으로 구성된다.

▶ **예제 18.5) 다음과 같이 주어진 함수의 $z=\frac{\pi}{2}$에 대한 급수 전개를 $0<\left|z-\frac{\pi}{2}\right|<\pi$인 영역에 대해 구하시오.**

$$f(z)=\sec z=\frac{1}{\cos z}. \tag{예18.30}$$

답) $F(z)\equiv\cos z$는 전역 함수이고 $z=\frac{\pi}{2}$에 대한 테일러 급수는 식(18.11)로부터 다음과 같이 주어지며,

$$\cos z=\sum_{n=0}^{\infty}\frac{F^{(n)}(\pi/2)}{n!}\left(z-\frac{\pi}{2}\right)^n=-\zeta+\frac{\zeta^3}{3!}-\frac{\zeta^5}{5!}+\cdots,$$

$$\zeta\equiv z-\frac{\pi}{2}, \tag{예18.31}$$

$z=\frac{\pi}{2}$, 즉 $\zeta=0$에서 영의 값을 가지므로 주어진 함수 $f(z)$는 $z=\frac{\pi}{2}$, 즉 $\zeta=0$을 특이점으로 가진다. 주어진 함수를 이와 같은 상황을 고려하여 다음과 같이 다시 쓰기로 하면,

$$f(z)=\frac{1}{\cos z}=\frac{1}{\zeta}\frac{\zeta}{\cos z}=\zeta^{-1}g(\zeta),\ g(\zeta)\equiv\frac{\zeta}{\cos z},\qquad \text{(예18.32)}$$

$g(\zeta)$는 $\zeta=0$에서 특이점을 가지지 않음을 알 수 있으며, $g(\zeta)$에 대해 식 (예18.31)을 사용하여 다음을 얻는다.

$$\begin{aligned} g(\zeta) &= \frac{\zeta}{-\zeta+\frac{\zeta^3}{3!}-\frac{\zeta^5}{5!}+\cdots}=-\frac{1}{1-\left(\frac{\zeta^2}{3!}-\frac{\zeta^4}{5!}+\cdots\right)} \\ &=-\left\{1+\left(\frac{\zeta^2}{3!}-\frac{\zeta^4}{5!}+\cdots\right)+\left(\frac{\zeta^2}{3!}-\frac{\zeta^4}{5!}+\cdots\right)^2+\cdots\right\} \\ &=-\left\{1+\frac{\zeta^2}{6}+\left(\frac{1}{36}-\frac{1}{120}\right)\zeta^4+\cdots\right\}=-\left(1+\frac{\zeta^2}{6}+\frac{7\zeta^4}{360}+\cdots\right). \end{aligned}\qquad \text{(예18.33)}$$

이 결과를 식 (예18.32)에 대입하면 다음을 얻는데,

$$f(z)=\zeta^{-1}g(\zeta)=-\zeta^{-1}\left(1+\frac{\zeta^2}{6}+\frac{7\zeta^4}{360}+\cdots\right),\ \zeta\equiv z-\frac{\pi}{2},\qquad \text{(예18.34)}$$

위 식의 급수는 주어진 함수의 로랑 급수이고, ζ^{-1}을 제외하면 음의 승수를 가지는 멱함수를 포함하지 않으며, 주요부는 한 항으로 구성된다.

▶ **예제 18.6) 다음과 같이 주어진 함수의 $z=0$에 대한 급수 전개를 구하시오.**

$$f(z)=e^{-1/z^2}. \tag{예18.35}$$

이 함수는 실변수 함수 $f(x)=e^{-1/x^2}$의 테일러 급수와 관련하여 식 (2.24)에서 고려했던 함수로 $x=0$는 이 함수의 특이점이라고 언급한 바 있다.

답) 복소변수 ζ에 대해 e^{ζ}는 전역 함수이며 $\zeta=0$에 대한 테일러 급수는 식 (18.12)에 주어진 바와 같으므로, 이를 이용하여 $|z|>0$인 영역에 대해 주어진 함수를 멱급수로 나타내면 다음을 얻는다.

$$f(z)=1-\frac{1}{z^2}+\frac{1}{2z^4}-\frac{1}{6z^6}+\cdots. \tag{예18.36}$$

이 식 우변의 급수는 $z\to 0$일 때 발산하는데, 이는 원래 주어진 함수에 대해 z를 실수 x로 바꾸어 생각하고, $x\to 0$일 때 $f(x)=e^{-1/x^2}\to 0$인 것과 일견 모순된 것으로 보인다. 그러나 이와 같은 현상은 복소함수가 다음 절에서 고려할 특정한 종류의 특이점을 가지는 경우 그 특이점에 어떤 경로를 거쳐 가까이 가느냐에 따라 다른 결과가 얻어지는 성질에 따른 것이다. 예를 들어 위의 주어진 함수에 $z=iy$를 택하고 $y\to 0$인 경우를 고려하면 다음을 얻는다.

$$\lim_{y\to 0} e^{-1/(iy)^2}=\lim_{y\to 0} e^{1/y^2}=\infty. \tag{예18.37}$$

주어진 함수의 특이점으로서의 $z=0$의 성질과 관련해서는 다음 절의 마지막 부분을 참고하기 바란다.

18.3 고립 특이점

이 절에서는 함수의 특이점이 가지는 성질과 관련하여 고립 특이점에 대해 생각하기로 한다.

주어진 함수 $f(z)$가 어떤 점 z_0에서 유한한 값을 가지지 않고, 또 어떤 실수 r에 대해 $0<|z-z_0|<r$인 환형 영역에서 $f(z)$가 정칙이면, z_0는 $f(z)$의 **고립 특이점**(isolated singularity)이라고 정의된다. z_0가 $f(z)$의 고립 특이점일 때, $f(z)$는 위의 정의에 따라 $z=z_0$에 대한 로랑 급수를 $0<|z-z_0|<r$인 환형 영역에 대해 가지는데, 이때 음의 승수를 가지는 항의 수가 유한하면, 예를 들어 어떤 $m>0$에 대해 $c_{-m} \neq 0$, $c_{-n}=0$, $n>m$이 성립하면 z_0는 $f(z)$의 m**차 극점**(mth order pole)이라고 부른다. 만약 음의 승수를 가지는 항이 무한히 많으면, 즉 주요부가 무한 급수이면 z_0는 **본질적 특이점**(essential singularity)이라고 부른다.

예를 들어 앞 절의 [예제 18.3]에서 고려한 함수 $f(z)=\dfrac{1}{z(1-z)}$는 $z=0$을 고립 특이점으로 가지는데, 식 (예18.18)에서 구한 $0<|z|<1$인 환형 영역에 대한 로랑 급수에서 보인 바와 같이, $m=1$인 경우이므로 $z=0$은 $f(z)$의 1차 극점 또는 **단극점**(simple pole)이라고 부른다.

위의 정의를 좀 더 명확하게 이해하기 위해 다음의 두 예제를 생각하자.

▶ **예제 18.7) 다음과 같이 $z=0$에 대한 급수로 주어진 함수 $f(z)$에 대해 $z=0$의 특이점으로서의 성질에 대해 논하시오.**

$$f(z)=\frac{1}{z^3}+\frac{1}{z^4}+\frac{1}{z^5}+\cdots . \qquad \text{(예18.38)}$$

답) 얼핏 보기에는 음의 승수를 가진 항이 무한히 많으므로 $z=0$가 본질적 특이점처럼 보일 수 있으나, 위의 급수는 비율 검사에 의해 $|z|>1$일 때만 수렴함을 알 수 있으므로, $f(z)$가 정칙인 환형 영역 $0<|z|<r$을 어떤 r에 대해서도 가질 수 없어 위의 급수는 주어진 함수 $f(z)$의 $0<|z|<r$에 대한 로랑 급수가 아님을 알 수 있다. 따라서 주어진 함수 $f(z)$의 $0<|z|<r$에 대한 로랑 급수를 구하기 위해 식 (예18.38)을 다음과 같이 바꾸어 쓰기로 한다.

$$f(z)=\frac{1}{z^3}\left(1+\frac{1}{z}+\frac{1}{z^2}+\cdots\right)=\frac{1}{z^3\left(1-z^{-1}\right)}. \qquad (예18.39)$$

여기서 둘째 등호를 얻기 위해 $|z|>1$과 식 (예18.6)을 사용하였다. 이 식으로부터 다음 결과를 얻으며,

$$f(z)=\frac{1}{z^3\left(1-z^{-1}\right)}=-\frac{1}{z^2(1-z)}=-\frac{1}{z^2}\left(1+z+z^2+\cdots\right), \qquad (예18.40)$$

여기서 마지막 등호를 얻기 위해서 $0<|z|<1$과 식 (예18.6)을 사용하였다. 이 식 우변의 급수는 주어진 함수 $f(z)$의 $0<|z|<1$인 영역에 대해 $z=0$에 대한 로랑 급수이며, 따라서 $z=0$은 $f(z)$의 2차 극점 또는 **쌍극점**(dipole)임을 얻는다.

▶ **예제 18.8) 다음과 같이 주어진 함수 $f(z)$의 특이점에 대해 논하시오.**

$$f(z)=\frac{\pi+z+\sin z}{(1+\cos z)^2}. \qquad (예18.41)$$

답) 분모가 $z=\pm\pi$, $\pm 3\pi$, $\cdots$ 에서 0이 되는데, 먼저 $z=\pi$에 대해서 생각하기로 한다. $z=\pi$ 부근에서 분모는 다음과 같이 변화하며,

$$(1+\cos z)^2\sim\left\{1-1+\frac{(z-\pi)^2}{2}\right\}^2=\frac{(z-\pi)^4}{4}, \qquad (예18.42)$$

따라서 주어진 함수 $f(z)$에 대해서는 다음을 얻으므로,

$$f(z)\sim\frac{8\pi}{(z-\pi)^4}, \qquad (예18.43)$$

$z=\pi$는 $f(z)$의 4차 극점이라고 할 수 있다.

같은 방법으로 분모가 0이 되는 다른 점들에 대해서도 같은 결론을 얻을 수 있지만, $z=-\pi$에 대해서는 분자도 0이 되므로 좀 더 자세히 살펴야 한다. 분자를 $z=-\pi$에 대해 전개하면 다음을 얻고,

$$\pi+z+\sin z=\zeta+\left(-\zeta+\frac{\zeta^3}{6}-\cdots\right)\sim\frac{\zeta^3}{6},\ \zeta\equiv z+\pi, \qquad \text{(예18.44)}$$

이를 식 (예18.41)에 대입하여 다음을 얻으므로,

$$f(\zeta)\sim\frac{4}{\zeta^4}\frac{\zeta^3}{6}=\frac{2}{3\zeta}, \qquad \text{(예18.45)}$$

$z=-\pi$는 $f(z)$의 단극점이다.

마지막으로 앞 절에서 다루었던 [예제 18.6]의 함수 $f(z)=e^{-1/z^2}$에 대해 생각하기로 한다. 식 (예18.36)으로부터 $z=0$은 $f(z)$의 본질적 특이점임을 알 수 있으며, 이에 대해서는 Weierstrass(1815-1897, Germany)의 본질적 특이점에 대한 정리를 소개해 둔다.[2)]

z_0가 $f(z)$의 본질적 특이점일 때, c가 주어진 임의의 복소수라고 하면, 각각 영보다 큰 주어진 실수 ε, δ에 대해, $|f(z)-c|<\varepsilon$이 성립하는 z가 환형 영역, $0<|z-z_0|<\delta$ 안에 존재한다.

이 정리에 따르면 즉 z_0이 $f(z)$의 본질적 특이점인 경우, $f(z)$는 z_0 부근에서 어떤 복소수의 값도 가질 수 있다. 다시 말하면 본질적 특이점으로 어떻게 근접해 가느냐에 따라 주어진 함수는 무수히 많은 다른 값을 가질 수 있으므로, 본질적 특이점에서 주어진 함수가 무한히 증가한다고 하기는 불합리한 면이 있으며, 이는 [예제 18.6]과 관련하여 우리가 보았던 상황과도 일치한다.

2) 증명에 대해서는 Churchill(1960)<3>을 참조하기 바란다.

연습문제

1. 다음을 보이시오.

   1) $|z+1|<1$일 때, $\dfrac{1}{z^2}=1+\sum_{n=1}^{\infty}(n+1)(z+1)^n$,

   2) $|z-2|<2$일 때, $\dfrac{1}{z^2}=\dfrac{1}{4}+\dfrac{1}{4}\sum_{n=1}^{\infty}(-1)^n(n+1)\left(\dfrac{z-2}{2}\right)^n$,

   3) $0<|z-1|<2$일 때, $\dfrac{z}{(z-1)(z-3)}=-\dfrac{1}{2(z-1)}-3\sum_{n=1}^{\infty}\dfrac{(z-1)^{n-1}}{2^{n+1}}$.

2. 식 (예18.15)에 주어진 함수에 대해 $z=i$에 대한 급수 전개를 구하는데, $|z-i|<1$인 영역에서의 테일러 급수와, $1<|z-i|<\sqrt{2}$인 환형 영역에서의 로랑 급수를 각각 구하시오.

3. 식 (예18.6)을 직접 식 (예18.15)에 적용하여 식 (예18.27)의 급수 전개를 구하시오.

4. 다음 함수 $f(z)$의 $|z|>0$에 대한 로랑 급수를 구하시오.

$$f(z)=\frac{\sinh z}{z^2}. \qquad (연18.1)$$

5. 다음의 **2항 전개**(binomial expansion)를 테일러 급수를 사용하여 구하시오.

$$(1+z)^m=1+mz+\frac{m(m-1)}{1\cdot 2}z^2+\cdots=\sum_{n=0}^{\infty}\binom{m}{n}z^n,\ |z|<1. \qquad (연18.2)$$

6. 어떤 복소함수 $f(z)$의 원점에 대한 로랑 급수의 계수가 모두 실수라고 할 때, 다음을 증명하시오.

$$\overline{f}\,(z) = f(\overline{z}). \qquad \text{(연18.3)}$$

위의 내용은 **Schwarz의 반사 원리**(reflection principle)라고 불린다.

다음 함수들에 대해 이 원리가 적용될 수 있는지 또는 없는지 보이시오.

1) $f(z) = z^n$, $n = 1, 2, \cdots$,

2) $f(z) = \sin z$,

3) $f(z) = iz$.

19장

유수 정리와 그 응용

17장에서 복소적분에 대해 설명하였는데, 이 장에서는 실제 복소적분의 값을 얻는 매우 편리한 방법, 즉 **유수 정리**(residue theorem)와 그 응용에 대해 배우기로 한다. 라플라스 변환의 역변환은 복소적분으로 주어지며, 또 푸리에 변환과 관련된 연산도 복소적분을 사용해야 하는 경우가 대부분이며, 또한 실변수 함수의 적분도 많은 경우 복소적분을 이용하여 쉽게 구할 수 있다.

1절에서는 유수 정리를 유도한 뒤, 2절에서는 유수를 실제로 구하는 간편한 방법들에 대해 논의하며, 3절에서는 위의 결과들을 사용하여 라플라스 역변환을 포함하는 다섯 개의 예제들을 다루고, 4절에서는 코쉬 주치적분을 정의하고 그 계산에 대해 알아본다.

19.1 유수 정리

단순폐곡선 C를 따라 정의된 다음과 같은 복소적분을 생각하는데,

$$I = \int_C f(z)\,dz, \tag{19.1}$$

이때 $f(z)$는 C의 내부에 위치한 n 개의 고립 특이점, z_1, z_2, $\cdots$, z_n을 제외하면 C 상에서 그리고 그 내부에서 정칙이라고 한다. I를 구하기 위해 먼저 적분경로를 [그림 19.1좌]에 보인 바와 같이 C'으로 변형하는데, 이는 [그림 17.3]과 관련하여 설명한 바와 같이 C와 C' 사이에서 $f(z)$가 정칙임을 고려하여 수행될 수 있다.

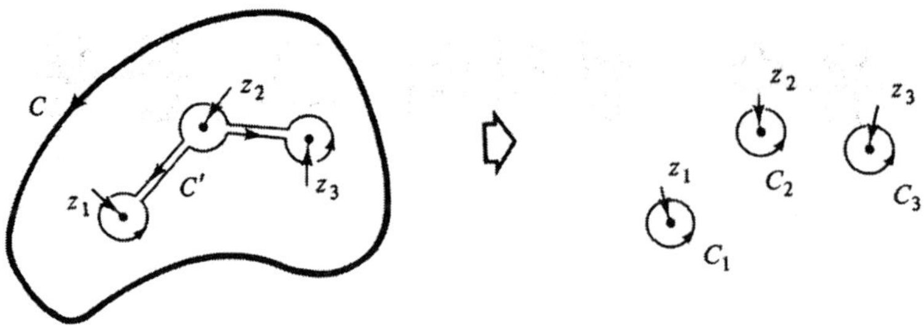

그림 19.1 적분경로의 변형과 대체

한편, C' 은 서로 매우 가까운 쌍으로 이루어지는 직선 부분을 포함하고 있는데, 이들에 대한 적분은 서로 상쇄될 것이므로, 결국 적분경로 C는 고립 특이점, 그림에서는 예를 들어 세 개의 고립 특이점을 둘러싼 세 개의 원 C_1, C_2, C_3로 내체되어, 식 (19.1)로 주어진 I에 대해 다음 결과를 얻는다.

$$I = \int_{C_1} f(z)\,dz + \int_{C_2} f(z)\,dz + \cdots + \int_{C_n} f(z)\,dz = \sum_{j=1}^{n} I_j\,,$$

$$I_j \equiv \int_{C_j} f(z)\,dz\,. \tag{19.2}$$

I_j를 구하기 위해서는 $f(z)$가 식 (18.25)에 보인 바와 같이 z_j에 대한 로랑 급수를 가지는 것을 고려하고, 또 식 (17.18)로부터 주요부의 $n=-1$에 상응하는 항만 적분값에 영향을 미치는 것을 고려하여 다음을 얻는다.

$$I_j = 2\pi i\, b_1(z_j)\,. \tag{19.3}$$

여기서 $b_1(z_j) = c_{-1}(z_j)$는 $f(z)$의 z_j에서의 **유수**(residue)라고 부른다. 이 식을 식 (19.2)에 대입하여 다음을 얻으며,

$$I = 2\pi i \sum_{j=1}^{n} b_1(z_j)\,, \tag{19.4}$$

이 결과는 **유수 정리**(residue theorem)라고 알려져 있고, 코쉬(1826)[15]에 의해 주어졌다.

19.2 유수의 계산

앞 절에서 유수 정리를 소개하였는데, 식 (19.4)에 보인 바와 같이 복소적분의 값을 구하기 위해서는 피적분 함수의 로랑 급수 전개를 다 구해야 하는 것이 아니라 $b_1(z_j)$, 즉 z_j에서의 유수만 구하면 된다. 이 절에서는 유수를 쉽게 구하는 방법들에 대해 알아보기로 한다.

피적분 함수 $f(z)$가 $z=a$에서 단극점을 가진다고 하면, 그 로랑 급수는 다음과 같이 주어질 것이며,

$$f(z)=\sum_{n=0}^{\infty}a_n(z-a)^n+\frac{b_1}{z-a}, \tag{19.5}$$

이 식 우변의 첫째 항은 $z=a$에서 0이 되므로, 따라서 b_1은 다음과 같은 방법으로 구할 수 있다.

$$b_1(a)=\lim_{z\to a}\{(z-a)f(z)\}. \tag{19.6}$$

이 식의 적용을 예제를 통해 살펴보기로 하자.

▶ **예제 19.1) 다음과 같이 주어진 함수의 특이점을 구하고 각 특이점에서의 유수를 구하시오.**

$$f(z)=\frac{2z+3}{z^2-4z}. \tag{예19.1}$$

✎ 답) 분모를 $z(z-4)$로 다시 쓸 수 있고, 따라서 $z=0$, 4에서 각각 z, $z-4$에 비례하여 0이 되므로, 이들을 단극점으로 볼 수 있다. 먼저 식 (19.6)을 사용하여 $z=0$에서의 유수를 구하면 다음을 얻고,

$$b_1(0)=\lim_{z\to 0}\left\{z\frac{2z+3}{z(z-4)}\right\}=\lim_{z\to 0}\frac{2z+3}{z-4}=-\frac{3}{4}, \tag{예19.2}$$

$z=4$에서의 유수는 다음과 같이 얻는다.

$$b_1(4)=\lim_{z\to 4}\left\{(z-4)\frac{2z+3}{z(z-4)}\right\}=\lim_{z\to 4}\frac{2z+3}{z}=\frac{11}{4}. \qquad (예19.3)$$

주어진 함수를 부분분수를 사용하면 다음과 같이 쓸 수 있어,

$$f(z)=\frac{2z+3}{z(z-4)}=-\frac{3}{4}\frac{1}{z}+\frac{11}{4}\frac{1}{z-4}, \qquad (예19.4)$$

$z=0$, 4가 단극점임을 확인할 수 있는데, $z=0$에 대해서는 위 식 우변의 둘째 항은 유한한 값을 가지며 식 (19.5) 우변의 급수에 상응하는 항임을 알 수 있고, 또 $z=4$에 대해서는 위 식 우변의 첫째 항이 유한한 값을 가지며 식 (19.5) 우변의 급수에 상응하는 항임은 알 수 있다. 물론 각 단극점에서의 유수도 바르게 얻어졌음을 확인할 수 있다.

▶ **예제 19.2) 다음과 같이 주어진 함수의 특이점을 구하고 각 특이점에서의 유수를 구하시오.**

$$f(z)=\frac{1}{\sin z}. \qquad (예19.5)$$

답) 분모가 $z=n\pi$, $n=0, \pm 1, \pm 2, \cdots$ 에서 각각 선형적으로 0이 되므로, 이들을 단극점으로 볼 수 있으며 먼저 식 (19.6)을 사용하여 $z=0$에서의 유수를 구하면 다음을 얻는데,

$$b_1(0)=\lim_{z\to 0}\frac{z}{\sin z}=\lim_{z\to 0}\frac{1}{\cos z}=1, \qquad (예19.6)$$

여기서 둘째 등호는 로피탈 규칙을 적용하여 얻었다.

$z=\pi$에서의 유수를 구하면 다음을 얻는데,

$$b_1(\pi)=\lim_{z\to \pi}\frac{z-\pi}{\sin z}=\lim_{z\to \pi}\frac{1}{\cos z}=-1, \qquad (예19.7)$$

여기서 둘째 등호는 역시 로피탈 규칙을 적용하여 얻었다.

따라서 $z = n\pi$, $n = 0,\ \pm 1,\ \pm 2,\ \cdots$ 에서의 유수를 구하면 다음과 같으며,

$$b_1(n\pi) = \lim_{z \to n\pi} \frac{z - n\pi}{\sin z} = \lim_{z \to n\pi} \frac{1}{\cos z} = (-1)^n,$$

$$n = 0,\ \pm 1,\ \pm 2,\ \cdots, \tag{예19.8}$$

여기서 둘째 등호는 위에서와 같이 로피탈 규칙을 적용하여 얻었다. 직접 로랑 급수를 구하여 위와 같은 유수를 얻음을 확인하는 것은 [연습문제 1]로 남기기로 한다.

다음으로 피적분 함수 $f(z)$가 $z = a$에서 쌍극점을 가진다고 하면, 그 로랑 급수는 다음과 같이 주어질 것이며,

$$f(z) = \sum_{n=0}^{\infty} a_n (z-a)^n + \frac{b_1}{z-a} + \frac{b_2}{(z-a)^2}, \tag{19.7}$$

이 식 우변의 첫째 항은 $z = a$에서 0이 되므로, 다음과 같은 관계가 성립하고,

$$\lim_{z \to a} \{(z-a)^2 f(z)\} = \sum_{n=0}^{\infty} a_n (z-a)^{n+2} + b_1 (z-a) + b_2, \tag{19.8}$$

따라서 b_1은 다음과 같은 방법으로 구할 수 있다.

$$b_1(a) = \lim_{z \to a} \frac{d}{dz} \{(z-a)^2 f(z)\}. \tag{19.9}$$

위의 결과를 일반화하여 $z = a$에 위치한 k차 극점에 대한 유수는 다음 식을 사용하여 구할 수 있다([연습문제 2] 참조).

$$b_1(a) = \frac{1}{(k-1)!} \lim_{z \to a} \frac{d^{k-1}}{dz^{k-1}} \{(z-a)^k f(z)\}. \tag{19.10}$$

물론 $k = 1$, 2를 대입하여 위 식이 식 (19.6), (19.9)와 같은 결과를 줌을 확인할 수 있다. 아래에서는 이 식의 적용을 예제를 통해 살펴보기로 하자.

▶ **예제 19.3) 다음과 같이 주어진 함수의 특이점을 구하고 각 특이점에서의 유수를 구하시오.**

$$f(z)=\frac{z^2}{\left(z^2+1\right)^2}. \qquad (예19.9)$$

답) 분모를 $(z-i)^2(z+i)^2$로 다시 쓸 수 있고, 따라서 분모는 $z=\pm i$에서 각각 $(z\pm i)^2$에 비례하여 0이 되므로, 이들을 쌍극점으로 볼 수 있다. 먼저 식 (19.9)를 사용하여 $z=i$에서의 유수를 구하면 다음을 얻고,

$$b_1(i)=\lim_{z\to i}\frac{d}{dz}\left\{(z-i)^2\frac{z^2}{(z-i)^2(z+i)^2}\right\}=\lim_{z\to i}\frac{d}{dz}\left\{\frac{z^2}{(z+i)^2}\right\}$$
$$=\lim_{z\to i}\left\{\frac{2z}{(z+i)^2}-\frac{2z^2}{(z+i)^3}\right\}=\frac{2i}{(-4)}-\frac{(-2)}{(-8i)}=-\frac{i}{4}, \qquad (예19.10)$$

$z=-i$에서의 유수를 구하면 다음을 얻는다.

$$b_1(-i)=\lim_{z\to -i}\frac{d}{dz}\left\{(z+i)^2\frac{z^2}{(z-i)^2(z+i)^2}\right\}=\lim_{z\to -i}\frac{d}{dz}\left\{\frac{z^2}{(z-i)^2}\right\}$$
$$=\lim_{z\to -i}\left\{\frac{2z}{(z-i)^2}-\frac{2z^2}{(z-i)^3}\right\}=\frac{(-2i)}{(-4)}-\frac{(-2)}{(8i)}=\frac{i}{4}. \qquad (예19.11)$$

직접 로랑 급수를 구하여 위와 같은 유수를 얻음을 확인하는 것은 [연습문제 3]으로 남기기로 한다.

19.3 유수 정리의 응용

이 절에서는 앞 절에서 기술한 유수 정리를 사용하여 복소적분을 구하는 예를 라플라스 역변환을 포함하여 다섯 개의 예제를 통해 보이기로 한다.

▶ **예제 19.4) 다음과 같이 주어진 적분의 값을 구하시오.**

$$I=\int_0^{\infty}\frac{x^2}{\left(x^2+1\right)^2}dx\,. \tag{예19.12}$$

✎ 답) 피적분 함수 $f(x)$는 실변수 함수이며, 이는 [예제 19.3]에서 고려했던 함수에 $z=x$를 대입하여 얻을 수 있다. 이제 위의 적분을 구하기 위해 복소평면 상의 경로 적분을 생각하는데, 먼저 피적분 함수 $f(x)$가 x의 우함수이므로 적분 구간을 $-\infty$부터 ∞까지 취하여 다음을 얻는다.

$$I=\frac{1}{2}\int_{-\infty}^{\infty}\frac{x^2}{\left(x^2+1\right)^2}dx\,. \tag{예19.13}$$

[그림 예19.1]에 보인 경로 C를 고려하기로 하면, $R\to\infty$에 따라 C_0에 대한 적분은 식 (예19.13)의 적분과 같아지며, C_R을 따른 적분에 대해서는 다음을 얻으므로,

$$\left|\int_{C_R}\frac{z^2}{\left(z^2+1\right)^2}dz\right|\le\frac{R^2}{R^4}\pi R=\frac{\pi}{R}\to 0\,, \tag{예19.14}$$

결국 다음을 얻는다.

$$J\equiv\int_C\frac{z^2}{\left(z^2+1\right)^2}dz=\int_{C_0}\frac{z^2}{\left(z^2+1\right)^2}dz=\int_{-\infty}^{\infty}\frac{x^2}{\left(x^2+1\right)^2}dx=2I. \tag{예19.15}$$

한편, [예제 19.3]에서 보였던 바와 같이 피적분 함수 $f(z)$는 $z=\pm i$에서 쌍극점을 가지는데, 유수 정리에 의하면 다음을 얻으며,

$$J=2\pi i b_1(i)=\frac{\pi}{2}\,, \tag{예19.16}$$

여기서 마지막 등호는 식 (예19.10)을 사용하여 얻었다.

위의 식 (예19.15), (예19.16)으로부터 다음을 얻는다.

$$I=\frac{\pi}{4}\,. \tag{예19.17}$$

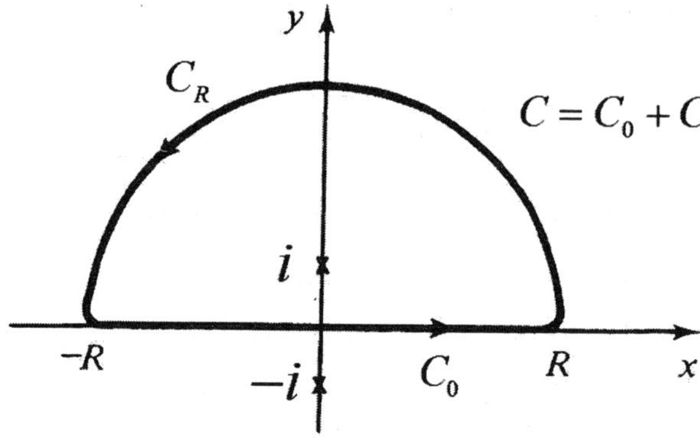

그림 예19.1 복소적분에 대한 적분경로

수어진 적분을 구하는데 반드시 [그림 예19.1]에 보인 것과 같은 경로를 취해야 하는 것은 아니며, 예를 들어 [그림 예19.2]에 보인 것과 같은 경로를 취할 수도 있다. C_R을 따른 적분에 대해서는 식 (예19.14)에서와 같은 방법으로 0이 됨을 보일 수 있고, 또 C의 방향이 음향인 시계방향이므로 다음을 얻으며,

$$2I = -2\pi i b_1(-i), \qquad \text{(예19.18)}$$

여기에 식 (예19.11)을 대입하면 식 (예19.17)과 같은 결과를 얻는다.

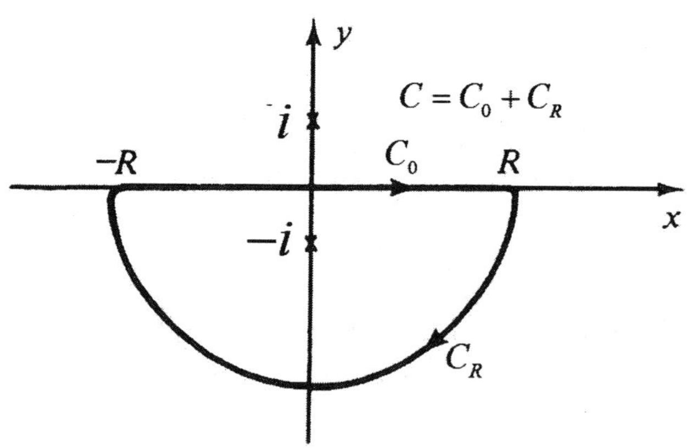

그림 예19.2 복소적분에 대한 적분경로

위의 예제에서는 실함수의 적분 I를 구하기 위해 주어진 적분을 복소적분 J의 일부로 하는 경로 C를 고려하고, 유수 정리를 사용하여 복소적분 J를 구함으로써 주어진 적분 I를 구하는 방법을 보였다. 이때 추가로 도입되는 경로, 즉 위의 예제에서 C_R을 따른 적분과 같은 경우에는, 주어진 실함수의 적분 I가 존재하기 위해 $R\to\infty$에 따라 피적분 함수가 충분히 빨리 0이 되어야 하는 것을 이용하여 대부분의 경우 복소적분 J의 결과에 영향을 주지 않는 것을 보일 수 있다. 다음으로는 위와 같은 방법을 사용하였을 때 C_R을 따른 적분이 $R\to\infty$에 따라 영으로 수렴하지 않을 경우 사용할 수 있는 방법의 예를 보이기로 한다.

▶ **예제 19.5) 다음과 같이 주어진 적분의 값을 구하시오.**

$$I=\int_0^\infty \frac{\cos ax}{x^2+1}dx\,,\ a\ge 0. \qquad \text{(예19.19)}$$

답) 만약 이 문제에 대해 앞의 예제에서와 같이 [그림 예19.1]에 보인 바와 같은 적분경로를 도입하여 고려하면, C_R에 대해 $y\to\infty$일 때, 다음을 얻으므로,

$$\cos az=\frac{e^{iaz}+e^{-iaz}}{2}=\frac{e^{iax}e^{-y}+e^{-iax}e^{ay}}{2}\to\infty\,, \qquad \text{(예19.20)}$$

C_R에 대한 적분이 영으로 수렴함을 보일 수 없다.

또 식 (예19.19) 우변의 피적분 함수 $f(x)$가 x의 우함수이므로 적분 구간을 $(-\infty,\infty)$으로 취하고 $e^{iax}=\cos ax+i\sin ax$인데 $\sin ax$는 x의 기함수이므로 적분 구간이 $(-\infty,\infty)$일 경우 적분에 영향을 주지 않는 것을 고려하면 다음을 얻는다.

$$I = \frac{1}{2}\int_{-\infty}^{\infty} \frac{e^{iax}}{x^2+1}dx. \qquad (예19.21)$$

이 적분에 대해 [그림 예19.1]에 보인 것과 같은 경로를 생각하면 다음과 같은 복소적분 J를 얻는데,

$$J \equiv \int_C \frac{e^{iaz}}{z^2+1}dz = 2I + \int_{C_R} \frac{e^{iaz}}{z^2+1}dz, \qquad (예19.22)$$

여기서 우변 둘째 적분에 대해서는 $y>0$, $R \to \infty$ 일 때 다음을 얻으므로,

$$\left| \int_{C_R} \frac{e^{iaz}}{z^2+1}dz \right| \le \frac{e^{-y}}{R^2}\pi R = \frac{\pi e^{-y}}{R} \to 0, \qquad (예19.23)$$

결국 $J = 2I$를 얻는다.

식 (예19.22)의 피적분 함수 $f(z)$는 $z = \pm i$에서 단극점을 가지며 $z=i$에서의 유수 $b_1(i)$를 식 (19.6)을 사용하여 구하면 다음과 같으므로,

$$b_1(i) = \lim_{z \to i}\{(z-i)f(z)\} = \frac{e^{-a}}{2i}, \qquad (예19.24)$$

유수 정리에 의해 다음 결과를 얻는다.

$$I = \frac{J}{2} = \pi i b_1(i) = \frac{\pi}{2}e^{-a}. \qquad (예19.25)$$

셋째 예제로서는 16.4절에서 고려한 분지와 절선을 도입해야 하는 함수의 적분에 대해 생각하기로 한다. 절선을 도입하는 경우에는 복소적분의 경로가 절선을 가로지르거나 분지점을 통과할 수 없으므로 이에 대해 특별한 주의를 요한다.

▶ **예제 19.6) 다음과 같이 주어진 적분의 값을 구하시오.**

$$I=\int_0^\infty \frac{x^{a-1}}{x+1}dx,\ 0<a<1. \qquad (예19.26)$$

답) 위에 주어진 적분의 피적분 함수의 x를 z로 대체하여 얻는 함수 $f(z)$는 다음과 같으며,

$$f(z)=\frac{z^{a-1}}{z+1}, \qquad (예19.27)$$

이 함수를 일가함수로 만들기 위해 $x>0$인 양의 실수 축에 절선을 도입하기로 한다. 따라서 주어진 적분 I를 구하기 위해 [그림 예19.3]에 보인 바와 같은 적분경로 $C=C_R+C_-+C_\varepsilon+C_+$를 따른 복소적분 J를 생각하기로 한다. 여기서 C_R, C_ε은 각각 그 반경이 R, ε인 원들의 일부로 주어지고, C_-, C_+는 절선의 바로 아래, 위를 따르는 경로이며, 원점은 분지점이므로 적분 경로가 이 점을 통과할 수 없다. $R\to\infty$, $\varepsilon\to 0$인 경우 C_+에 대한 복소적분은 주어진 적분 I와 같으며, C_-에 대한 적분 J_-에 대해서는 다음을 얻는다.

$$J_-\equiv\int_{C_-}\frac{z^{a-1}}{z+1}dz=\int_\infty^0\frac{x^{a-1}e^{2\pi i(a-1)}}{x+1}dx$$

$$=-e^{2\pi ia}\int_0^\infty\frac{x^{a-1}}{x+1}dx=-e^{i2\pi a}I. \qquad (예19.28)$$

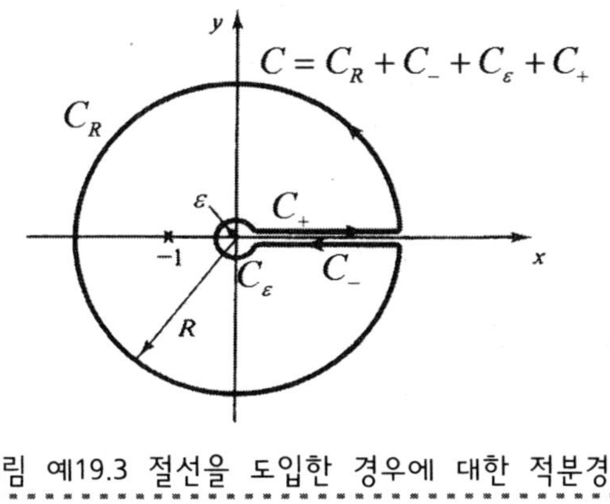

그림 예19.3 절선을 도입한 경우에 대한 적분경로

따라서 C_R, C_ε에 대한 적분을 각각 J_R, J_ε이라고 하면, 지금까지 얻은 결과를 정리하여 다음을 얻는다.

$$J \equiv \int_C \frac{z^{a-1}}{z+1} dz = J_R + I + J_\varepsilon - e^{i2\pi a} I = J_R + J_\varepsilon + \left(1 - e^{i2\pi a}\right) I. \tag{예19.29}$$

이제 J_R에 대해서는 $R \to \infty$일 때 다음을 얻고,

$$|J_R| = \left| \int_{C_R} \frac{z^{a-1}}{z+1} dz \right| \le \frac{R^{a-1}}{R} 2\pi R = 2\pi R^{a-1} \to 0, \tag{예19.30}$$

J_ε에 대해서는 $\varepsilon \to 0$일 때 다음을 얻는다.

$$|J_\varepsilon| = \left| \int_{C_\varepsilon} \frac{z^{a-1}}{z+1} dz \right| \le \varepsilon^{a-1} 2\pi\varepsilon = 2\pi\varepsilon^a \to 0. \tag{예19.31}$$

한편 복소적분 J는 피적분 함수 $f(z)$가 $z = -1$에서 단극점을 가지므로 유수 정리에 의해 다음과 같이 주어지며,

$$J = 2\pi i\, b_1(-1) = 2\pi i\, e^{i\pi(a-1)} = -2\pi i\, e^{i\pi a}, \tag{예19.32}$$

이들을 식 (예19.29)에 대입하여 다음을 얻는다.

$$I = \frac{J}{1 - e^{i2\pi a}} = -2\pi i \frac{e^{i\pi a}}{1 - e^{i2\pi a}} = \frac{2\pi i}{e^{i\pi a} - e^{-i\pi a}} = \frac{\pi}{\sin \pi a}. \tag{예19.33}$$

넷째 예제로서는 적분 구간이 $(0, 2\pi)$와 같이 유한한 경우에 대해 생각하는데, 이와 같은 경우에는 주어진 실함수의 적분을 단위원 C_K에 대한 적분으로 바꾸어 생각할 수 있으므로, 피적분 함수가 단위원 안에 가진 특이점에 의해 적분값이 주어질 것이다.

▶ **[예제 19.7] 다음과 같이 주어진 적분의 값을 구하시오.**

$$I = \int_0^{2\pi} \frac{d\theta}{4\cos\theta + 5}. \tag{예19.34}$$

[답] 위에 주어진 적분을 [그림 예19.4]에 보인 바와 같이 단위원 C_K 상의 복소적분으로 바꾸어 생각하면, C_K 상에서는 $z = e^{i\theta}$, $d\theta = \frac{dz}{iz}$, $\cos\theta = \frac{e^{i\theta} + e^{-i\theta}}{2} = \frac{z + z^{-1}}{2}$ 이 성립하므로, 변수 변환에 의해 다음을 얻는다.

$$I = \frac{1}{i}\int_{C_K} \frac{dz}{z\{2(z+z^{-1})+5\}} = \frac{1}{2i}\int_{C_K} \frac{dz}{z^2+1+\frac{5}{2}z}$$

$$= \frac{1}{2i}\int_{C_K} \frac{dz}{\left(z+\frac{1}{2}\right)(z+2)}. \tag{예19.35}$$

위 식 우변의 피적분 함수는 C_K 안에 하나의 단극점 $z = -\frac{1}{2}$을 가지므로 유수 정리에 의해 다음을 얻는다.

$$I = \frac{2\pi i}{2i} b_1\left(-\frac{1}{2}\right) = \frac{2\pi}{3}. \tag{예19.36}$$

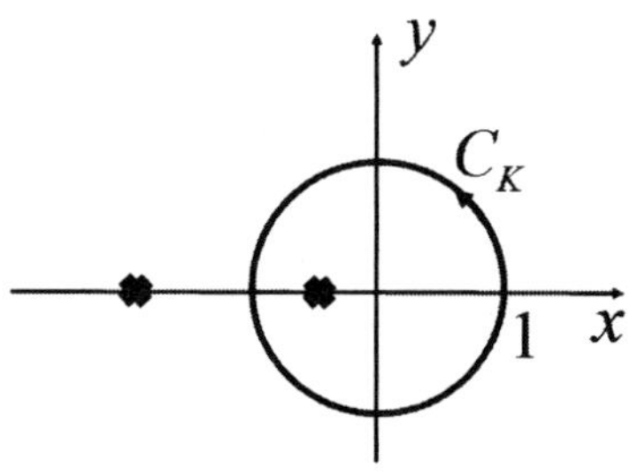

그림 예19.4 단위원이 적분경로인 경우

마지막으로 이하에서는 라플라스 변환의 역변환에 대해 생각하기로 한다. 6.2절의 [정리 6.5]에서 기술한 바와 대로 **라플라스 역변환**(Laplace inverse transform)은 [그림 6.2]에 보인 **Bromwich 경로**(Bromwich contour; Bromwich, 1875-1929, UK, 1916) [16] Br에 대한 복소적분으로 주어지는데, 식 (6.37), (6.38)에서 $s \to z$, $\overline{f} \to F$로 바꾸어 쓰기로 하면 다음을 얻는다.

$$f(t) = L^{-1}F(z) = \frac{1}{2\pi i}\int_{\gamma - i\infty}^{\gamma + i\infty} F(z)e^{tz}\,dz = \frac{1}{2\pi i}\int_{Br} F(z)e^{tz}\,dz. \quad (19.11)$$

여기서 γ는 $F(z)$의 모든 특이점이 Br의 왼쪽에 오도록 하는 양의 상수로 취하며 이는 아래에서 보일 바와 같이 $t<0$일 때 $f(t)=0$를 얻기 위해서이다. 위의 복소적분을 구하는 데는 피적분 함수에 포함된 e^{tz}에 대한 고려를 위해 $t>0$일 때와 $t<0$일 때를 나누어 생각하기로 한다.

먼저 $t>0$일 때는 [그림 19.3]에 보인 바와 같은 폐경로 $C = Br + C_R$에 대한 복소적분을 생각하기로 하면 C_R을 따른 적분 J_R에 대해 다음을 얻는다.

$$|J_R| = \frac{1}{2\pi}\left|\int_{C_R} F(z)e^{tz}\,dz\right| \le \frac{M(R)}{2\pi}\int_{-\pi/2}^{\pi/2} e^{(\gamma - R\cos\phi)t}\,Rd\phi. \quad (19.12)$$

여기서 부등호는 C_R 상에서 $z = \gamma - Re^{i\phi}$, $dz = -i\,Re^{i\phi}d\phi$임을 이용하여 얻었고, 또 $M(R) \ge |F(z)|$인데, $R \to \infty$일 때 $M(R) \ge mR^{-(1+\alpha)}$, $m>0$, $\alpha \ge 0$임을 가정하면(물론 이 가정에 대해서는 사후 확인 필요), 다음을 얻는다.

$$|J_R| \le \frac{me^{\gamma t}}{2\pi R^{\alpha}}\int_{-\pi/2}^{\pi/2} e^{-Rt\cos\phi}\,d\phi \to 0, \ R \to \infty. \quad (19.13)$$

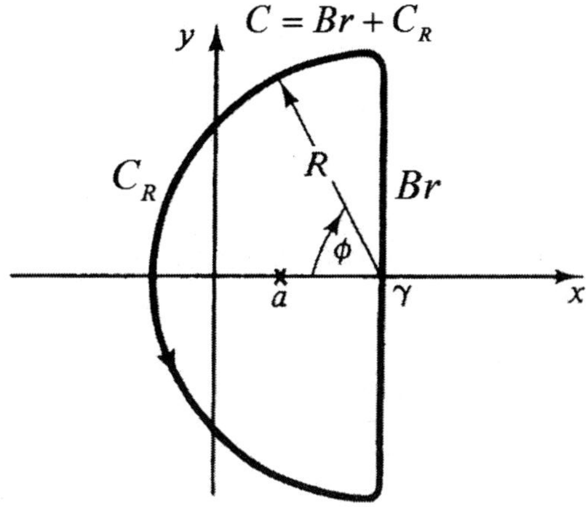

그림 19.3 Bromwich 경로, Br 및 $t>0$일 경우의 폐경로

우변 적분 앞의 항은 $\alpha=0$일 경우에도 그 값이 유한하며, $t>0$이므로 $R\to\infty$일 때 적분이 0으로 수렴하므로 위의 결과를 얻음에 유의한다. 따라서 식 (19.11)의 $f(t)$에 대해 다음을 얻는다.

$$f(t)=\frac{1}{2\pi i}\int_C F(z)e^{tz}\,dz\,,\ t>0. \tag{19.14}$$

식 (19.14) 우변의 복소적분의 값은 유수 정리에 의해 얻을 수 있으며, 만약 $F(z)$ 때문에 Br 왼쪽에 분지점 또는 절선이 도입되어야 하는 경우에는 그에 맞추어 적분경로를 다시 변경해야 할 것이다.[1] $F(z)$가 고립 특이점을 가지는 경우에는 [그림 19.3]에 보인 경로를 사용하여 $f(t)$를 구할 수 있다.

한편 $t<0$일 때에 대해 [그림 19.3]에 보인 바와 같은 폐경로 C를 취하면, C_R을 따른 적분 J_R에 대해 식 (19.13)을 얻는데, $t<0$에 대해서는 우변의 적분이 영으로 수렴하지 않는다. 따라서 $t<0$일 때에 대해서는 [그림 19.4]에 보인 바와 같은 폐경로 C를 취하기로 하면 C_R을 따른 적분 J_R에 대해 다음을 얻는다.

1) 이에 대해서는 Page(1954)<5>를 참조하기 바란다.

$$|J_R| \le \frac{M(R)}{2\pi}\int_{-\pi/2}^{\pi/2} e^{(\gamma + R\cos\phi)t} R d\phi. \tag{19.15}$$

여기서 부등호는 C_R 상에서 $z = \gamma + Re^{i\phi}$, $dz = iRe^{i\phi}d\phi$임을 이용하여 얻었고, 또 $M(R)$에 대해서는 위에서와 같다고 하면, $t<0$이므로 $R\to\infty$일 때 다음을 얻는다.

$$|J_R| \le \frac{me^{\gamma t}}{2\pi R^a}\int_{-\pi/2}^{\pi/2} e^{R\cos\phi t} d\phi \to 0. \tag{19.16}$$

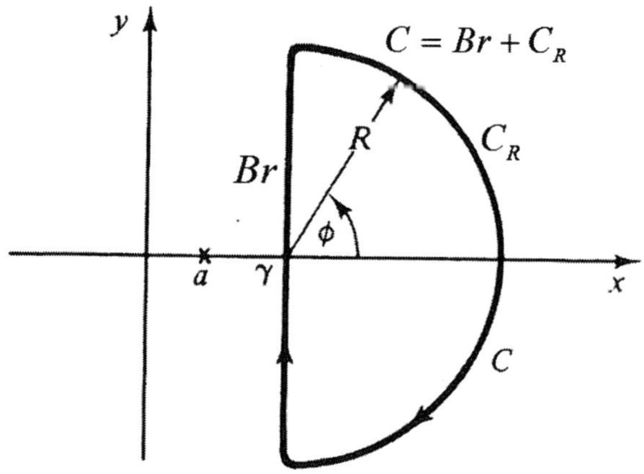

그림 19.4 $t<0$일 경우의 폐경로

따라서 식 (19.11)의 $f(t)$에 대해 다음을 얻는데,

$$f(t) = \frac{1}{2\pi i}\int_C F(z) e^{tz} dz, \; t<0, \tag{19.17}$$

이때 C는 [그림 19.4]에 보인 경로이고, 또 $F(z)e^{tz}$는 Br의 오른쪽에서는 정칙이므로 코쉬 적분 정리에 의해 $f(t)$에 대해 다음을 얻는다.

$$f(t) = 0,\ t < 0. \tag{19.18}$$

식 (19.14), (19.18)에 의해 초기치 문제를 푸는데 라플라스 변환을 사용하는 것이 정당화될 수 있음을 알 수 있으며, 6.2절의 식 (6.32)의 정의와도 일관됨에 유의한다. 라플라스 변환은 Bromwich에 의해 역변환이 알려지고 나서 2차 대전 전후하여 보다 광범위하게 사용되기 시작하였으며, 라플라스 변환이라는 이름으로 불리게 된 것은 Doetsch(1937)[17]에 의한 것으로 알려져 있다.

▶ **예제 19.8) 다음과 같이 주어진 라플라스 변환의 역변환을 구하시오.**

$$F(z) = \frac{1}{z-a},\ 0 < a < \infty. \tag{예19.37}$$

답) 식 (19.14)에 의해 $t > 0$에 대한 $f(t)$를 구하는데, 우변 피적분 함수는 $z = a$에서 하나의 단극점만을 가지므로 유수 정리에 의해 다음을 얻는다.

$$f(t) = b_1(a) = e^{at},\ t > 0. \tag{예19.38}$$

이제 식 (19.12)과 관련하여 가정한 조건, $M(R) \geq mR^{-(1+\alpha)}$을 만족하는 $m > 0$, $\alpha \geq 0$이 존재하는지 살펴보면, 주어진 $F(z)$에 대해서는 다음이 성립하므로,

$$M(R) \geq \frac{1}{R}, \tag{예19.39}$$

$m = 1$, $\alpha = 0$을 얻어, 위에서 보인 바와 같이 $R \rightarrow \infty$에 따라 $|J_R| \rightarrow 0$을 얻음을 확인할 수 있으며, 식 (19.16)도 같은 논거로 성립함을 알 수 있다.

19.4 코쉬 주치적분

3.1절에서 **특이 적분**(singular integrals)과 관련하여 **코쉬 주치적분**(Cauchy principal value integral)을 [정의 3.3]에서 아래에 다시 보인 식 (3.14)로 정의한 바 있다.

$$PV\int_a^b f(x)\,dx \equiv \lim_{\epsilon\to 0}\left(\int_a^{c-\epsilon} f(x)\,dx + \int_{c+\epsilon}^b f(x)\,dx\right),\ a<c<b. \quad (19.19)$$

복소적분에 대해서도 앞 절까지는 피적분 함수가 적분경로 상에 특이점을 가지는 경우를 다루지 않았는데, 아래에서는 그와 같은 경우에 대해 생각하기로 한다.

점 A부터 점 B까지 어떤 경로 C를 따라 정의된 복소적분의 피적분 함수가 C 상의 점 $z=z_0$에서 특이점을 가질 경우, 실변수 함수의 코쉬 주치적분인 식 (19.19)와 일관된 방식으로 복소적분에 대한 코쉬 주치적분을 다음과 같이 정의하기로 한다([그림 19.5] 참조).

$$PV\int_A^B f(z)\,dz \equiv \lim_{\varepsilon\to 0}\left\{\int_A^a f(z)\,dz + \int_b^B f(z)\,dz\right\}. \quad (19.20)$$

여기서 점 a와 b는 $z=z_0$에 중심을 가지며 반경이 ε인 원이 적분경로 C와 만나는 점들이다.

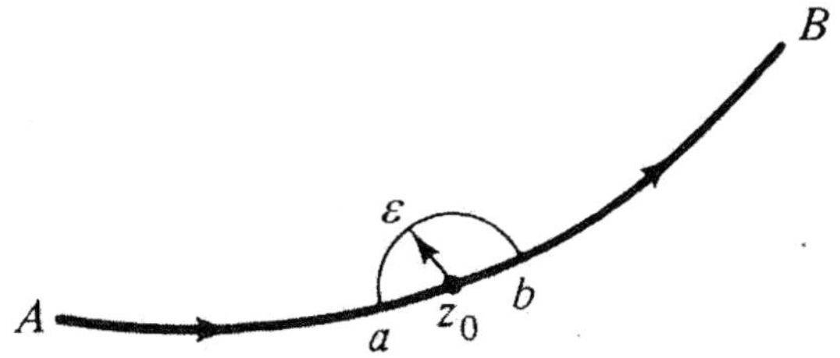

그림 19.5 복소적분에 대한 코쉬 주치적분

코쉬 주치적분의 적용을 보이기 위해 이하에서는 두 개의 예제를 생각하기로 한다.

▶ **예제 19.9) 코쉬 주치적분으로 주어진 다음과 같은 적분의 값을 구하시오.**

$$I = PV\int_{C_0} \frac{dz}{\sin z}. \quad \text{(예19.40)}$$

여기서 C_0는 [그림 예19.5]에 보인 바와 같다.

답] 위에 주어진 적분 I를 구하기 위해 [그림 예19.6]에 보인 폐경로 $C = C_0 + C_\varepsilon$를 따른 적분 J를 생각하기로 하면, 다음을 얻는다.

$$J \equiv \int_C \frac{dz}{\sin z} = I + J_\varepsilon. \quad \text{(예19.41)}$$

여기서 우변의 J_ε은 C_ε을 따른 적분이다.

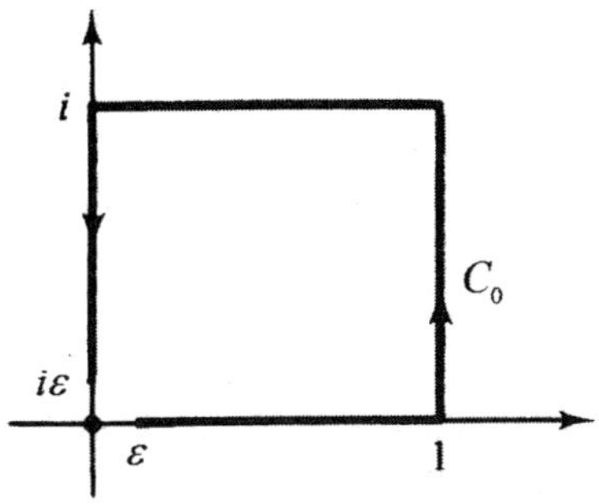

그림 예19.5 코쉬 주치적분에 대한 적분경로 C_0

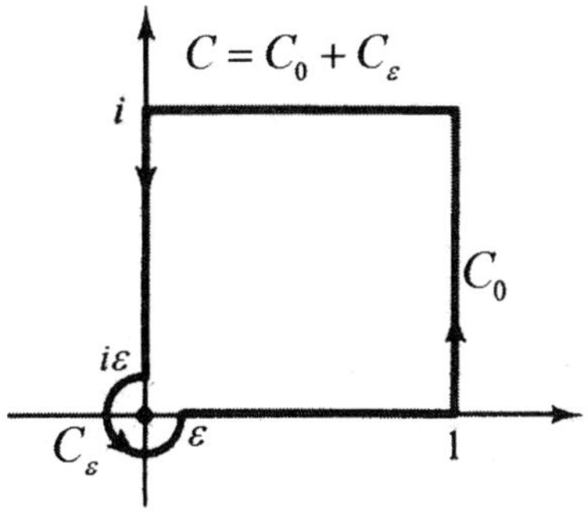

그림 예19.6 코쉬 주치적분의 계산을 위한 폐경로 C

J_ε에 대해 C_ε 상에서 $z=\varepsilon e^{i\theta}$, $dz=i\varepsilon e^{i\theta}d\theta$이 성립하고, $\varepsilon\to 0$임을 고려하여 다음을 얻으며,

$$J_\varepsilon=\lim_{\varepsilon\to 0}\int_{C_\varepsilon}\frac{dz}{\sin z}=\lim_{\varepsilon\to 0}\int_{C_\varepsilon}\frac{dz}{z}=\int_{\pi/2}^{2\pi}\frac{i\varepsilon e^{i\theta}d\theta}{\varepsilon e^{i\theta}}=\frac{3\pi}{2}i, \quad (예19.42)$$

또 J에 대해서는 피적분 함수가 C 안에 $z=0$에 위치한 단극점을 가지므로 식 (19.6)과 유수 정리를 사용하여 다음을 얻는다.

$$J=2\pi i b_1(0)=2\pi i\left(\lim_{z\to 0}\frac{z}{\sin z}\right)=2\pi i. \quad (예19.43)$$

여기서 마지막 등호는 로피탈 규칙을 사용하여 얻었다. 이들을 식 (예19.41)에 대입하여 I를 다음과 같이 얻는다.

$$I=J-J_\varepsilon=\frac{\pi}{2}i. \quad (예19.44)$$

물론 주어진 적분 I를 구하기 위한 폐경로로 반드시 [그림 예19.6]에서 고려한 폐경로를 사용해야 하는 것은 아니며, 예를 들어 [그림 예19.7]에 보인 바와 같은 폐경로 C를 고려하기로 하자. 식 (예19.41)은 그대로 사용하기로 하면, J_ε에 대해 위에서와 같이 C_ε 상에서 $z=\varepsilon e^{i\theta}$, $dz=i\varepsilon e^{i\theta}d\theta$이 성립하고, $\varepsilon\to 0$임을 고려하여 다음을 얻으며,

$$J_\varepsilon=\lim_{\varepsilon\to 0}\int_{C_\varepsilon}\frac{dz}{\sin z}=\lim_{\varepsilon\to 0}\int_{C_\varepsilon}\frac{dz}{z}=\int_{\pi/2}^{0i}\frac{i\varepsilon e^{i\theta}d\theta}{\varepsilon e^{i\theta}}=-\frac{\pi}{2}i, \quad (예19.45)$$

또 J에 대해서는 피적분 함수가 C 안에 특이점을 가지지 않으므로 코쉬 적분 정리에 의해 $J=0$을 얻고, 이들을 식 (예19.41)에 대입하여 I에 대해 식 (예19.44)에서 얻은 것과 같은 결과를 얻는다.

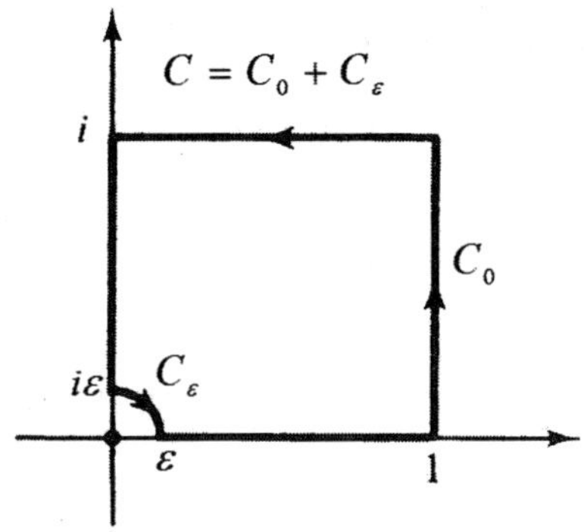

그림 예19.7 코쉬 주치적분의 계산을 위한 다른 폐경로 C

▶ **예제 19.10) 아래에 보인 실변수 함수에 대한 코쉬 주치적분에 대해 다음을 보이시오.**

$$I = PV\int_0^\pi \frac{\cos\theta\, d\theta}{\cos\theta - \cos\alpha} = \pi. \qquad (예19.46)$$

이 적분은 2차원 **박익 이론**(thin airfoil theory)과 관련하여 **Glauert 적분**(Glauert integral)으로 알려진 적분의 특수한 경우이다([연습문제 5] 참조).

✎ 답) 위에 주어진 적분 I를 구하는데 먼저 피적분 함수의 분자에 $\cos\alpha$를 빼주고 더하여 다음을 얻으며,

$$I = PV\int_0^\pi \frac{\cos\theta - \cos\alpha + \cos\alpha}{\cos\theta - \cos\alpha}\, d\theta = \pi + \cos\alpha\, PV\int_0^\pi \frac{d\theta}{\cos\theta - \cos\alpha}, \qquad (예19.47)$$

이 식 우변의 코쉬 주치적분을 다음과 같이 I_1으로 정의하자.

$$I_1 \equiv PV\int_0^\pi \frac{d\theta}{\cos\theta - \cos\alpha}. \qquad (예19.48)$$

우변 적분의 피적분 함수는 θ에 대한 우함수이고 주기가 2π인 주기 함수이므로 다음을 얻는다.

$$I_1 = \frac{1}{2} PV \int_0^{2\pi} \frac{d\theta}{\cos\theta - \cos\alpha} . \quad \text{(예19.49)}$$

이 식 우변의 적분에 대해서는 [예제 19.7]에서 설명했던 바와 같이 단위원 C_K에 대한 복소적분으로 바꾸어 생각하기로 하고, C_K 상에서는 $z = e^{i\theta}$, $d\theta = \frac{dz}{iz}$, $\cos\theta = \frac{e^{i\theta} + e^{-i\theta}}{2} = \frac{z + z^{-1}}{2}$이 성립하므로, $\cos\alpha \equiv a$라고 하면 다음을 얻는다.

$$I_1 = \frac{1}{2} PV \int_{C_k} \frac{1}{z + z^{-1} - 2a} \frac{dz}{iz} = \frac{1}{2i} PV \int_{C_k} \frac{dz}{z^2 - 2az + 1} . \quad \text{(예19.50)}$$

여기서 C_k는 피적분 함수가 C_K 상에서 특이점을 가지므로, 특이점에 중심을 둔 반경 ε인 원에 의해 잘려지는 부분을 제외하고 얻어지는 코쉬 주치적분의 경로이다([그림 예19.8] 참조). 특이점은 다음과 같이 얻어지므로,

$$z_{1,2} = a \pm \sqrt{a^2 - 1} = a \pm i\sqrt{1 - a^2} = \cos\alpha \pm i\sin\alpha = e^{\pm i\alpha}, \quad \text{(예19.51)}$$

C_K 상에 있음을 확인할 수 있으며, 식 (예19.50) 우변의 코쉬 주치적분을 구하기 위해 [그림 예19.8]에 보인 폐경로 $C = C_k + C_{2\varepsilon} + C_{1\varepsilon}$를 따른 적분 J를 생각하기로 하면, 다음을 얻는다.

$$J \equiv \int_C \frac{dz}{z^2 - 2az + 1} = \int_C \frac{dz}{(z - z_1)(z - z_2)} = J_k + J_{1\varepsilon} + J_{2\varepsilon} . \quad \text{(예19.52)}$$

여기서 우변의 J_k, $J_{1\varepsilon}$, $J_{2\varepsilon}$은 각각 C_k, $C_{1\varepsilon}$, $C_{2\varepsilon}$에 따른 복소적분이며, J_k는 식 (예19.50) 우변의 코쉬 주치적분임에 유의한다.

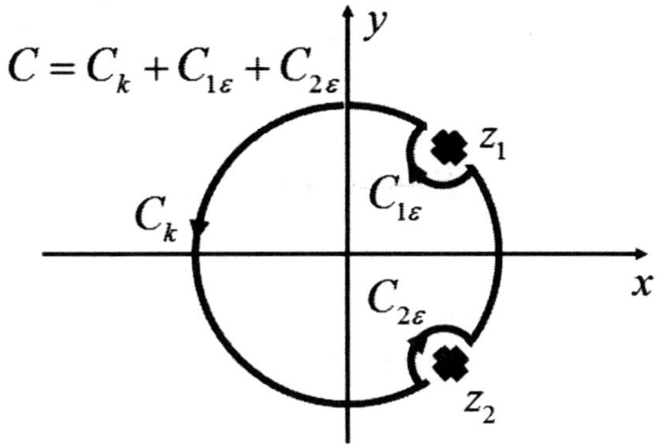

그림 예19.8 코쉬 주치적분의 계산을 위한 폐경로 C

$J_{1\varepsilon}$에 대해 $C_{1\varepsilon}$ 상에서 $z-z_1=\varepsilon e^{i\theta}$, $dz=i\varepsilon e^{i\theta}d\theta$이 성립하고, $\varepsilon \to 0$임을 고려하여 다음을 얻으며,

$$J_{1\varepsilon}=\lim_{\varepsilon \to 0}\int_{C_{1\varepsilon}}\frac{dz}{(z-z_1)(z-z_2)}=\frac{1}{z_1-z_2}\int_{\pi}^{0}\frac{i\varepsilon e^{i\theta}d\theta}{\varepsilon e^{i\theta}}$$

$$=-\frac{\pi i}{z_1-z_2}=-\frac{\pi}{2\sin\alpha}, \qquad \text{(예19.53)}$$

여기서 둘째 등호를 얻음에 있어, $\varepsilon \to 0$일 때 특이점 주변의 단위원의 원주는 특이점을 지나는 접선, 즉 직선으로 근사할 수 있어 $C_{1\varepsilon}$은 반경 ε인 반원으로 간주할 수 있으므로, θ에 대한 적분 구간을 π부터 0으로 취할 수 있음을 고려하였고, 마지막 등호는 식 (예19.51)을 이용하여 얻었다.

$J_{2\varepsilon}$에 대해 $C_{2\varepsilon}$ 상에서 $z-z_2=\varepsilon e^{i\theta}$, $dz=i\varepsilon e^{i\theta}d\theta$이 성립하고, $\varepsilon \to 0$임을 고려하며, 또 위에서와 같은 방법을 사용하여 다음을 얻는다.

$$J_{2\varepsilon} = \lim_{\varepsilon \to 0} \int_{C_{2\varepsilon}} \frac{dz}{(z-z_1)(z-z_2)} = \frac{1}{z_2 - z_1} \int_{\pi}^{0} \frac{i\varepsilon e^{i\theta} d\theta}{\varepsilon e^{i\theta}}$$

$$= \frac{1}{z_2 - z_1} \int_{\pi}^{0} \frac{i\varepsilon e^{i\theta} d\theta}{\varepsilon e^{i\theta}} = -\frac{\pi i}{z_2 - z_1} = \frac{\pi}{2\sin\alpha}. \quad \text{(예19.54)}$$

또 J에 대해서는 피적분 함수의 특이점이 C의 내부에 위치하지 않으므로, 코쉬 적분 정리에 의해 $J=0$을 얻고, 이들을 식 (예19.52)에 대입하여 J_k에 대해 다음을 얻는다.

$$J_k - J - J_{1\varepsilon} - J_{2\varepsilon} = 0. \quad \text{(예19.55)}$$

식 (예19.50)에 이 결과를 대입하여 $I_1 = \frac{J_k}{2i} = 0$을 얻으며, 식 (예19.47)에 이를 대입하여 결국 $I = \pi + I_1 \cos\alpha = \pi$임을 얻는다.

연습문제

1. 다음과 같은 실함수의 적분 결과를 유수 정리를 사용하여 얻을 수 있음을 보이시오.

1) $\int_0^\infty \frac{dx}{x^2+1} = \frac{\pi}{2}$, 2) $\int_0^\infty \frac{dx}{x^4+1} = \frac{\pi}{2\sqrt{2}}$,

3) $\int_0^\infty \frac{x\sin ax}{x^4+4} dx = \frac{\pi}{2} e^{-a} \sin a$, $a > 0$.

2. 다음과 같은 실함수의 적분 결과를 유수 정리를 사용하여 얻을 수 있음을 보이시오.

1) $\int_{-\pi}^{\pi} \frac{d\theta}{1+\sin^2\theta} = \pi\sqrt{2}$, 2) $\int_0^{\pi} \frac{d\theta}{(a+\cos\theta)^2} = \frac{\pi a}{(a^2-1)^{3/2}}$, $a > 1$,

3) $\int_0^{\pi} \sin^{2n}\theta \, d\theta = \pi \frac{(2n)!}{2^{2n}(n!)^2}$, $n = 1, 2, \cdots$.

3. 라플라스 변환의 역변환을 복소적분을 사용하여 다음과 같이 얻을 수 있음을 보이시오. 단 아래에서 z는 라플라스 변환의 변수이다.

1) $L^{-1} \frac{a^2}{z(z^2+a^2)} = 1 - \cos at$, $a > 0$,

2) $L^{-1} \frac{1}{(z+a)(z+b)} = \frac{e^{-bt} - e^{-at}}{a-b}$, $a > 0$, $b > 0$, $a \neq b$.

또한 컨볼루션을 사용하여도 같은 결과를 얻을 수 있음을 보이시오.

4. 코쉬 주치적분으로 주어진 다음과 같은 실함수 적분의 값을 유도하시오.

1) $PV\int_{-\infty}^{\infty}\frac{\sin x}{x}dx=\pi$, 2) $PV\int_{-\infty}^{\infty}\frac{\sin^2 x}{x^2}dx=\frac{\pi}{2}$,

3) $PV\int_{-\infty}^{\infty}\frac{\cos bx-\cos ax}{x^2}dx=\pi(a-b)$, $a>b>0$.

5. Glauert 적분 $G_n(\alpha)$는 다음과 같이 정의된다.

$$G_n(\alpha)=PV\int_0^{\pi}\frac{\cos n\theta}{\cos\theta-\cos\alpha}d\theta. \tag{연19.1}$$

이 식 우변 적분을 [예제 19.10]에서 보인 바와 같이 단위원에 대한 복소적분으로 바꾸어 생각하여 다음 결과를 얻을 수 있음을 보이시오.

$$G_n(\alpha)=\pi\frac{\sin n\alpha}{\sin\alpha}. \tag{연19.2}$$

이 결과는 [예제 19.10]에서 얻은 $G_0=0$, $G_1=\pi$와도 일관됨을 확인할 수 있다.

20장

등각 사상

16.1절에서 복소함수 $w(z)$는 z평면의 정의역 D에 속한 점들을 w평면의 어떤 영역인 치역 R에 속하는 점들로 보내는 사상으로 볼 수 있다는 점을 지적한 바 있다. 또 16.2절에서는 정의역에서 정칙인 함수의 실수부와 허수부는 각각 2차원 라플라스 방정식[1)]을 만족하는 것을 보였는데, 따라서 라플라스 방정식의 해를 구하는 문제는 복소함수론과 밀접한 관계를 가진다. 특히 D의 형상이 간단한 기하학적 형상이 아닐 경우, 이를 적절한 복소함수를 사용하여 간단한 형상으로 사상할 수 있는데, 이때 사상된 평면 상에서도 미지 함수가 라플라스 방정식을 만족한다면 원래 주어진 문제보다 훨씬 쉬운 문제를 다룰 수 있을 것이다.

라플라스 방정식을 지배 방정식으로 하는 문제는 물리학 전반에 걸쳐 있는데, **정상 상태**(steady state)의 열전달, 비압축성 유체의 비회전성 유동, **박막**(membrane)의 처짐, **중력 포텐셜**(gravitational potential), **전기정역학**(electrostatics) 문제 등을 예로 들 수 있다. 따라서 복소함수에 의한 사상은 많은 물리 문제의 해를 구하는데 다양하게 사용되고 있다.

1절에서는 라플라스 방정식에 대한 경계치 문제의 기본적인 문제로 볼 수 있는 **디리클레 문제**(Dirichlet problem)를 예로 들어 등각 사상의 주요한 개념 및 정의에 대해 논의하고, '**등각**(conformal)' 이라는 명칭에 대하여 고찰한 후, 2절에서는 실제로 가장 많이 사용되는 사상 중의 하나인 **겹선형 변환**(bilinear transform)에 대해 생각한다. 3절에서는 등각 사상의 응용과 관련하여 가장 기본적인 리만 사상 정리에 대해 간단히 검토하고, 프와송 적분을 유도한 후 그 의의에 대해 토의하며, 라플라스 방정식에 대한 경계치 문제의 또 다른 기본적인 문제인 **노이만 문제**(Neumann problem)의 해에 대해 논의한다. 4절에서는 유체역학에서 많이 사용되는 **주코우스키 변환**(Joukowski transform)과 관련하여 날개단면의 생성, 경사평판의 양력과 관련하여 공부하고, 5절에서는 Schwarz-Christoffel 변환의 기본적 특성 및 응용에 대해 살펴본다.

---

1) 이하에서는 2차원 문제인 경우, 그냥 라플라스 방정식으로 부르기로 한다.

20.1 기본적인 개념 및 정의

등각 사상(conformal mapping)과 관련된 기본 개념과 그 응용을 보이기 위해 먼저 다음과 같은 문제를 생각하기로 한다. z 평면의 어떤 영역 D에서 라플라스 방정식을 만족하며 그 경계 $C \equiv \partial D$에서 다음과 같은 조건을 만족하는 미지 함수 $\Phi(x,y)$를 구하는 문제가 주어졌다고 하자.

$$\Phi = f(x, y), \ (x, y) \in C. \tag{20.1}$$

여기서 $f(x,y)$는 주어진 함수이며, 이와 같이 경계 상에서 미지 함수의 값이 주어진 경계조건을 디리클레 조건, 또 경계치 문제를 **디리클레 문제**(Dirichlet problem; Dirichlet, 1805-1859, Germany, 1850)[18]라고 부른다([그림 20.1] 참조).

위와 같은 문제가 주어진 경우, $w(z)$라는 정칙인 복소함수를 사용하여 D를 w 평면으로 사상하여 매우 간단한, 예를 들어 **원판**(circular disk) R과 같은 영역을 얻었다고 하면, 식 (20.1)로 주어진 경계조건을 w 평면에서 만족시키는 것은 원래 z 평면에서 주어진 문제보다 쉬워졌다고 볼 수 있다. 사상 함수 $w(z)$가 다음과 같이 주어진다고 할 때,

$$w(z) = u(x,y) + iv(x,y), \tag{20.2}$$

사상된 영역 R에서 미지 함수 $\Phi(u,v)$가 어떤 방정식을 만족하는가 알아보기로 하자.

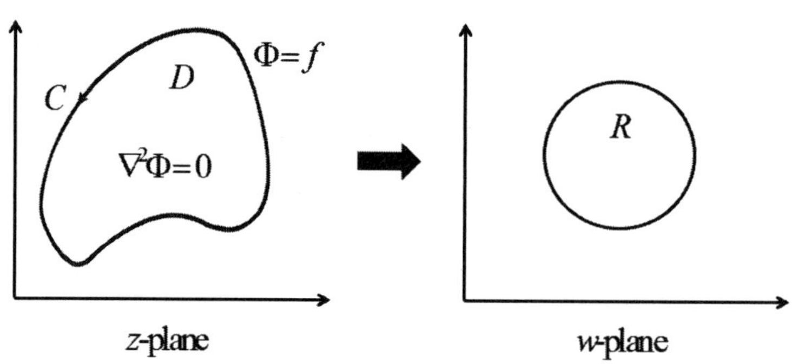

그림 20.1 디리클레 문제의 사상

먼저 $\Phi(x,y)$의 1계 편도함수 Φ_x, Φ_y에 대해 연쇄율을 적용하여 다음을 얻는다.

$$\frac{\partial \Phi}{\partial x} \equiv \Phi_x = \Phi_u u_x + \Phi_v v_x , \tag{20.3}$$

$$\frac{\partial \Phi}{\partial y} \equiv \Phi_y = \Phi_u u_y + \Phi_v v_y . \tag{20.4}$$

여기서 하첨자는 그에 대한 편미분을 뜻한다. 같은 방법으로 2계 편도함수 Φ_{xx}, Φ_{yy}에 대해 연쇄율을 적용하여 다음을 얻는다.

$$\Phi_{xx} = \Phi_u u_{xx} + \Phi_v v_{xx} + (\Phi_{uu} u_x + \Phi_{uv} v_x) u_x + (\Phi_{vu} u_x + \Phi_{vv} v_x) v_x , \tag{20.5}$$

$$\Phi_{yy} = \Phi_u u_{yy} + \Phi_v v_{yy} + (\Phi_{uu} u_y + \Phi_{uv} v_y) u_y + (\Phi_{vu} u_y + \Phi_{vv} v_y) v_y . \tag{20.6}$$

이 두 식을 더하여 다음 식을 얻는데,

$$\begin{aligned} \Phi_{xx} + \Phi_{yy} &= \Phi_u (u_{xx} + u_{yy}) + \Phi_v (v_{xx} + v_{yy}) \\ &+ \Phi_{uu} (u_x^2 + u_y^2) + 2\Phi_{uv} (u_x v_x + u_y v_y) + \Phi_{vv} (v_x^2 + v_y^2) , \end{aligned} \tag{20.7}$$

$w(z)$는 정칙이므로 $u(x,y)$, $v(x,y)$는 각각 라플라스 방정식을 만족하여 다음을 얻고,

$$\Phi_{xx} + \Phi_{yy} = \Phi_{uu} (u_x^2 + u_y^2) + 2\Phi_{uv} (u_x v_x + u_y v_y) + \Phi_{vv} (v_x^2 + v_y^2) , \tag{20.8}$$

우변의 $v(x,y)$의 편도함수들을 코쉬-리만 조건, 식 (16.11)을 이용하여 모두 $u(x,y)$의 편도함수로 바꾸어 쓰면 다음을 얻는다.

$$\Phi_{xx} + \Phi_{yy} = (u_x^2 + u_y^2)(\Phi_{uu} + \Phi_{vv}) = \left| \frac{dw}{dz} \right|^2 (\Phi_{uu} + \Phi_{vv}) = 0 . \tag{20.9}$$

다시 말하면 z평면의 영역 D 내부의 모든 점에 대해 $\frac{dw}{dz} \equiv w' \neq 0$이 성립하면, $\Phi(u,v)$ 역시 w평면의 영역 R에서 라플라스 방정식을 만족한다는 결과를 얻는다. 사상함수는 일대일 대응을 만족해야 하는데, $\frac{dw}{dz}\frac{dz}{dw} = 1$이므로, $\frac{dz}{dw} = 0$은 $w' \to \infty$에 상응하며, 따라서 위의 조건 $w' \neq 0$은 $w' \neq 0, \ \infty$로 이해되어야 한다.

아래에서는 정칙이며, $w' \neq 0,\ \infty$ 인 복소함수 $w(z)$ 에 의한 사상이 왜 등각 사상이라고 불리는지에 대해 생각하기로 한다. $w(z)$ 에 의해 z 평면의 $z_1 - z_0 = \Delta z_1$, $z_2 - z_0 = \Delta z_2$ 가 w 평면의 $w_1 - w_0 = \Delta w_1$, $w_2 - w_0 = \Delta w_2$ 로 사상되었다고 하자([그림 20.2] 참조). w_1, w_2 에 대해 다음이 성립하므로,

$$w_1 \equiv w(z_1) \simeq w(z_0) + w'(z_0)\Delta z_1,\ w_2 \equiv w(z_2) \simeq w(z_0) + w'(z_0)\Delta z_2, \quad (20.10)$$

이들로부터 $|\Delta z_1|$, $|\Delta z_2|$ 가 매우 작은 극한의 경우를 고려하여 다음을 얻고,

$$\Delta w_1 = w_1 - w_0 = w'(z_0)\Delta z_1,\ \Delta w_2 = w_2 - w_0 = w'(z_0)\Delta z_2, \quad (20.11)$$

따라서 다음을 얻는다.

$$\frac{\Delta w_2}{\Delta w_1} = \frac{\Delta z_2}{\Delta z_1}. \quad (20.12)$$

이 식의 양변에 식 (15.24)에서 정의한 arg 를 취하고 식 (15.37)에 보인 성질을 이용하면 다음을 얻는다.

$$\beta = \arg\Delta w_2 - \arg\Delta w_1 = \arg\Delta z_2 - \arg\Delta z_1 = \alpha. \quad (20.13)$$

따라서 z 평면에서의 z_1, z_2 의 z_0 에 대한 상대적인 방향성은 w 평면에서도 그대로 유지됨을 알 수 있으며, 이와 같이 '국부적으로 각이 보존되는' 성질을 강조하여 '등각' 사상이라고 부른다.

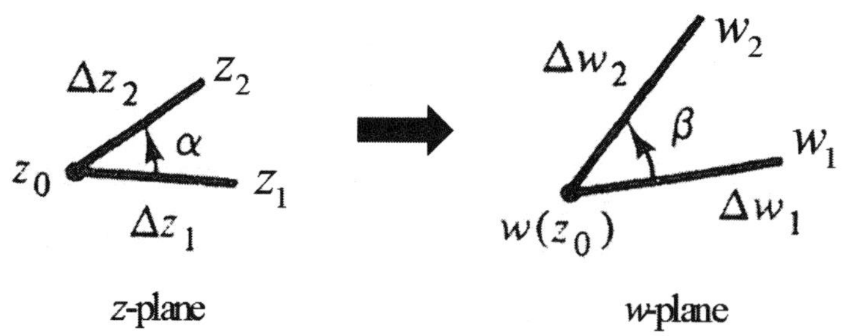

그림 20.2 등각 사상

▶ **예제 20.1) z 평면의 1 상한이 다음과 같은 사상에 의해 w 평면에서는 어떤 영역으로 사상되는지 기술하시오.**

$$w = z^2. \tag{예20.1}$$

답) 식 (예20.1)로 주어진 사상 함수는 전역 함수이며, $w' = 2z$ 이므로 z 평면의 원점을 제외한 모든 점에서 $w' \neq 0$이 만족된다. z 평면의 양의 실수 축은 w 평면의 양의 실수 축, 또 양의 허수 축은 w 평면의 음의 실수 축으로 각각 사상되므로, z 평면의 1 상한은 w 평면의 **상반 평면**(upper half plane)으로 사상된다. z 평면의 원점은 w 평면의 원점으로 사상되므로, z 평면의 양의 실수 축과 양의 허수 축 사이의 각도인 $\frac{\pi}{2}$ 는 w 평면에서는 π 로 변화하여 등각이 아님을 확인할 수 있다([그림 예20.1] 참조).

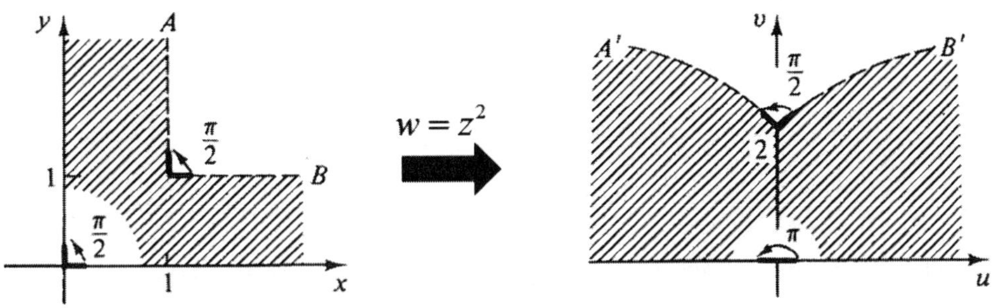

그림 예20.1 $w = z^2$ 에 의한 사상

또한 예를 들어 z 평면의 AB는 w 평면의 $A'B'$으로 사상되는데, z 평면의 점 $(1,1)$에서와 그에 상응하는 w 평면의 점 $(0,2)$에서의 빗금 친 부분의 경계선이 이루는 각은 모두 $\frac{\pi}{2}$ 로 등각임과, 나아가 원점을 제외하면 모든 점에 대해 등각 사상, 즉 '국부적으로 각이 보존됨'을 확인할 수 있다.

20.2 겹선형 변환

겹선형 변환(bilinear transform)은 분모, 분자가 모두 z의 1차 함수, 또는 선형 함수인 분수 함수로 주어지는 다음과 같은 형태의 사상이며,2)

$$w(z) = \frac{\alpha z + \beta}{\gamma z - \delta}, \tag{20.14}$$

여기서 α, β, γ, δ는 주어진 복소수이다.

위의 변환을 고려하기 위해 다음과 같은 **반비례 사상**(inversely proportional mapping)을 먼저 생각하기로 한다.

$$w(z) = \frac{1}{z} = z^{-1}. \tag{20.15}$$

물론 이 사상은 겹선형 변환의 특수한 경우이기도 하며 $z=0$인 원점은 이 사상의 특이점이다. 이 사상에 대해 우리가 먼저 알고자 하는 것은 z평면의 원이 w평면에서는 어떤 형상으로 사상되는가 하는 것이다. z평면에서 (a, b)에 원점을 두고 반경이 c인 원은 다음과 같이 쓸 수 있는데,

$$(x-a)^2 + (y-b)^2 = c^2, \tag{20.16}$$

위 식의 좌변 x, y에 아래에 다시 보인 식 (15.41)을 대입하면 다음 결과를 얻으며,

$$x = \frac{z+\bar{z}}{2},\ y = \frac{z-\bar{z}}{2i}, \tag{15.41}$$

$$\left(z+\bar{z}-2a\right)^2 - \left(z-\bar{z}-2ib\right)^2 = 4c^2, \tag{20.17}$$

이 식을 정리하여 다음을 얻는다.

---

2) 변환과 사상은 같은 뜻으로 볼 수 있는데, 단지 사상은 보다 기하학적인 측면의 역할을 강조한 용어이며, 이하에서도 그런 맥락에서 두 용어를 혼용하기로 한다.

$$z\bar{z}-(a-ib)z-(a+ib)\bar{z}=c^2-a^2-b^2\equiv B. \tag{20.18}$$

이 식의 좌변에 식 (20.15)로부터 얻는 식, $z=w^{-1}$을 대입하고 양변에 $w\bar{w}$를 곱하여 다음 식을 얻는다.

$$1-(a-ib)\bar{w}-(a+ib)w=Bw\bar{w}. \tag{20.19}$$

만약 $B\neq 0$이면 식 (20.18)로부터 $c^2\neq a^2+b^2$이므로 z평면의 원은 원점을 지나지 않으며, $C\equiv B^{-1}$라고 할 때 다음 결과를 얻는데,

$$w\bar{w}+(a+ib)w+(a-ib)\bar{w}=C\neq 0, \tag{20.20}$$

이 식의 형태를 보면 $B\neq 0$일 때의 식 (20.18)과 같은 형태이므로, z평면의 원점을 지나지 않는 원은 w평면에서도 역시 원점을 지나지 않는 원으로 사상됨을 알 수 있다.

만약 $B=0$이면, 식 (20.18)로부터 $c^2=a^2+b^2$이므로 z평면의 원은 원점을 지나며, 식 (20.19)로부터 다음이 성립하는데,

$$(a+ib)w+(a-ib)\bar{w}=1, \tag{20.21}$$

이 식의 좌변을 다시 쓰면 다음을 얻는다.

$$2Re\{(a+ib)w\}=1. \tag{20.22}$$

이 식에 $w=u+iv$를 대입하면 결국 다음을 얻으며,

$$2(au-bv)=1, \tag{20.23}$$

이 식은 w평면에서 원점을 지나지 않는 직선의 방정식이고, 따라서 $B=0$인 경우에는 z평면의 원점을 지나는 원은 w평면의 원점을 지나지 않는 직선으로 사상된다.

한편 z 평면의 직선은 w 평면에서 어떤 형상으로 사상되는가 생각하기 위해 z 평면의 직선을 다음과 같이 쓴 뒤,

$$y = ax + b, \tag{20.24}$$

위 식의 양변에 식 (15.41)을 대입하고 정리하면 다음을 얻으며,

$$(1 - ia)z - (1 + ia)\overline{z} = 2ib \equiv D, \tag{20.25}$$

이 식의 좌변에 식 (20.15)로부터 얻는 $z = w^{-1}$을 대입하고 양변에 $w\overline{w}$를 곱하여 다음을 얻는다.

$$(1 - ia)\overline{w} - (1 + ia)w = Dw\overline{w}. \tag{20.26}$$

만약 $b \neq 0$이면 이 식의 양변을 D로 나누고 정리하여 다음을 얻는데,

$$w\overline{w} + D^{-1}(1 + ia)w - D^{-1}(1 - ia)\overline{w} = 0, \tag{20.27}$$

식 (20.18)과 이 식의 비교로부터 이 식은 원점을 지나는 원의 방정식임을 알 수 있으므로, z 평면의 원점을 지나지 않는 직선은 w 평면의 원점을 지나는 원으로 사상됨을 얻는다.

만약 $b = 0$이면 $D = 0$이므로 식 (20.26)의 우변은 0이 되어 다음을 얻는데,

$$(1 - ia)\overline{w} - (1 + ia)w = 0, \tag{20.28}$$

이 식은 $b = 0$인 경우의 식 (20.25)와 같은 형태이므로, z 평면의 원점을 지나는 직선은 w 평면의 원점을 지나는 직선으로 사상됨을 알 수 있다.

위에서 얻은 결과들을 종합하면 [표 20.1]에 보인 것과 같이 정리할 수 있다. 여기서 만약 직선을 반경이 ∞인 원으로 간주한다면, [표 20.1]에 보인 결과는 한 마디로 z 평면의 원은 반비례 사상 $w(z) = z^{-1}$에 의해 w 평면의 원으로 사상된다고 할 수 있음에 유의한다.

표 20.1 반비례 사상 $w(z)=z^{-1}$에 의한 변환

z 평면	w 평면
원점을 지나지 않는 원	원점을 지나지 않는 원
원점을 지나는 원	원점을 지나지 않는 직선
원점을 지나지 않는 직선	원점을 지나는 원
원점을 지나는 직선	원점을 지나는 직선

이제 겹선형 변환을 고려하는데, 분모에 대해 선형 변환, $\zeta(z)=\gamma z+\delta$, 그리고 ζ 평면에 대한 사상, $f(\zeta)=\zeta^{-1}$을 도입하고, $\alpha\neq 0$, $\gamma\neq 0$를 가정한 뒤, 식 (20.14)를 다시 쓰면 다음을 얻는다.

$$w=\frac{\alpha}{\gamma}\frac{z+\dfrac{\beta}{\alpha}}{z+\dfrac{\delta}{\gamma}}=\frac{\alpha}{\gamma}\left(1+\frac{\dfrac{\beta}{\alpha}-\dfrac{\delta}{\gamma}}{z+\dfrac{\delta}{\gamma}}\right)=\frac{\alpha}{\gamma}+\frac{\beta\gamma-\alpha\delta}{\gamma\zeta}=\frac{\alpha}{\gamma}+\frac{\beta\gamma-\alpha\delta}{\gamma}f. \tag{20.29}$$

여기서 우변의 $\dfrac{\alpha}{\gamma}$, $\dfrac{\beta\gamma-\alpha\delta}{\gamma}$는 주어진 복소수로 볼 수 있으므로, 겹선형 변환 $w(f)$는 f에 대해서는 선형 변환이다.

$\zeta(z)$, $w(f)$와 같은 선형 변환에 의해서는 독립 변수에 상응하는 복소평면, 즉 z 평면과 f 평면에 주어진 도형이 평행 이동, 확대 또는 축소 및 회전에 의해 변형되어 종속 변수에 상응하는 복소평면, 즉 ζ 평면과 w 평면의 사상이 결정되므로, 겹선형 변환, 즉 $z\to\zeta\to f\to w$에 의한 사상에 의해 생기는 형상의 본질적인 변화는 $\zeta\to f$의 사상, 즉 반비례 사상, $f(\zeta)=\zeta^{-1}$에 의해 주어진다. 따라서 위에서 표 20.1과 관련하여 얻은 결론, 즉 z 평면의 원은 w 평면에서도 원으로 사상된다는 결론은 겹선형 변환에 대해서도 그대로 유효함을 얻는다. 나아가 겹선형 변환은 반비례 사상 $w(z)=z^{-1}$에 비해 많은 수의 매개변수, 즉 α, β, γ, δ의 네 개의 매개변수를 포함하므로 보다 다양한 문제에 응용할 수 있다는 장점을 가진다.

이하에서는 겹선형 변환의 적용과 관련된 두 예제를 생각하고, 보다 광범위한 의미의 등각 사상의 응용에 대해서는 다음 절에서 다루기로 한다.

▶ **예제 20.2) 정상 상태에 있는 물체의 온도 분포 $T(x,y)$는 라플라스 방정식을 만족한다. 물체의 형상과 그 경계 조건이 [그림 예20.2] 왼쪽에 보인 바와 같이 주어진 정상 상태에 있는 물체에 대한 온도 분포를 구하시오.**

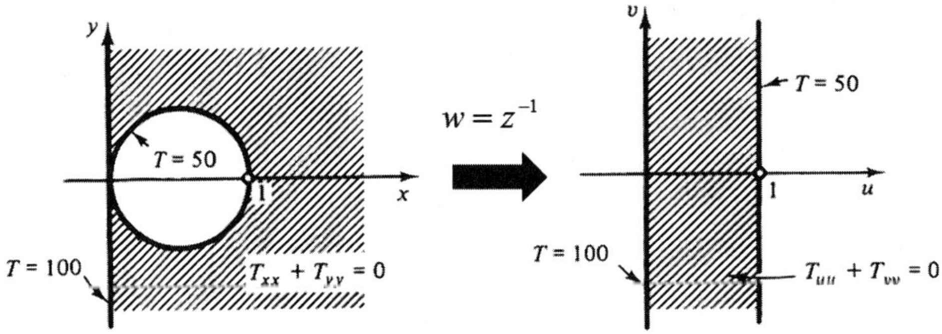

그림 예20.2 정상 상태에 있는 물체의 온도 분포

답) z평면의 물체의 경계는 원점을 지나는 직선, $x=0$와 원점을 지나는 원, $\left|z-\frac{1}{2}\right|=\frac{1}{2}$에 의해 정의되므로, [표 20.1]에 따르면 이들은 반비례 사상 $w(z)=z^{-1}$에 의해 각각 원점을 지나는 직선과 원점을 지나지 않는 직선으로 사상됨을 알 수 있으며, 간단한 계산에 의해 이들은 각각 $u=0$와 $w=u=1$로 주어지는 직선임을 얻는다. 따라서 w평면에서의 물체 영역은 $u=0$와 $u=1$인 두 직선 사이의 영역으로 주어지며, 각 경계에서의 경계 조건은 다음과 같이 주어지므로,

$$T=100,\ u=0\text{에서,} \tag{예20.2}$$

$$T=50,\ u=1\text{에서,} \tag{예20.3}$$

T는 u만의 함수, 즉 $T(u)$를 가정할 수 있다.

그러므로 라플라스 방정식으로부터 $T_{uu}=0$을 얻으며, 이로부터 $T(u)$는 u의 1차식, 즉 $T(u)=au+b$임을 알 수 있다. 식 (예20.2), (예20.3)의 경계 조건으로부터 $b=100$, $a=-50$을 얻어 결국 다음을 얻으며,

$$T(u)=-50u+100, \qquad (예20.4)$$

여기에 $w=\dfrac{1}{z}=\dfrac{1}{x+iy}$, 즉 $u=\dfrac{x}{x^2+y^2}$을 대입하여 $T(x,y)$를 다음과 같이 얻는다.

$$T(x,y)=-\frac{50x}{x^2+y^2}+100. \qquad (예20.5)$$

이 해가 $\left|z-\dfrac{1}{2}\right|=\dfrac{1}{2}$로 주어지는 원주 상에서의 경계 조건을 만족하는지 확인하기 위해 극 좌표 (r,θ)를 사용하면 식 (예20.5)로부터 다음을 얻으며,

$$T(r,\theta)=-\frac{50\cos\theta}{r}+100, \qquad (예20.6)$$

원주 상의 점에 대해서는 다음이 성립하므로,

$$\left|re^{i\theta}-\frac{1}{2}\right|^2=\left(r\cos\theta-\frac{1}{2}\right)^2+r^2\sin^2\theta=r^2-r\cos\theta+\frac{1}{4}=\frac{1}{4}, \qquad (예20.7)$$

이 식을 정리하여 다음을 얻고,

$$r=\cos\theta, \qquad (예20.8)$$

이를 식 (예20.6)에 대입하면 원주 상의 점에서 $T=50$이 됨을 확인할 수 있다.

▶ 예제 20.3) 물체의 형상과 그 경계 조건이 [그림 예20.3] 왼쪽에 보인 바와 같이 주어진 정상 상태에 있는 물체의 온도 분포 $T(x,y)$를 구하시오. 단 다음과 같이 주어진 겹선형 변환을 사용하면 z평면의 영역 D가 [그림 예20.3] 오른쪽에 보인 바와 같이 두 동심원 사이의 영역으로 사상됨을 보이시오.

$$w(z) = \frac{z-a}{az-1}, \ a = 2+\sqrt{3}. \tag{예20.9}$$

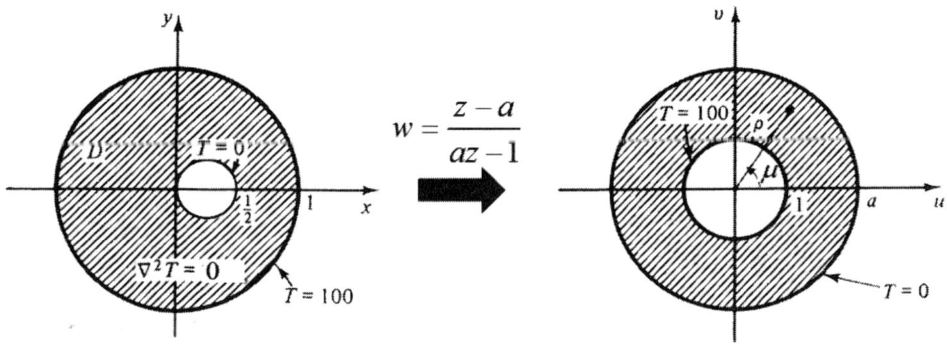

그림 예20.3 정상 상태에 있는 물체의 온도 분포

답) z평면의 물체의 경계는 원점을 지나는 원 C_1, $\left|z-\frac{1}{4}\right| = \frac{1}{4}$과 원점을 지나지 않는 원 C_2, $|z| = 1$에 의해 정의되므로, 이 영역에 대해 단순히 반비례 사상 $w(z) = z^{-1}$을 적용한다면, 사상된 영역은 원점을 지나지 않는 직선과 원점을 지나지 않는 원 사이의 영역으로 사상될 것이고, 주어진 문제보다 풀기에 쉬운 문제라고 볼 수 없으며, 따라서 겹선형 변환을 고려하기로 한다.

본문에서 기술한 바와 같이 겹선형 변환은 본질적으로 반비례 사상과 같다고 볼 수 있으므로, 만약 z평면의 두 원을 w평면의 두 동심원으로 사상한다면, w평면에서 C_1의 사상은 바깥쪽 원, C_2의 사상은 안쪽 원이 될 것이므로, 식 (20.14)에 포함된 네 개의 복소수가 다음 네 조건을 만족하도록 결정하기로 한다.

1) C_1 상의 점 $(0,0)$이 w평면의 점 $(a,0)$로,

2) C_1 상의 점 $\left(\frac{1}{2},0\right)$이 w평면의 점 $(-a,0)$로,

3) C_2 상의 점 $(1,0)$이 w평면의 점 $(-1,0)$로,

4) C_2 상의 점 $(-1,0)$이 w평면의 점 $(1,0)$로 각각 사상되도록 하며, 단 여기서 $a>1$이어야 한다.

위의 네 조건을 식 (20.14)에 대입하여 다음을 얻으며,

$$\frac{\beta}{\delta}=a,\ \frac{\alpha+2\beta}{\gamma+2\delta}=-a,\ \frac{\alpha+\beta}{\gamma+\delta}=-1,\ \frac{-\alpha+\beta}{-\gamma+\delta}=1, \quad \text{(예20.10)}$$

첫째 식으로부터 $\beta=a\delta$를 얻고, 셋째와 넷째 식으로부터 $\alpha=-\delta$를 얻으며, 이들을 넷째 식에 대입하여 $\gamma=-a\delta$를 얻으므로, 이들을 둘째 식에 대입하여 a에 대한 2차 방정식을 다음과 같이 얻는다.

$$a^2-4a+1=0. \quad \text{(예20.11)}$$

근의 공식으로부터 $a=2\pm\sqrt{3}$을 얻는데, $a>1$이어야 하므로 $a=2+\sqrt{3}$을 얻으며, $\delta=-1$로 취하면 식 (예20.9)에 주어진 겹선형 변환을 얻는다.

$w=\rho e^{i\mu}$라고 하면 따라서 w평면의 사상된 영역은 원점에 중심을 가진 $\rho=1$과 $\rho=a$인 두 동심원 사이의 영역으로 주어지며, 각 경계에서의 경계 조건은 다음과 같이 주어지므로,

$$T=100,\ \rho=1\text{에서}, \quad \text{(예20.12)}$$

$$T=0,\ \rho=a\text{에서}, \quad \text{(예20.13)}$$

T는 ρ만의 함수, 즉 $T(\rho)$를 가정할 수 있다.

극 좌표계 (ρ, μ)에 대한 라플라스 방정식은 다음과 같이 주어지므로,[3]

$$\nabla^2 T(\rho, \mu) = \frac{1}{\rho}\left\{\frac{\partial}{\partial \rho}\left(\rho \frac{\partial T}{\partial \rho}\right) + \frac{\partial}{\partial \mu}\left(\frac{1}{\rho}\frac{\partial T}{\partial \mu}\right)\right\} = 0, \qquad \text{(예20.14)}$$

이로부터 $T(\rho)$에 대한 미분 방정식을 다음과 같이 얻으며,

$$\frac{d}{d\rho}\left(\rho \frac{dT}{d\rho}\right) = 0, \qquad \text{(예20.15)}$$

또 이 식으로부터 다음을 얻고,

$$\rho \frac{dT}{d\rho} = const. \equiv B, \qquad \text{(예20.16)}$$

결국 $T(\rho)$에 대해 다음을 얻는다.

$$T(\rho) = B \ln\rho + A. \qquad \text{(예20.17)}$$

여기서 A는 적분 상수이며, $\rho = 0$, 즉 원점에서 대수 함수는 $-\infty$가 되지만 원점은 w평면에서 물체 영역에 속하지 않으므로 문제가 없다.

식 (예20.12), (예20.13)의 경계 조건을 만족하도록 A, B를 결정하면, $A = 100$, $B = -\frac{100}{\ln a}$를 얻으므로, $T(\rho)$를 다음과 같이 얻으며,

$$T(\rho) = 100\left(1 - \frac{\ln\rho}{\ln a}\right), \qquad \text{(예20.18)}$$

여기서 $\rho = |w| = \sqrt{u^2 + v^2}$은 주어진 (x, y)에 대해 식 (예20.9)로부터 얻을 수 있다.

---

3) 이승준(2010)<4> 등을 참조하기 바란다.

20.3 등각 사상의 응용

등각 사상은 다양한 문제의 해결을 위해 사용될 수 있는데, 이 절에서는 일반적인 사항들에 대해 다루고, 다음 두 절에서 **주코우스키 변환**(Joukowski transform)과 Schwarz-Christoffel 변환을 차례로 다루어 개별적인 응용에 대해 알아보기로 한다.

먼저 등각 사상의 응용과 관련하여 가장 넓은 응용 범위를 가지는 정리는 **리만 사상 정리**(Riemann mapping theorem; Riemann, 1826-1866, Germany, 1851)[19]라고 볼 수 있다. 이 정리에 따르면, 우리가 공학 문제에서 다루는 대부분의 단순연결 영역의 내부를 단위원의 내부로 사상하는 정칙 함수가 존재한다.[4)]

물론 이 정리가 그와 같은 사상 함수를 어떻게 구할 수 있는지에 대해 알려주고 있는 것은 아니므로 실제적인 응용에 도움이 되지는 않지만, 그와 같은 사상이 존재하는 것을 아는 한 컴퓨터의 도움을 얻어 항상 만족할 만한 정확도를 가지는 사상을 수치적으로 구할 수 있다는 점에서 이 정리는 매우 중요하게 여겨지고 있다.

디리클레 문제에 대해서는 따라서 리만 사상 정리에 의해 단위원의 원주 상에서 미지 함수의 값이 경계 조건으로 주어지는 것으로 볼 수 있는데, 이와 같은 경우 단위원 내부에서의 해는 **프와송 적분**(Poisson integral; Poisson, 1781-1840, France, 1820)[20]에 의해 주어질 수 있다.

$f(\zeta)$가 예를 들어 [그림 20.3]에 보인 바와 같이 반경 a인 원 C의 내부와 그 위에서 정칙이고, z가 C 내부에 있다고 하면, 17.3절에서 고려한 코쉬 적분 공식에 의해 다음을 얻는다.

$$f(z) = \frac{1}{2\pi i}\int_C \frac{f(\zeta)}{\zeta - z}\,d\zeta. \tag{20.30}$$

또 $z_i = \dfrac{a^2}{z}$이라고 하면, [그림 20.3]에 보인 바와 같이 z_i는 C 바깥에 위치하며, z의 원 C에 대한 **역점**(inverse point)이라고 불리는데, 17.2절에서 고려한 코쉬-고올사 정리에 의해 다음을 얻는다.

$$0 = \frac{1}{2\pi i}\int_C \frac{f(\zeta)}{\zeta - z_i}\,d\zeta. \tag{20.31}$$

4) 증명을 포함한 보다 자세한 사항에 대해서는 Cohn(1967)<6> 등을 참조하기 바란다.

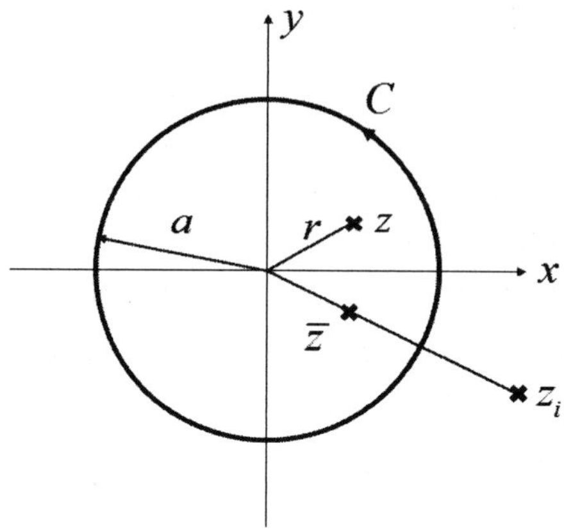

그림 20.3 원판에 대한 디리클레 문제

식 (20.30)으로부터 식 (20.31)을 빼주면 다음을 얻으며,

$$f(z) = \frac{1}{2\pi i}\int_C \left\{\frac{1}{\zeta - z} - \frac{1}{\zeta - z_i}\right\} f(\zeta)\, d\zeta, \tag{20.32}$$

C 상에서 $\zeta = ae^{i\mu}$, $d\zeta = i\,a e^{i\mu} d\mu = i\zeta d\mu$ 임을 고려하여 다음을 얻는다.

$$f(z) = \frac{1}{2\pi}\int_0^{2\pi} \left\{\frac{\zeta}{\zeta - z} - \frac{\zeta}{\zeta - z_i}\right\} f(a, \mu)\, d\mu. \tag{20.33}$$

이 식 우변 피적분 함수 { } 안의 둘째 항은 다음과 같이 다시 쓸 수 있으며,

$$\frac{\zeta}{\zeta - z_i} = \frac{\zeta\overline{z}}{\zeta\overline{z} - a^2} = \frac{e^{i\mu}\overline{z}}{e^{i\mu}\overline{z} - a} = \frac{\overline{z}}{\overline{z} - ae^{-i\mu}} =- \frac{\overline{z}}{\overline{\zeta} - \overline{z}}, \tag{20.34}$$

이를 식 (20.33)에 대입하여 다음을 얻는다.

$$f(z) = \frac{1}{2\pi}\int_0^{2\pi} \left\{\frac{\zeta}{\zeta - z} + \frac{\overline{z}}{\overline{\zeta} - \overline{z}}\right\} f(a, \mu)\, d\mu. \tag{20.35}$$

$z = re^{i\theta}$ 라고 하면, 위 식 우변 피적분 함수의 { }에 대해 다음을 얻으므로,

$$\frac{\zeta}{\zeta - z} + \frac{\bar{z}}{\bar{\zeta} - \bar{z}} = \frac{\zeta(\bar{\zeta} - \bar{z}) + \bar{z}(\zeta - z)}{(\zeta - z)(\bar{\zeta} - \bar{z})} = \frac{\zeta\bar{\zeta} - z\bar{z}}{|\zeta - z|^2} = \frac{a^2 - r^2}{|\zeta - z|^2}, \tag{20.36}$$

실수 함수로 주어진 우변의 결과를 식 (20.35)에 대입하여 다음을 얻는다.

$$f(z) = \frac{1}{2\pi}\int_0^{2\pi} \frac{a^2 - r^2}{|\zeta - z|^2} f(a, \mu)\, d\mu, \tag{20.37}$$

피적분 함수에 포함된 $|\zeta - z|$ 에 대해서는 코싸인 법칙을 적용하고([그림 20.4] 참조), $f(z) = u(r, \theta) + iv(r, \theta)$ 라고 하면, 위 식 양변의 실수부를 취하여 다음과 같이 원판 문제에 대한 **프와송 적분**(Poisson integral)을 얻는다.

$$u(r, \theta) = \frac{1}{2\pi}\int_0^{2\pi} \frac{a^2 - r^2}{a^2 + r^2 - 2ar\cos(\mu - \theta)} u(a, \mu)\, d\mu. \tag{20.38}$$

반경 a 인 원 C의 내부에서 라플라스 방정식을 만족하고, 그 경계인 C 상에서 $u(a, \mu)$의 값을 가져야 하는 디리클레 문제의 해인 조화 함수 $u(r, \theta)$는 식 (20.38), 프와송 적분으로 주어진다.

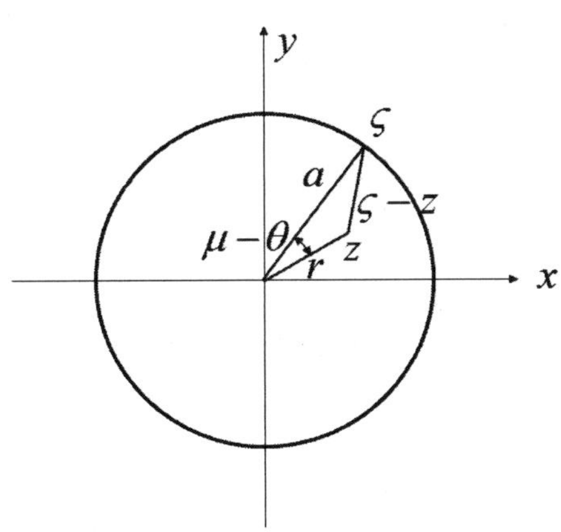

그림 20.4 $|\zeta - z|$ 의 산정

프와송 적분과 관련하여 다음 함수는 **프와송 핵함수**(Poisson kernel)라고 부르며,

$$P(a,\mu;r,\theta) \equiv \frac{1}{2\pi}\frac{a^2-r^2}{a^2+r^2-2ar\cos(\mu-\theta)}, \tag{20.39}$$

이를 사용하여 프와송 적분을 다시 쓰면 다음과 같다.

$$u(r,\theta) = \int_0^{2\pi} P(a,\mu;r,\theta)\,u(a,\mu)\,d\mu. \tag{20.40}$$

따라서 프와송 적분에 의해 디리클레 문제의 해에 대해서는 원칙적으로 그 존재와 유일성이 증명되었다고 할 수 있다.

다음으로는 **상반 평면**(upper half plane)에 대한 디리클레 문제의 해를 구하기로 한다. $f(\zeta)$가 예를 들어 [그림 20.5]에 보인 바와 같이 상반 평면과 x축 상에서 정칙이고, z가 상반무한 평면 내부에 있다고 하면, 코쉬 적분 공식에 의해 다음을 얻는다.

$$f(z) = \frac{1}{2\pi i}\int_C \frac{f(\zeta)}{\zeta - z}\,d\zeta. \tag{20.41}$$

여기서 적분경로 C는 x축과 반경이 ∞인 상반원의 합으로 이루어지며, 이 상반원 상에서의 f는 충분히 작아 적분값에 영향을 끼치지 않는다고 가정한다.

또 [그림 20.5]에 보인 바와 같이 $\bar{z}$는 생각하는 문제의 영역 바깥에 위치하며, 코쉬-고올사 정리에 의해 다음을 얻는다.

$$0 = \frac{1}{2\pi i}\int_C \frac{f(\zeta)}{\zeta - \bar{z}}\,d\zeta. \tag{20.42}$$

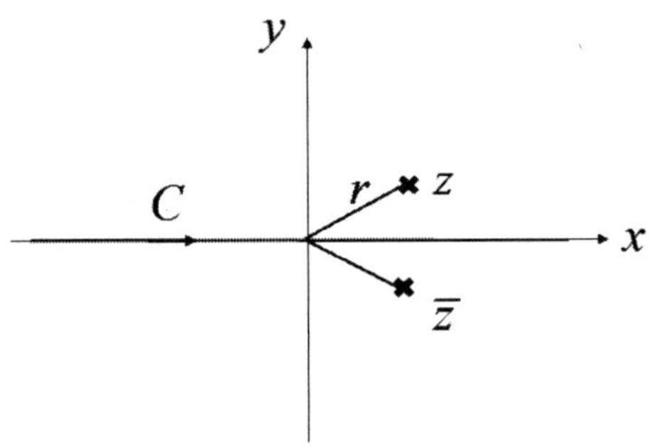

그림 20.5 상반 평면에 대한 디리클레 문제

식 (20.41)로부터 식 (20.42)를 빼주면 다음을 얻으며,

$$f(z)=\frac{1}{2\pi i}\int_C\left\{\frac{1}{\zeta-z}-\frac{1}{\zeta-\bar{z}}\right\}f(\zeta)\,d\zeta, \tag{20.43}$$

실수 축 상에서 $\zeta=\xi,\ d\zeta=d\xi$ 임을 고려하여 다음을 얻는다.

$$f(z)=\frac{1}{2\pi i}\int_{-\infty}^{\infty}\left(\frac{1}{\xi-z}-\frac{1}{\xi-\bar{z}}\right)f(\xi,0)\,d\xi. \tag{20.44}$$

이 식 우변 피적분 함수 { } 안은 다음과 같이 다시 쓸 수 있으며,

$$\frac{1}{\xi-z}-\frac{1}{\xi-\bar{z}}=\frac{z-\bar{z}}{(\xi-z)(\xi-\bar{z})}==\frac{2iy}{\xi^2+r^2-2\xi x}=\frac{2iy}{(\xi-x)^2+y^2}, \tag{20.45}$$

이를 식 (20.44)에 대입하여 다음을 얻는다.

$$f(z)=\frac{1}{\pi}\int_0^{2\pi}\frac{y}{(\xi-x)^2+y^2}f(\xi,0)\,d\xi. \tag{20.46}$$

$f(z)=u(x,y)+iv(x,y)$ 라고 하면, 위 식 양변의 실수부를 취하여 다음과 같이 상반 평면에 대한 디리클레 문제의 해를 얻는다.

$$u(x,y)=\frac{1}{\pi}\int_{-\infty}^{\infty}\frac{y}{(\xi-x)^2+y^2}u(\xi,0)\,d\xi. \tag{20.47}$$

이 식은 **상반 평면에 대한 프와송 적분**(Poisson integral for upper half plane)으로 불리며, 그 형태도 식 (20.38)과 유사하여 핵함수를 다음과 같이 정의하면,

$$P(\xi;x,y)\equiv\frac{1}{\pi}\frac{y}{(\xi-x)^2+y^2}, \tag{20.48}$$

이를 사용하여 식 (20.47)을 다음과 같이 다시 쓸 수 있다.

$$u(x,y)=\int_{-\infty}^{\infty}P(\xi;x,y)\,u(\xi,0)\,d\xi. \tag{20.49}$$

디리클레 문제의 해와 관련하여서는 25.3절에서 그린 함수와 관련하여 다시 논의하기로 한다.

이하에서는 경계 조건이 미지 함수의 법선 방향 도함수로 주어진 경우인 **노이만 문제**(Neumann problem; Neumann, 1832-1925, Germany, 1877)[21]에 대해 등각 사상과 관련하여 생각하기로 한다.

z 평면의 영역 D에서 라플라스 방정식을 만족하며 그 경계 $C \equiv \partial D$에서 다음과 같은 조건을 만족하는 미지 함수 $\Phi(x,y)$를 구하는 노이만 문제가 주어졌다고 하자.

$$\frac{\partial \Phi}{\partial n_z} = f(x,y), \ (x,y) \in C. \tag{20.50}$$

이와 같은 경계 조건은 **노이만 조건**(Neumann condition)이라고 부른다.

한편, 경계를 나타내는 곡선 C가 다음과 같은 함수로 주어진다고 하자.

$$F(x,y) = c. \tag{20.51}$$

여기서 c는 주어진 상수이다. 곡선 C에 대해 법선 방향 단위벡터 $\hat{n}_z$는 다음과 같이 주어지는데,

$$\hat{n}_z = \frac{(F_x, F_y)}{\sqrt{F_x^2 + F_y^2}} = \frac{\nabla_z F}{F_0}, \ \nabla_z \equiv \left(\frac{\partial}{\partial x}, \frac{\partial}{\partial y}\right), \ F_0 \equiv \sqrt{F_x^2 + F_y^2}, \tag{20.52}$$

$w(z) = u(x,y) + iv(x,y)$라는 정칙인 복소함수를 사용하여 D를 w 평면으로 사상하여 영역 R을 얻었다고 하면 그 경계 $C_1 \equiv \partial R$은 다음과 같이 주어질 것이며,

$$G(u,v) \equiv F(x(u,v), y(u,v)) = c, \tag{20.53}$$

곡선 C_1에 대해 법선 방향 단위벡터 $\hat{n}_w$는 다음과 같이 주어진다.

$$\hat{n}_w = \frac{(G_u, G_v)}{\sqrt{G_u^2 + G_v^2}} = \frac{\nabla_w G}{G_0}, \ \nabla_w \equiv \left(\frac{\partial}{\partial u}, \frac{\partial}{\partial v}\right), \ G_0 \equiv \sqrt{G_u^2 + G_v^2}. \tag{20.54}$$

$w(z) \neq 0$ 이면 $w(z)$ 의 역함수 $z(w)$ 역시 정칙이고 다음 관계가 성립하며,

$$\frac{dw}{dz} = \left(\frac{dz}{dw}\right)^{-1}, \tag{20.55}$$

이 식으로부터 다음을 얻는다.

$$u_x + iv_x = \frac{1}{x_u + iy_u} = \frac{x_u - iy_u}{x_u^2 + y_u^2}, \quad \therefore x_u = y_v = pu_x, \; y_u = -x_v = -pv_x, \tag{20.56}$$

$$p \equiv x_u^2 + y_u^2 = \left(u_x^2 + v_x^2\right)^{-1} = \left|\frac{dw}{dz}\right|^{-1}. \tag{20.57}$$

여기서 식 (20.56)을 얻기 위해서는 $z(w)$에 대한 코쉬-리만 조건을 사용하였으며, 식 (20.57)을 얻기 위해서는 식 (20.55)를 사용하였다.

한편, z 평면에서 $\Phi(x,y)$의 C에 대한 법선 방향 도함수는 다음과 같고,

$$\frac{\partial \Phi(x,y)}{\partial n_z} = \hat{n}_z \cdot \nabla_z \Phi = \frac{F_x \Phi_x + F_y \Phi_y}{F_0}, \tag{20.58}$$

w 평면에서 $\Phi(u,v)$의 C_1 에 대한 법선 방향 도함수는 다음과 같다.

$$\frac{\partial \Phi(u,v)}{\partial n_w} = \hat{n}_w \cdot \nabla_w \Phi = \frac{G_u \Phi_u + G_v \Phi_v}{G_0}. \tag{20.59}$$

연쇄율을 사용하여 위 식의 우변 분자를 다시 쓰면 다음을 얻고,

$$\begin{aligned} G_u\Phi_u + G_v\Phi_v &= \left(F_x x_u + F_y y_u\right)\left(\Phi_x x_u + \Phi_y y_u\right) + \left(F_x x_v + F_y y_v\right)\left(\Phi_x x_v + \Phi_y y_v\right) \\ &= p^2\left\{\left(F_x u_x - F_y v_x\right)\left(\Phi_x u_x - \Phi_y v_x\right) + \left(F_x v_x + F_y u_x\right)\left(\Phi_x v_x + \Phi_y u_x\right)\right\} \\ &= p^2\left(F_x\Phi_x + F_y\Phi_y\right)\left(u_x^2 + v_x^2\right) = p\left(F_x\Phi_x + F_y\Phi_y\right), \end{aligned} \tag{20.60}$$

분모인 G_0에 대해서는 다음을 얻으므로,

$$\begin{aligned} G_0 &\equiv \sqrt{G_u^2 + G_v^2} = \sqrt{(F_x x_u + F_y y_u)^2 + (F_x x_v + F_y y_v)^2} \\ &= p\sqrt{(F_x u_x - F_y v_x)^2 + (F_x v_x + F_y u_x)^2} \\ &= p\sqrt{(F_x^2 + F_y^2)(u_x^2 + v_x^2)} = \sqrt{F_x^2 + F_y^2} = F_0, \end{aligned} \tag{20.61}$$

이들을 식 (20.59)에 대입하여 다음을 얻는다.

$$\frac{\partial \Phi(u,v)}{\partial n_w} = \frac{F_x \Phi_x + F_y \Phi_y}{F_0} \left| \frac{dw}{dz} \right|^{-1} = \frac{\partial \Phi(x,y)}{\partial n_z} \left| \frac{dw}{dz} \right|^{-1} = f(x,y) \left| \frac{dw}{dz} \right|^{-1}. \tag{20.62}$$

이 결과에 따르면 w 평면의 C_1 상에서의 경계 조건은 미지 함수의 법선 방향 도함수가 z 평면의 C 상의 상응하는 점에서 주어진 함수 $f(x,y)$에 $|w'|^{-1}$을 곱해준 함수와 같아야 한다. 물론 $f(x,y) \equiv 0$인 경우에는 w 평면에서의 경계 조건도 미지 함수의 법선 방향 도함수가 0이 되어야 한다는 조건이 된다.

▶ 예제 20.4) 정상 상태에 있는 물체의 온도 분포 $T(x,y)$와 관련하여, 물체가 z 평면의 상반 평면을 차지하고 있고, 경계 상에서 노이만 조건이 다음과 같이 주어졌을 때([그림 예20.4좌] 참조), $T(x,y)$를 구하시오.

$$\frac{\partial T}{\partial y} = \frac{x}{(x+1)^2}, \quad y = 0 \text{에서.} \tag{예20.19}$$

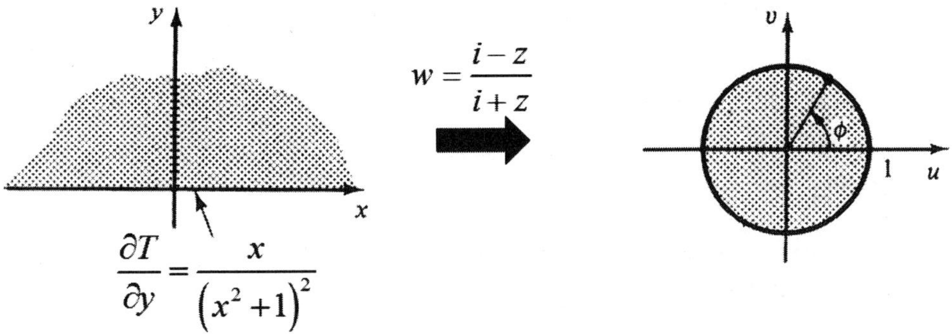

그림 예20.4 상반 평면에 대한 노이만 문제

$T(x,y)$를 구하는데, 다음과 같이 주어진 겹선형 변환을 사용하면 z평면의 상반 평면이 [그림 예20.4우]에 보인 바와 같이 단위원의 내부로 사상됨을 먼저 보이시오.

$$w(z)=\frac{i-z}{i+z}\,. \tag{예20.20}$$

✎ 답) z평면의 물체의 경계는 원점을 지나는 직선 C, $y=0$에 의해 정의되므로, [표 20.1]에 따르면 이는 반비례 사상 $w(z)=z^{-1}$에 의해 원점을 지나는 직선으로 사상됨을 알 수 있으며, [그림 예20.4우]에 보인 것과 같이 단위원으로 사상하기 위해서는 따라서 겹선형 변환을 생각해야 하는데, 식 (20.14)에 포함된 네 개의 복소수가 다음 세 조건을 만족하도록 결정하기로 한다.

1) C 상의 점 $(0,0)$이 w평면의 점 $(1,0)$로,

2) C 상의 점 $(1,0)$이 w평면의 점 $(0,1)$로,

3) C 상의 점 $(-1,0)$이 w평면의 점 $(0,-1)$로 각각 사상되도록 한다.

위의 세 조건을 식 (20.14)에 대입하여 다음을 얻으며,

$$\frac{\beta}{\delta}=1\,,\ \ \frac{\alpha+\beta}{\gamma+\delta}=i\,,\ \ \frac{-\alpha+\beta}{-\gamma+\delta}=-i\,, \tag{예20.21}$$

첫째 식으로부터 $\beta=\delta$를 얻고, 둘째와 셋째 식으로부터 $\alpha=i\delta$를 얻는데, 이들을 셋째 식에 대입하여 $\gamma=-i\delta$를 얻으며, $\delta=i$로 취하면 식 (예20.20)에 주어진 겹선형 변환을 얻는다. 단 z평면의 C 상에서 x가 증가함에 따라 그에 상응하는 w평면의 점은 단위원 상에서 반시계방향 즉 양향으로 움직임에 유의한다.

$w=\rho e^{i\phi}$라고 하면 w평면의 사상된 영역은 원점에 중심을 가진 단위원 내부의 영역이 되며, 경계 조건은 식 (20.53)으로부터 다음과 같이 주어진다.

$$\frac{\partial T}{\partial \rho}=-\frac{\partial T}{\partial y}|w'|^{-1}=-\frac{x}{(x^2+1)^2}|w'|^{-1},\ \rho=1\text{에서.} \tag{예20.22}$$

여기서 단위원 상에서의 방향이 양향이고, $\frac{\partial T}{\partial n_z}=-\frac{\partial T}{\partial y}$임을 이용하였다. 위 식 우변의 $|w'|^{-1}$을 얻기 위해 다음을 생각하면,

$$\frac{dw}{dz}=-\frac{1}{z+i}+\frac{z-i}{(z+i)^2}=-\frac{2i}{(z+i)^2}, \tag{예20.23}$$

z평면의 경계, 직선 C는 $y=0$으로 주어지므로 다음을 얻는다.

$$\left.\frac{dw}{dz}\right|_C=-\frac{2i}{(x+i)^2}=-\frac{2i(x-i)^2}{(x^2+1)^2}=-\frac{2i(x^2-1-2ix)}{(x^2+1)^2}=-\frac{2\{2x+i(x^2-1)\}}{(x^2+1)^2}$$

$$\therefore\left|\frac{dw}{dz}\right|_C=2\frac{\sqrt{4x^2+(x^2-1)^2}}{(x^2+1)^2}=\frac{2}{x^2+1}. \tag{예20.24}$$

또 경계 조건을 w평면의 변수들로 나타내기 위해 다음을 생각한다. 식 (예20.20)으로부터 다음을 얻고,

$$w(z) = -\frac{(z-i)(\bar{z}-i)}{(z+i)(\bar{z}-i)} = -\frac{x^2+y^2-1-2ix}{x^2+(y+1)^2}, \qquad \text{(예20.25)}$$

$w(z) = u(x,y) + iv(x,y)$ 라고 하면, z 평면의 직선 C는 $y=0$으로 주어지므로 다음을 얻으며,

$$(u+iv)|_C = \frac{-x^2+1+2ix}{x^2+1}$$

$$\therefore u(x,0) = \frac{-x^2+1}{x^2+1},\ v(x,0) = \frac{2x}{x^2+1}, \qquad \text{(예20.26)}$$

w 평면의 경계 상에서 $\rho = 1$이므로 $w = e^{i\mu}$가 되어 위 식으로부터 단위원 상의 점들에 대해 결국 다음을 얻는다.

$$u(x,0) = \cos\mu = -1 + \frac{2}{x^2+1},\ v(x,0) = \sin\mu = \frac{2x}{x^2+1}. \qquad \text{(예20.27)}$$

식 (예20.24)를 식 (예20.22)에 대입하여 $T(\rho,\mu)$에 대한 경계 조건을 다음과 같이 얻는다.

$$\frac{\partial T}{\partial \rho} = -\frac{x}{(x^2+1)^2}\frac{x^2+1}{2} = -\frac{x}{2(x^2+1)} = -\frac{\sin\mu}{4},\ \rho = 1 \text{에서.} \qquad \text{(예20.28)}$$

극 좌표계 (ρ,μ)에 대한 라플라스 방정식은 식 (예20.14)에 의해 주어지며, $T(\rho,\mu) = R(\rho)M(\mu)$, 즉 ρ만의 함수인 $R(\rho)$과 μ만의 함수인 $M(\mu)$의 곱으로 주어진다고 가정하고 이를 라플라스 방정식에 대입하면 다음을 얻는다.[5)]

$$M\frac{d}{d\rho}\left(\rho\frac{dR}{d\rho}\right) = -\frac{R}{\rho}\frac{d^2M}{d\mu^2}. \qquad \text{(예20.29)}$$

5) 이하의 과정은 변수 분리법이라고 불리며 이에 대해서는 25.1절을 참조하기 바란다.

이 식에 $\frac{\rho}{RM}$를 곱하면 다음을 얻는데,

$$\frac{\rho}{R}\frac{d}{d\rho}\left(\rho\frac{dR}{d\rho}\right)=-\frac{1}{M}\frac{d^2M}{d\mu^2}, \qquad \text{(예20.30)}$$

위 식의 좌변은 ρ만의 함수이고, 우변은 μ만의 함수이므로 양변이 같기 위해서는 상수가 될 수밖에 없으며, $M(\mu)$의 μ에 대한 주기성을 고려하여 $n=0$, $1, 2, \cdots$ 라고 하고 다음과 같이 가정하면,

$$\frac{\rho}{R}\frac{d}{d\rho}\left(\rho\frac{dR}{d\rho}\right)=-\frac{1}{M}\frac{d^2M}{d\mu^2}=n^2, \qquad \text{(예20.31)}$$

이로부터 $R(\rho)$, $M(\mu)$에 대한 미분 방정식을 각각 다음과 같이 얻는다.

$$\rho^2\frac{d^2R}{d\rho^2}+\rho\frac{dR}{d\rho}-n^2R=0, \qquad \text{(예20.32)}$$

$$\frac{d^2M}{d\mu^2}+n^2M=0, \qquad \text{(예20.33)}$$

식 (예20.32)는 13.2절에서 다룬 코쉬-오일러 방정식이며, 식 (13.33)과 같은 형태로 볼 수 있으므로, $R=\rho^\lambda$를 대입하여 다음을 얻는데,

$$\lambda(\lambda-1)+\lambda-n^2=\lambda^2-n^2=0,\ \ \therefore \lambda=\pm n, \qquad \text{(예20.34)}$$

w평면의 영역은 원점을 포함하고 있어 ρ^{-n}은 타당한 해가 될 수 없으므로 결국 다음을 얻는다.

$$R(\rho)=\rho^n. \qquad \text{(예20.35)}$$

한편, 식 (예20.33)으로부터는 다음과 같은 해를 얻는데,

$$M(\mu)=a_n\cos n\mu+b_n\sin n\mu, \qquad \text{(예20.36)}$$

여기서 a_n, b_n은 경계 조건을 만족하도록 결정해야 할 상수이며, 식 (예20.32)로부터 $n=0$일 때는 $M(\mu)$가 μ의 1차식으로 얻어지지만 주기성을 보장하기 위해 상수만 허용되며, 따라서 $n=0$인 경우까지 포함하여 식 (예20.36)과 같이 쓸 수 있음에 유의한다.

라플라스 방정식은 선형이므로 위의 결과로부터 $T(\rho,\mu)$를 다음과 같이 얻으며,

$$T(\rho,\mu) = \sum_{n=0}^{n=\infty}\left(a_n \cos n\mu + b_n \sin n\mu\right)\rho^n, \qquad \text{(예20.37)}$$

또 식 (예20.28)의 경계 조건으로부터 다음을 얻는데,

$$\left.\frac{\partial T}{\partial \rho}\right|_{\rho=1} = \sum_{n=0}^{n=\infty} n\left(a_n \cos n\mu + b_n \sin n\mu\right) = -\frac{\sin\mu}{4}, \qquad \text{(예20.38)}$$

결국 a_0, $b_1 = -\frac{1}{4}$을 제외한 모든 a_n, b_n은 0이 되어 다음 결과를 얻는다.

$$T(\rho,\mu) = a_0 - \frac{\rho\sin\mu}{4}. \qquad \text{(예20.39)}$$

여기서 a_0은 임의의 상수이며, 해가 유일하게 결정되는 디리클레 문제와는 달리, 노이만 문제의 해는 경계 조건의 특성 상 이와 같이 상수 항을 제외하고 유일하게 결정된다.

위 식 우변의 $\rho\sin\mu$는 식 (예20.25)로부터 허수부를 취하여 (x,y)의 함수로 다음과 같이 얻을 수 있으므로,

$$\rho\sin\mu = \frac{2x}{x^2+(y+1)^2}, \qquad \text{(예20.40)}$$

이를 식 (예20.39)에 대입하여 $T(x,y)$를 다음과 같이 얻는다.

$$T(x,y) = a_0 - \frac{1}{2}\frac{x}{x^2+(y+1)^2}. \qquad \text{(예20.41)}$$

이 식으로부터 a_0는 $\sqrt{x^2+y^2} \to \infty$일 때의 T 값임을 알 수 있으며, 물리적인 근거로부터도 a_0는 물체 주변의 온도로 취할 수 있으므로, 임의의 상수임을 알 수 있다. 위 식을 y에 대해 편미분하고 $y=0$에서의 값을 구하면 주어진 경계 조건을 얻음을 확인할 수 있다.

한편, $y=0$인 경계 상에서의 온도 분포는 다음과 같이 주어지는데,

$$T(x,0) = a_0 - \frac{1}{2}\frac{x}{x^2+1}, \tag{예20.42}$$

이 식이 경계 조건으로 주어진 디리클레 문제의 해는 식 (예20.41)과 같이 얻어져야 할 것이다([연습문제 2] 참조).

라플라스 방정식의 해와 관련하여 보다 일반적인 기술에 대해서는 25장을 참조하기 바란다.

20.4 주코우스키 변환

양력 이론(lifting theory)과 관련하여 유체역학에서 많이 사용하는 변환으로 **주코우스키 변환**(Joukowski transform; Joukowski, 1847-1921, Russia, 1912)[22]이 있으며, 이 절에서는 이 변환에 대해 고찰하기로 한다.

주코우스키 변환 $\zeta(z)$는 다음과 같이 주어지는데,

$$\zeta(z) = z + \frac{a^2}{z}, \tag{20.63}$$

여기서 $a>0$인 주어진 상수이다. 이 변환은 크게 두 가지 용도로 사용되는데, 그 첫째는 주코우스키 **날개단면**(airfoil)을 얻기 위해 사용되고, 둘째는 양력 이론의 기본이 되는 경사 평판이 받는 양력을 구하기 위해 사용된다.

먼저 주코우스키 날개단면에 대해 고려하기 위해 z평면의 그 중심이 원점에 있고 반경이 a인 원 C가 ζ평면의 어떤 형상으로 사상되는지 생각하기로 하자([그림 20.6] 참조).

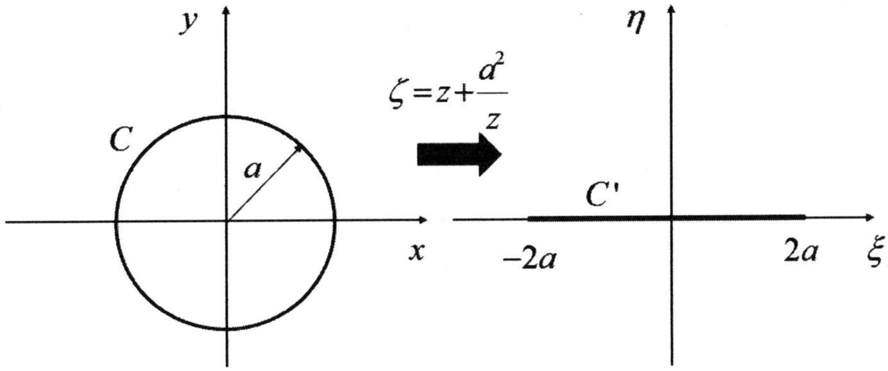

그림 20.6 주코우스키 변환, 평판

z 평면의 C 상에서는 $z = ae^{i\theta}$ 가 성립하므로 이를 식 (20.63)에 대입하면 다음을 얻으며,

$$\zeta = ae^{i\theta} + ae^{-i\theta} = 2a\cos\theta, \tag{20.64}$$

따라서 ζ 평면의 C' 은 $\zeta = \xi \in [-2a, 2a]$ 의 직선에 상응한다.

식 (20.63)의 양변을 미분하여 다음을 얻으므로,

$$\zeta'(z) \equiv \frac{d\zeta}{dz} = 1 - \frac{a^2}{z^2}, \tag{20.65}$$

$z = \pm a$ 에서 $\zeta'(z) = 0$ 이 성립하며, 이들 두 점에서는 국부적인 각이 보존되지 않음을 알 수 있다. 이들은 $\zeta = \pm 2a$ 에 상응하며, 또 z 평면에서 C 의 외부 영역, 즉 $|z| > a$ 인 영역은 ζ 평면의 길이가 $c = 4a$ 인 실수 축 상의 직선, 또는 2차원 평판 C' 의 외부 영역에 상응한다([연습문제 3] 참조).

한편 z 평면의 그 중심이 원점에 있고 반경이 $\alpha > a$ 인 원 C_1 의 ζ 평면으로의 사상, C_1' 이 어떤 형상인지 생각하기 위해([그림 20.7] 참조), $\zeta \pm 2a$ 를 다시 쓰면 식 (20.63)으로부터 다음을 얻으며,

$$\zeta \pm 2a = \frac{1}{z}\left(z^2 \pm 2az + a^2\right) = \frac{(z \pm a)^2}{z}, \tag{20.66}$$

$|z\pm a|^2$에 대해서는 $z=\alpha e^{i\theta}$를 사용하여 다음을 얻으므로,

$$|z\pm a|^2=(\alpha\cos\theta\pm a)^2+\alpha^2\sin^2\theta=\alpha^2+a^2\pm 2\alpha a\cos\theta, \tag{20.67}$$

식 (20.66), (20.67)로부터 다음을 얻는다.

$$|\zeta-2a|+|\zeta+2a|=\frac{|z-a|^2+|z+a|^2}{|z|}=\frac{2(\alpha^2+a^2)}{\alpha}=const.. \tag{20.68}$$

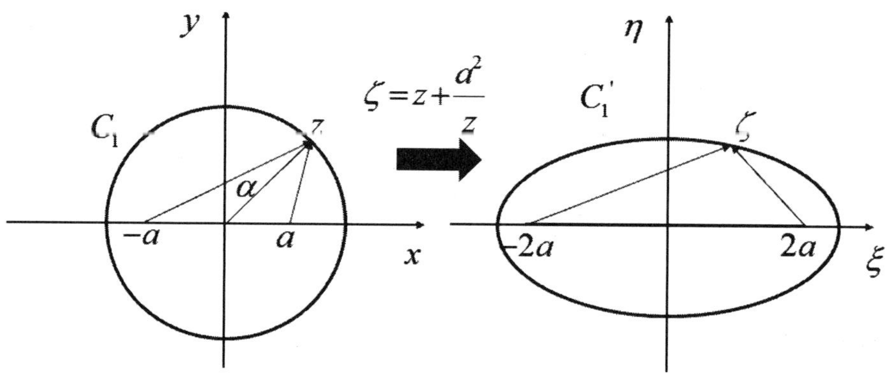

그림 20.7 주코우스키 변환, 타원

식 (20.68)에 따르면 ζ평면의 C_1'은 $\zeta=\pm 2a$에 초점을 둔 타원임을 알 수 있으며, 장반경과 단반경은 식 (20.63)에 $z=\alpha,\ i\alpha$를 대입하고 $|\zeta|$를 고려하여 각각 $\alpha+\frac{a^2}{\alpha}$, $\alpha-\frac{a^2}{\alpha}$ 임을 얻는다.

대칭 주코우스키 날개단면은 z평면의 그 중심이 x축 상의 $a-\alpha<0$에 있고 반경이 α이며 $z=a$를 지나는 원 C_2의 사상에 의해 주어진다([그림 20.8] 참조). $z=a$에 상응하는 점 $\zeta=2a$는 날개단면의 **뒤끝**(trailing edge)이라고 하는데, 이 점 부근에서는 [그림 20.6]에 보인 것과 유사하게 사상될 것이므로, 대칭 날개단면의 뒤끝은 상하 부분의 접선의 기울기가 모두 0이 되어 **커습**(cusp)을 가진다. 한편, $z=a-2\alpha$에 상응하는 ζ평면의 점은 **앞끝**(leading edge)이라고 하는데, 이 점 부근에서는 [그림 20.7]에 보인 것과 유사하게 사상될 것이므로, 대칭 날개단면의 앞끝은 타원과 비슷한 형상을 가진다. 날개단면의 앞끝부터

뒤끝까지 직선으로 잰 길이를 **코드**(chord)라고 하는데, 주코우스키 날개단면의 코드는 $4a$ 보다 크다. 보다 일반적인 형태의 주코우스키 날개단면 형상에 대해서는 Milne-Thomson(1996) ⟨7⟩을 참조하기 바란다.

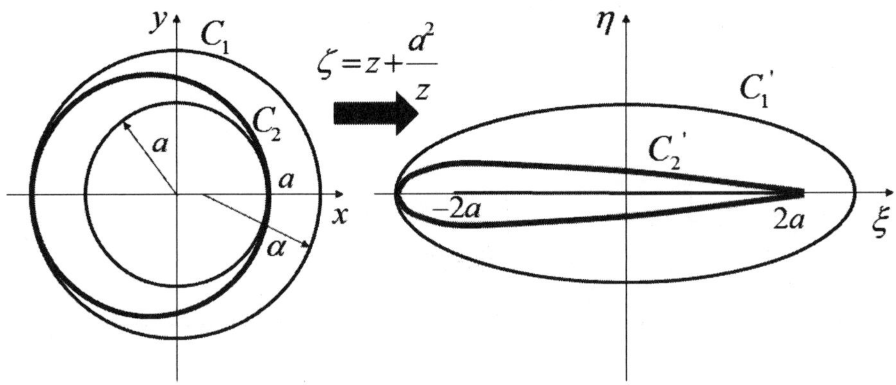

그림 20.8 주코우스키 변환, 대칭 날개단면

다음으로 경사 평판이 받는 양력을 구하기 위해 [그림 20.9]에 보인 바와 같이 ζ 평면에 길이 $c=4a$ 인 평판이 주어진 경우, 먼저 이 평판을 z 평면의 원으로 사상하는 변환을 고려하기로 하자.

이 변환은 식 (20.63)에 주어진 주코우스키 변환의 역변환으로 주어질 것이며, 역변환을 구하기 위해 다음을 생각한다. 식 (20.63)의 양변에 z를 곱하고 정리하면 다음과 같은 z에 대한 2차 방정식을 얻으며,

$$z^2-\zeta z+a^2=0, \tag{20.69}$$

따라서 이 식의 근으로부터 다음과 같은 역변환 $z(\zeta)$를 얻는데,

$$z(\zeta)=\frac{\zeta+\sqrt{\zeta^2-b^2}}{2}, \quad b\equiv 2a, \tag{20.70}$$

여기서 분자의 $+$ 부호는 $z\to\infty$가 $\zeta\to\infty$에 상응하도록 취하였다.

식 (20.61) 우변 분자에 포함된 $\sqrt{\zeta^2 - b^2}$ 은 16.4절에서 분지와 절점과 관련하여 식 (16.66)의 형태로 논의한 바 있는 함수이다. [그림 16.8]에 보인 것과 같이 $\xi \in (-b, b)$인 하나의 절선을 도입하여 식 (20.70)의 우변에 보인 함수를 일가함수로 만들 수 있으며, 절선이 도입된 영역에서 정칙인 함수가 절선을 가로질러서는 연속이 아닌 점을 고려하면 이 부분이 물체, 즉 평판에 해당하는 것은 매우 자연스러운 상황으로 볼 수 있다.

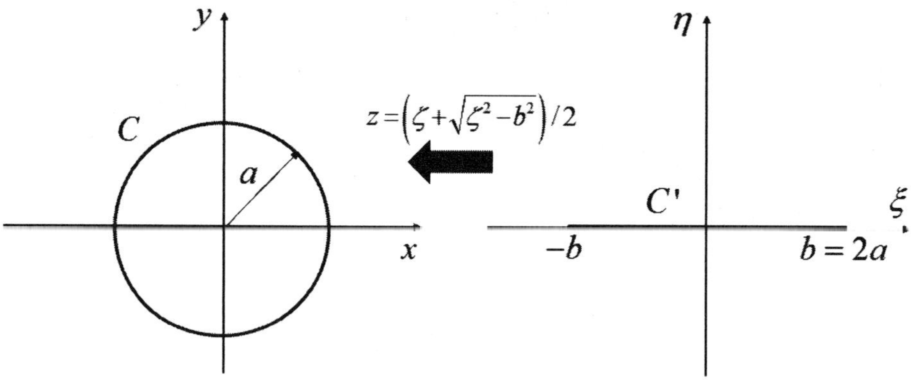

그림 20.9 주코우스키 변환의 역변환

비압축성 유체의 2차원 비회전성 유동에 대해서는 속도장을 $\underline{u}(x,y)$라고 할 때, 다음과 같은 **속도 포텐셜**(velocity potential) $\phi(x,y)$가 존재하며,

$$\underline{u}(x,y) \equiv (u, v) = \nabla\phi = (\phi_x, \phi_y), \tag{20.71}$$

여기서 $\phi(x,y)$는 질량 보존 법칙에 상응하는 라플라스 방정식을 만족한다. 따라서 조화함수인 $\phi(x,y)$를 실수부로 하는 복소함수 $f(z)$를 고려할 수 있는데, $f(z)$는 **복소 포텐셜**(complex potential)이라고 부른다. $f(z)$는 다음과 같이 쓸 수 있으며,

$$f(z) = \phi(x, y) + i\,\psi(x, y), \tag{20.72}$$

여기서 $\psi(x, y)$는 **유량 함수**(stream function)라고 부른다.

식 (16.11)로 주어진 코쉬-리만 조건을 적용하여 다음을 얻으며,

$$u = \phi_x = \psi_y\,,\ v = \phi_y = -\psi_x\,, \tag{20.73}$$

복소 포텐셜 $f(z)$의 미분 $w(z)$는 **복소 속도**(complex velocity)라고 불리고, 다음과 같이 주어진다.

$$w(z) \equiv \frac{df}{dz} = \phi_x + i\psi_x = u(x,y) - iv(x,y). \tag{20.74}$$

여기서 마지막 등호는 식 (20.73)을 이용하여 얻었으며, 복소 속도의 허수부는 $-v$임에 유의한다.

z평면의 양의 x방향 **균일 유동**(uniform flow)은 $\underline{u}(x,y) = (U,0)$, $U > 0$으로 주어지는데, 이에 대한 속도 포텐셜과 유량 함수는 식 (20.73)으로부터 다음과 같이 얻고,

$$\phi(x,y) = Ux\,,\ \psi(x,y) = Uy\,, \tag{20.75}$$

따라서 복소 포텐셜 $f(z)$에 대해서는 다음을 얻는다.

$$f(z) = U(x + iy) = Uz\,. \tag{20.76}$$

유체의 점성을 무시하기로 할 때, 만약 [그림 20.9] 오른쪽에 보인 평판이 양의 ξ방향 균일 유동 중에 있다고 하면 평판이 유동에 미치는 영향은 없을 것이므로 ζ평면에 대한 복소 포텐셜 $f(\zeta) = U\zeta$로 주어질 것이다. 주코우스키 변환의 역변환에 의해 ζ평면의 평판 주위의 유동은 z평면의 원, 또는 **원주**(circular cylinder) 주위의 유동으로 변환되므로, z평면에서의 복소 포텐셜 $f(z)$는 다음과 같이 주어진다.

$$f(z) \equiv f(\zeta(z)) = U\zeta(z) = U\left(z + \frac{a^2}{z}\right). \tag{20.77}$$

마지막 등호를 얻기 위해서는 식 (20.63)의 주코우스키 변환을 사용하였다.

식 (20.77)에 따르면 균일 유동 중에 원주가 놓여있을 때 그 유동은 균일 유동과 z^{-1}에 비례하는 유동의 합으로 주어진다고 할 수 있는데, z^{-1}에 비례하는 유동은 원점에 위치한 **쌍극점**(doublet)에 기인하는 유동이므로, 통상 원주가 쌍극점으로 대체되었다고 말한다.

$z = re^{i\theta}$ 라고 하면 식 (20.77)의 실수부로부터 다음과 같이 속도 포텐셜 $\phi(x,y)$를 얻는다.

$$\phi(x,y) = U\left(r + \frac{a^2}{r}\right)\cos\theta = Ux\left(1 + \frac{a^2}{x^2 + y^2}\right). \tag{20.78}$$

원주 상에서의 경계 조건은 유체가 물체를 뚫고 들어갈 수 없다는 소위 **비침투성**(impermeability), 즉 $\frac{\partial\phi}{\partial n} = 0$ 으로 주어지므로 다음을 만족해야 한다.

$$\frac{\partial\phi}{\partial r} = 0,\ r = a \text{에서.} \tag{20.79}$$

식 (20.78)을 식 (20.79)에 대입하여 비침투성이 만족됨을 알 수 있다. 물론 이는 ζ 평면에서 균일 유동이 평판과 평행하게 흐르므로 평판 상에서 평판에 대해 법선 방향의 속도 성분은 없으며, 또 주코우스키 변환은 등각 사상이므로 z 평면의 원주에 대해서도 법선 방향 속도 성분이 없어야 하는 점과 일관된다.

이제 경사 평판이 받는 양력을 구하기 위해, [그림 20.10] 오른쪽에 보인 바와 같이 ζ 평면에 길이 $c = 2b = 4a$ 인 평판이, 입사각 α 의 균일 유동 중에 놓여 있다고 하자.

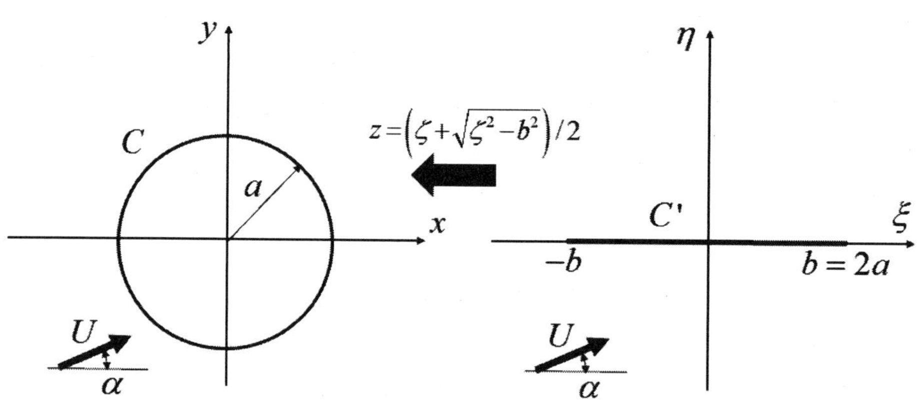

그림 20.10 균일 유동 중의 경사 평판

주코우스키 역변환에 의해 ζ 평면의 평판이 z 평면의 원으로 사상되는 것은 앞의 문제에서와 같으므로 같은 변환을 사용할 수 있는데, 단 이제는 ζ 평면의 문제보다는 z 평면의 문제가 더 쉽다는 차이점이 있다. 원주의 경우에는 양의 x 방향이거나 x 축에 대해 반시계방향으로 α 의 입사각을 가지거나 균일 유동에 대한 원주 주위의 유동은 같을 것이므로, z 평면에서의 복소 포텐셜 $f(z)$는 식 (20.77)에 $z \to z e^{-i\alpha}$의 치환을 적용하여 다음과 같이 얻는다.

$$f(z) = U\left(z e^{-i\alpha} + \frac{a^2 e^{i\alpha}}{z}\right). \tag{20.80}$$

이로부터 복소 속도 $w(\zeta)$를 다음과 같이 얻을 수 있는데,

$$w(\zeta) \equiv \frac{df}{d\zeta} = \frac{df}{dz}\frac{dz}{d\zeta} = \frac{df}{dz}\left(\frac{d\zeta}{dz}\right)^{-1} = U\left(e^{-i\alpha} - \frac{a^2 e^{i\alpha}}{z^2}\right)\left(1 - \frac{a^2}{z^2}\right)^{-1}, \tag{20.81}$$

위 식의 우변은 $\zeta = \pm b$ 에 상응하는 $z = \pm a$ 에서 무한히 큰 값을 가지므로 물리적으로 받아들이기 힘든 해이다.

이와 관련하여 **쿠타**(Kutta, 1867-1944, Germany, 1902)[23]는 실제 유동과의 비교를 통해 다음과 같은 형태의 복소 포텐셜을 제안하였다.

$$f(z) = U\left(z e^{-i\alpha} + \frac{a^2 e^{i\alpha}}{z}\right) + \frac{i\Gamma}{2\pi}\ln z. \tag{20.82}$$

이 식 우변 마지막 항의 $i\ln z$ 는 원점에 위치한 **점와동**(point vortex)의 복소 포텐셜에 상응하며, 그 세기 Γ는 시계방향으로 회전하는 유동에 대해 부호를 양으로 취하고, Γ의 값은 끝점 $\zeta = b$ 또는 그에 상응하는 점 $z = a$ 에서의 w가 0이 되어야 한다는 **쿠타 조건**(Kutta condition)을 만족하도록 정해진다.

식 (20.82)의 양변을 미분하여 $w(z)$를 얻고 쿠타 조건을 적용하면 다음을 얻는다.

$$w(z) = U\left(e^{-i\alpha} - \frac{a^2 e^{i\alpha}}{z^2}\right) + \frac{i\Gamma}{2\pi z}, \quad \therefore \Gamma = \pi U c \sin\alpha. \tag{20.83}$$

쿠타-주코우스키 정리(Kutta-Joukowski theorem, 1906)[24]에 따르면 비점성 비압축성 유체의 속도 U인 균일 유동 중에 있는 물체 주위에 점와동의 세기 Γ에 상응하는 **순환 유동**(circulatory flow)이 발생하면 물체에 작용하는 **양력**(lift) L은 다음과 같이 주어진다.

$$L = \rho U \Gamma. \tag{20.84}$$

여기서 ρ는 유체의 밀도이다.

이 식에 식 (20.83)을 대입하면 경사 평판에 작용하는 양력을 다음과 같이 얻으며,

$$L = \rho U^2 \pi c \sin\alpha, \tag{20.85}$$

이를 $\dfrac{\rho U^2 c}{2}$로 나눈 무차원량으로 정의되는 경사평판의 양력계수 C_L에 대해 다음 결과를 얻는다.

$$C_L \equiv \frac{L}{\rho U^2 c/2} = \frac{\rho U^2 \pi c \sin\alpha}{\rho U^2 c/2} = 2\pi \sin\alpha. \tag{20.86}$$

입사각에 대해 $\alpha \ll 1$을 가정할 수 있는 경우에는 위 식을 다음과 같이 쓸 수 있으며,

$$C_L = 2\pi\alpha, \tag{20.87}$$

여기서 α는 래디안으로 잰 값이다. 이 식에 따르면 양력계수는 입사각에 비례하여 증가하며, 실제로 대칭형 박익에 대해서 위의 근사는 매우 좋은 결과를 주고 있다.

날개단면에 작용하는 양력과 관련된 기본적인 설명에 대해서는 이승준(2009)〈8〉을, 보다 일반적이고도 광범위한 논의는 Newman(1977)〈9〉을 참조하기 바란다.

20.5 Schwarz-Christoffel 변환

리만 사상 정리와 관련된 연구를 진행하던 중, Schwarz(1843-1921, Germany, 1869)[25]와 Christoffel(1829-1900, Germany, 1867)[26]은 각각 독립적으로 z평면의 상반부를 w평면의 다각형의 내부로, 또는 z평면의 x축을 w평면의 다각형의 외곽 경계로 사상하는 함수 $w(z)$에 대해 고찰하였으며, 이 절에서는 이에 대해 논의하기로 한다.

먼저 예를 들어 그 도함수가 다음과 같이 주어지는 사상 $w(z)$에 대해서 생각하자.

$$\frac{dw}{dz} = A(z-a)^{-\alpha}. \tag{20.88}$$

여기서 A는 주어진 복소수, a, α는 주어진 실수이다. $w'(z)=0$, ∞인 점에서는 등각 사상이 아닌 점을 상기하면, 위의 식으로 주어진 사상은 $z=a$에서 등각 사상이 아닌 아닐 것임은 쉽게 생각할 수 있다. 실수 축 상의 점 $z=a$ 부근에서 위 식으로 주어진 변환에 의해 z평면의 실수 축이 w평면의 어떤 형상으로 사상되는지 알아보기 위해 식 (20.88)의 양변에 식 (15.24)에서 정의한 arg를 취하고 식 (15.35), (15.37)에 보인 성질을 이용하면 다음을 얻는다.

$$\arg\left(\frac{dw}{dz}\right) = \arg dw - \arg dz = \arg A - \alpha \arg(z-a). \tag{20.89}$$

이 식을 [그림 20.11]에 보인 바와 같이 $z=a$에 매우 가까운 두 점, z_1, z_2에 대해 적용하면 다음을 얻는데,

$$\arg dw_1 - \arg dz_1 = \arg A - \alpha \arg(z_1 - a) = \arg A - \alpha\pi, \tag{20.90}$$

$$\arg dw_2 - \arg dz_2 = \arg A - \alpha \arg(z_2 - a) = \arg A, \tag{20.91}$$

식 (20.91)로부터 식 (20.90)을 빼고 정리하여 다음을 얻는다.

$$\arg dw_2 - \arg dw_1 = \arg dz_2 - \arg dz_1 + \alpha\pi = \alpha\pi. \tag{20.92}$$

이 식에 따르면 $z=x>a$인 부분은 $z=a$를 지나며 w평면에서 편각이 $\alpha\pi$만큼 증가해야 함을 알 수 있다.

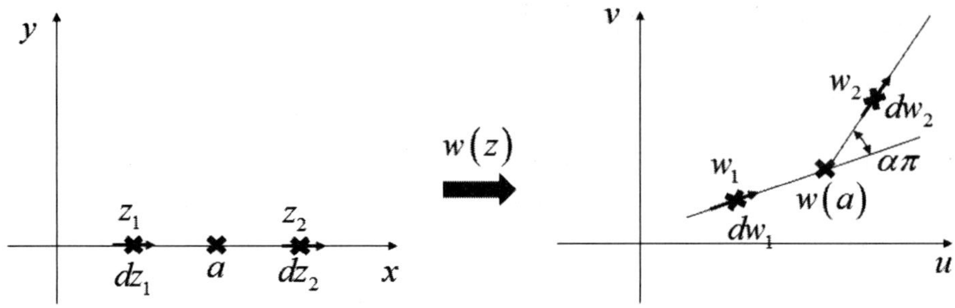

그림 20.11 $z=a$ 부근에서의 사상

식 (20.88)에 보인 함수를 이용하여 z평면의 x축 상에 위치한 n 개의 점들이 w평면의 n다각형의 꼭지점에 사상되는 함수를 고려할 수 있다.

논의의 편의를 위해 아래에서는 z평면의 x축이 w평면의 삼각형의 변들로 사상하는 함수를 구하기 위해 다음과 같은 사상을 생각하기로 하자.

$$\frac{dw}{dz}=A(z-x_1)^{-\alpha_1}(z-x_2)^{-\alpha_2}(z-x_3)^{-\alpha_3}+B. \tag{20.93}$$

여기서 A, B는 주어진 복소수이며, $x_1<x_2<x_3$이고, α_j, $j=1, 2, 3$는 다음 관계를 만족해야 한다.

$$\alpha_1+\alpha_2+\alpha_3=2,\ \alpha_j\in(-1,1),\ j=1, 2, 3. \tag{20.94}$$

위의 첫째 식은 식 (20.92)에서 얻은 바와 같이 $\alpha_j\pi$가 x_j에 상응하는 꼭지점 w_j에서의 외각이 되므로, n다각형의 외각의 합은 2π인 것으로부터 얻으며, 둘째 식은 n다각형의 내각의 크기가 π보다 작은 것을 고려하여 얻는다. 복소수 A는 n다각형의 크기와 회전에 관계되며, B는 위치에만 관계하므로, n다각형의 형상만을 고려하는 데는 $B=0$로 놓아도 일반성을 잃지 않는다.

따라서 다음과 같이 주어지는 사상을 생각할 수 있는데,

$$\frac{dw}{dz}=A(z-x_1)^{-\alpha_1}(z-x_2)^{-\alpha_2}(z-x_3)^{-\alpha_3}, \tag{20.95}$$

사상 $w(z)$를 얻기 위해서는 위 식을 적분해야 하므로, 종종 $x_3 = \infty$ 인 경우를 생각하며 이 경우에는 다음과 같은 사상을 생각해야 하면 된다.

$$\frac{dw}{dz} = A\left(z - x_1\right)^{-\alpha_1}\left(z - x_2\right)^{-\alpha_2}, \ \alpha_1 + \alpha_2 = 2 - \alpha_3 . \tag{20.96}$$

여기서 일반적으로 $\alpha_3 \neq 0$ 인데, 그 값은 꼭지점 $w_3 = w(\infty)$ 에서의 외각으로부터 얻을 수 있다.

아래에서는 식 (20.96)에 상응하는 두 경우에 대해 생각하기로 한다.

먼저 $A = 1$ 로 취하고, w 평면의 사상이 정삼각형으로 $\alpha_j = 2/3$, $j = 1, 2, 3$ 이며, $x_1 = -1$, $x_2 = 1$ 인 경우를 고려하면 식 (20.96)으로부터 다음을 얻는다.

$$w(z) = \int_1^z (\zeta+1)^{-2/3}(\zeta-1)^{-2/3} d\zeta = \int_1^z \frac{d\zeta}{\left(\zeta^2 - 1\right)^{2/3}} . \tag{20.97}$$

여기서 우변 적분의 하한은 $z = 1 = x_2$ 에 상응하는 점, 즉 w_2 가 w 평면의 원점이 되도록 정하였다([그림 20.12] 참조). 우변 적분의 피적분 함수는 분수 지수를 가지는 멱함수로 식 (16.62)에서 고려한 바와 같은 형태의 함수이며, $z = \pm 1$ 에 분지점을 도입하고, z 평면의 하반부에 절선을 도입하여 $z \pm 1$ 의 편각은 $-\pi/2$ 부터 $3\pi/2$ 까지 되도록 함으로써 상반부에서 일가함수가 되도록 할 수 있다.

식 (20.97) 우변의 적분을 수행하여 기본적인 함수로 나타내는 것은 쉽지 않으므로, 아래에서는 w_1 과 w_3 를 구하여 w 평면의 사상인 정삼각형의 위치를 구하는데 그치기로 한다.

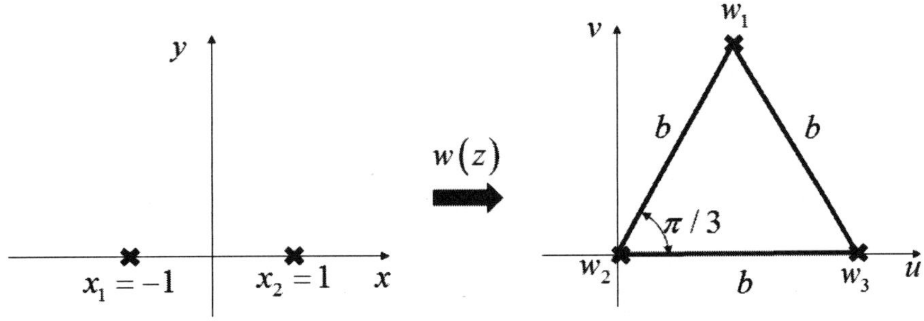

그림 20.12 정삼각형으로의 사상

w_1은 다음과 같이 주어지는데,

$$w_1 \equiv w(z_1) = \int_1^{-1} \frac{d\zeta}{(\zeta^2-1)^{2/3}}, \tag{20.98}$$

$\arg(\zeta+1)=0$, $\arg(\zeta-1)=\pi$이므로 이 식 우변의 적분은 다음과 같이 다시 쓸 수 있으며,

$$w_1 = -2e^{-2i\pi/3}\int_0^1 \frac{d\xi}{(1-\xi^2)^{2/3}} = e^{i\pi/3}\int_0^1 t^{-1/2}(1-t)^{-2/3}dt$$

$$= e^{i\pi/3}B\left(\frac{1}{2}, \frac{1}{3}\right) \equiv b e^{i\pi/3}, \tag{20.99}$$

여기서 적분의 피적분 함수는 실함수임에 유의한다. 둘째 등호를 위해서는 $\xi^2 = t$의 치환을 사용하였고, 셋째 등호를 위해서는 식 (3.33)에 보인 베타 함수의 정의를 이용하였다. 위 식에 따르면 w_1은 편각이 $\frac{\pi}{3}$이고 그 크기가 $b = B\left(\frac{1}{2}, \frac{1}{3}\right)$인 복소수이며, b는 식 (3.39)로부터 감마 함수를 이용하여 다음과 같이 쓸 수 있다.

$$b = B\left(\frac{1}{2}, \frac{1}{3}\right) = \frac{\Gamma(1/2)\,\Gamma(1/3)}{\Gamma(5/6)}. \tag{20.100}$$

w_3은 식 (20.97) 우변 적분의 상한을 ∞ 또는 $-\infty$로 취해 다음과 같이 두 방식으로 쓸 수 있는데,

$$w_3 \equiv w(z_3) = \int_1^{\infty} \frac{d\zeta}{(\zeta^2-1)^{2/3}} = \int_1^{-\infty} \frac{d\zeta}{(\zeta^2-1)^{2/3}}, \tag{20.101}$$

여기서 마지막 적분은 다음과 같이 다시 쓸 수 있으며,

$$w_3 = \int_1^{-1} \frac{d\zeta}{(\zeta^2-1)^{2/3}} + \int_{-1}^{-\infty} \frac{d\zeta}{(\zeta^2-1)^{2/3}}, \tag{20.102}$$

우변 첫째 적분은 식 (20.98)로 주어진 w_1과 같고, 둘째 적분의 피적분 함수에 대해서는 $\arg(\zeta+1)=\arg(\zeta-1)=\pi$이므로 다음을 얻는다.

$$w_3 = w_1 + e^{-4i\pi/3}\int_{-1}^{-\infty}\frac{d\xi}{(\xi^2-1)^{2/3}} = w_1 + e^{-i\pi/3}\int_{1}^{\infty}\frac{d\xi}{(\xi^2-1)^{2/3}}. \quad (20.103)$$

이 식 적분의 피적분 함수는 실함수임에 유의한다. 한편 식 (20.101)의 첫째 적분도 실함수에 대한 적분으로 다음과 같이 다시 쓸 수 있으므로,

$$w_3 = \int_1^{\infty}\frac{d\zeta}{(\zeta^2-1)^{2/3}} = \int_1^{\infty}\frac{d\xi}{(\xi^2-1)^{2/3}}, \quad (20.104)$$

이를 식 (20.103)에 대입하고 정리하면 다음을 얻는다.

$$w_3 = w_1 + e^{-i\pi/3}w_3, \quad \therefore w_3 = \frac{w_1}{1-e^{-i\pi/3}} = \frac{b\,e^{i\pi/3}}{1-e^{-i\pi/3}} = b. \quad (20.105)$$

여기서 마지막 등호를 얻는 데는 $\cos\frac{\pi}{3} = \frac{1}{2}$를 이용하였다. 위 결과에 따르면 [그림 20.12]에 보인 바와 같이 z평면의 x축이 w평면의 한 변의 길이가 b인 정삼각형으로 사상되었음을 확인할 수 있다.

다음으로는 w평면의 사상이 **간화**(degenerate, 簡化) 삼각형, 즉 α_j중의 하나, 예를 들어 $\alpha_3=1$인 경우에 대해 생각하기로 하자. 식 (20.85)에서 기술한 바와 같이 삼각형의 경우, α_j의 크기는 1보다 작아야 하지만, $\alpha_3=1$인 경우, w평면의 사상은 두 개의 꼭지점만 가질 것이다.

$\alpha_j=1/2$, $j=1, 2$이고, $x_1=-1$, $x_2=1$인 경우를 고려하기로 하면 식 (20.96)으로부터 다음을 얻는다.

$$w(z) = A\int_0^z(\zeta+1)^{-1/2}(\zeta-1)^{-1/2}d\zeta = A\int_0^z\frac{d\zeta}{(\zeta^2-1)^{1/2}}. \quad (20.106)$$

여기서 우변 적분의 하한은 $z=0$, 즉 z 평면의 원점에 상응하는 점이 w 평면의 원점이 되도록 정하였다([그림 20.13] 참조).

식 (20.106) 우변 적분의 피적분 함수는 앞에서와 같이 $z=\pm 1$에 분지점을 도입하고, z 평면의 하반부로 절선을 도입하여 $z\pm 1$의 편각은 $-\pi/2$부터 $3\pi/2$까지 되도록 함으로써 상반부에서는 일가함수가 되도록 할 수 있다. 따라서 위 식을 다음과 같이 다시 쓸 수 있는데,

$$w(z)=-iA\int_0^z \frac{d\zeta}{(1-\zeta^2)^{1/2}}=-iA\int_0^{\sin^{-1}z} d\sigma=-iA\sin^{-1}z, \qquad (20.107)$$

여기서 둘째 등호는 $\zeta=\sin\sigma$의 치환을 통해 얻었다. 위 식의 마지막 우변에서 $A=i$로 취하면 $z(w)$에 대해 다음을 얻는다.

$$z(w)=\sin w. \qquad (20.108)$$

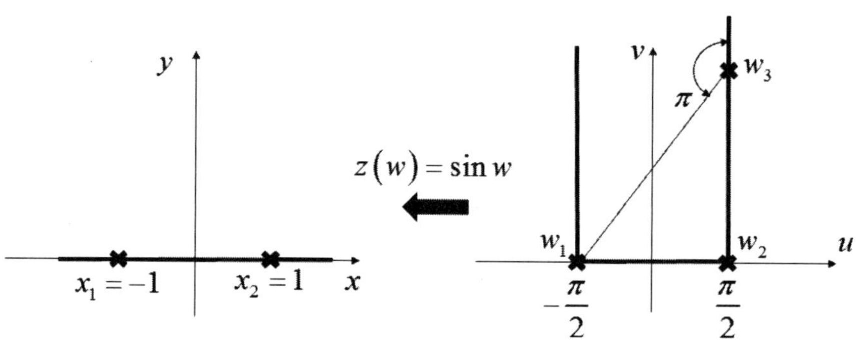

그림 20.13 간화 삼각형인 반무한 스트립으로의 사상

위 식으로부터 $w_1=-\pi/2$, $w_2=\pi/2$를 얻고, α_1, α_2의 값으로부터 $w_3=\pm(\pi/2)+i\infty$를 얻으며, [그림 20.13]에 보인 바와 같이 z 평면의 상반부는 w 평면의 $u\in(-\pi/2,\pi/2)$, $v>0$인 **반무한 스트립**(semi-infinite strip)으로 사상됨을 알 수 있고, $\alpha_3=1$임을 확인할 수 있다.

연습문제

1. 변환에 의해 점의 위치가 변화하지 않는 점, 즉 $f(z_0) = z_0$가 성립하는 점을 **고정점**(fixed point)라고 한다. 식 (20.14)로 정의된 겹선형 변환이 $w = z$의 변환이 아니라면 최대 두 개의 고정점을 가짐을 증명하시오.

2. [예제 20.4]와 관련하여 식 (예20.19)의 노이만 경계 조건이 식 (예20.42)와 같은 디리클레 조건으로 바뀔 경우, 그 해가 식 (예20.41)과 같이 얻어짐을 보이시오.

3. 식 (20.63)으로 주어진 주코우스키 변환과 관련하여 z평면에서 $|z| > a$인 영역은 ζ평면의 길이가 $c = 4a$인 실수 축 상의 직선, 또는 2차원 평판의 외부 영역에 상응함을 보이시오.

4. 식 (20.72)에서 정의된 유량 함수 $\psi(x, y)$와 관련하여 $\psi = const.$인 곡선을 **유선**(streamline)이라고 하는데, 유선 상에서는 유체 입자의 속도 벡터가 유선에 접선 방향임을 보이시오.

5. 속도 포텐셜 $\phi(r,\theta) = \dfrac{q}{2\pi}\ln r$이라고 할 때, 이 유동에 대한 유선을 구하고, 이 유동이 원점에 위치한 **용출점**(point source)에 상응하며, q는 용출점의 세기를 나타내는 양임을 보이시오.

6. [그림 연20.1]의 왼쪽에 보인 바와 같은 정상 상태에 있는 물체의 온도 분포 $T(x,y)$에 대한 디리클레 문제를 푸는데, 먼저 주코우스키 변환을 이용하여 w평면의 상반 평면으로 사상하고, w평면의 문제에 대해 상반 평면에 대한 프와송 적분, 식 (20.47)을 사용하여 해를 구하시오.

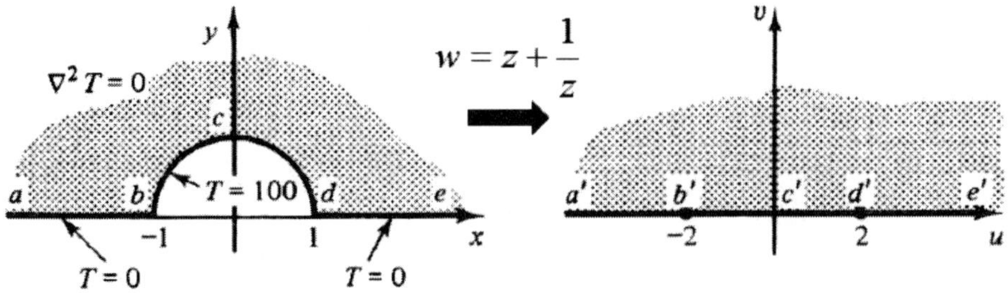

그림 연20.1 [연습문제 6]에 대한 개략도

7. 상반 평면에 위치한 정상 상태에 있는 물체의 온도 분포 $T(x,y)$에 대한 $y=0$에서의 경계 조건이 다음과 같은 경우를 생각하자.

$$T(x,0) = 0,\ x < -1, \tag{연20.1}$$

$$T(x,0) = 1,\ x > 1, \tag{연20.2}$$

$$\frac{\partial T(x,0)}{\partial y} = 0,\ |x| < 1. \tag{연20.3}$$

식 (20.108)로 주어진 사상을 이용하여 위 문제의 해가 다음과 같음을 보이시오.

$$T(x,y) = \frac{1}{2} + \frac{1}{\pi}\sin^{-1}\frac{\sqrt{(x+1)^2+y^2} - \sqrt{(x-1)^2+y^2}}{2}. \tag{연20.4}$$

제3부 12장에서 비선형 상미분 방정식을 다루었지만, 주로 해의 존재와 해를 구하는 방법에 대해 논의하였다. 여기서는 비선형 상미분 방정식[1)]이 주어졌을 때, 실제로 방정식의 해를 구하지 않고 해의 장시간 거동 또는 안정성과 같은 해의 특성에 대해 얼마나 알 수 있는가에 대해 생각해보기로 하는데, 이와 같은 방식으로 주어진 문제에 대해 접근하는 것을 보통 **정성적 해석**(qualitative analysis)이라고 부르며 Poincaré(1854-1912, France, 1881-1886)[27]에 의해 비롯되었다.

기초적인 정성적 해석은 위상평면과 섭동법을 사용하여 이루어지며, 이와 같은 해석은 동역학을 비롯한 다양한 분야의 문제들에 응용되는데, 21장에서는 이와 관련된 기본적인 사항, 즉 특이점의 종류와 선형계의 안정성에 대해 생각하고 섭동법에 대해 간단히 소개한다. 22장에서는 대표적인 비선형 미분 방정식으로 볼 수 있는 Duffing 방정식과 Van der Pol 방정식을 예로 들어 이들 방정식의 해가 가지는 주요한 특성에 대해 설명하며, 개략적으로 간단히 다루기로 한다. **동역학적 계**(dynamic system)와 관련하여 얻어진 비선형 미분 방정식의 정성적 해석과 관련된 보다 일반적인 사항에 대해서는 이승준(2017b)〈10〉 등을 참조하기 바란다.

---

1) 이 장과 다음 장에서는 상미분 방정식을 다룰 것이므로, 미분 방정식은 상미분 방정식을 뜻하는 것으로 한다.

제5부
비선형 상미분 방정식의 정성적 해석

21장

위상평면과 섭동법

2계 미분 방정식은 12.1절에서 보인 바와 같이 2원 연립 1계 미분 방정식으로 바꾸어 생각할 수 있는데, 이때 두 개의 미지 함수들을 서로 직교하는 좌표축으로 하여 이루어지는 평면을 **위상평면**(phase plane)이라고 하며, 이 위상평면 상에서 방정식의 해에 상응하는 곡선을 궤적이라고 한다. 1절에서는 두 미지 함수의 변화율이 영인 점을 특이점으로 정의하고, 이 점 주위에 대해 주어진 미분 방정식을 선형화한 선형 변분 방정식을 고려함으로써 특이점 주위의 궤적의 안정성에 대해 생각한다. 2절에서는 세 개의 기초적인 2계 미분 방정식에 대해 위상평면의 개념을 응용하는 예를 보인다. 3절에서는 미분 방정식에 대한 정성적 해석을 수행할 때 사용할 수 있는 가장 강력한 도구 중의 하나인 섭동법을 세 개의 기초적인 미분 방정식에 적용하여 근사해를 구하는 과정을 보이기로 한다.

21.1 기본적인 개념 및 정의

먼저 위상평면을 설명하기 위해, 예를 들어 질량-스프링 계, 즉 물체의 질량 m, 스프링 상수 k인 스프링으로 구성된 계에 뉴턴의 운동 법칙을 적용하여 얻은 물체의 변위 $x(t)$에 대한 2계 미분 방정식인 다음과 같은 운동 방정식을 생각하자.

$$m\ddot{x} + kx = 0. \tag{21.1}$$

조화 진동자(harmonic oscillator)로 불리는 질량-스프링 계에 대한 이 방정식은 12.1절의 식 (12.3), (12.4)와 같은 형태로 바꾸어 다음과 같이 다시 쓸 수 있는데,

$$\dot{x} \equiv y(t),\ \dot{y} = -\frac{k}{m}x, \tag{21.2}$$

이하에서는 위 문제의 해를 xy평면, 즉 위상평면 상에서 생각하기로 한다.

식 (21.2)로부터 시간 t를 소거하면 다음을 얻고,

$$\frac{\dot{y}}{\dot{x}} = \frac{dy}{dx} = \frac{-(k/m)x}{y}, \tag{21.3}$$

이 식은 11.1절의 식 (11.5)에 보인 바 있는 분리형이므로 다음을 얻으며,

$$kx\,dx + my\,dy = 0, \quad \therefore \frac{k}{2}x^2 + \frac{m}{2}y^2 = const. \equiv E, \tag{21.4}$$

위 식의 마지막 결과는 주어진 문제, 즉 미분 방정식인 식 (21.1)을 한 번 적분하여 얻었으므로, 그 해로 볼 수 있다.

물리적으로 말하면 식 (21.4)는 조화 진동자에 대한 운동 방정식을 변위에 대해 적분하여 얻은 일-에너지 원리로 볼 수 있으며, 상수 E는 초기 조건에 따라 설정되는 계의 전체 에너지에 해당한다.

위상평면 상에서 식 (21.4)는 [그림 21.1좌]에 보인 바와 같이 상수 E의 값에 따라 크기가 변화하는 일군의 타원으로 볼 수 있다. 위상평면 상에 나타낸 해에 상응하는 곡선을 **궤적**(trajectory)이라고 부르며, 식 (21.4)는 폐곡선인 타원으로 주어지므로, 식 (21.1)은 주기적으로 반복되는, 즉 주기해를 가짐을 알 수 있다. 이 주기해 또는 궤적 C는 물론 다음과 같이 쓸 수 있는 시간 t의 함수로 주어지는 해에 상응하는데,

$$x(t) = A\cos(\omega t + \varepsilon), \tag{21.5}$$

여기서 A, ε은 초기 조건에 따라 결정되는 상수로 각각 진폭, 위상차라고 불린다. 이 해는 시간 영역에서의 해라고 할 수 있으며, [그림 21.1우]에 보였다.

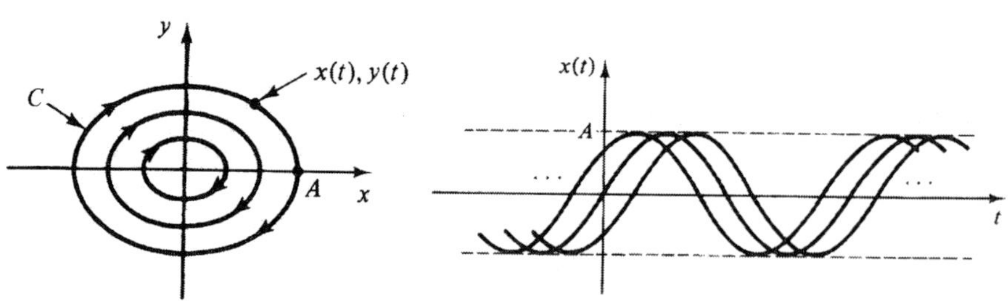

그림 21.1 위상평면 상의 해와 시간 영역에서의 해

식 (21.1)로 주어진 조화 진동자 문제에 대한 해를 위상평면 상에서 얻거나, 또는 시간 영역에서 얻거나 간에 우리가 필요로 하는 정보를 얻을 수 있으면 소기의 목적을 달성하는 것이므로, 이하에서는 미분 방정식의 해를 위상평면에서 고려하는 방법에 대해 생각하기로 한다.

위에서 2계 미분 방정식에 대해 사용한 방법을, 두 개의 미지 함수 $x(t)$, $y(t)$에 대해 주어진 다음과 같은 보다 일반적인 2원 연립 1계 미분 방정식에 대해 적용하기로 하자.

$$\dot{x} = P(x,y)\,,\ \dot{y} = Q(x,y)\,. \tag{21.6}$$

먼저 시간 t를 소거하면 다음을 얻는데,

$$\frac{\dot{y}}{\dot{x}} = \frac{dy}{dx} = \frac{Q(x,y)}{P(x,y)}\,, \tag{21.7}$$

c를 적분 상수라고 할 때 이 식으로부터 $y = f(x,c)$의 형태로 해를 얻는다면, 이를 xy평면, 즉 위상평면 상의 궤적을 얻음으로써 주어진 문제의 해를 구했다고 할 수 있을 것이다.

단 만약 위상평면 상의 어떤 점 (x_0,y_0)에서 식 (21.7) 우변의 분모인 $P(x,y) = 0$이 성립하는 경우에는 그 점 부근의 해를 구하는 것이 어려울 것이지만, 그와 같은 경우에는 식 (21.7) 대신에 다음을 생각할 수 있으므로,

$$\frac{\dot{x}}{\dot{y}} = \frac{dx}{dy} = \frac{P(x,y)}{Q(x,y)}\,, \tag{21.8}$$

이 식으로부터 $x = f(y,c)$의 형태로 해를 얻는다면 식 (21.6)의 해를 구한 것으로 간주할 수 있을 것이다.

따라서 해를 구하기 힘든 경우는 어떤 점 (x_0, y_0)에서 $P(x,y) = 0$, $Q(x,y) = 0$이 동시에 성립하는 경우에 발생하는데, 이와 같은 점은 주어진 문제의 **특이점**(singular point)이라고 부른다. 특이점 (x_0, y_0) 부근에서 주어진 문제의 해가 어떻게 주어지는지를 고려하기 위해서는 새로운 독립 변수 x_1, y_1을 각각 다음과 같이 정의하고,

$$x_1 = x - x_0\,,\ y_1 = y - y_0\,, \tag{21.9}$$

특이점 부근에 대해 $P(x,y)$, $Q(x,y)$를 다음과 같이 선형 근사하기로 하자.

$$P(x,y) = \alpha x_1 + \beta y_1,\ Q(x,y) = \gamma x_1 + \delta y_1. \tag{21.10}$$

여기서 α, β, γ, δ는 각각 다음과 같이 주어진 상수이다.

$$\alpha = \left.\frac{\partial P}{\partial x}\right|_{(x_0,y_0)},\ \beta = \left.\frac{\partial P}{\partial y}\right|_{(x_0,y_0)},\ \gamma = \left.\frac{\partial Q}{\partial x}\right|_{(x_0,y_0)},\ \delta = \left.\frac{\partial Q}{\partial y}\right|_{(x_0,y_0)}. \tag{21.11}$$

이하에서는 표기의 편의상 x_1, y_1을 다시 x, y로 바꾸어 쓰기로 한다.

따라서 주어진 문제는 특이점을 원점으로 하는 위상평면에 대해 다음과 같이 근사적으로 나타낼 수 있는데,

$$\dot{x} = \alpha x + \beta y, \tag{21.12}$$

$$\dot{y} = \gamma x + \delta y, \tag{21.13}$$

이들은 식 (21.6)의 **선형 변분 방정식**(linearized variational equation)이라고 불리며, 상수 계수의 1계 미분 방정식이므로, x 또는 y를 소거하여 2계 미분 방정식으로 쉽게 바꾸어 쓸 수 있다. 먼저 y를 소거하기로 하고, 식 (21.12)의 양변을 t에 대해 한 번 미분한 뒤 식 (21.13)을 대입하여 다음을 얻는다.

$$\ddot{x} = \alpha\dot{x} + \beta\dot{y} = \alpha\dot{x} + \beta(\gamma x + \delta y). \tag{21.14}$$

이 식 우변에 대해 식 (21.12)로부터 얻는 $\beta y = \dot{x} - \alpha x$를 대입하여 다음과 같이 x에 대한 2계 미분 방정식을 얻는다.

$$\ddot{x} = \alpha\dot{x} + \beta\gamma x + \delta(\dot{x} - \alpha x), \tag{21.15}$$

$$\therefore \ddot{x} - 2p\dot{x} + qx = 0,\ 2p \equiv \alpha + \delta,\ q \equiv \alpha\delta - \beta\gamma. \tag{21.16}$$

이 식은 잘 알려진 바와 같이 질량-감쇠기-스프링 계에 대한 운동 방정식과 같은 형태이며, 이미 공학수학 등에서 여러 번 다루었던 식임에 유의한다. 한편 유사한 방법을 사용하여 x를 소거하면 y 역시 x가 만족하는 식과 같은 2계 미분 방정식을 만족함을 보일 수 있다 ([연습문제 1] 참조).

$x(t)$에 대해 $x = e^{\lambda t}$를 가정하고 식 (21.16)에 대입하면 다음을 얻으며,

$$\lambda^2 - 2p\lambda + q = 0, \tag{21.17}$$

근의 공식을 사용하여 다음 결과를 얻는다.

$$\lambda_{1,2} = p \pm \sqrt{\Delta}, \tag{21.18}$$

$$\Delta \equiv p^2 - q = \frac{(\alpha+\delta)^2}{4} - (\alpha\delta - \beta\gamma) = \frac{(\alpha-\delta)^2}{4} + \beta\gamma. \tag{21.19}$$

그러므로 식 (21.16)의 해는 판별식, Δ의 크기에 따라 다음과 같은 세 가지 경우로 나누어 생각해야 한다.

경우 1) $\Delta < 0$

$q > p^2$이 성립하며, 이 경우에는 $\lambda_{1,2} = p \pm i\omega$, $\omega \equiv \sqrt{|\Delta|}$로 복소켤레가 되며, 식 (21.16)을 만족하는 일반해는 다음과 같다.

$$x(t) = e^{pt}(c_1 \cos\omega t + c_2 \sin\omega t). \tag{21.20}$$

여기서 c_1, c_2는 초기 조건에 따라 결정되는 상수들이다.

$t \to \infty$일 때의 해의 성질을 고려하기 위해서는 따라서 p의 크기에 따라 다음과 같은 세 가지 경우로 나누어 생각할 수 있다.

1.i) $p < 0$

이 경우에는 $t \to \infty$일 때 식 (21.20)으로부터 x, y는 모두 영으로 수렴함을 얻으며, 이때 위상평면 상의 궤적을 구하기 위해서는 다음과 같이 극 좌표를 사용하기로 하고,

$$(x, y) = r(\cos\theta, \sin\theta), \tag{21.21}$$

이를 식 (21.12), (21.13)에 대입하는데 일반적인 경우는 복잡하므로, $\Delta < 0$, $p < 0$를 만족하는 $\alpha = \delta = a$, $a < 0$, $\beta = -\gamma = 1$에 대해 생각하면 다음을 얻는다.

$$\dot{r}\cos\theta - r\dot{\theta}\sin\theta = ar\cos\theta + r\sin\theta, \tag{21.22}$$

$$\dot{r}\sin\theta + r\dot{\theta}\cos\theta = -r\cos\theta + ar\sin\theta. \tag{21.23}$$

여기서 a는 주어진 상수이다. 식 (21.22)에 $\cos\theta$, 식 (21.23)에 $\sin\theta$를 각각 곱한 뒤 더하여 다음을 얻고,

$$\dot{r} = ar, \tag{21.24}$$

식 (21.22)에 $-\sin\theta$, 식 (21.23)에 $\cos\theta$를 각각 곱한 뒤 더하여 다음을 얻으며,

$$\dot{\theta} = -1, \tag{21.25}$$

이 두 식들로 부터 궤적을 다음과 같이 얻는다.

$$r = Ae^{at},\ \theta = -t + B,\ \therefore r(\theta) = Ae^{a(B-\theta)}. \tag{21.26}$$

이에 상응하는 궤적을 [그림 21.2좌]에 보였으며, t가 증가함에 따라 나선을 그리며 원점으로 시계방향을 따라 수렴하는 것을 볼 수 있다. 이때 원점에 위치하는 특이점은 **내향 초점**(inward focus) 또는 **내향 나선**(inward spiral)이라고 불린다.

특이점과 관련하여 그 주위의 궤적이 $t \to \infty$일 때 r이 **유계**(bounded)이면 **안정**(stable), **무계**(unbounded)이면 **불안정**(unstable)하다고 하며, 이와 같은 안정성의 개념은 라플라스(1749-1827, France, 1799)[28]에 기인하는데, 통상 **미소 안정성**(infinitesimal stability)이라고 불린다.[1] 이 정의에 따르면, 내향 초점은 안정 특이점이다.

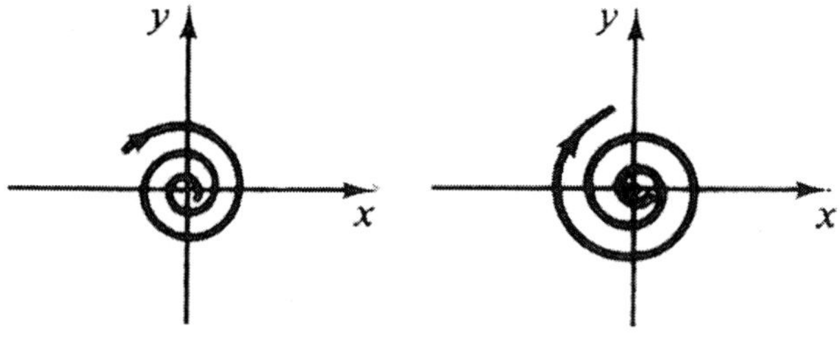

그림 21.2 내향 초점(좌)와 외향 나선(우)

1) 안정성에 관한 정의는 매우 다양하게 할 수 있으며, 여기서는 가능한 한 간략하게 다루기로 하고, 보다 자세한 사항에 대해서는 Jordan & Smith(1999)<11>로 미루기로 한다.

1.ii) $p > 0$

이 경우에는 $t \to \infty$ 일 때 식 (21.20)으로부터 x, y는 모두 ∞로 발산함을 얻으며, 이 때 위상평면 상의 궤적을 구하기 위해 식 (21.21)에 보인 바와 같은 극 좌표를 사용하고, 위에서와 같이 특수한 경우를 고려하는데, $\Delta < 0$, $p > 0$를 만족해야 하므로, $\alpha = \delta = a$, $a > 0$, $\beta = -\gamma = 1$에 대해 생각하면 위 1.i)에서 보인 바와 같은 방법에 의해 식 (21.26)을 얻는다. [그림 21.2우]에 보인 바와 같이, $a > 0$이므로 이 경우에 상응하는 궤적이 t가 증가함에 따라 나선을 그리며 원점으로부터 시계방향을 따라 발산하는 것을 볼 수 있다. 이때 원점에 위치하는 특이점은 **외향 초점**(outward focus) 또는 **외향 나선**(outward spiral)이라고 불리며, 외향 나선은 불안정 특이점이다.[2)]

1.iii) $p = 0$

이 경우에는 식 (21.20)으로부터 다음과 같은 **조화 운동**(harmonic motion)으로 해를 얻으므로,

$$x(t) = c_1 \cos\omega t + c_2 \sin\omega t, \tag{21.27}$$

$t \to \infty$ 일 때 x, y는 모두 유계이다. 위상평면 상의 궤적을 구하기 위해 위에서와 같이 특수한 경우를 고려하는데, $\Delta < 0$, $p = 0$를 만족해야 하므로, $\alpha = \delta = 0$, $\beta = 1$, $\gamma = -a$, $a > 0$에 대해 생각하면 식 (21.12), (21.13)에 이들을 대입하여 다음을 얻는다.

$$\dot{x} = y, \ \dot{y} = -ax, \ \therefore \frac{dy}{dx} = -\frac{ax}{y}. \tag{21.28}$$

이 식으로부터 다음 결과를 얻는데,

$$ax\,dx + y\,dy = 0, \ \therefore ax^2 + y^2 = const. \equiv c, \tag{21.29}$$

이 식에 상응하는 궤적은 [그림 21.1좌]에 보인 것과 같이 타원으로 주어지고, 원점에 위치하는 특이점은 **중심**(center)이라고 불리며, 중심은 안정 특이점이다.

2) 이하에서는 내향이면 내향 초점, 외향이면 외향 나선으로, 또 이들을 총괄할 때에는 초점으로 부르기로 한다.

경우 2) $\Delta > 0$

$q < p^2$ 이 성립하며, 식 (21.19)로부터, 이 경우에는 $\lambda_{1,2} = p \pm \sqrt{\Delta}$ 로 모두 실수이며, 식 (21.16)을 만족하는 일반해는 다음과 같다.

$$x(t) = e^{pt}\left(c_1 e^{\sqrt{\Delta}t} + c_2 e^{-\sqrt{\Delta}t}\right). \tag{21.30}$$

여기서 c_1, c_2는 초기 조건에 따라 결정되는 상수들이다. 따라서 p와 q의 크기에 따라 다음과 같이 두 가지 경우로 나누어 생각할 수 있다.

2.i) $q < 0$

이 경우에는 $\sqrt{\Delta} > |p|$ 가 성립하므로, $\lambda_1 > 0$, $\lambda_2 < 0$ 이며, 따라서 $t \to \infty$ 일 때 x, y는 모두 ∞ 로 발산한다. 위상평면 상의 궤적을 구하기 위해 위에서와 같이 특수한 경우를 고려하는데, $\Delta > 0$, $q < 0$을 만족해야 하므로, $\beta = \gamma = 0$, $\alpha = 1$, $\delta = -a$, $a > 0$ 에 대해 생각하기로 하면 식 (21.12), (21.13)에 이들을 대입하여 다음을 얻는다.

$$\dot{x} = x, \ \dot{y} = -ay, \ \therefore \frac{dy}{dx} = -\frac{ay}{x}. \tag{21.31}$$

이 식으로부터 다음 결과를 얻는데,

$$a \ln|x| + \ln y = const. \equiv c, \ \therefore y = C|x|^{-a}, \tag{21.32}$$

여기서 C는 적분 상수이다.

이 식에 상응하는 궤적은 [그림 21.3좌]에 보인 것과 같이 주어지고, 원점에 위치하는 특이점은 **안장점**(saddle point)이라고 불리며, 안장점은 불안정 특이점이다.

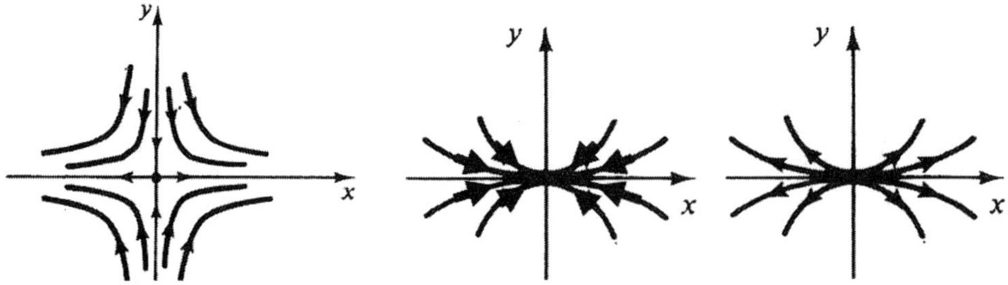

그림 21.3 안장점(좌)과 절점(중, 우)

2.ii) $0 \le q < p^2$

$\Delta = p^2 - q$이므로, 이 경우에는 $\sqrt{\Delta} \le |p|$가 성립하며, $p > 0$이면 $\lambda_1 > \lambda_2 \ge 0$이고, $p < 0$이면 $\lambda_2 < \lambda_1 \le 0$이므로, $t \to \infty$일 때 x, y는 모두 p의 부호에 따라, 즉 $p < 0$이면 영으로 수렴하고, $p > 0$이면 ∞로 발산한다.

위상평면 상의 궤적을 구하기 위해 특수한 경우를 고려하는데, $\Delta > 0$, $q \ge 0$, $p < 0$인 경우에 대해서는, $\beta = \gamma = 0$, $\alpha = -1$, $\delta = -a$, $a \ge 0$, $a \ne 1$에 대해 생각하면 식 (21.12), (21.13)에 이들을 대입하여 다음을 얻는다.

$$\dot{x} = -x, \ \dot{y} = -ay, \ \therefore \frac{dy}{dx} = \frac{ay}{x}. \tag{21.33}$$

여기서 $a = 0$이면 $q = 0$이며, 한편 $a = 1$은 $\Delta = 0$에 상응하므로 제외되었음에 유의한다. 이 식으로부터 다음 결과를 얻는데,

$$a\ln|x| - \ln y = const. \equiv c, \ \therefore y = C|x|^a, \tag{21.34}$$

여기서 C는 적분 상수이다.

$a \ne 0$이면 $q > 0$인데, 궤적은 시간이 지남에 따라 원점을 향해 수렴하고, [그림 21.3 중]에 보인 것과 같이 주어지는데, 원점에 위치하는 특이점은 **절점**(node)이라고 불리며, 이 절점은 안정 특이점이다.

$a = 0$이면 $q = 0$인데, 이때의 궤적은 $y = C$로 주어지고, $\lambda_1 = 1$, $\lambda_2 = 0$이며, 식 (21.30)으로부터 $t \to \infty$일 때 x, y는 모두 ∞로 발산함을 얻으며, 원점에 위치하는 특이점은 불안정하다. $q = 0$인 경우에 대해서는 아래에서 다시 논의하기로 한다.

$\Delta > 0$, $q \ge 0$, $p > 0$을 만족해야 하는 경우에 대해서는, $\beta = \gamma = 0$, $\alpha = 1$, $\delta = a$, $a \ge 0$, $a \ne 1$로 취하기로 하면 식 (21.12), (21.13)에 이들을 대입하여 식 (21.33)을 다시 얻으며, 따라서 궤적은 식 (21.34)로 주어진다.

$a \ne 0$, 즉 $q > 0$일 때, 궤적은 시간이 지남에 따라 원점으로부터 발산하며, [그림 21.3 위]에 보인 것과 같이 주어지고, 이때 원점에 위치하는 절점은 불안정 특이점이다.

$a = 0$, 즉 $q = 0$일 때의 궤적은 $y = C$로 주어지고, 이때 $\lambda_1 = -1$, $\lambda_2 = 0$이며, 식 (21.30)으로부터 $t \to \infty$일 때 x, y는 모두 유계이며, 원점에 위치하는 특이점은 안정하다.

$q=0$인 경우에 대해 좀 더 자세히 생각하기 위해 먼저 식 (21.12), (21.13)의 우변을 다음과 같이 바꾸어 쓰기로 한다.

$$\dot{x}=\alpha\left(x+\frac{\beta}{\alpha}y\right), \tag{21.35}$$

$$\dot{y}=\gamma\left(x+\frac{\delta}{\gamma}y\right). \tag{21.36}$$

지금 $q=0$인 경우에 대해 고려하고 있으므로, $\frac{\beta}{\alpha}=\frac{\delta}{\gamma}$가 성립하며, 따라서 두 식의 우변 ( )안의 양은 같아야 하고, 나아가 $\dot{x}$과 $\dot{y}$은 서로 선형 종속이다. 이로부터 궤적에 대해 다음을 얻으며,

$$\frac{dy}{dx}=\frac{\gamma}{\alpha}, \quad \therefore y=\frac{\gamma}{\alpha}x+C, \tag{21.37}$$

여기서 C는 적분 상수이고 일반적으로 0이 아님에 유의한다.

또한 $q=0$인 경우, 식 (21.30)으로부터 $\lambda_2=0$을 얻으므로, 다음을 얻으며,

$$x(t)=c_1e^{2pt}+c_2, \tag{21.38}$$

여기서 일반적으로 $c_1\neq 0$이다. 단 만약 초기 조건에 의해 $c_1=0$이 성립하는 경우에는 x, y 모두 상수가 되며, 이때에는 식 (21.35), (21.36)에서 우변 ( )안의 양이 0이 되어야 하므로, 따라서 다음 직선은 모두 특이점이 되어야 하는데,

$$\alpha x+\beta y=0, \tag{21.39}$$

이 식은 원점을 지남에 유의한다.

$t\to\infty$일 때, $p<0$인 경우 식 (21.39)로 주어지는 직선으로 수렴하는([연습문제 2] 참조) 안정 특이점과, 또 $p>0$인 경우 발산하는 불안정 특이점 주변의 궤적을 [그림 21.4]에 보였다.

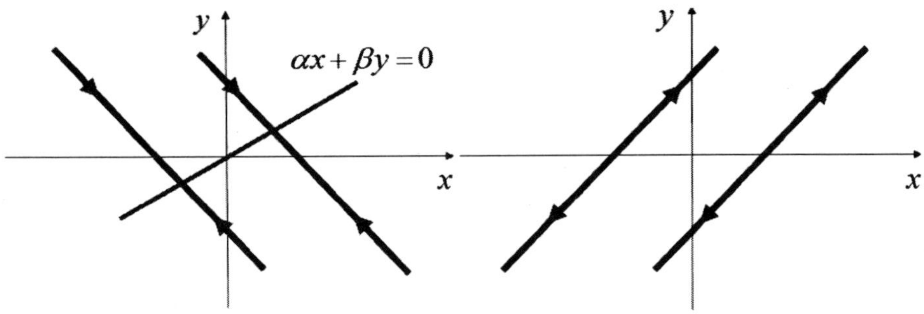

그림 21.4 $q=0$인 경우, 안정 특이점(좌)과 불안정 특이점(우)

경우 3) $\Delta=0$

$q=p^2$이 성립하며, $\lambda_1=\lambda_2=p$로 중근을 가지고, 식 (21.16)을 만족하는 일반해는 다음과 같다.

$$x(t)=e^{pt}(c_1+c_2t). \tag{21.40}$$

여기서 c_1, c_2는 초기 조건에 따라 결정되는 상수들이다. $t\rightarrow\infty$일 때 x, y는 p의 부호에 따라, 즉 $p<0$이면 영으로 수렴하고, $p\geq 0$이면 ∞로 발산한다.

위상평면 상의 궤적을 구하기 위해 특수한 경우를 고려하는데, $\Delta=0$, $p<0$인 경우에 대해서는, $\alpha=\delta=-1$, $\beta=\gamma=0$을 생각하면 식 (21.12), (21.13)에 이들을 대입하여 다음을 얻는다.

$$\dot{x}=-x,\ \dot{y}=-y,\ \therefore\frac{dy}{dx}=\frac{y}{x}. \tag{21.41}$$

이 식으로부터 다음 결과를 얻는데,

$$\ln|x|-\ln y=const.\equiv c,\ \therefore y=C|x|, \tag{21.42}$$

여기서 C는 적분 상수이다.

이 식에 상응하는 궤적은 [그림 21.5좌]에 보인 것과 같이 $t\rightarrow\infty$일 때 원점으로 수렴하며, 원점에 위치하는 특이점은 **간화 절점**(degenerate node)이라고 불리며, 이 간화 절점은 안정하다.

한편, $\Delta = 0$, $p > 0$인 경우에 대해서는, $\alpha = \delta = 1$, $\beta = \gamma = 0$로 취하기로 하면 식 (21.11), (21.12)에 이들을 대입하여 다음을 얻는다.

$$\dot{x} = x, \ \dot{y} = y, \ \therefore \frac{dy}{dx} = \frac{y}{x}. \tag{21.43}$$

이 식은 위의 식 (21.41)과 같으므로, 궤적은 식 (21.42)로 주어지는데, [그림 21.5우]에 보인 것과 같이 $t \to \infty$일 때 원점으로부터 무한히 멀어져 발산하며, 이때 원점에 위치하는 간화 절점은 불안정하다.

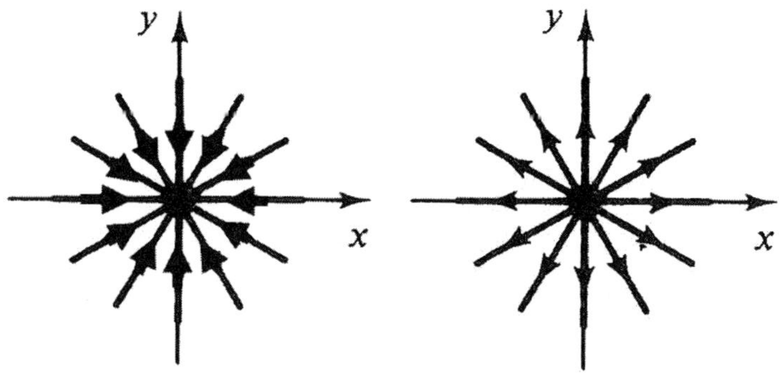

그림 21.5 안정 간화 절점(좌)과 불안정 간화 절점(우)

마지막으로 $\Delta = 0$, $p = 0$인 경우에는 $q = 0$도 성립해야하며, $\lambda_1 = \lambda_2 = 0$이므로, 식 (21.40)으로부터 다음을 얻는데,

$$x(t) = c_1 + c_2 t, \tag{21.44}$$

여기서 c_1, c_2는 초기 조건에 따라 결정되는 상수들이다.

위상평면 상의 궤적은 식 (21.37)로 주어지며, $p = 0$로부터 $\alpha = -\delta$가 성립하고, 또 $q = 0$로부터 $\alpha^2 = -\beta\gamma$, 즉 $\frac{\gamma}{\alpha} = -\frac{\alpha}{\beta}$를 얻으므로, 이를 식 (21.37)에 대입하고 정리하여 다음을 얻는다.

$$\alpha x + \beta y = C. \tag{21.45}$$

여기서 C는 적분 상수이다. 이에 상응하는 궤적은 $t \to \infty$ 일 때 원점으로부터 무한히 멀어져 발산하며, 이때 원점에 위치하는 특이점은 불안정하다.

위에서 논의한 각각의 경우에 대한 특이점의 종류와 안정성에 대한 결과를 [그림 21.6]에 (p, q) 평면을 이용하여 종합적으로 보였다. 안정 특이점의 영역은 $p \leq 0$, $q \geq 0$에서 원점을 제외한 부분으로 주어진다. 그림에 보인 특이점은 크게 나누어 중심, 초점, 절점 및 안장점의 네 가지가 있으며, 특이점 부근의 해가 $t \to \infty$ 일 때 r의 유계성에 따라 그 안정성을 정할 수 있다.

Poincare(1882)[27]는 식 (21.6)의 특이점의 특성은 그 선형 변분 방정식인 식 (21.12), (21.13)의 특이점의 특성과 같음을 보였다. 단 다음과 같은 경우는 제외되는데,

$$\Delta < 0, \ p = 0, \tag{21.46}$$

이 경우는 비선형 항에 따라 중심, 또는 초점이 될 수 있다. 비선형 미분 방정식의 정성적 해석과 관련된 보다 광범위한 논의에 대해서는 Jordan & Smith(1999)〈11〉를 참조하기 바란다.

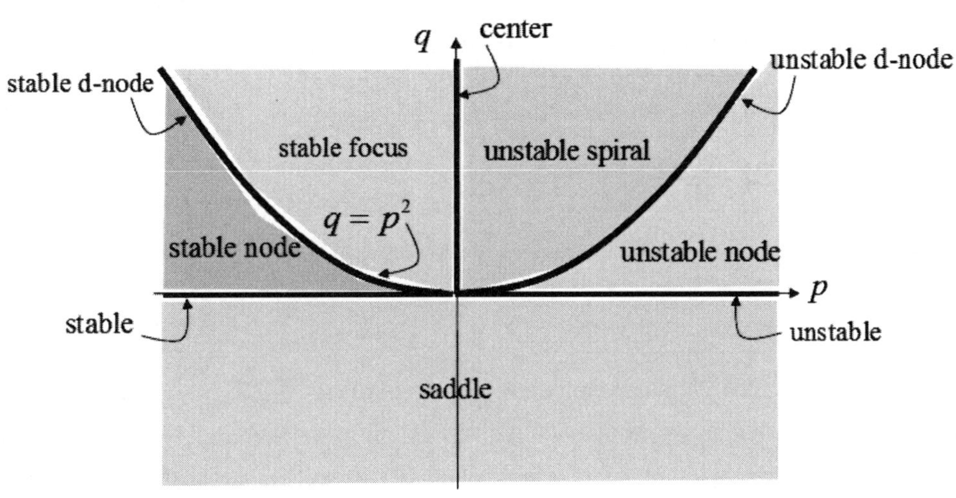

그림 21.6 (p, q) 평면에 보인 특이점의 안정, 불안정 영역

▶ **예제 21.1) 다음과 같이 $\dot{x}$ 의 3승에 비례하는 감쇠항을 가진 2계 비선형 미분 방정식이 주어졌을 때, 그 특이점을 구하고 그 특성에 대해 논하시오.**

$$\ddot{x} + x + \frac{\varepsilon}{3}\dot{x}^3 = 0,\ \varepsilon > 0. \tag{예21.1}$$

답) 먼저 식 (21.6)과 같은 형태로 바꾸어 쓰면 다음을 얻고,

$$\dot{x} = y,\ \dot{y} = -x - \frac{\varepsilon}{3}y^3, \tag{예21.2}$$

이들로부터 특이점은 $(x, y) = (0, 0)$, 즉 원점임을 얻으며, 이 점에 대한 선형 변분 방정식을 얻으면 다음과 같다.

$$\dot{x} = y,\ \dot{y} = -x. \tag{예21.3}$$

따라서 $\alpha = 0$, $\beta = 1$, $\gamma = -1$, $\delta = 0$을 얻으며, $p = 0$, $q = 1$, $\Delta = -1$을 얻고, 위에서 논의한 경우 1.iii)에 해당하므로, 특이점은 안정 중심이 되어야 하지만, 이 경우는 식 (21.46)에서 논의한 예외에 속하는 경우이며, 21.3절에서 비선형 효과를 고려하여 이 특이점은 내향 초점임을 보일 것이다.

21.2 위상평면의 응용

이 절에서는 세 개의 2계 미분 방정식에 대하여 위상평면을 사용, 문제를 해석하는 방법을 보이기로 한다.

1) **질량-감쇠기-스프링 계**(mass-damper-spring system)

즉 질량 m인 물체, 감쇠력 계수 c인 감쇠기, 스프링 상수 k인 스프링으로 구성된 계에 뉴턴의 운동 법칙을 적용하여 얻은 물체의 변위 $x(t)$에 대한 다음과 같은 운동 방정식을 생각하자.

$$m\ddot{x} + c\dot{x} + kx = 0,\ k > 0. \tag{21.47}$$

이 방정식을 식 (21.6)과 같은 형태로 바꾸어 쓰면 다음을 얻는데,

$$\dot{x} \equiv y(t),\ \dot{y} = -\frac{k}{m}x - \frac{c}{m}y, \tag{21.48}$$

주어진 식 (21.47)이 선형이므로, 이 식은 선형 변분 방정식, 식 (21.12), (21.13)과 같은 형태를 가지지만, 단 이때 $\alpha \equiv 0$, $\beta \equiv 1$ 임에 유의한다.

원점에 위치한 특이점은 앞 절에서 고려한 바에 따라 각각 상응하는 안정성을 가지는데, 먼저 진동공학의 표기법에 따라 다음과 같이 쓰기로 하면,

$$\gamma = -\frac{k}{m} \equiv -\omega^2,\ \delta = -\frac{c}{m} = -2\zeta\omega,\ \zeta \equiv \frac{c}{2\sqrt{mk}},\ \omega > 0, \tag{21.49}$$

p, q, Δ에 대해 다음을 얻는다.

$$p \equiv \frac{\alpha+\delta}{2} = -\zeta\omega,\ q \equiv \alpha\delta - \beta\gamma = \omega^2 > 0,\ \Delta \equiv p^2 - q = -(1-\zeta^2)\omega^2. \tag{21.50}$$

여기서 $q > 0$ 이므로 원점의 특이점이 안장점이 될 수는 없음에 유의한다.

경우 1), 즉 $\Delta < 0$은 $|\zeta| < 1$에 상응하며, ζ가 양일 때는 **저감쇠**(underdamped)라고 불린다. 이때는 ζ 즉 c의 부호에 따라 p의 부호가 결정되며, 원점에 위치한 특이점은 양의 감쇠인 경우는 $p < 0$ 이므로 내향 초점, 음의 감쇠인 경우는 $p > 0$ 이므로 외향 나선이 되며, $p = 0$ 인 경우는 중심이다.

경우 2), 즉 $\Delta > 0$은 $|\zeta| > 1$에 상응하며, ζ가 양일 때는 **과감쇠**(overdamped)라고 불린다. 이때도 ζ 즉 c의 부호에 따라 p의 부호가 결정되며, 원점에 위치한 특이점은 양의 감쇠인 경우는 안정 절점, 음의 감쇠인 경우는 불안정 절점이다.

경우 3), 즉 $\Delta = 0$은 $|\zeta| = 1$에 상응하며, ζ가 양일 때는 **임계감쇠**(critically damped)라고 불린다. 위에서와 같이 ζ 즉 c의 부호에 따라 p의 부호가 결정되며, 원점에 위치한 특이점은 양의 감쇠인 경우는 안정 간화 절점, 음의 감쇠인 경우는 불안정 간화 절점이다.

위의 논의로부터 Δ의 값에 상관없이 원점에 위치한 특이점이 양의 감쇠면 안정, 음의 감쇠면 불안정함을 알 수 있으며, 감쇠가 없을 경우에는 안정 중심을 얻는다.

▶ **예제 21.2) 다음과 같이 주어진 미분 방정식과 관련하여 원점에 위치한 특이점의 안정성에 대해 논하시오.**

$$\ddot{x} + \dot{x} + x = 0. \tag{예21.4}$$

✎ 답) 식 (21.47), (21.49)로부터 다음을 얻고,

$$m = 1,\ c = 1,\ k = 1,\ \therefore \omega = 1,\ \zeta = 1/2 < 1, \tag{예21.5}$$

따라서 저감쇠에 해당하며, 식 (21.50)으로부터 $p = -1/2 < 0$을 얻으므로, 원점에 위치한 특이점은 내향 초점임을 알 수 있다.

2) $x(t)$의 제곱에 비례하는 항을 가진 2계 비선형 미분 방정식
다음과 같은 2계 비선형 미분 방정식에 대해 생각하자.

$$\ddot{x} + x - x^2 = 0. \tag{21.51}$$

이 방정식을 식 (21.6)과 같은 형태로 바꾸어 쓰면 다음을 얻는데,

$$\dot{x} \equiv y(t),\ \dot{y} = -x + x^2 = x(x-1), \tag{21.52}$$

따라서 특이점은 $(0,0)$와 $(1,0)$의 두 점을 얻는다.

원점에 위치한 특이점에 대해서는 선형 변분 방정식을 구하면 다음을 얻으며,

$$\dot{x} = y,\ \dot{y} = -x, \tag{21.53}$$

그러므로 $\alpha = \delta = 0$, $\beta = 1$, $\gamma = -1$을 얻고, 식 (21.16), (21.19)로부터 $p = 0$, $q = 1$, $\Delta = -1 < 0$을 얻어, 경우1.iii)에 해당하여 중심이 되어야 하지만, 이는 식 (21.46)에 속하는 경우이므로 비선형 항에 따라 중심 또는 초점이 될 수 있다.

궤적을 얻기 위해 식 (21.51)의 양변에 $\dot{x}$를 곱한 뒤 정리하면 다음을 얻는데,

$$\dot{x}\ddot{x} + x\dot{x} - x^2\dot{x} = 0, \quad \therefore \frac{d}{dt}\left(y^2 + x^2 - \frac{2}{3}x^3\right) = 0, \tag{21.54}$$

이 식을 t에 대해 한 번 적분하여 다음을 얻는다.

$$y^2 + x^2 - \frac{2}{3}x^3 = const. = C. \tag{21.55}$$

원점 부근에서는 위 식 좌변의 3승 항이 제곱 항들보다 작을 것이므로, 위 식은 근사적으로 다음과 같이 쓸 수 있고,

$$y^2 + x^2 \approx C, \tag{21.56}$$

이 식은 위상평면에서 원의 방정식이므로, 원점에 위치한 특이점은 중심임을 알 수 있다.

$(1,0)$에 위치한 특이점에 대해서는 선형 변분 방정식을 구하면 다음을 얻으며,

$$\dot{x} = y, \ \dot{y} = x, \tag{21.57}$$

그러므로 $\alpha = \delta = 0$, $\beta = 1$, $\gamma = 1$을 얻고, 식 (21.16), (21.19)로부터 $p = 0$, $q = -1$, $\Delta = 1 > 0$을 얻어, 경우2.i)에 해당하여 안장점이 된다.

안장점 부근에서의 궤적에 대해서는 식 (21.55)에 $x = 1 + \xi$, $\xi \ll 1$을 대입하고 ξ^2 항까지만 고려하면 다음을 얻으며,

$$y^2 + (1+\xi)^2 - \frac{2}{3}(1+\xi)^3 \approx y^2 - \xi^2 + \frac{1}{3} \approx C, \ \therefore y^2 - \xi^2 = C - \frac{1}{3}, \tag{21.58}$$

이 식은 $C = 3^{-1}$, 즉 $y = \pm\xi$를 점근선으로 하는 쌍곡선 군에 상응한다.

원점과 점 $(1,0)$에 대한 정보로부터 식 (21.55)로 주어지는 궤적을 [그림 21.7]에 보인 것과 같이 얻는다. $C = 3^{-1}$은 원점을 중심으로 하는 주기 운동과, $t \to \infty$일 때 r이 무한히 증가하는 운동들을 분리하는 곡선에 상응하므로 **분리곡선**(separatrix)이라고 불린다.

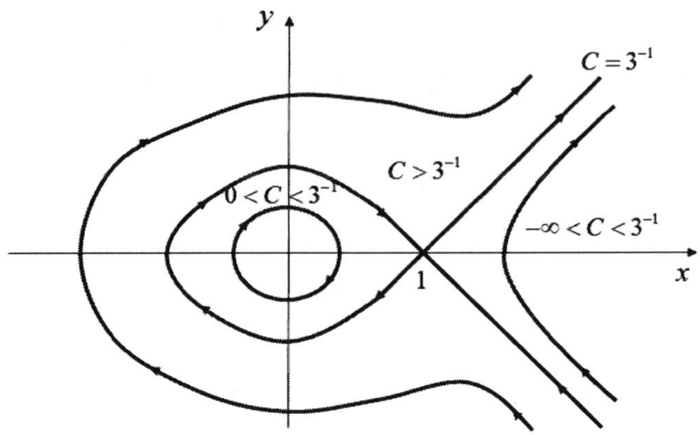

그림 21.7 $\ddot{x}+x-x^2=0$의 궤적, 분리곡선

식 (21.51)은 다음과 같이 바꾸어 쓸 수 있는데,

$$\ddot{x}=-x+x^2\equiv f(x), \tag{21.59}$$

이 식의 좌변은 단위 질량을 가진 물체의 가속도, 우변은 물체에 작용하는 힘으로 볼 수 있다. 즉 위 방정식은 물체의 변위에 비례하여 원래의 위치로 되돌려 놓고자 하는 복원력 $-x$와, 변위의 제곱에 비례하여 항상 변위를 증가시키려고 하는 힘 x^2이 물체에 작용하는 경우에 대한 운동 방정식으로 볼 수 있다. 또한 특이점들은 $f(x)=0$에 의해서 결정되며, [그림 21.7]에 보인 바와 같이 초기 조건에 상응하는 점이 분리곡선의 일부로 이루어진 폐곡선 내부에 위치하는 경우에는 주기 운동을, 외부에 있는 경우에는 $t\to\infty$일 때 운동의 크기가 무한히 증가하는 운동을 얻음을 알 수 있다. 비선형 미분 방정식의 해는 이와 같이 초기 조건에 따라 운동의 성격이 달라질 수 있으며, 이는 1절에서 고려했던 선형 미분 방정식의 해가 가지는 특성과 상당히 대조되는 성질이라고 할 수 있다.

3) $\sin x(t)$에 비례하는 항을 가진 2계 비선형 미분 방정식

다음과 같이 2계 비선형 미분 방정식이 주어졌다고 하자.

$$\ddot{x}+\sin x=0. \tag{21.60}$$

이 방정식을 식 (21.6)과 같은 형태로 바꾸어 쓰면 다음을 얻는데,

$$\dot{x} \equiv y(t),\ \dot{y} = -\sin x, \tag{21.61}$$

따라서 특이점은 $(\pm n\pi, 0)$, $n = 0, 1, 2, \cdots$ 으로 얻는다.

$x = \pm n\pi$에 위치한 특이점에 대해 $\xi = x \mp n\pi$라고 하고, 선형 변분 방정식을 구하면 다음을 얻고,

$$\dot{\xi} = y,\ \dot{y} = -(-1)^n \xi, \tag{21.62}$$

그러므로 $\alpha = \delta = 0$, $\beta = 1$, $\gamma = (-1)^{n+1}$을 얻으며, 식 (21.16), (21.19)로부터 $p = 0$, $q = (-1)^n$, $\Delta = (-1)^{n+1}$을 얻는다. 따라서 n이 짝수이면 $\Delta < 0$, $p = 0$이 되어 경우1.iii)에 해당하여 중심 또는 초점이 될 수 있고, n이 홀수이면 $\Delta > 0$, $q = -1 < 0$이 되어 경우2.i)에 해당하여 불안정 안장점이 된다.

궤적을 얻기 위해 식 (21.60)의 양변에 $\dot{x}$를 곱한 뒤 정리하면 다음을 얻는데,

$$\dot{x}\ddot{x} + \dot{x}\sin x = 0,\ \therefore \frac{d}{dt}\left(\frac{y^2}{2} - \cos x\right) = 0, \tag{21.63}$$

이 식을 t에 대해 한 번 적분하여 다음을 얻으며,

$$y^2 - 2\cos x = const. \equiv c,\ y^2 = c + 2\cos x \geq 0, \tag{21.64}$$

마지막 식으로부터 $c \geq -2$가 만족되어야 함을 얻는다.

n이 짝수인 경우의 궤적에 대해 생각하기 위해 $n = 0$인 경우를 고려하면, 원점 주위의 궤적에 대해 식 (21.64)는 다음과 같이 근사할 수 있고,

$$y^2 + x^2 = c + 2, \tag{21.65}$$

이 식은 원점에 중심을 둔 원의 방정식이므로, 원점에 위치한 특이점은 중심이며, 따라서 n이 짝수인 경우의 특이점은 중심임을 얻는다.

$(\pi, 0)$의 특이점을 지나는 궤적에 대해 $c = 2$를 얻는데, 이 궤적은 다음과 같이 주어지며,

$$y^2 = 2(1 + \cos x) = \left(2\cos\frac{x}{2}\right)^2,\ \therefore y = \pm 2\cos\frac{x}{2}, \tag{21.66}$$

따라서 이들 곡선은 $(\pm(2m-1)\pi, 0)$, $m=1,2,\cdots$ 에 위치한 특이점을 모두 지나며, 폐곡선을 형성하는 것을 알 수 있다.

위에서 얻은 정보로부터 식 (21.64)로 주어지는 궤적을 [그림 21.8]에 보인 것과 같이 얻는다. 식 (21.66)으로 주어지는 $c=2$ 에 상응하는 곡선은 $x=\pm 2m\pi$, $m=0,1,2,\cdots$ 에 위치한 중심을 포함하는 무수히 많은 폐곡선을 구성하며, 이들 폐곡선은 주기 운동과 $t\rightarrow\infty$ 일 때 r 이 무한히 증가하는 운동을 분리하는 분리곡선임을 확인할 수 있다.

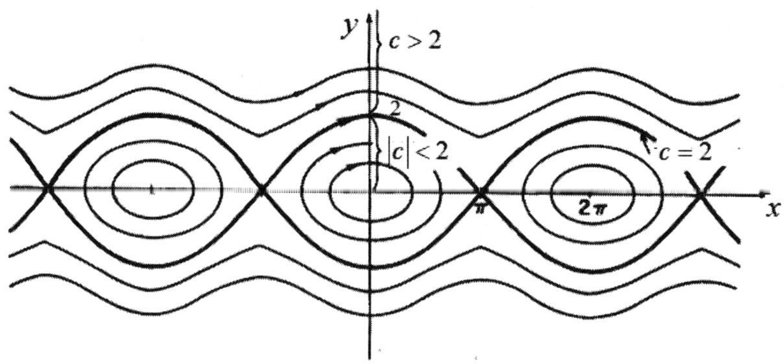

그림 21.8 $\ddot{x}+\sin x=0$ 의 궤적, 분리곡선

식 (21.60)은 중력가속도 g, 길이 l 인 경우, $l=g$ 가 성립하는 **단진자**(simple pendulum)에 대한 운동 방정식, 식 (12.24)와 같은 식임을 생각하면, 초기 조건이 분리곡선의 외부에 존재할 때 공기의 저항을 무시하면 지속적으로 회전함을 뜻하며 이는 물리적으로도 합리적인 결과이다.

또한 초기 조건이 원점에 가깝게 주어진 경우에 식 (21.60)은 다음과 같이 근사할 수 있고,

$$\ddot{x}+\{x-(x^3/6)\}=0, \tag{21.67}$$

이 식의 해는 [그림 21.8]에서 알 수 있는 바와 같이 주기 운동을 할 것이며 위 식에 상응하는 궤적은 식 (21.65)에서 원으로 구한 바 있다. 만약 식 (21.67)을 단위 질량을 가진 물체에 대한 운동 방정식으로 보면, 스프링의 탄성이 변위가 클 때 비선형적으로 변화하는 소위 **무른 스프링**(soft spring)을 가진 **질량-스프링 계**(mass-spring system)에 대한 운동 방정식으로 볼 수 있다. 이 문제는 22장에서 고려할 Duffing 방정식의 특별한 경우이다.

21.3 섭동법

이 절에서는 세 개의 미분 방정식을 예로 들어 **섭동법**(perturbation method)의 응용을 보이기로 한다.

1) 1계 비선형 미분 방정식에 대한 초기치 문제

$x(t)$의 제곱에 비례하는 항을 가진 1계 비선형 미분 방정식에 대한 초기치 문제가 다음과 같이 주어졌다고 하자.

$$\dot{x} + x - \varepsilon x^2 = 0,\ 0 < \varepsilon \ll 1,\ t \in (0, \infty), \tag{21.68}$$

$$x(0) = \cos\varepsilon. \tag{21.69}$$

여기서 ε은 주어진 상수라고 한다.

이 문제는 섭동법의 응용을 보이기 위한 기본적인 예제인데, 먼저 주어진 문제에 매우 작은 매개변수 ε이 포함되어 있음에 유의하여, 매우 작은 비선형성에 의해 선형 문제의 해가 어떻게 변화하는지에 대해 살펴보기로 하자. $\varepsilon = 0$인 경우, 위의 문제는 다음과 같이 쓸 수 있으며,

$$\dot{x} + x = 0,\ x \in (0, \infty), \tag{21.70}$$

$$x(0) = 1, \tag{21.71}$$

그 해는 $x(t) = e^{-t}$임은 쉽게 구할 수 있다. 따라서 식 (21.68), (21.69)로 주어진 초기치 문제의 해를 다음과 같이 ε의 **점근 멱급수**(asymptotic power series)로 가정하기로 한다.

$$x(t) = \sum_{n=0}^{\infty} \varepsilon^n x_n(t) = x_0 + \varepsilon x_1 + \varepsilon^2 x_2 + \cdots. \tag{21.72}$$

이와 같은 가정은 $\varepsilon = 0$인 경우 위에서 보인 해를 가지므로, ε이 매우 작을 경우 합리적인 가정이라고 볼 수 있으며, 수학적으로는 $\varepsilon \to 0$인 경우에 점근적으로 성립하는 가정이라고 할 수 있다.

이제 식 (21.72)의 가정을 주어진 초기치 문제에 대입하여 다음을 얻으며,

$$\left(\dot{x}_0+\varepsilon\dot{x}_1+\varepsilon^2\dot{x}_2+\cdots\right)+\left(x_0+\varepsilon x_1+\varepsilon^2 x_2+\cdots\right)$$
$$-\varepsilon\left\{x_0^2+2\varepsilon x_0 x_1+\cdots\right\}=0, \tag{21.73}$$

$$x_0(0)+\varepsilon x_1(0)+\varepsilon^2 x_2(0)+\cdots=1-\frac{\varepsilon^2}{2}+\frac{\varepsilon^4}{4!}+\cdots, \tag{21.74}$$

이들에 대해 ε의 차수가 같은 항들끼리 모아 다음과 같은 결과를 얻는다.

$$\varepsilon^0;\ \dot{x}_0+x_0=0,\ x_0(0)=1, \tag{21.75}$$

$$\varepsilon^1;\ \dot{x}_1+x_1=x_0^2\equiv r_1(t),\ x_1(0)=0, \tag{21.76}$$

$$\varepsilon^2;\ \dot{x}_2+x_2=2x_0x_1\equiv r_2(t),\ x_2(0)=-1/2, \tag{21.77}$$

$$\cdots.$$

위에 보인 ε^n-문제의 특성은 좌변은 각각 x_n에 대한 1계 선형 미분 방정식으로 그 형태가 식 (21.70)과 같으며, ε^n-문제들을 차례대로 풀어갈 경우, 우변은 x_m, $m<n$의 함수로 주어져 항상 이미 알려져 있는 것으로 볼 수 있다는 점이다.

ε^0-문제는 **최저차 문제**(the lowest order problem)라고 불리며 식 (21.70), (21.71)과 같으므로, 그 해는 $x_0=e^{-t}$로 얻는다.

이를 이용하면 ε^1-문제에 대한 우변 $r_1(t)$를 다음과 같이 얻으며,

$$r_1(t)=e^{-2t}, \tag{21.78}$$

따라서 x_1을 다음과 같이 얻는다.

$$x_1=e^{-t}-e^{-2t}. \tag{21.79}$$

위에서 얻은 결과들을 이용하면 ε^2-문제에 대한 우변 $r_2(t)$를 다음과 같이 얻고,

$$r_2(t)=2e^{-2t}-2e^{-3t}, \tag{21.80}$$

따라서 x_2를 다음과 같이 얻는다.

$$x_2 = \frac{1}{2}e^{-t} - 2e^{-2t} + e^{-3t}. \tag{21.81}$$

위에서 얻은 결과를 종합하여 다음을 얻는다.

$$x(t) = \left(1 + \varepsilon + \frac{\varepsilon^2}{2}\right)e^{-t} - \varepsilon(1 + 2\varepsilon)e^{-2t} + \varepsilon^2 e^{-3t} + O(\varepsilon^3). \tag{21.82}$$

이 해가 얼마나 정확한 지를 알아보기 위해 식 (21.68)의 엄밀해를 구하기로 하자. 주어진 1계 미분 방정식은 분리형이므로 다음을 얻고,

$$\frac{dx}{x - \varepsilon x^2} = -dt, \tag{21.83}$$

이 식의 좌변에 **부분 분수**(partial fraction)를 사용하여 다음을 얻는다.

$$\left(\frac{1}{x} + \frac{\varepsilon}{1 - \varepsilon x}\right)dx = -dt, \quad \therefore \ln\frac{x}{1 - \varepsilon x} = -t + c. \tag{21.84}$$

여기서 c는 적분 상수로 초기 조건으로부터 $c = \ln\frac{\cos\varepsilon}{1 - \varepsilon\cos\varepsilon} \equiv \ln C$를 얻으며, 이를 대입하고 정리하여 다음을 얻고,

$$\ln\frac{x}{C(1 - \varepsilon x)} = -t, \quad \therefore \frac{x}{1 - \varepsilon x} = Ce^{-t}, \tag{21.85}$$

마지막 결과를 $x(t)$에 대해 정리하여 다음 결과를 얻는다.

$$x(t) = \frac{Ce^{-t}}{1 + \varepsilon Ce^{-t}}. \tag{21.86}$$

$\varepsilon \ll 1$이므로 C를 다음과 같이 근사할 수 있으며,

$$C=\frac{\cos\varepsilon}{1-\varepsilon\cos\varepsilon}=\left\{1-\frac{\varepsilon^2}{2}+O(\varepsilon^4)\right\}\{1+\varepsilon+\varepsilon^2+O(\varepsilon^3)\}$$
$$=1+\varepsilon+\frac{\varepsilon^2}{2}+O(\varepsilon^3), \tag{21.87}$$

이를 식 (21.86)에 대입한 뒤 $O(\varepsilon^2)$까지 구하면 다음을 얻는데,

$$x(t)=Ce^{-t}(1-\varepsilon Ce^{-t}+\varepsilon^2C^2e^{-3t}\}+O(\varepsilon^3)$$
$$=Ce^{-t}-\varepsilon C^2e^{-2t}+\varepsilon^2C^3e^{-3t}+O(\varepsilon^3)$$
$$=\left(1+\varepsilon+\frac{\varepsilon^2}{2}\right)e^{-t}-\varepsilon(1+2\varepsilon)e^{-2t}+\varepsilon^2e^{-3t}+O(\varepsilon^3), \tag{21.88}$$

이 결과는 섭동법을 사용하여 얻은 근사해 식 (21.82)와 정확하게 일치한다.

지금까지의 논의를 통해 엄밀해에 $\varepsilon \ll 1$을 적용하여 얻은 근사해와, 처음부터 주어진 문제의 해를 ε의 멱급수, 즉 $\sum_{n=0}^{\infty}\varepsilon^n x_n(t)$로 가정하여 얻은 근사 문제의 해가 일치하는 것을 보였다. 이와 같이 문제의 해를 ε의 멱급수로 가정하고 주어진 문제로부터 선형인 ε^n-문제를 얻은 후, 그 문제들의 해를 구하는 과정은 **정규 섭동법**(regular perturbation)이라고 불리며 비선형 문제를 푸는데 매우 유력한 방법으로 알려져 있다.

한편, 많은 문제들에 대해서는 위에서 보인 바와 같은 정규 섭동법을 사용해서는 합리적인 해를 구하기 힘들므로, 그와 같은 경우에는 **특이 섭동법**(singular perturbation)이라고 불리는 방법을 사용한다.

2) 2계 비선형 미분 방정식에 대한 초기치 문제

특이 섭동법 중에서도 **다중척도법**(multiple scale method)의 적용을 보이기 위해 21.1절의 [예제 21.1]에서 고려했던 $\dot{x}$의 3승에 비례하는 감쇠항을 가진 미분 방정식에 초기 조건이 부과된 다음과 같은 초기치 문제를 생각하자.

$$\ddot{x}+x+\frac{\varepsilon}{3}\dot{x}^3=0,\ x(0)=1,\ \dot{x}(0)=0,\ 0<\varepsilon\ll 1. \tag{21.89}$$

선형 변분 방정식을 이용한 해석에 의해 원점에 위치한 특이점이 중심임을 얻을 수 있지만, 비선형 효과 때문에 내향 초점이 될 수도 있는 경우였음은 위에서 보인 바 있다.

먼저 이 문제에 대해 정규 섭동법을 앞에서와 같이 적용해 보기로 하면, 식 (21.72)를 가정하고, 이를 주어진 문제에 대입하여 다음을 얻으며,

$$\left(\ddot{x}_0+\varepsilon\ddot{x}_1+\varepsilon^2\ddot{x}_2+\cdots\right)+\left(x_0+\varepsilon x_1+\varepsilon^2 x_2+\cdots\right)$$
$$+\frac{\varepsilon}{3}\left\{\dot{x}_0^3+3\varepsilon\dot{x}_0^2\dot{x}_1+3\varepsilon^2\left(\dot{x}_0\dot{x}_1^2+\dot{x}_0^2\dot{x}_2\right)+\cdots\right\}=0, \tag{21.90}$$

$$x_0(0)+\varepsilon x_1(0)+\varepsilon^2 x_2(0)+\cdots=0, \tag{21.91}$$

$$\dot{x}_0(0)+\varepsilon\dot{x}_1(0)+\varepsilon^2\dot{x}_2(0)+\cdots=1, \tag{21.92}$$

이들에 대해 ε의 차수가 같은 항들끼리 모아 다음을 얻는다.

$$\varepsilon^0;\ \ddot{x}_0+x_0=0,\ x_0(0)=0,\ \dot{x}_0(0)=1, \tag{21.93}$$

$$\varepsilon^1;\ \ddot{x}_1+x_1=-\dot{x}_0^3/3\equiv r_1(t),\ x_1(0)=0,\ \dot{x}_1(0)=0, \tag{21.94}$$

$$\varepsilon^2;\ \ddot{x}_2+x_2=-\dot{x}_0^2\dot{x}_1\equiv r_2(t),\ x_2(0)=0,\ \dot{x}_2(0)=0, \tag{21.95}$$

$$\cdots.$$

ε^0-문제, 즉 최저차 문제의 해는 $x_0=\cos t$로 얻으며, 이를 이용하면 ε^1-문제의 우변인 $r_1(t)$를 다음과 같이 얻는다.

$$r_1(t)=-\cos^3 t=-\frac{3}{4}\cos\mathrm{t}-\frac{1}{4}\cos 3\mathrm{t}. \tag{21.96}$$

이 식 우변은 $\cos t$를 포함하고 있으므로, 공진에 해당하여 x_1은 $t\to\infty$일 때 운동의 크기가 t에 비례하여 무한히 증가하는 해를 준다는 문제점이 발생하여, 정규 섭동법을 사용하여서는 주어진 문제에 대해 유계인 해를 구하기 어렵다는 것을 알 수 있다. 이와 같이 공진을 야기하는 항을 **영속항**(secular term)이라고 부르는데, 이하에서는 다중척도법을 사용하여 영속항을 제거하는 방법에 대해 고려하기로 한다.

물리적으로 생각하면 $\varepsilon\dot{x}^3/3$은 감쇠력이므로 이에 기인하여 운동의 크기가 점차 감소할 것임을 예측할 수 있는데, 이에 따라 새로운 시간 변수 $\tau = \varepsilon t$를 도입하기로 한다. **느린 시간**(slow time)이라고 불리는 τ는 크기가 매우 작은 감쇠력이 물체의 운동에 영향을 미치는 시간의 길이가 t보다는 훨씬 클 것임에 착안하여 도입되었다. 다중척도법이라는 명칭은 이와 같이 크기가 다른 다중의 시간을 도입하여 문제를 해석하는 것에 기인한다.

미지 함수 x는 $x(t,\tau)$로 간주하고 다음과 같이 ε의 점근 멱급수로 가정한다.

$$x(t,\tau) = \sum_{n=0}^{\infty} \varepsilon^n x_n(t,\tau) = x_0 + \varepsilon x_1 + \varepsilon^2 x_2 + \cdots . \tag{21.97}$$

따라서 다음을 얻으며,

$$\dot{x}_n = \frac{\partial x_n}{\partial t} + \varepsilon \frac{\partial x_n}{\partial \tau} \equiv D x_n,\ \ddot{x}_n = \frac{\partial^2 x_n}{\partial t^2} + 2\varepsilon \frac{\partial^2 x_n}{\partial t \partial \tau} + \varepsilon^2 \frac{\partial^2 x_n}{\partial \tau^2} \equiv D^2 x_n, \tag{21.98}$$

식 (21.97)을 식 (21.89)에 대입한 뒤, 식 (21.98)를 사용하여 다음을 얻고,

$$\begin{aligned}&\left(D^2 x_0 + \varepsilon D^2 x_1 + \varepsilon^2 D^2 x_2 + \cdots\right) + \left(x_0 + \varepsilon x_1 + \varepsilon^2 x_2 + \cdots\right)\\ &+ \frac{\varepsilon}{3}\left[(Dx_0)^3 + 3\varepsilon (Dx_0)^2 Dx_1 + 3\varepsilon^2 \left\{Dx_0 (Dx_1)^2 + (Dx_0)^2 Dx_2\right\} + \cdots\right] = 0,\end{aligned} \tag{21.99}$$

$$x_0(0,0) + \varepsilon x_1(0,0) + \varepsilon^2 x_2(0,0) + \cdots = 1, \tag{21.100}$$

$$Dx_0(0,0) + \varepsilon D x_1(0,0) + \varepsilon^2 D x_2(0,0) + \cdots = 0, \tag{21.101}$$

얻어진 결과에 대해 ε의 차수가 같은 항들끼리 모아 다음을 얻는다.

$$\varepsilon^0;\ \frac{\partial^2 x_0}{\partial t^2} + x_0 = 0,\ x_0(0,0) = 1,\ \frac{\partial x_0}{\partial t}(0,0) = 0, \tag{21.102}$$

$$\varepsilon^1;\ \frac{\partial^2 x_1}{\partial t^2}+x_1=-2\frac{\partial^2 x_0}{\partial t\partial\tau}-\frac{1}{3}\left(\frac{\partial x_0}{\partial t}\right)^3\equiv r_1(t,\tau),$$

$$x_1(0,0)=0,\ \frac{\partial x_1}{\partial t}(0,0)=-\frac{\partial x_0}{\partial\tau}(0,0), \tag{21.103}$$

$$\cdots.$$

ε^0-문제, 즉 최저차 문제의 일반해는 다음과 같이 쓸 수 있는데,

$$x_0(t,\tau)=A(\tau)e^{it}+\overline{A}(\tau)e^{-it}, \tag{21.104}$$

여기서 $A(\tau)$는 복소함수이고, $\overline{A}(\tau)$는 $A(\tau)$의 복소켤레이며, 초기 조건으로부터 $Re\{A(0)\}=1/2$, $Im\{A(0)\}=0$, 즉 $A(0)=1/2$를 얻으므로, $A(\tau)$는 최저차 문제에서는 결정되지 않는다.

이제 식 (21.104)를 이용하여 ε^1-문제의 우변인 $r_1(t,\tau)$를 다음과 같이 얻는데,

$$r_1(t,\tau)=-2i\left(\frac{dA}{d\tau}e^{it}-\frac{d\overline{A}}{d\tau}e^{-it}\right)+\frac{i}{3}\left(A^3e^{3it}-3A^2\overline{A}e^{it}+3A\overline{A}^2e^{-it}-\overline{A}^3e^{-3it}\right)$$

$$=-i\left(2\frac{dA}{d\tau}+A^2\overline{A}\right)e^{it}+i\left(2\frac{d\overline{A}}{d\tau}+A\overline{A}^2\right)e^{-it}+\frac{i}{3}\left(A^3e^{3it}-\overline{A}^3e^{-3it}\right), \tag{21.105}$$

이 식 우변의 e^{it}, e^{-it} 항은 공진을 야기하는 영속항이므로, 유계인 해를 구하기 위해서는 이들의 계수가 0이 되어야 하며, 따라서 다음을 얻는다.

$$2\frac{dA}{d\tau}+A^2\overline{A}=0,\ 2\frac{d\overline{A}}{d\tau}+A\overline{A}^2=0. \tag{21.106}$$

여기서 $A(\tau)=R(\tau)e^{i\Theta(\tau)}$를 가정할 수 있으므로, 이를 위 식에 대입하여 다음을 얻으며,

$$2\frac{dR}{d\tau}+R^3=0,\ \frac{d\Theta}{d\tau}=0, \tag{21.107}$$

$A(0)=1/2$로부터 $R(0)=1/2$, $\Theta(0)=0$을 얻으므로, 이들을 만족하는 해를 다음과 같이 얻는다.

$$-2\frac{dR}{R^3} = d\tau, \ \therefore R(\tau) = \frac{1}{\sqrt{4+\tau}}, \ \Theta(\tau) = 0. \tag{21.108}$$

결국 ε^1 -문제의 해가 유계가 되어야 하는 조건을 이용하여 영속항을 제거함으로써 최저차 문제의 해를 확정하였는데, 이를 정리하면 다음과 같으며,

$$x_0(t,\tau) = R(\tau)e^{it} + R(\tau)e^{-it} = \frac{\cos t}{\sqrt{1+(\tau/4)}}, \tag{21.109}$$

$\tau = \varepsilon t$ 이므로 이 식에 따르면 t 가 증가함에 따라 그 진폭이 대수적으로 영에 수렴하는 것을 알 수 있으며, 따라서 원점에 위치한 특이점은 내향 초점임을 얻는다.

3) 2계 도함수 항에 매우 작은 양이 곱해져 있는 경계층 문제

최고계인 2계 도함수 항에 매우 작은 양이 곱해져 있는 **경계층**(boundary layer) 문제라고 불리는 다음과 같은 $x(t)$ 에 대한 경계치 문제에 대해 생각하자.

$$\varepsilon\ddot{x} + \dot{x} + x = 0, \ x(0) = 0, \ x(1) = 1, \ 0 < \varepsilon \ll 1. \tag{21.110}$$

이 문제에 대해 정규 섭동법을 우선 적용해 보기로 하면, 식 (21.72)를 가정하고, 이를 주어진 문제에 대입하여 다음을 얻으며,

$$\begin{aligned}\varepsilon\left(\ddot{x}_0 + \varepsilon\ddot{x}_1 + \varepsilon^2\ddot{x}_2 + \cdots\right) + \left(\dot{x}_0 + \varepsilon\dot{x}_1 + \varepsilon^2\dot{x}_2 + \cdots\right)& \\ + \left(x_0 + \varepsilon x_1 + \varepsilon^2 x_2 + \cdots\right) = 0,&\end{aligned} \tag{21.111}$$

$$x_0(0) + \varepsilon x_1(0) + \varepsilon^2 x_2(0) + \cdots = 0, \tag{21.112}$$

$$x_0(1) + \varepsilon x_1(1) + \varepsilon^2 x_2(1) + \cdots = 1, \tag{21.113}$$

이들에 대해 ε 의 차수가 같은 항들끼리 모아 다음을 얻는다.

$$\varepsilon^0;\ \dot{x}_0 + x_0 = 0, \ x_0(0) = 0, \ x_0(1) = 1, \tag{21.114}$$

$$\varepsilon^1;\ \dot{x}_1 + x_1 = -\ddot{x}_0 \equiv r_1(t), \ x_1(0) = 0, \ x_1(1) = 0, \tag{21.115}$$

$$\varepsilon^2;\ \dot{x}_2 + x_2 = -\ddot{x}_1 \equiv r_2(t),\ x_2(0) = 0,\ x_2(1) = 0, \tag{21.116}$$

$$\cdots .$$

ε^0-문제, 즉 최저차 문제의 미분 방정식을 만족하는 해로 $x_0 = Ae^{-t}$를 얻지만, 이 해는 하나의 상수 A를 포함하므로 두 개의 경계 조건을 모두 만족시킬 방법은 없다. 이는 ε^n-문제의 미분 방정식들이 식 (21.110)과는 달리 1계 미분 방정식으로 변화한 것에 기인하며, 따라서 고차의 문제를 푼다고 하더라도 이와 같은 상황을 해소하는데 아무런 도움이 되지 않는다. 단 $t=0$에서의 경계 조건은 포기하고, $t=1$에서의 경계 조건을 만족시키면 다음을 얻는다.

$$x_0 = e^{1-t} \equiv X_0(t). \tag{21.117}$$

한편, 식 (21.110)은 상수 계수를 가지는 2계 선형 미분 방정식이므로, 그 엄밀해는 $x = e^{\lambda t}$를 가정하고 주어진 식에 대입하여 구할 수 있으며, 다음과 같이 얻는다([연습문제 3] 참조).

$$x(t) = \frac{\sinh \mu t}{\sinh \mu} e^{\frac{1-t}{2\varepsilon}},\ \mu = \frac{\sqrt{1-4\varepsilon}}{2\varepsilon}. \tag{21.118}$$

이 식과 식 (21.117)로 주어지는 X_0를 비교하여 [그림 21.9]에 보였는데, 이 그림으로부터 위에서 구한 X_0가 $t=0$에 인접한 영역을 제외한 곳에서는 엄밀해인 $x(t)$와 비교적 잘 일치하고 있는 것을 볼 수 있다.

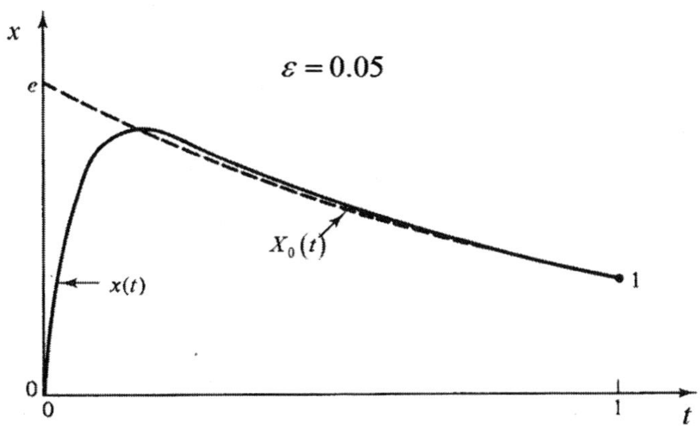

그림 21.9 $\varepsilon = 0.05$일 때 엄밀해 $x(t)$와 $X_0(t)$의 비교

나아가 $t=0$ 에 인접한 작은 영역에서 $x(t)$는 매우 급격하게 변화하는 것을 볼 수 있으며, 이 영역, $t\in(0,t_b)$, $t_b=O(\varepsilon)$, 보통 경계층이라고 불리는 영역에 대해 보다 개선된 해를 얻기 위해 **빠른 시간**(fast time) $\tau=\varepsilon^{-1}t$(또는 $t=\varepsilon\tau$)를 도입하는 것을 고려할 수 있다. 여기서 경계층은 원래 유체역학에서 유체 중에서 운동하는 물체가 받는 항력을 구하기 위해 물체 경계에 인접한, 점성의 영향을 고려해야만 하는 영역으로 Prandtl(1875-1953, Germany, 1904)[29]에 의해 도입되었다. 독립 변수 t가 공간인 경우, τ는 원래의 공간을 확장시킨 좌표로 볼 수 있다.

경계층, $t\in(0,t_b)$, $t_b=O(\varepsilon)$, 또는 **내부영역**(inner domain)에 대해서는 x를 $x(\tau)$로 간주하고, 다음과 같은 ε의 점근 멱급수로 가정하기로 한다.

$$x(\tau)=\sum_{n=0}^{\infty}\varepsilon^n x_n(\tau)=x_0+\varepsilon x_1+\varepsilon^2 x_2+\cdots. \tag{21.119}$$

따라서 다음을 얻으며,

$$\dot{x}=\frac{dx}{d\tau}\frac{d\tau}{dt}=\varepsilon^{-1}x',\ \ddot{x}=\varepsilon^{-2}x'', \tag{21.120}$$

식 (21.119)를 식 (21.110)에 대입한 뒤, 식 (21.120)을 사용하여 다음을 얻고,

$$\begin{aligned}\left(x_0''+\varepsilon x_1''+\varepsilon^2 x_2''+\cdots\right)+\left(x_0'+\varepsilon x_1+\varepsilon^2 x_2'+\cdots\right)&\\ +\varepsilon\left(x_0+\varepsilon x_1+\varepsilon^2 x_2+\cdots\right)&=0,\end{aligned} \tag{21.121}$$

$$x_0(0)+\varepsilon x_1(0)+\varepsilon^2 x_2(0)+\cdots=0, \tag{21.122}$$

$$x_0(\varepsilon^{-1})+\varepsilon x_1(\varepsilon^{-1})+\varepsilon^2 x_2(\varepsilon^{-1})+\cdots=1, \tag{21.123}$$

얻어진 결과에 대해 ε의 차수가 같은 항들끼리 모아 다음을 얻는다.

$$\varepsilon^0;\ x_0''+x_0'=0,\ x_0(0)=0, \tag{21.124}$$

$$\varepsilon^1;\ x_1''+x_1'=-x_0,\ x_1(0)=0, \tag{21.125}$$

$$\cdots.$$

위의 미분 방정식들은 2계 및 1계 도함수의 역할에 의해 평형을 이루며, 이는 **외부영역**(outer domain), $t \in (t_b, 1)$에 대한 식 (21.114)에서는 1계 도함수와 미지 함수가 평형을 이루는 것과 대조를 이루는데, 이와 같은 상황은 빠른 시간 τ를 도입한 것에 기인한다. 또 경계층의 해에 대해 $t=1$에서의 경계 조건을 부과할 수는 없으므로, 위에서 오른쪽 경계에서의 경계 조건은 배제되었다.

ε^0-문제, 즉 최저차 문제의 일반해는 다음과 같이 쓸 수 있으며,

$$x_0(\tau) = A\left(1 - e^{-\tau}\right), \tag{21.126}$$

여기서 A는 아직 정할 수 없는 상수이다.

지금까지의 논의를 종합하면, 빠른 시간 τ의 함수로 내부영역에서의 해로 구한 식 (21.126)의 $x_0(\tau)$는 $t=0$에서의 경계 조건만 만족시키며, 원래의 변수 t의 함수로 구한 식 (21.117)의 $X_0(t)$는 $t=1$에서의 경계 조건만 만족시키므로 외부영역에서의 해이다. 이들로부터 다음을 얻는데,

$$x(t) = \begin{cases} A\left(1 - e^{-t/\varepsilon}\right), & t \in (0, t_b), \\ e^{1-t}, & t \in (t_b, 1), \end{cases} \tag{21.127}$$

여기서 A는 $x_0(\tau \to \infty) = X_0(t \to 0)$의 **Prandtl 조건**(Prandtl condition)을 부과하여 정하기로 하면, $A = e$를 얻는다. x_0는 **내부해**(inner solution), X_0는 **외부해**(outer solution)라고 부르며, 위의 Prandtl 조건은 내부해와 외부해의 **정합 조건**(matching condition), 그리고 위와 같은 방법을 **정합 점근전개법**(method of matched asymptotic expansion)이라고 부른다.

$A = e$를 대입한 식 (21.127)의 결과와 엄밀해, 식 (21.118)의 비교를 [그림 21.10]에 보였다. x_0와 X_0가 만나는 점, 즉 **정합점**(matching point) 부근을 제외한 모든 영역에서 위에서 얻은 근사해가 엄밀해와 상당히 잘 일치하고 있음을 확인할 수 있다.

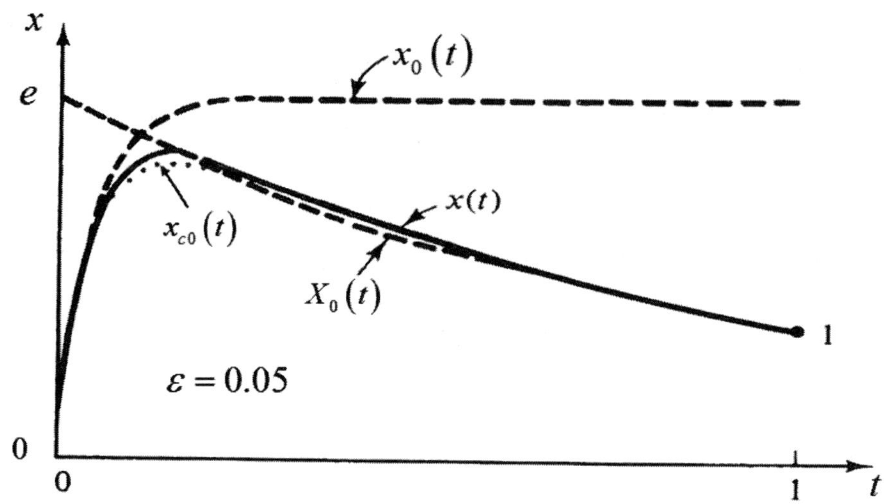

그림 21.10 $\varepsilon = 0.05$일 때 엄밀해 $x(t)$와 $x_0(t)$, $X_0(t)$ 및 $x_{c0}(t)$의 비교

그림에서 점선으로 보인 곡선은 정합점 부근에서 근사해의 정확도를 높여 얻은, 전 영역에 걸쳐 **균일 유효한**(uniformly valid) **합성해**(composite solution)에 상응한다. 최저차 합성해 $x_{c0}(t)$는 다음 식으로 얻어지는데,

$$x_{c0}(t) = x_0(t) + X_0(t) - X_0^i(t), \tag{21.128}$$

여기서 X_0^i는 외부해의 **1항 내부전개**(one term inner expansion)로 다음과 같이 주어진다.

$$X_o(\tau) = e^{1-\varepsilon\tau} = e(1 - \varepsilon\tau + \cdots), \quad \therefore X_0^i(t) = \lim_{\varepsilon \to 0} X_0(\tau) = e. \tag{21.129}$$

이를 식 (21.128)에 대입하면 다음을 얻으며,

$$x_{c0}(t) = e\left(e^{-t} - e^{-t/\varepsilon}\right), \tag{21.130}$$

그림에서 확인할 수 있는 바와 같이 전 구간에 걸쳐 엄밀해와 잘 일치하고 있다. 식 (21.130)으로부터 합성해는 내부영역에서는 내부해, 외부영역에서는 외부해와 거의 같은 값을 가지며, 또 정합점 부근에서는 두 해가 더해진 값으로부터 외부해의 내부전개를 빼준 값을 가짐을 알 수 있다. 여기서 외부해의 1항 내부전개는 사실 내부해의 1항 외부전개 $x_0^o(t)$와 같은 값을 가짐을 쉽게 보일 수 있다([연습문제 4] 참조).

물론 위에서 보인 과정을 ε^n-문제에 대해 순차적으로 수행하여 해의 정확도를 향상시킬 수 있는데, 이때 내부해와 외부해의 정합 조건에 대해서는 약간의 주의를 요한다. 이들에 대한 보다 자세한 논의는 [연습문제 5]와 Bender & Orszag(2010)〈12〉으로 미루기로 한다.

연습문제

1. 식 (21.12), (21.13)으로부터 x를 소거하여 y에 대한 미분 방정식을 얻으면 식 (21.16)과 같은 결과를 얻음을 보이시오.

2. $q=0$, $p<0$인 경우, $t\to\infty$일 때, 궤적이 식 (21.39)로 주어지는 직선으로 수렴하는 안정 특이점임을 보이시오.

[힌트] $t\to\infty$일 때 식 (21.38)로부터 $\dot{x}\to 0$을 얻으므로 식 (21.35)로부터 원하는 결과를 얻는다.

3. 식 (21.110)에 $x=e^{\lambda t}$를 대입하여 그 해가 식 (21.118)로 주어짐을 보이시오.

4. 내부해의 1항 외부전개 $x_0^o(t)$가 식 (21.129)로 주어지는 외부해의 1항 내부전개 X_0^i와 같음을 보이시오.

[힌트] $x_0(t)=e\left(1-e^{-t/\varepsilon}\right)$와 $x_0^o(t)=\lim_{\varepsilon\to 0} x_0(t)$를 이용하시오. $\varepsilon\to 0$일 때, $e^{-t/\varepsilon}$은 **초월적으로**(transcendentally) 작은 값이라고 하며, ε의 멱함수에 비하면 무시할 수 있을 만큼 작은 것으로 간주할 수 있다.

5. 식 (21.110)에 대해 ε^1-문제를 풀어 내부해와 외부해를 다음과 같이 얻을 수 있음을 보이시오.

$$x_1(t)=B\left(1-e^{-\tau}\right)-A\tau\left(1+e^{-\tau}\right), \tag{연21.1}$$

$$X_1(t)=(1-t)e^{1-t}. \tag{연21.2}$$

또 정합 조건을 만족하는 해는 다음과 같음을 보이시오. 단 정합 조건은 내부해 $x_0 + \varepsilon x_1$의 2항 외부전개가 외부해 $X_0 + \varepsilon X_1$의 2항 내부전개와 같아야 한다는 Van Dyke 조건(Van Dyke condition, 1964)〈13〉을 사용하여 얻는다.

$$x(t) = \begin{cases} e\left(1-e^{-t/\varepsilon}\right) + e\{\varepsilon - t - (\varepsilon+t)e^{-t/\varepsilon}\}, & t \in (0, t_b), \\ e^{1-t} + \varepsilon(1-t)e^{1-t}, & t \in (t_b, 1). \end{cases} \quad \text{(연21.3)}$$

이들로부터 균일 유효한 합성해 $x_{c1}(t)$이 다음과 같이 얻어짐을 보이시오.

$$x_{c1}(t) = \{e^{1-t} - (1+t)e^{1-(t/\varepsilon)}\} + \varepsilon\{(1-t)e^{1-t} - e^{1-(t/\varepsilon)}\}. \quad \text{(연21.4)}$$

22장

전형적인 비선형 상미분 방정식

이 장에서는 전형적인 비선형 상미분 방정식의 예로 Duffing 방정식과 Van der Pol 방정식에 대해 생각하기로 한다. Duffing 방정식은 비선형 스프링을 가진 경우 질량-스프링 계에 대한 운동 방정식, 또는 단진자에 대한 비선형 근사 등으로 볼 수 있는 방정식으로 복원력의 비선형성이 물체의 운동에 끼치는 영향과 관련하여 많은 시사점을 주고 있다. 한편 Van der Pol 방정식은 자기기진력을 가진 계에 대한 방정식으로 극한 싸이클과 관련하여 많은 연구가 이루어진 방정식이다.

1절에서는 비선형 복원력과 관련하여 Duffing 방정식의 특이점에 대해 고찰하고, 무른 스프링과 굳센 스프링의 차이점에 대해 생각하며, 강제력을 받는 경우 계의 응답에 대해 알아본 뒤, 일반적인 형태의 Duffing 방정식을 얻기 위한 변수 변환에 대해 간단히 설명한다. 2절에서는 먼저 Rayleigh 방정식에 대해 극한 싸이클을 구하고, 이 방정식으로부터 Van der Pol 방정식을 얻을 수 있음을 보인 뒤, 초기치 문제에 대한 해를 다중척도법을 사용하여 구함으로써 시간에 따라 계의 응답이 극한 싸이클로 어떻게 수렴해 가는지 논의하기로 한다.

22.1 Duffing 방정식

아래에 보인 식 (21.67)은 21.2절의 끝 부분에서 단진자에 대한 운동 방정식을 근사하여 얻었는데,

$$\ddot{x} + \{x - (x^3/6)\} = 0, \tag{21.67}$$

물리적으로는 스프링의 탄성이 비선형적으로 변화하는 **무른 스프링**(soft spring)을 가진 질량-스프링 계에 대한 운동 방정식으로 볼 수 있다고 지적한 바 있다.

아래에서는 먼저 편의 상 위 식과 본질적으로 같은 성격을 가진 다음 식을 생각하기로 하는데,

$$\ddot{x} + x - x^3 = 0, \tag{22.1}$$

이와 같은 형태의 식은 선박의 **횡동요**(rolling)와 관련하여서도 얻어짐에 유의한다.

식 (22.1)을 식 (21.6)과 같은 형태로 바꾸어 쓰면 다음을 얻으며,

$$\dot{x} \equiv y(t),\ \dot{y} = -x + x^3 = x(x-1)(x+1), \tag{22.2}$$

따라서 특이점은 $(0,0)$, $(1,0)$, $(-1,0)$의 세 점을 얻는다.

원점에 위치한 특이점에 대해서는 선형 변분 방정식을 구하면 아래에 다시 보인 식 (21.53)을 얻으므로,

$$\dot{x} = y,\ \dot{y} = -x, \tag{21.53}$$

$\alpha = \delta = 0$, $\beta = 1$, $\gamma = -1$을 얻고, 식 (21.16), (21.19)로부터 $p = 0$, $q = 1$, $\Delta = -1 < 0$을 얻어, 21.1절에서 논의한 경우1.iii)에 해당하여 중심이 되어야 하지만, 이는 식 (21.46)에 속하는 경우이므로 비선형 항에 따라 중심 또는 초점이 될 수 있다.

궤적을 얻기 위해 식 (22.1)의 양변에 $\dot{x}$를 곱한 뒤 정리하면 다음을 얻으며,

$$\dot{x}\ddot{x} + x\dot{x} - x^3\dot{x} = 0,\ \therefore \frac{d}{dt}\left(y^2 + x^2 - \frac{1}{2}x^4\right) = 0, \tag{22.3}$$

이 식을 t에 대해 한 번 적분하여 다음을 얻는다.

$$y^2 + x^2 - \frac{1}{2}x^4 = const. = E. \tag{22.4}$$

원점 부근에서는 위 식 좌변의 4승 항이 제곱 항들보다 작을 것이므로, 위 식은 원의 방정식으로 근사할 수 있고, 그러므로 원점에 위치한 특이점은 중심임을 알 수 있다.

$(1,0)$에 위치한 특이점에 대해 선형 변분 방정식을 구하면 다음을 얻으며,

$$\dot{x} = y,\ \dot{y} = 2x, \tag{22.5}$$

그러므로 $\alpha = \delta = 0$, $\beta = 1$, $\gamma = 2$을 얻고, 식 (21.16), (21.19)로부터 $p = 0$, $q = -2$, $\Delta = 2 > 0$을 얻어, 경우2.i)에 해당하여 안장점이 된다. 안장점 부근에서의 궤적에 대해서는 식 (22.4)에 $x = 1 + \xi$, $\xi \ll 1$을 대입하고 ξ^2 항까지만 고려하면 다음을 얻으며,

$$y^2 + (1+\xi)^2 - \frac{1}{2}(1+\xi)^4 \approx y^2 - 2\xi^2 + \frac{1}{2} \approx E, \ \therefore y^2 - 2\xi^2 = E - \frac{1}{2}, \quad (22.6)$$

이 식은 $E = 2^{-1}$, 즉 $y = \pm\sqrt{2}\xi$를 점근선으로 하는 쌍곡선 군에 상응한다.

$(-1, 0)$에 위치한 특이점에 대해서는 선형 변분 방정식을 구하면 식 (22.5)를 다시 얻으므로 역시 안장점임을 얻는다. 또 안장점 부근에서의 궤적에 대해서는 식 (22.4)에 $x = -1 + \xi$, $\xi \ll 1$을 대입하고 ξ^2 항까지만 고려하면 식 (22.6)을 다시 얻으므로, 이 점 부근에서의 궤적도 $E = \frac{1}{2}$, 즉 $y = \pm\sqrt{2}\xi$를 점근선으로 하는 쌍곡선 군에 상응한다.

원점과 점 $(1, 0)$, $(-1, 0)$에 대한 정보로부터 식 (22.4)로 주어지는 궤적을 [그림 22.1]에 보인 것과 같이 얻는다. $E = \frac{1}{2}$에 상응하는 궤적은 폐곡선 $ABCD$를 포함하며 ([연습문제 1] 참조), 이 폐곡선은 주기 운동과 $t \to \infty$일 때 r이 무한히 증가하는 운동을 분리하는 분리곡선이다.

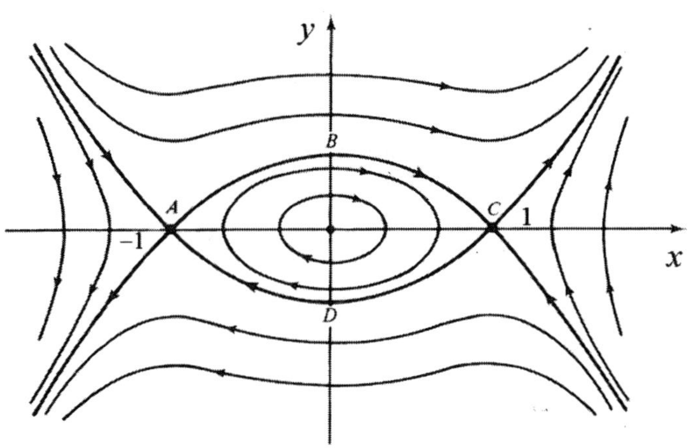

그림 22.1 $\ddot{x} + x - x^3 = 0$의 궤적, 무른 스프링

식 (22.1)은 다음과 같이 바꾸어 쓸 수 있는데,

$$\ddot{x} = -x + x^3 \equiv f(x), \tag{22.7}$$

이 식은 단위 질량을 가진 물체에 대한 운동 방정식으로 볼 수 있으며, 복원력 $-x$와, 변위의 3승에 비례하여 항상 변위의 크기를 증가시키려고 하는 힘이 물체에 작용하는 경우로 볼 수 있다. 이 문제는 **Duffing 방정식**(Duffing equation; Duffing, 1861-1944, Germany, 1918)[30]의 특별한 경우로, Duffing 방정식은 변위가 작을 때는 선형 복원력을 받지만, 대변위인 경우 x^3에 비례하는 복원력을 받는 소위 비선형 스프링을 가진 계에 대한 대표적인 문제이다. 초기 조건에 상응하는 점이 분리곡선의 일부로 이루어진 폐곡선 내부에 위치하는 경우에는 주기 운동을, 외부에 있는 경우에는 $t \to \infty$일 때 운동의 크기가 무한히 증가하는 운동을 하는 것을 확인할 수 있다.

식 (22.7)에서 $f(x)$는 물체에 작용하는 힘이 변위의 함수로 주어지는 경우로 볼 수 있는데, 평형점 주위의 운동에 대해 고려하는 경우 $f(x)$는 기함수, 즉 $f(-x) = -f(x)$를 만족하는 경우가 많으며, 식 (22.7)은 이와 같은 경우에 대한 2항 근사로 볼 수 있다. $-f(x)$는 변위 x에 상응하여 스프링이 물체에 작용하는 힘의 크기로 볼 수 있으며, [그림 22.2]에 x^3 항의 부호가 양인 경우, 즉 **굳센 스프링**(hard spring)과 위에서 고려한 무른 스프링을 같이 보였다.

굳센 스프링의 경우에는 식 (22.1) 대신 다음 식을 고려할 수 있는데,

$$\ddot{x} + x + x^3 = 0, \tag{22.8}$$

이 식을 식 (21.6)과 같은 형태로 바꾸어 쓰면 다음을 얻으며,

$$\dot{x} \equiv y(t),\ \dot{y} = -x - x^3 = -x(1 + x^2), \tag{22.9}$$

따라서 원점에 위치한 하나의 특이점을 가진다.

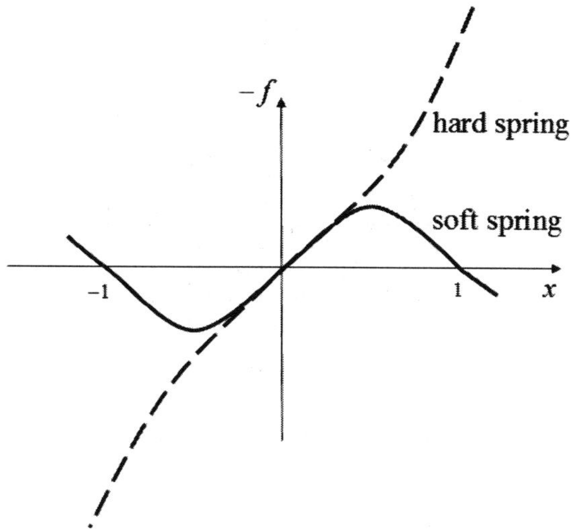

그림 22.2 무른 스프링과 굳센 스프링에 의한 힘

이에 대해 선형 변분 방정식을 구하면 식 (21.53)을 얻으므로, 비선형 항에 따라 중심 또는 초점이 될 수 있는데, 궤적을 구하면 위에서와 같은 방법에 의해 다음을 얻으며,

$$y^2 + x^2 + \frac{1}{2}x^4 = const. = E, \tag{22.10}$$

위에서와 같은 이유로 이 식은 원의 방정식으로 근사할 수 있고, 따라서 원점에 위치한 특이점은 중심임을 얻는다. [그림 22.3]에 굳센 스프링을 가진 계에 대한 궤적을 보였다. 이 경우에는 특이점에 하나밖에 없으므로, 어떠한 초기 조건에 대해서도 주기 운동을 하는 점에 유의한다.

변위가 작을 때는 굳센 스프링이거나 무른 스프링이거나 간에 선형 근사로 좋은 결과를 얻을 수 있지만, 변위가 증가하여 비선형성을 고려해야만 하는 경우, 스프링의 비선형성에 의해 어떤 새로운 현상이 발생할 수 있는가와 관련하여 [그림 22.1]과 [그림 22.3]은 매우 중요한 점을 시사하고 있다. 굳센 스프링은 선형 스프링과 매우 유사한 성질을 보이지만, 무른 스프링은 초기 조건에 따라 과도한 운동에 의해 계의 파괴가 야기될 수 있음을 시사하고 있으므로, 이는 계의 안전을 위해 스프링과 관련하여 중요하게 고려되어야만 하는 비선형적 특성을 보여주고 있다고 할 수 있다.

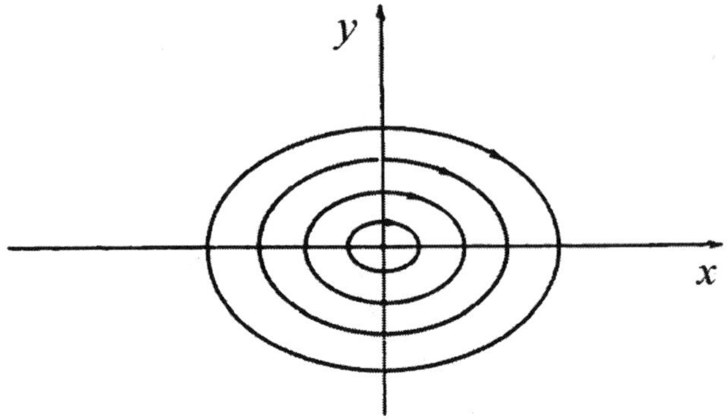

그림 22.3 $\ddot{x}+x+x^3=0$의 궤적, 굳센 스프링

선박의 횡동요와 같이 무른 스프링을 가진 계로 볼 수 있는 경우, 과도한 횡경사에 의한 선박의 전복은, 예를 들어 초기 변위가 과도하거나 또는 갑작스런 바람에 의해 과다한 속도를 가지게 되는 경우를 예상할 수 있으며, 항주 중에 무거운 화물이 배가 경사한 방향으로 움직이면 이는 초기 경사를 증가시키는 것과 같은 효과를 가지므로, 따라서 전복을 피하기 위해서는 그와 같은 가능성은 원천적으로 배제되어야 할 것이다.

주기 운동을 하는 경우에는 12.2절에서 단진자를 고려하며 보였던 바와 같은 방법을 사용하여 그 주기를 계산 할 수 있는데, 굳센 스프링과 무른 스프링을 같이 생각하기 위해 다음 식을 고려하기로 한다.

$$\ddot{x}+x\pm x^3=0. \tag{22.11}$$

궤적은 다음과 같이 주어지며,

$$y^2+x^2\pm\frac{1}{2}x^4=const.=E>0, \tag{22.12}$$

여기서 E는 초기 조건에 의해 결정되는 계의 전체 에너지에 비례하는 양이다. 이제 주기 운동에 대한 주기 T는 다음 식으로부터 얻는다.

$$T=\oint\frac{dx}{y}=4\sqrt{2}\int_0^{\xi(E)}\frac{dx}{\sqrt{2E-2x^2\mp x^4}}. \tag{22.13}$$

여기서 적분의 상한 $\xi(E)$는 주기 운동에 상응하는 폐곡선이 양의 x축과 만나는 점의 좌표이므로, 식 (22.12)에 $y=0$를 대입하여 얻는 다음 식에 의해 주어진다.

$$\pm\xi^4+2\xi^2-2E=0,\quad \therefore \xi^2=\mp 1\pm\sqrt{1\pm 2E}. \tag{22.14}$$

무른 스프링의 경우에는 따라서 $E\le 1/2$이 성립해야 한다.

식 (22.13) 우변의 적분을 구하기 위해 다음을 생각하는데,[1)]

$$I\equiv\int_0^{\xi(E)}\frac{dx}{\sqrt{2E-2x^2\mp x^4}}=\int_0^{\xi(E)}\frac{dx}{\sqrt{(x^2\pm a^2)(\pm\xi^2\mp x^2)}}=\frac{K(\mu)}{N}, \tag{22.15}$$

$$\mu=\begin{cases}\xi^2/(a^2+\xi^2), \\ \xi^2/a^2,\ a>\xi,\end{cases}\quad N=\begin{cases}\sqrt{a^2+\xi^2}, \\ a,\end{cases} \tag{22.16}$$

여기서 μ와 N의 위 식은 첫째 등호 우변의 피적분 함수 분모의 x^4 앞의 부호가 $-$일 때 즉 굳센 스프링에 대해, 아래 식은 그 부호가 $+$일 때 즉 무른 스프링에 대해 각각 상응한다. $K(\mu)$는 식 (12.34)로 정의되고 [그림 12.2]에 보인 **제1종 완전 타원 적분** (complete elliptic integral of the first kind)이며,[2)] $\mu\ll 1$일 때는 식 (12.36)에 보인 바와 같이 다음 식으로 근사할 수 있다.

$$K(\mu)\approx\frac{\pi}{2}\left(1+\frac{\mu}{4}+\frac{9\mu^2}{64}\right). \tag{22.17}$$

또한 식 (22.15)로부터 $a^2=2\pm\xi^2=1+\sqrt{1\pm 2E}$을 얻으므로, μ, N에 대해 다음을 얻으며,

$$\mu=\begin{cases}\left\{1-\left(\sqrt{1+2E}\right)^{-1}\right\}/2, \\ \dfrac{1-\sqrt{1-2E}}{1+\sqrt{1-2E}},\end{cases}\quad N=\begin{cases}\sqrt{2}\,(1+2E)^{1/4}=\sqrt{2}\,(1-2\mu)^{-1/2}, \\ \sqrt{1+\sqrt{1-2E}}=\sqrt{2}\,(1+\mu)^{-1/2},\end{cases} \tag{22.18}$$

---

1) 적분 공식은 Gradshteyn & Ryzhik(1980)<14>의 3.152-3과 3.152-7로부터 각각 얻는다.

2) 식 (12.34), (12.36)의 $K(\alpha)$는 $K(\alpha^2)$으로 바로 잡는다.

이 결과를 식 (22.13)에 대입하여 주기 T를 다음과 같이 얻는다.

$$T = 4\sqrt{2}\,\frac{K(\mu)}{N} = \begin{cases} 4\sqrt{1-2\mu}\,K(\mu), \\ 4\sqrt{1+\mu}\,K(\mu). \end{cases} \tag{22.19}$$

$E \ll 1$인 경우, 식 (22.18)로부터 $\mu \approx E/2$를 얻으므로, 주기 T에 대해 식 (22.17)을 사용하여 근사식을 구하면 다음을 얻으며,

$$T \approx \begin{cases} 2\pi\left(1-\dfrac{E}{2}\right)\left(1+\dfrac{E}{8}\right) = 2\pi\left(1-\dfrac{3E}{8}\right), \\ 2\pi\left(1+\dfrac{E}{4}\right)\left(1+\dfrac{E}{8}\right) = 2\pi\left(1+\dfrac{3E}{8}\right), \end{cases} \tag{22.20}$$

따라서 신동수 ω에 대해 다음 결과를 얻는다.

$$\omega \equiv \frac{2\pi}{T} \approx \left(1 \pm \frac{3E}{8}\right). \tag{22.21}$$

이 식에 따르면 계의 에너지가 클수록 굳센 스프링을 가진 계의 진동수는 증가하고, 무른 스프링을 가진 계의 진동수는 감소함을 알 수 있다. [그림 22.4]에 계의 에너지 E, 또는 초기 조건에 따른 계의 진동수 변화를 보였다. 주기 또는 진동수가 초기 조건과 무관하다는 소위 **등시성**(isochronism)은 선형계에 대해서만 성립함에 다시 한 번 유의한다.

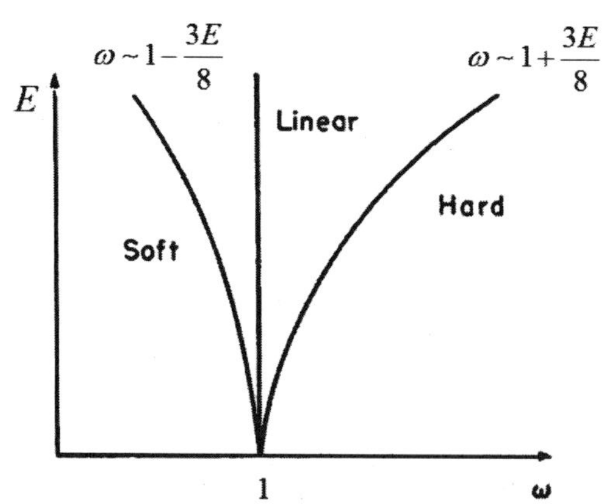

그림 22.4 계의 초기 조건 또는 에너지에 따른 진동수의 변화

이하에서는 굳센 스프링을 가지는 계에 주기적인 외력이 작용하는 경우의 **응답**(response)에 대해 고찰하기로 한다. 먼저 $0 < \varepsilon \ll 1$ 이라고 하고, 방정식이 다음과 같이 주어졌다고 할 경우,

$$\ddot{x} + \alpha x + \varepsilon x^3 = F\cos\omega t, \tag{22.22}$$

반복법을 사용하여 근사적인 **조화해**(harmonic solution)를 얻기로 한다. 여기서 $\alpha > 0$, $F > 0$, $\omega > 0$ 은 주어진 상수로 간주한다.

위 식을 다음과 같이 바꾸어 쓰고,

$$\ddot{x} = -\alpha x - \varepsilon x^3 + F\cos\omega t, \tag{22.23}$$

이 식의 우변에 $x = x_n(t)$ 를 대입하여 얻어지는 결과를 두 번 적분하여 $x_{n+1}(t)$ 를 얻기로 하는데, $x_0 = A\cos\omega t$ 로 가정하면 다음을 얻는다.

$$\ddot{x}_1 = -\left(\alpha A + \frac{3}{4}\varepsilon A^3 - F\right)\cos\omega t - \frac{\varepsilon A^3}{4}\cos 3\omega t. \tag{22.24}$$

따라서 이 식을 두 번 적분하여 다음을 얻으며,

$$x_1(t) = \frac{1}{\omega^2}\left(\alpha A + \frac{3}{4}\varepsilon A^3 - F\right)\cos\omega t + \frac{\varepsilon A^3}{36\omega^2}\cos 3\omega t, \tag{22.25}$$

여기서 적분 상수는 주기성을 고려하여 영으로 취하였다. Duffing에 따르면 $\varepsilon \ll 1$ 인 경우 x_0 와 x_1 의 $\cos\omega t$ 성분의 크기는 같다고 가정할 수 있으므로 다음을 얻고,

$$A = \frac{1}{\omega^2}\left(\alpha A + \frac{3}{4}\varepsilon A^3 - F\right), \quad \therefore \omega^2 = \alpha + \frac{3}{4}\varepsilon A^2 - \frac{F}{A}, \tag{22.26}$$

마지막 결과는 선형 문제에 대해 응답으로 $A(\omega)$ 를 얻는데 반해, 비선형 문제인 식 (22.22)에 대해서는 $\omega(A)$ 를 응답으로 간주할 수도 있음을 보여주고 있다.

다시 말하면 $\varepsilon = 0$ 인 경우, 식 (22.22)의 조화해의 진폭 A 는 다음과 같이 얻을 수 있는데,

$$A(\omega) = \frac{F}{\alpha - \omega^2}, \tag{22.27}$$

이 결과를 $\omega(A)$의 형태로 바꾸어 쓰면 다음을 얻으며,

$$\omega^2 = \alpha - \frac{F}{A}, \tag{22.28}$$

이 결과는 식 (22.26)에서 $\varepsilon = 0$으로 취한 결과와 동일하다. 선형 문제에 대해 식 (22.27)의 $A(\omega)$를 응답이라고 부르지만, 식 (22.28)도 그와 똑같은 의미에서 응답으로 부를 수 있음을 알 수 있으며, 식 (22.26)은 Duffing 방정식에 대한 응답으로 볼 수 있을 것이다. [그림 22.5]에 식 (22.28)을 $(\omega, |A|)$ 평면의 $\omega > 0$인 영역에 대해 보였다. 공진에 해당하는 $\omega = \sqrt{\alpha}$ 부근에서 $F \neq 0$일 때 $|A| \to \infty$인 것을 확인할 수 있다. [그림 22.6]에 식 (22.26)을 (ω^2, A) 평면에 보였는데, 왼쪽에는 $\omega^2 = \alpha + \frac{3}{4}\varepsilon A^2$와 $\omega^2 = -\frac{F}{A}$를 따로 보였고, 오른쪽에는 그들의 합을 보였으며, [그림 22.7]에는 이 결과를 $(\omega, |A|)$ 평면에 보였다.

$F = 0$일 때의 응답 곡선인 $\omega^2 = \alpha + \frac{3}{4}\varepsilon A^2$를 중심으로 공진 현상이 나타나고 있음을 볼 수 있으며, 가장 눈에 띄는 것은 $\omega > \sqrt{\alpha}$일 때, 주어진 하나의 ω 값에 대하여 세 개의 $|A|$ 값이 대응된다는 사실이다. 이에 따라 식 (22.22)로 기술되는 계에 F를 일정하게 유지하며 ω를 변화시키며 강제력을 가할 경우, 점프 현상이 발생할 수 있는데, 이와 관련된 사항 및 보다 광범위한 논의는 이승준(2017b)〈10〉으로 미루기로 한다.

만약 물체에 속도 $\dot{x}$에 비례하는 감쇠력이 작용하면, 감쇠가 작용하지 않을 때 주기 운동으로 해를 얻었던 위상평면 상의 영역에 대해 매 주기 당 감쇠에 의한 계의 에너지 손실이 발생하며, 원점으로부터 궤적 상의 점까지의 거리의 제곱은 계의 에너지에 상응하는 양으로 볼 수 있으므로, 시간이 지남에 따라 궤적은 원점으로 수렴할 것이며 따라서 원점은 내향 초점이 될 것이다.

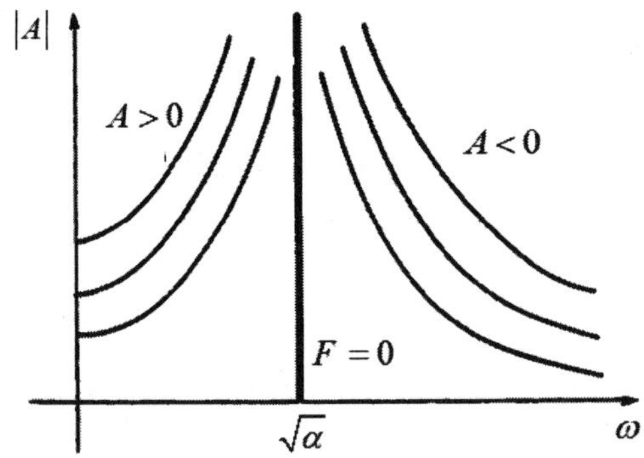

그림 22.5 $\varepsilon = 0$인 선형인 계의 응답 곡선

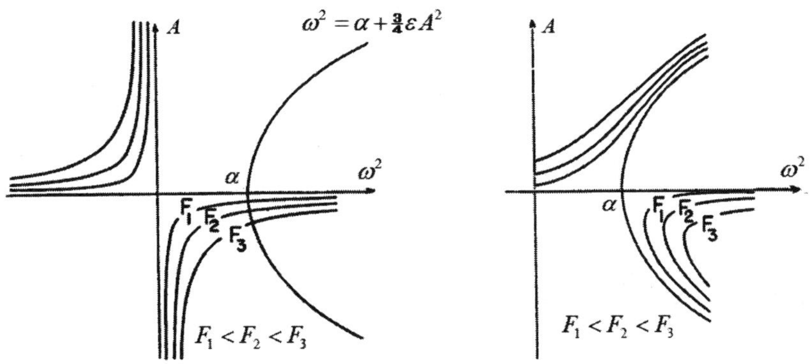

그림 22.6 비선형인 계의 응답 곡선의 구성

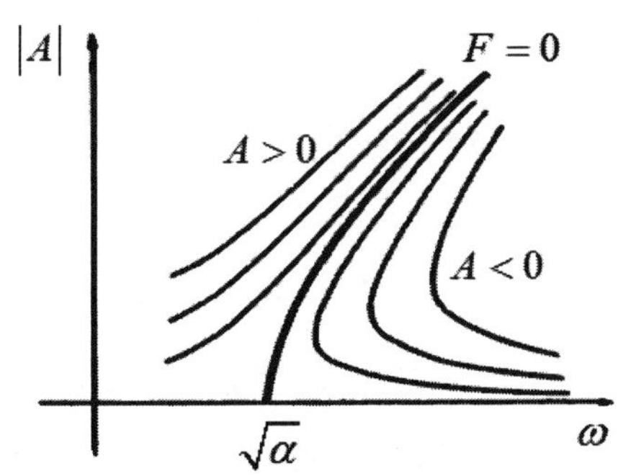

그림 22.7 $(\omega, |A|)$ 평면에 보인 비선형인 계의 응답 곡선

일반적으로 물체, 감쇠기, 비선형 스프링으로 이루어진 계에 강제력이 작용하는 경우에 대한 운동 방정식은 다음과 같이 쓸 수 있는데,

$$\ddot{x} + 2\zeta\sigma\dot{x} + \sigma^2 x + \beta x^3 = F\cos\omega t, \tag{22.29}$$

이 식에 다음과 같은 변수 변환을 도입하고,

$$x(t) = \frac{\sigma}{\sqrt{|\beta|}}u(\tau),\ \tau = \sigma t,\ F = \frac{\sigma^3}{\sqrt{|\beta|}}f,\ \Omega = \frac{\omega}{\sigma}, \tag{22.30}$$

이들 변수를 사용하여 식 (22.29)로부터 다음을 얻는다.

$$u'' + 2\zeta u' + u \pm u^3 = f\cos\Omega\tau. \tag{22.31}$$

여기서 $u' = du/d\tau$, $u'' = d^2u/d\tau^2$을 뜻한다. 식 (22.29)는 위에서 고려했던 식 (21.67), (22.1), (22.8), (22.22)를 모두 포함하며, 따라서 식 (22.31)을 일반적인 형태의 Duffing 방정식으로 보아 해석의 대상으로 삼으면 편리할 것이다.

22.2 Van der Pol 방정식

단위 질량의 물체를 가진 **조화 진동자**(harmonic oscillator)에 대한 운동 방정식에 속도 $\dot{x}$의 함수로 주어지는 감쇠력이 추가된 **레일리 방정식**(Rayleigh equation; Rayleigh, 1842-1919, UK, 1883)[31]이라고 불리는 다음과 같은 미분 방정식이 주어졌다고 하자.

$$\ddot{x} + x - \varepsilon\left(\dot{x} - \frac{1}{3}\dot{x}^3\right) = 0,\ 0 < \varepsilon < 2. \tag{22.32}$$

여기서 감쇠항 $-\varepsilon\left(\dot{x} - \frac{1}{3}\dot{x}^3\right) = \frac{\varepsilon}{3}\dot{x}\left(\dot{x} - \sqrt{3}\right)\left(\dot{x} + \sqrt{3}\right)$의 부호가 양이면 양의 감쇠력, 음이면 음의 감쇠력을 받는다. 다시 말하면 $\dot{x} \in \left(0,\ \sqrt{3}\right)$이면 음의 감쇠력을 받으므로, 이 경우에는 계의 에너지를 증가시키는 역할을 할 것이며, $\dot{x} > \sqrt{3}$이면 양의 감쇠력을 받아 계의 에너지를 감소시키는 역할을 하므로, 감쇠항은 속도가 작은 경우에 대해서는 일종의

자기기진력(self excitation)으로 작용하고, 속도가 일정 크기보다 클 때만 감쇠력으로 작용한다.

이 방정식에 대해 먼저 위상평면 해석을 수행하기 위해 식 (21.6)과 같은 형태로 바꾸어 쓰면 다음을 얻으며,

$$\dot{x} \equiv y(t),\ \dot{y} = -x + \varepsilon\left(y - \frac{y^3}{3}\right), \tag{22.33}$$

따라서 특이점은 $(0,0)$, 즉 원점에만 존재한다. 원점에 위치한 특이점에 대해 선형 변분 방정식을 구하면 다음을 얻고,

$$\dot{x} = y,\ \dot{y} = -x + \varepsilon y, \tag{22.34}$$

그러므로 $\alpha = 0$, $\beta = 1$, $\gamma = -1$, $\delta = \varepsilon$을 얻으며, 식 (21.16), (21.19)로부터 $p = \varepsilon/2 > 0$, $q = 1$, $\Delta = (\varepsilon^2/4) - 1 < 0$을 얻어, 21.1절의 경우1.ii)에 해당하여 원점에 위치한 특이점은 외향 나선임을 얻는다. 이는 식 (22.32)의 아래에서 물리적으로 추론한 것과 일관된 결과이다.

원점에 가까운 점이 초기 조건으로 주어지면 따라서 음의 감쇠력이 주도적인 역할을 하여 시간이 지남에 따라 운동의 크기는 점차 커질 것으로 예측할 수 있다. 하지만 운동이 어떤 값보다 큰 운동에 대해서는 $\dot{x}$의 3승에 비례하는 감쇠항이 주도적인 역할을 할 것이므로 시간이 지남에 따라 운동의 크기가 점차 작아질 것이며, 따라서 그 중간 영역 어딘가에 극한적인 경우 주기 운동이 발생할 가능성도 기대할 수 있다. 이와 같은 상황을 [그림 22.8]에 보였으며, 이런 주기 운동은 **극한 싸이클**(limit cycle)이라고 Poincaré(1882)[32]에 의해 명명된 바 있다. 주어진 미분 방정식이 극한 싸이클을 가지는 경우에는 $t \to \infty$일 때 계의 운동은 주기 운동이 되며, 그 궤적은 극한 싸이클로 주어진다. 이하에서는 식 (22.32)에서 $\varepsilon \ll 1$을 가정하고 섭동법을 사용하여 레일리 방정식의 주기해인 극한 싸이클을 구하기로 한다.

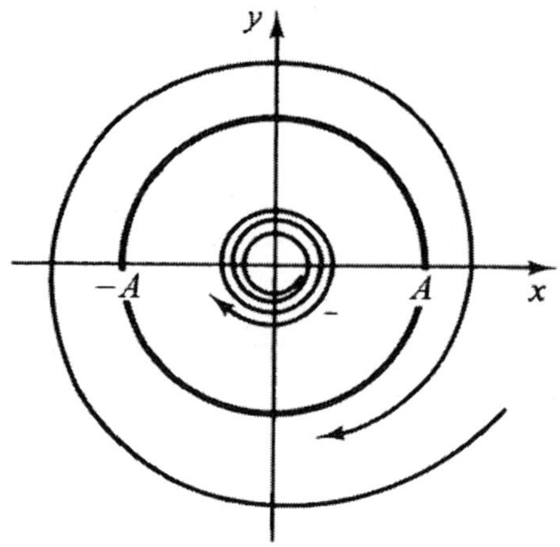

그림 22.8 극한 싸이클

주기가 T인 주기해가 존재한다면 그 해는 다음과 같은 경계치 문제를 만족해야 하는데,

$$\ddot{x}+x-\varepsilon\left(\dot{x}-\frac{1}{3}\dot{x}^3\right)=0,\ t\in[0,T], \tag{22.35}$$

$$x(0)=x(T),\ \dot{x}(0)=\dot{x}(T), \tag{22.36}$$

먼저 주기 T를 명시적으로 문제에 포함시키기 위해 $\tau=\dfrac{t}{T}$의 치환을 도입하면 $\dot{x}=\dfrac{x'}{T}\equiv\dfrac{1}{T}\dfrac{dx}{d\tau}$이므로 $x(\tau)$에 대한 경계치 문제를 다음과 같이 얻는다.

$$Tx''+T^3x-\varepsilon\left(T^2x'-\frac{1}{3}x'^3\right)=0,\ \tau\in[0,1], \tag{22.37}$$

$$x(0)=x(1),\ x'(0)=x'(1). \tag{22.38}$$

주기해의 주기 T도 미지이므로 다음과 같이 ε의 멱급수로 주어진다고 가정하고,

$$T=\sum_{n=0}^{\infty}\varepsilon^n T_n=T_0+\varepsilon T_1+\varepsilon^2 T_2+\cdots, \tag{22.39}$$

또 $x(\tau)$에 대해서도 식 (21.72)와 같은 형태의 멱급수로 다음을 가정하기로 한다.

$$x(\tau) = \sum_{n=0}^{\infty} \varepsilon^n x_n(\tau) = x_0 + \varepsilon x_1 + \varepsilon^2 x_2 + \cdots . \tag{22.40}$$

이들을 $x(\tau)$에 대한 경계치 문제 식 (22.37), (22.38)에 대입하여 다음을 얻고,

$$\begin{aligned}&(T_0 + \varepsilon T_1 + \cdots)(x_0'' + \varepsilon x_1'' + \cdots) + (T_0^3 + 3\varepsilon T_0^2 T_1 + \cdots)(x_0 + \varepsilon x_1 + \cdots)\\ &\quad - \varepsilon\{(T_0^2 + \cdots)(x_0' + \cdots) - (x_0'^3 + \cdots)/3\} = 0, \ \tau \in [0, 1],\end{aligned} \tag{22.41}$$

$$\begin{aligned}x_0(0) + \varepsilon x_1(0) + \cdots &= x_0(1) + \varepsilon x_1(1) + \cdots ,\\ x_0'(0) + \varepsilon x_1'(0) + \cdots &= x_0'(1) + \varepsilon x_1'(1) + \cdots ,\end{aligned} \tag{22.42}$$

이 식들로부터 ε의 차수가 같은 항들끼리 모아 다음을 얻는다.

$$\varepsilon^0;\ x_0'' + T_0^2 x_0 = 0,\ x_0(0) = x_0(1),\ x_0'(0) = x_0'(1), \tag{22.43}$$

$$\begin{aligned}\varepsilon^1;\ x_1'' + T_0^2 x_1 &= - T_1(T_0^{-1} x_0'' + 3T_0 x_0) + T_0 x_0' - (T_0^{-1} x_0'^3)/3 \equiv r_1(\tau),\\ &x_1(0) = x_1(1),\ x_1'(0) = x_1'(1)\\ &\cdots .\end{aligned} \tag{22.44}$$

ε^0-문제, 즉 최저차 문제의 일반해는 다음과 같이 쓸 수 있는데,

$$x_0(\tau) = A\cos T_0\tau + B\sin T_0\tau, \tag{22.45}$$

경계 조건에 이를 대입하고 정리하여 다음을 얻는다.

$$(1 - \cos T_0)A - (\sin T_0)B = 0, \tag{22.46}$$

$$(\sin T_0)A + (1 - \cos T_0)B = 0. \tag{22.47}$$

이 두 식의 우변이 0이기 때문에 A, B에 대한 해가 존재하기 위해서는 **계수 행렬값**(determinant of coefficients)이 0이어야 하므로 다음을 얻고,

$$(1-\cos T_0)^2+\sin^2 T_0=0, \ \therefore \cos T_0=1, \tag{22.48}$$

따라서 일반적으로 $T_0=2\pi$를 취할 수 있다. 단 아직 A, B를 구하지 못하였는데, 이를 구하기 위해 ε^1-문제를 생각하기로 한다.

식 (22.45)를 단진동 합성에 의해 다음과 같이 다시 쓰고,

$$x_0(\tau)=C\cos\theta, \ C=\sqrt{A^2+B^2}, \ \theta=T_0\tau-\delta, \ \delta=\tan^{-1}\frac{B}{A}, \tag{22.49}$$

이를 ε^1-문제, 식 (22.44)에 대입하여 $r_1(\tau)$를 다음과 같이 얻는다.

$$r_1(\tau)=-2T_1T_0x_0+T_0x_0{}'-\left(T_0^{-1}x_0{}'^3\right)/3. \tag{22.50}$$

ε^1-문제, 식 (22.44)와 ε^0-문제, 식 (22.43)의 좌변은 같은 형태이므로, 만약 식 (22.50)으로 주어지는 $r_1(\tau)$이 식 (22.43)의 해를 포함하고 있다면 공진이 발생할 것이며, 따라서 주기해를 구할 수 없게 될 것이다. 이와 같은 공진을 야기하는 항들을 배제하기 위해서는 $r_1(\tau)$이 식 (22.43)의 일반해인 $\cos T_0\tau$와 $\sin T_0\tau$에 **직교**(orthogonal)한다는 조건을 부과할 수 있는데, 이들 대신 x_0와 $x_0{}'$에 직교한다는 조건을 사용하여도 같은 결과를 얻을 것이며, 이 조건은 통상 **능해 조건**(solvability condition)이라고 불린다.

두 함수 $f(\tau)$, $g(\tau)$의 **스칼라곱**(scalar product) (f,g)는 7.4절의 식 (7.41)에 보인 바와 같이 다음 식으로 정의할 수 있고,

$$(f,g)\equiv\int_0^1 f(\tau)g(\tau)\,d\tau, \tag{22.51}$$

두 함수의 직교성은 7.2절의 [정의 7.10]에서 기술한 바와 같이 그 스칼라곱이 0이 되어야 하므로 능해 조건을 적용하여 다음을 얻는다.

$$\left(r_1, x_0\right) = \int_0^1 r_1(\tau)\, x_0(\tau)\, d\tau = 0\,, \tag{22.52}$$

$$\left(r_1, x_0{}'\right) = \int_0^1 r_1(\tau)\, x_0{}'(\tau)\, d\tau = 0\,. \tag{22.53}$$

이들 조건으로부터 다음을 얻으며([연습문제 3] 참조),

$$T_1 = 0\,,\ \ C = 2\,, \tag{22.54}$$

따라서 최저차 문제의 해로부터 레일리 방정식의 주기해인 극한 싸이클을 다음과 같이 얻는다.

$$x(t) \approx 2\cos(2\pi t - \delta)\,. \tag{22.55}$$

한편, 식 (22.35)의 레일리 방정식의 양변을 시간 t에 대해 한 번 미분하고, $y(t) \equiv \dot{x}(t)$를 종속 변수로 사용하는데, 논의의 편의 상 $y(t) \to x(t)$로 바꾸어 쓰기로 하면 다음을 얻으며,

$$\ddot{x} + x - \varepsilon\left(1 - x^2\right)\dot{x} = 0\,, \tag{22.56}$$

이 식은 **Van der Pol 방정식**(Van der Pol equation; Van der Pol, 1889-1959, Netherlands, 1922)[33]이라고 불린다. 이 방정식은 극한 싸이클과 관련하여 가장 많이 알려진 식이고, 레일리 방정식이 주기해로 극한 싸이클을 가진다는 것은 당연히 Van der Pol 방정식도 주기해로서 극한 싸이클을 가짐을 뜻하며, 이하에서는 극한 싸이클과 관련하여 Van der Pol 방정식을 다루기로 한다.

Van der Pol 방정식을 특수한 경우로 포함하는 **Liénard 방정식**(Liénard equation)은 다음과 같은 형태를 가진다.

$$\ddot{x} + g(x) + f(x)\dot{x} = 0\,, \tag{22.57}$$

여기서 $g(x)$는 x의 기함수이고, $f(x)$는 x의 우함수이다. 극한 싸이클의 존재에 대한 일반적인 정리로 잘 알려진 **Liénard 정리**(Liénard theorem; Liénard, 1869-1958, France, 1928)[34]는 다음과 같이 주어진다.

$t \to \infty$ 일 때, Liénard 방정식이 하나의 주기해, 즉 극한 싸이클을 가지기 위해서는 다음 조건을 만족해야 한다.

1) $F(x)$가 연속인 $f(x)$에 대해 다음과 같이 정의된다고 할 때,

$$F(x) = \int_0^x f(\xi) d\xi, \; x > 0, \tag{22.58}$$

$F(x)$는 $x > 0$에서는 오직 하나의 근을 가지며, 다음을 만족해야 하고,

$$\lim_{x \to \infty} F(x) = \infty, \tag{22.59}$$

2) $g(x)$는 다음을 만족해야 한다.

$$g(x) > 0, \; x > 0. \tag{22.60}$$

Liénard 정리에 따르면 Van der Pol 방정식이 극한 싸이클을 가지기 위해, 주어진 식에 포함된 ε이 반드시 1보다 대단히 작아야 할 이유가 없으며, [그림 22.9]에 $\varepsilon = 1$인 경우에 대한 궤적을 시간 영역에서의 해와 함께 보였다.

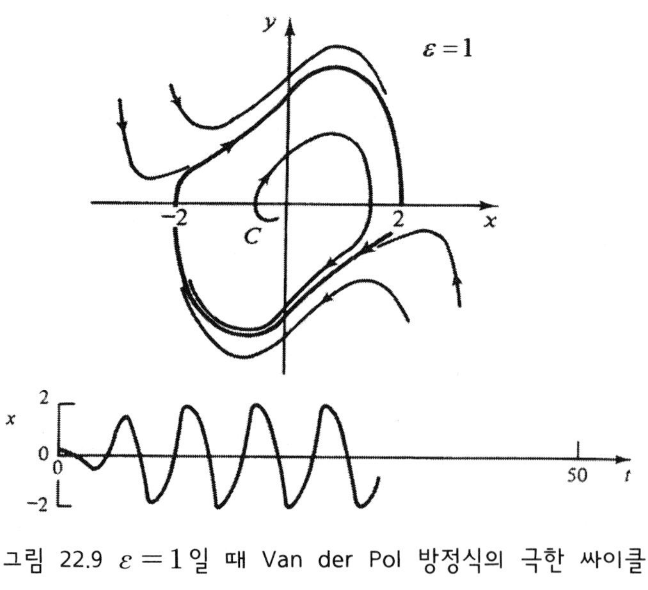

그림 22.9 $\varepsilon = 1$일 때 Van der Pol 방정식의 극한 싸이클

이하에서는 $0<\varepsilon \ll 1$를 가정하고 식 (22.56)의 Van der Pol 방정식에 대해 초기 조건이 부과된 다음과 같은 $x(t)$에 대한 초기치 문제의 해를 구하기로 한다.

$$\ddot{x}+x-\varepsilon(1-x^2)\dot{x}=0,\ t\ge 0, \tag{22.61}$$

$$x(0)=X_0,\ \dot{x}(0)=Y_0. \tag{22.62}$$

물리적으로 보면 식 (22.61)의 좌변 셋째 항은 감쇠력에 상응한다고 볼 수 있는데, 관성력과 복원력에 비해 감쇠력은 앞에 곱해져 있는 ε 때문에 상대적으로 매우 작은 양으로 볼 수 있고, 따라서 감쇠력이 운동에 영향을 미치는 데는 상당히 '오랜' 시간이 걸릴 것으로 예측할 수 있다. 이와 같은 상황은 21.3절의 식 (21.89)로 주어진 문제를 고려할 때와 유사하며, 따라서 감쇠력의 영향을 초기치 문제에서 적절하게 고려하기 위해 소위 **느린 시간**(slow time) $\tau=\varepsilon t$를 명시적으로 도입하여 다중척도법을 사용하기로 한다. 미지 함수 x는 $x(t,\tau)$로 보고 다음과 같이 ε의 점근 멱급수로 가정한다.

$$x(t,\tau)=\sum_{n=0}^{\infty}\varepsilon^n x_n(t,\tau)=x_0+\varepsilon x_1+\varepsilon^2 x_2+\cdots. \tag{22.63}$$

따라서 다음을 얻으며,

$$\dot{x}_n=\frac{\partial x_n}{\partial t}+\varepsilon\frac{\partial x_n}{\partial \tau}\equiv Dx_n,\ \ddot{x}_n=\frac{\partial^2 x_n}{\partial t^2}+2\varepsilon\frac{\partial^2 x_n}{\partial t\partial \tau}+\varepsilon^2\frac{\partial^2 x_n}{\partial \tau^2}\equiv D^2 x_n, \tag{22.64}$$

식 (22.63)을 식 (22.61), (22.62)에 대입하고 식 (22.64)를 사용하면 다음을 얻고,

$$\begin{aligned}&\left(D^2x_0+\varepsilon D^2x_1+\varepsilon^2D^2x_2+\cdots\right)+\left(x_0+\varepsilon x_1+\varepsilon^2 x_2+\cdots\right)\\&\quad-\varepsilon\left\{1-\left(x_0^2+2\varepsilon x_0x_1+\cdots\right)\right\}\left(Dx_0+\varepsilon Dx_1+\cdots\right)=0,\end{aligned} \tag{22.65}$$

$$x_0(0,0)+\varepsilon x_1(0,0)+\varepsilon^2 x_2(0,0)+\cdots=X_0, \tag{22.66}$$

$$Dx_0(0,0)+\varepsilon Dx_1(0,0)+\varepsilon^2 Dx_2(0,0)+\cdots=Y_0, \tag{22.67}$$

얻어진 결과에 대해 ε의 차수가 같은 항들끼리 모아 다음을 얻는다.

$$\varepsilon^0;\ \frac{\partial^2 x_0}{\partial t^2}+x_0=0,\ x_0(0,0)=X_0,\ \frac{\partial x_0}{\partial t}(0,0)=Y_0, \tag{22.68}$$

$$\varepsilon^1;\ \frac{\partial^2 x_1}{\partial t^2}+x_1=-2\frac{\partial^2 x_0}{\partial t\partial\tau}+\left(1-x_0^2\right)\frac{\partial x_0}{\partial t}\equiv r_1(t,\tau),$$

$$x_1(0,0)=0,\ \frac{\partial x_1}{\partial t}(0,0)=0. \tag{22.69}$$

ε^0-문제, 즉 최저차 문제의 일반해는 다음과 같이 주어질 수 있는데,

$$x_0(t,\tau)=A(\tau)e^{it}+\overline{A}(\tau)e^{-it}, \tag{22.70}$$

여기서 $A(\tau)$는 복소함수이고, $\overline{A}(\tau)$는 $A(\tau)$의 복소켤레이며, 초기 조건으로부터 $Re\{A(0)\}=X_0/2$, $Im\{A(0)\}=-Y_0/2$, 즉 $A(0)=(X_0-iY_0)/2$를 얻으므로, $A(\tau)$는 최저차 문제에서는 결정되지 않는다.

이제 식 (22.70)을 이용하여 ε^1-문제의 우변인 $r_1(t,\tau)$를 다음과 같이 얻는데,

$$\begin{aligned} r_1(t,\tau) &=-2i\left(\frac{dA}{d\tau}e^{it}-\frac{d\overline{A}}{d\tau}e^{-it}\right)+i\left(1-A^2e^{2it}-2A\overline{A}-\overline{A}^2e^{-2it}\right)\left(Ae^{it}-\overline{A}e^{-it}\right) \\ &=-i\left(2\frac{dA}{d\tau}-A+A^2\overline{A}\right)e^{it}+i\left(2\frac{d\overline{A}}{d\tau}-\overline{A}+A\overline{A}^2\right)e^{-it}-i\left(A^3e^{3it}-\overline{A}^3e^{-3it}\right), \end{aligned} \tag{22.71}$$

이 식 우변의 e^{it}, e^{-it} 항은 공진을 야기하는 영속항이므로, 유계인 해를 구하기 위해서는 이들의 계수가 0이 되어야 하며, 따라서 다음을 얻는다.

$$2\frac{dA}{d\tau}-A+A^2\overline{A}=0,\ 2\frac{d\overline{A}}{d\tau}-\overline{A}+A\overline{A}^2=0. \tag{22.72}$$

여기서 $A(\tau) = R(\tau)e^{i\Theta(\tau)}$ 를 가정할 수 있으므로, 이를 위 식에 대입하여 다음을 얻으며,

$$2\frac{dR}{d\tau} - R + R^3 = 0\,,\ \ \frac{d\Theta}{d\tau} = 0\,, \tag{22.73}$$

$A(0) = (X_0 - i\,Y_0)/2$ 로부터 $\Theta(0) = -\tan^{-1} Y_0/X_0 \equiv -\Theta_0$ 을 얻으므로, $\Theta(\tau)$ 에 대해서는 다음을 얻는다.

$$\Theta(\tau) = -\Theta_0\,. \tag{22.74}$$

한편 $R(\tau)$ 에 대한 미분 방정식은 부분 분수를 사용하여 다음과 같이 쓸 수 있으며,

$$\left(\frac{2}{R} + \frac{1}{1-R} - \frac{1}{1+R}\right)dR = d\tau, \tag{22.75}$$

이를 적분하여 다음을 얻는데,

$$\ln\frac{R^2}{|1-R^2|} = \tau + c, \tag{22.76}$$

여기서 c 는 적분 상수이다.

$A(0) = (X_0 - i\,Y_0)/2$ 로부터 $R(0) = \sqrt{X_0^2 + Y_0^2}/2 \equiv r_0/2$ 를 얻으므로, 이 식의 양변에 지수 함수를 취하고 정리하여 $R(\tau)$ 에 대해 다음을 얻는다.

$$\frac{R^2}{|1-R^2|} = Ce^{\tau},\ \ C \equiv e^c,\ \ \therefore R(\tau) = \frac{1}{\sqrt{1+\rho e^{-\tau}}}\,,\ \ \rho \equiv \frac{4}{r_0^2} - 1\,. \tag{22.77}$$

여기서 $r_0 \equiv \sqrt{X_0^2 + Y_0^2} < 2$, 즉 반경 2인 원 내부의 점이 초기 조건에 상응하면, $\rho > 0$ 이므로 $R < 1$, $\tau > 0$ 이며 $t \to \infty$ 일 때 $R \to 1$ 이 되고, $r_0 > 2$, 즉 반경 2인 원 외부의 점이 초기 조건에 상응하면, $\rho < 0$ 이므로 $R > 1$, $\tau > 0$ 이며 $t \to \infty$ 일 때 $R \to 1$ 이 된다([그림 22.8] 참조).

결국 ε^1-문제의 해가 유계가 되어야 하는 조건을 이용하여 영속항을 제거함으로써 최저차 문제의 해를 확정하였는데, 이를 정리하면 다음과 같다.

$$x_0(t,\tau)=R(\tau)e^{i(t-\Theta_0)}+R(\tau)e^{-i(t-\Theta_0)}=\frac{2}{\sqrt{1+\rho e^{-\varepsilon t}}}\cos(t-\Theta_0). \quad (22.78)$$

이 식에 따르면 t가 증가함에 따라 그 진폭이 2에 수렴하는 조화 운동을 할 것임을 알 수 있으며, 따라서 $\varepsilon \ll 1$일 때 Van der Pol 방정식에 대한 극한 싸이클의 반경은 2임을 얻는다.

$\varepsilon \ll 1$을 가정하지 않는 경우에도, 식 (22.61), (22.62)로 주어진 초기치 문제에 대한 해를 구할 수 있는데, 이와 같은 문제의 해석에 대해서는 Stoker(1966)〈15〉를 참조하기 바란다.

연습문제

1. [그림 22.1]에 보인 분리곡선에 대한 식을 구하시오.

2. 다음과 같이 주어진 연립 1계 미분 방정식에 대해 특이점을 구하고, 그 점들 부근에 대한 국부 해석을 수행하시오.

$$\dot{x} = y(t),\ \dot{y} = x - x^3. \tag{연22.1}$$

나아가 광역 해석을 수행하여 포괄적인 궤적을 구하고 분리곡선의 존재를 보인 뒤, 그 궤적을 구하시오. 또 분리곡선에 상응하는 시간 영역에서의 해는 다음과 같이 쓸 수 있음을 증명하시오.

$$x(t) = \pm\sqrt{2}\,\mathrm{sech}\,t. \tag{연22.2}$$

3. $T_0 = 2\pi$와 식 (22.49)로 구한 x_0를 식 (22.52), (22.53)에 대입하여 식 (22.54)를 구하시오.

4. 식 (22.35)의 레일리 방정식으로부터 식 (22.56)에 보인 Van der Pol 방정식을 유도하시오.

5. Liénard 정리를 이용하여 다음 방정식이 주기해를 가질 수 있음을 보이시오.

$$\ddot{x} + x^3 - (1 - x^2)\dot{x} = 0. \tag{연22.3}$$

제6부
편미분 방정식

제3부와 제5부에서는 상미분 방정식을 다루었고, 제4부에서는 복소함수를 다루면서 라플라스 방정식에 대해 고찰한 바 있다. 여기서는 편미분 방정식에 대해 고려하기로 하는데, 유체역학, 고체역학, 열전달 등의 물리 문제에서 다루는 지배 방정식들이 대부분 편미분 방정식으로 주어지므로, 실제 문제의 해결을 위해 연구를 수행하는 경우, 편미분 방정식에 대한 기본적인 이해는 필수 불가결하다고 할 수 있으며, 가능한 한 논의를 간단화하기 위해 독립 변수가 둘로 (x,t) 또는 (x,y) 인 문제에 국한하여 생각하기로 한다. 독립 변수의 수가 셋 이상인 문제들에 대해서는 John(1982)〈16〉 등을 참조하기 바란다.

23장에서는 먼저 1계 편미분 방정식을 다루어 가장 기본적인 편미분 방정식의 성격에 대해 고찰하고, 특성곡선의 개념을 도입하여 차후의 논의에 도움을 줄 수 있도록 하며, 또한 쇄파 현상과 충격파의 기본 개념에 대해 설명하였다.

24장에서는 2계 선형 편미분 방정식의 분류 및 그 해들의 특성을 특성곡선의 개념을 사용하여 보였으며, 쌍곡선형, 포물선형, 타원형에 대한 정준형으로 파동 방정식, 확산 방정식, 라플라스 방정식을 얻음을 보였다.

25장에서는 타원형 방정식의 정준형으로 볼 수 있는 라플라스 방정식과 관련하여, 디리클레 문제와 노이만 문제로 불리는 경계치 문제 및 그 해의 특성에 대해 논의한다. 또 변수 분리법과 그린 함수에 대해 설명하고 전형적인 예제들, 원판과 상반 평면에 대한 문제들에 대해 살펴보았다.

26장에서는 포물선형 방정식의 정준형으로 볼 수 있는 확산 방정식과 관련하여, 기본해를 먼저 구하고, 또 전형적인 초기치-경계치 문제 및 그 해의 특성에 대해 논의한다. 나아가 확산 방정식에 비선형 항을 추가하여 얻는 **버거스 방정식**(Burgers equation)에 대해 **코올-호프 변환**(Cole-Hopf transform)을 적용하여 해를 얻고, 이렇게 얻은 해의 특성과 1계 선형 파동 방정식의 해를 비교하여 충격파의 특성 및 구조에 대해 생각하였다.

27장에서는 쌍곡선형 방정식의 정준형으로 볼 수 있는 파동 방정식과 관련하여 달랑베르의 일반해를 먼저 구하고, 전형적인 예제들의 해와 비교하여 파동 방정식의 해가 가지는 특성에 대해 생각한다. 또한 연립 1계 편미분 방정식으로 주어지는 쌍곡선형 계의 해를 구하는 과정을 통해 **비선형 파동**(nonlinear wave motion) 문제의 특성에 대해 살펴보았다.[1)]

28장에서는 파동 문제 중에서 분산성 파동으로 다룰 수 있는 대표적인 문제들을 푸리에 변환을 이용하여 고려함으로써 그 기본적인 특성에 대해 알아보며, 그 점근 근사와 관련하여 많이 사용되는 정류 위상법에 대해 생각하고, 마지막으로 비선형성이 추가된 분산성 파동의 특성에 대해 고찰하였다.

---

1) 파도(wave) 또는 파동(wave motion)은 대체적으로 서로 혼용되고 있고, 파도는 보다 기하학적인 측면, 파동은 역학적인 측면을 강조하고자 할 때 사용되며, 여기서도 그와 같은 방식으로 사용하기로 한다.

23장

1계 편미분 방정식

전형적인 1계 편미분 방정식은 미지 함수 $\phi(x,t)$에 대해 다음과 같은 형태로 주어질 수 있을 것이다.

$$\phi_t = f(\phi, \phi_x). \tag{23.1}$$

물리적인 문제로부터 얻어지는 1계 편미분 방정식은 대체적으로 어떤 물리량 ϕ의 평형, 또는 보존과 관련하여 얻어진다. 이때 한 점, 또는 한 점을 포함하는 매우 작은 영역에 대해 물리량 ϕ의 시간에 대한 변화율 ϕ_t와 공간에 따른 변화율 ϕ_x 사이에는 일정한 관계가 성립하므로, 많은 경우 위의 식 (23.1)은 다음과 같은 형태로 바꾸어 쓸 수 있다.

$$\phi_t = f(\phi)\phi_x. \tag{23.2}$$

이 장에서는 위와 같은 형태의 1계 편미분 방정식에 대해 생각하기로 한다.

1절에서는 위에서 보인 식 (23.2)의 특수한 형태로 볼 수 있는 세 가지 경우에 대해 생각하고, 이에 대한 논의로부터 위 식은 비선형 파동 방정식으로 간주될 수 있음을 알 수 있을 것이다. 2절에서는 특성곡선법을 사용하여 얻어지는 위 식의 연속해와 초기 쇄파에 대해 고찰한다. 3절에서는 쇄파가 발생한 이후의 해에 대해 어떠한 과정을 거쳐 물리적으로 타당한 해를 구할 수 있는 지에 대해 간단히 논의한다.

23.1 전형적인 1계 편미분 방정식

이 절에서는 식 (23.2)의 특수한 경우로 볼 수 있는 세 개의 1계 편미분 방정식을 생각하여 그 해를 구하는 과정에 대해 생각하기로 한다.

1) 가장 간단한 문제

먼저 생각할 문제는 너무 간단하여 편미분 방정식이라고 말하기도 힘든 문제로, 식 (23.2)에서 $f(\phi)=0$ 인, 다음과 같은 문제이다.

$$\phi_t = 0. \tag{23.3}$$

이 문제의 해는 같이 주어질 수 있다.

$$\phi(x,t) = \phi(x). \tag{23.4}$$

다시 말하면 ϕ는 t에 무관한, x만의 함수인데, 이를 (x,t) 평면 상에 나타내면 [그림 23.1]에 보인 바와 같이 $x=const.$ 인 직선을 따라 함수 ϕ의 값이 일정하여 변화하지 않는 것으로 간주할 수 있다.

만약 $x=const.$ 인 모든 직선과 오직 한 곳에서만 만나는 곡선 C 상에 '초기 조건' $\phi=\phi_0(x)$가 주어진다면, (x,t) 평면 상의 모든 점에서 식 (23.3)의 해는 $\phi(x,t)=\phi_0(x)$로 주어진다([그림 23.2] 참조).

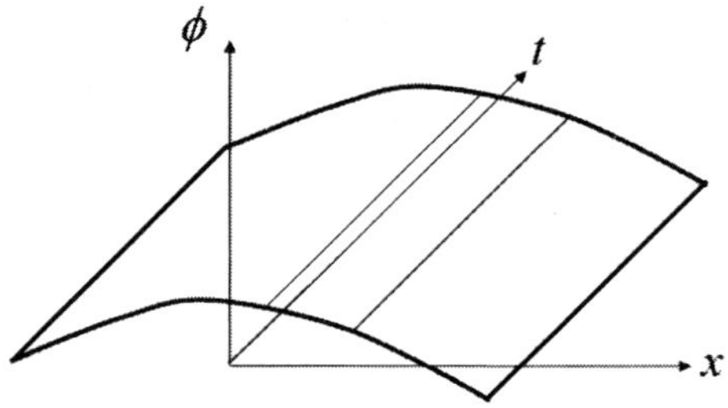

그림 23.1 식 (23.4) $\phi(x,t)=\phi(x)$로 주어지는 해

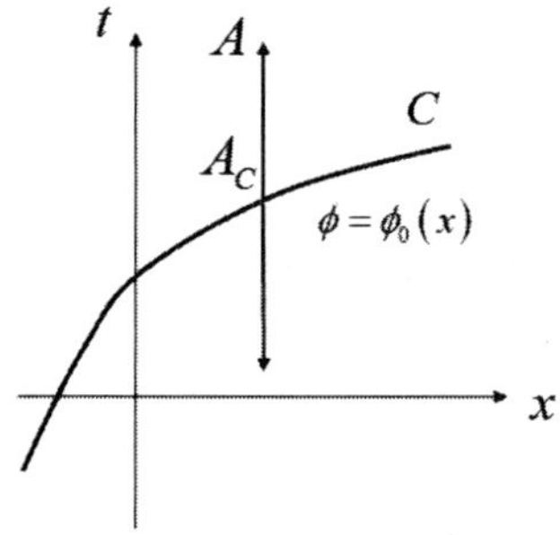

그림 23.2 곡선 C 상에 초기 조건이 주어진 경우 식 (23.3)의 해

단 이때 $x = const.$ 인 직선은 몇 가지 관점에서 특별한 의미를 가진다.

ia) [그림 23.2]에서 점 A_C를 지나는 $x = const.$ 인 직선 A 상의 모든 점에서 $\phi(x,t)$의 값은 점 A_C에서의 값과 같다.

iia) 만약 곡선 C 상에 주어진 초기 조건 $\phi = \phi_0(x)$가 조금 달라진다고 할 때, 이와 같은 변화가 식 (23.3)의 해에 미치는 영향은 제한적이다. [그림 23.3]에 보인 바와 같이 예를 들어 곡선 C의 일부분인 C_1 상에서의 초기 조건은 그 양 끝점을 지나는 $x = const.$ 인 두 직선 사이의 해에 대해서만 영향을 끼친다.

iiia) 만약 초기 조건인 $\phi_0(x)$가 $x = x_1$에서 그 1차 도함수가 불연속인 경우, $\phi(x,t)$는 $x = x_1$을 지나는 직선 상의 모든 점에서 x에 대한 1차 도함수가 불연속이어야 하므로, 초기 조건의 불연속성은 이 직선을 따라서 전파한다.

iva) 편미분 방정식인 식 (23.3)을 $x = const.$ 인 직선 상에 국한하여 생각하면 이 직선 상에서는 $\dfrac{dx}{dt} = 0$ 이고, $\dfrac{d\phi}{dt}$ 에 **연쇄율**(chain rule)을 적용하여 다음을 얻으므로,

$$\frac{d\phi}{dt} = \frac{\partial\phi}{\partial t} + \frac{\partial\phi}{\partial x}\frac{dx}{dt} = \frac{\partial\phi}{\partial t} = 0, \tag{23.5}$$

따라서 식 (23.3)은 상미분 방정식 $\dfrac{d\phi}{dt} = 0$ 으로 간주할 수 있다.

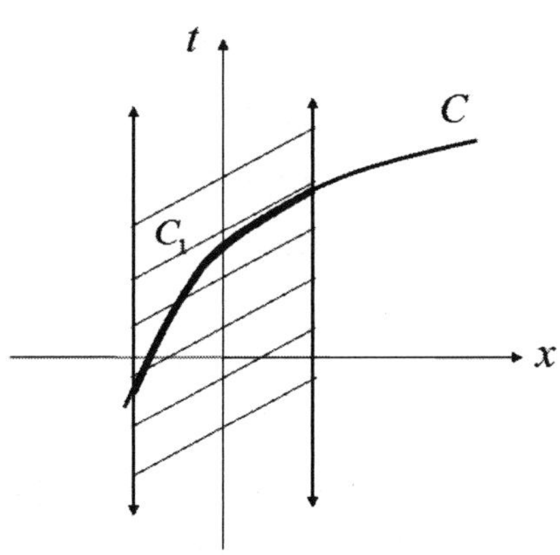

그림 23.3 곡선 C의 일부분인 C_1 상의 초기 조건이 해에 영향을 미치는 영역

두 개의 독립 변수를 가지는 함수에 대한 일반적인 1계 편미분 방정식에 대해 위에서 본 $x = const.$ 인 직선들과 같이 그 곡선 상에서 주어진 편미분 방정식을 상미분 방정식으로 다룰 수 있는 곡선을 **특성곡선**(characteristics)이라고 부르며, 특성곡선의 개념을 사용하여 편미분 방정식을 푸는 방법을 특성곡선법이라고 부른다. 초기 조건 또는 경계 조건이 주어진 1계 편미분 방정식의 해를 구하는데 특성곡선을 고려하여 해를 구하는 문제는 코쉬(1842)에 의해 처음 다루어졌으며 보통 **코쉬 문제**(Cauchy problem)라고 불리고, 다음 장에서 보게 될 바와 같이 차후 편미분 방정식의 분류 및 그 해와 관련하여 매우 중요한 역할을 하였다. 코쉬 문제의 해의 존재에 대한 정리는 **코쉬-코발레스키 정리**(Cauchy-Kowalewski theorem; 코쉬(1842)[35], 코발레스키(1875)[36])로 알려져 있다.[1] 이 정리에 따르면 위에서 보인 바와 같이 초기 조건이 주어진 곡선 C가 특성곡선이 아닌 경우에는 곡선 C에 가까운 영역에서는 코쉬 문제의 해가 존재한다는 결과를 얻으며, 따라서 이 정리는 **국부 존재 정리**(local existence theorem)로 불리기도 한다.

편미분 방정식을 푸는 전형적인 방법으로는

ib) **특성곡선법**(method of characteristics),

iib) **변수 분리법**(separation of variables),

iiib) **상사 변환**(similarity transform)

등을 들 수 있는데, 이들의 공통점은 주어진 편미분 방정식을 상미분 방정식으로 바꾼다는 점이다.

특성곡선법을 사용하기 위해서는 우선적으로 주어진 편미분 방정식에 대한 특성곡선을 구해야 한다. 일반적으로 특성곡선은 상미분 방정식의 해로 주어지고, 또한 주어진 편미분 방정식도 특성곡선 상에서는 상미분 방정식으로 바뀌므로, 특성곡선법을 사용하여 편미분 방정식을 푸는 경우에는 하나의 편미분 방정식 대신에 두 개의 상미분 방정식을 푸는 것이 된다.

나아가 미지 함수 $f(x)$에 대해 주어진 상미분 방정식을 푸는 방법으로는

ic) $f(x)$를 미정의 지수 λ를 가지는 지수 함수, $e^{\lambda x}$로 가정하는 방법,

iic) $f(x)$를 무한 급수로 가정하는 Frobenius 방법,

iiic) $f(x)$를 **고유 함수**(eigenfunction)를 이용하여 전개하는 방법,

ivc) **그린 함수**(Green's function) 기법

등을 들 수 있는데, 여기서 앞의 세 방법은 모두 주어진 상미분 방정식을 결국은 **대수 방정식**(algebraic equation)으로 바꾸는 방법임에 유의한다.

---

1) 이 정리에 대해 보다 자세한 사항은 Garabedian(1964)<17>를 참조하기 바란다.

2) 1계 선형 파동 방정식

식 (23.2)에서 $f(\phi) =- a$로 취하면, 보통 1계 선형 파동 방정식이라고 불리는 다음과 같은 문제를 얻는다.

$$\phi_t + a\phi_x = 0. \tag{23.6}$$

여기서 a는 주어진 상수이며, 초기 조건은 다음과 같다고 하자.

$$\phi(x,0) = \phi_0(x),\ x \in (-\infty, \infty). \tag{23.7}$$

특성곡선법을 사용하여 이 문제를 풀기 위해 먼저 $\phi(x,t)$에 연쇄율을 적용하여 얻어지는 다음 관계를 생각하고,

$$\frac{d\phi}{dt} = \frac{\partial\phi}{\partial t} + \frac{\partial\phi}{\partial x}\frac{dx}{dt}, \tag{23.8}$$

이 식과 식 (23.6)을 비교하여 식 (23.6)은 다음 문제와 같은 문제와 등가임을 얻는다.

$$\frac{d\phi}{dt} = 0, \tag{23.9}$$

$$\frac{dx}{dt} = a \text{에서.} \tag{23.10}$$

먼저 식 (23.10)으로부터 다음과 같이 특성곡선을 얻는데,

$$x = at + C, \tag{23.11}$$

여기서 C는 상수이다. 한편, 식 (23.9)로부터는 $\phi = const.$ 임을 얻는데, C를 $t = 0$에서의 x 값인 ξ로 취하기로 하면 다음과 같은 해를 얻는다.

$$\phi = \phi_0(\xi),\ x = at + \xi \text{에서.} \tag{23.12}$$

[그림 23.4]에 이 해를 보였으며, 위 식의 둘째 식으로부터 $\xi = x - at$를 얻으므로, 이를 첫째 식에 대입하면 $\phi = \phi_0(x - at)$를 얻고, 이 결과를 식 (23.6)에 대입하여 식

(23.6)이 만족됨을 쉽게 보일 수 있다. 이 식의 형태로부터 식 (23.6)의 해는 그 모양이 변화하지 않은 채 x축의 양의 방향으로 a의 속도로 전파하는 파동임을 알 수 있으며, 이와 같은 이유로 식 (23.6)은 선형 파동 방정식으로 불린다.

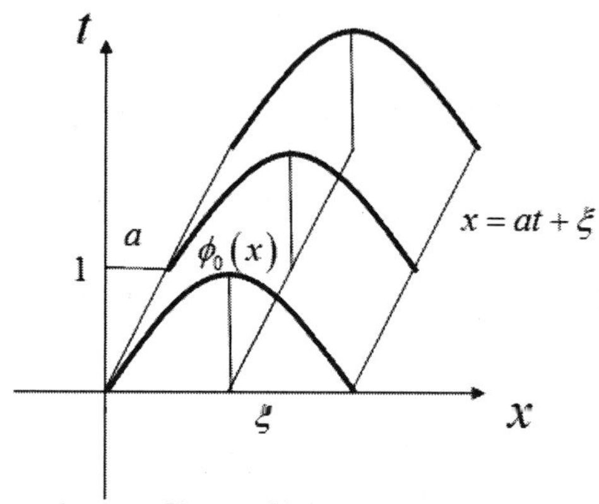

그림 23.4 함수의 형태가 변화하지 않은 채
x축의 양의 방향으로 a의 속도로 전파하는 파동

3) 1계 비선형 파동 방정식

식 (23.2)에서 $f(\phi) = -(1+k\phi)$로 취하면 다음과 같은 문제를 얻는다.

$$\phi_t + (1+k\phi)\,\phi_x = 0. \tag{23.13}$$

여기서 $k>0$는 주어진 상수이며, 초기 조건은 식 (23.7)로 주어진다.

특성곡선법을 사용하기로 하면, 식 (23.8)과 식 (23.13)을 비교하여 특성곡선에 대한 식을 다음과 같이 얻으며,

$$\frac{dx}{dt} = 1 + k\phi, \tag{23.14}$$

이 식의 해로 얻는 특성곡선 상에서는 식 (23.8)과 식 (23.13)의 비교로부터 식 (23.9)가 성립함을 알 수 있으므로, $\phi = const.$ 임을 얻는다. 다시 말하면, 하나의 특성곡선 상에서는 ϕ가 변화하지 않으므로, 식 (23.14) 우변은 상수로 볼 수 있어 직선인 특성곡선에 대해 다음 결과를 얻는다.

$$x(t) = (1+k\phi)t + C, \tag{23.15}$$

이 식 우변의 C는 상수로 $t=0$에서의 x 값인 ξ를 쓸 수 있고, 또 ϕ도 $\phi_0(\xi)$로 쓸 수 있으므로, 결국 특성곡선을 다음과 같이 얻는다.

$$x(t) = \{1+k\phi_0(\xi)\}t+\xi. \tag{23.16}$$

위에서 언급한 바와 같이 ϕ는 특성곡선 상에서 변화하지 않으므로, 결국 초기 조건인 식 (23.7)을 만족하는 비선형 파동 방정식 (23.13)의 해를 다음과 같이 얻는다.

$$\phi(x,t) = \phi_0(\xi),\ x(t) = \{1+k\phi_0(\xi)\}t+\xi \text{ 에서.} \tag{23.17}$$

물론 이 두 식으로부터 ξ를 소거할 수 있으면, $\phi(x,t)$를 얻을 수 있으며, ξ를 소거할 수 없는 경우에도, 식 (23.17)로 주어지는 해는 [그림 23.4]에 보인 해에서 특성곡선의 기울기만 $1+k\phi$로 변화해 주면 그대로 성립한다. 또한 식 (23.17)에 따르면 식 (23.13) 좌변 괄호 안의 양 $1+k\phi$는 파도의 전파 속도로 볼 수 있음에 유의한다.

위에서 얻은 해는 파도의 크기가 증가하면 그 전파 속도도 증가하므로, 초기 조건이 ξ가 증가함에 따라 단조 증가하는 경우에는 별 문제가 생기지 않지만, 감소하는 경우에는 초기에 뒤에 위치한 파도의 속도가 앞에 위치한 파도의 속도보다 빨라서, 시간이 지남에 따라 파의 기울기가 커지고 결국은 파도가 무한대의 기울기를 가지는 상황이 발생할 수 있다. 다시 말하면 파동의 비선형성에 의해 파도의 크기에 따라 속도가 달라지는 것에 기인하여, 파도의 기울기가 더욱 커지는 현상이 발생할 수 있으며, 이와 같이 식 (23.13)과 같은 비선형 파동 방정식에서의 비선형 항, $\phi\phi_x$는 **가파라짐**(steepening) 현상을 야기함에 유의한다.

23.2 특성곡선법과 연속해

앞 절에서 생각한 식 (23.13)의 해에 대해 예를 들어 초기 조건이 다음과 같이 **오르막 사다리 함수**(forward slope function)로 주어진 경우에 대해 생각해 보자([그림 23.5좌] 참조).

$$\phi_0(x) = \begin{cases} 0, & x\in(-\infty,0], \\ \dfrac{x}{\epsilon}, & x\in[0,\epsilon], \\ 1, & x\in[\epsilon,\infty). \end{cases} \tag{23.18}$$

여기서 $\epsilon>0$은 주어진 상수이다.

위와 같은 초기 조건에 대해, $\phi_0 = 0$, $\phi_0 = 1$ 인 부분에 대해서는 파도의 전파 속도가 각각 1, $1+k$가 되어야 하므로, $x \in (-\infty, t)$인 구간에서 $\phi = 0$이고, $x \in [(1+k)t+\epsilon, \infty)$인 구간에서 $\phi = 1$임은 쉽게 알 수 있다. 한편, $t = 0$일 때 $x \in [0, \epsilon]$, 즉 $\xi \in [0, \epsilon]$에 대해서는 식 (23.16)으로부터 특성곡선을 다음과 같이 얻으므로,

$$x(t) = \left(1 + \frac{k\xi}{\epsilon}\right)t + \xi = t + \left(1 + \frac{kt}{\epsilon}\right)\xi, \tag{23.19}$$

이 식을 ξ에 대해 정리하여 다음 결과를 얻는다.

$$\xi(x,t) = \frac{\epsilon(x-t)}{kt+\epsilon}. \tag{23.20}$$

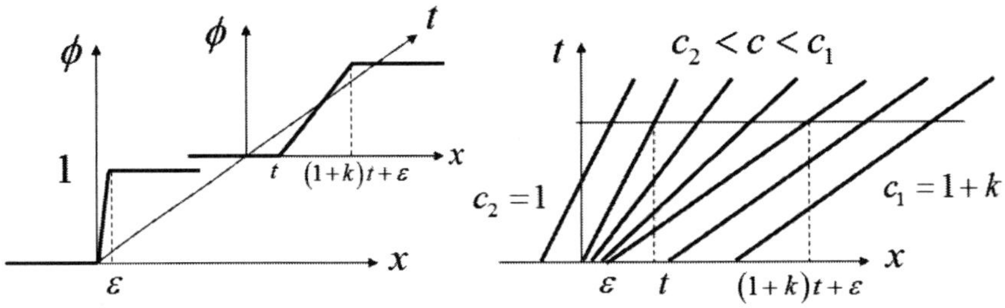

그림 23.5 초기 조건이 오르막 사다리 함수인 경우의 연속해

이를 식 (23.17)에 대입하고 위의 결과를 종합하여 다음과 같이 해 $\phi(x,t)$를 얻는다([그림 23.5] 참조).

$$\phi(x,t) = \begin{cases} 0, & x \in (-\infty, t], \\ \dfrac{x-t}{kt+\epsilon}, & x \in [t, (1+k)t+\epsilon], \\ 1, & x \in [(1+k)t+\epsilon, \infty). \end{cases} \tag{23.21}$$

[그림 23.5우]에는 (x,t) 평면 상에 특성곡선을 보였는데, $\xi \in (-\infty, 0)$을 지나는 특성곡선의 기울기는 1이고, $\xi \in [\epsilon, \infty)$를 지나는 특성곡선의 기울기는 $1+k$이며, 그 사이인 $\xi \in [0, \epsilon]$을 지나는 특성곡선의 기울기, 또는 파도의 전파 속도 c는 1부터 $1+k$까지 연속적으로 변화하는 값을 가짐을 확인할 수 있다.

위의 식 (23.18)로 주어진 초기 조건에서 $\epsilon \ll 1$일 경우, ϕ_0는 매우 짧은 구간에서 상당히 급격하게 변화하는 함수가 되며, 그 극한을 생각하여 $\epsilon \to 0$인 경우를 고려하면 다음과 같은 **오르막 계단 함수**(forward step function)를 얻는다([그림 23.6좌] 참조).

$$\phi_0(x) = \begin{cases} 0, x \in (-\infty, 0), \\ 1, x \in (0, \infty). \end{cases} \tag{23.22}$$

이 함수는 $x=0$에서 불연속이며, 위의 극한 과정을 고려하면 매우 짧은 구간에서 급격하게 변화하는 함수로 간주할 수 있다.

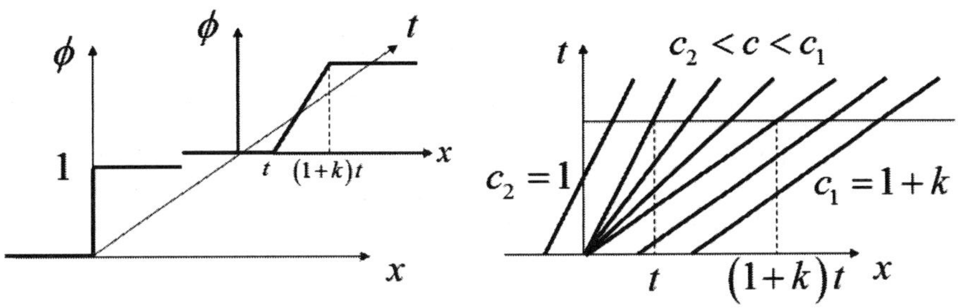

그림 23.6 초기 조건이 오르막 계단 함수인 경우의 연속해

초기 조건이 식 (23.22)와 같이 주어진 문제에 대한 해는 식 (23.21)로부터 $\epsilon \to 0$의 극한을 취하여 다음과 같이 얻는다.

$$\phi(x,t) = \begin{cases} 0, & x \in (-\infty, t], \\ \dfrac{x-t}{kt}, & x \in [t, (1+k)t], \\ 1, & x \in [(1+k)t, \infty). \end{cases} \tag{23.23}$$

식 (23.22)로 주어진 초기 조건은 $x=0$에서 불연속이지만, 식 (23.23)으로 주어진 해는 모든 $t>0$에 대해 연속이다. 또한 [그림 23.6우]에 보인 특성곡선을 보면, 원점으로부터 그 기울기, 또는 전파 속도 c가 1부터 $1+k$까지 연속적으로 변화하는 값을 가지는 무한히 많은 특성곡선이 시작된다. 이와 같이 한 점으로부터 시작된 기울기가 연속적으로 변화하는 무수히 많은 특성곡선에 의해 만들어지는 영역은 **팽창부채**(expansion fan)라고 부른다.

팽창부채는 위에서 보인 바와 같이 초기 조건에 포함된 불연속점 부근에서의 파도의 변화를 식 (23.18)에 보인 바와 같이 $x \in (0,\epsilon)$에 대해 $\phi_0(x) = \dfrac{x}{\epsilon}$로 주어진 연속적인 경우의 $\epsilon \to 0$인 극한적 상태와 등가로 보아서 얻어진다는 점에 유의한다. 팽창부채의 길이는 시간이 지남에 따라 점차 길어지며, 양단의 값은 각각 0과 1로 정해져 있으므로, ϕ의 기울기는 점차 감소한다.

팽창부채는 초기 조건이 오르막 계단 함수를 포함하는 경우 항상 발생하는 것으로 볼 수 있으며, 이는 초기의 불연속성이 그 변화율이 점차 작아지는 연속적인 함수로 변화한다는 것을 뜻한다.

나아가 초기 조건이 x의 증가에 따라 파도의 크기가 증가하는, 즉 **단조 증가 함수**(monotonic increasing function)로 주어지는 경우, 식 (23.13)의 해는 크기가 큰 파도가 빨리 전파해야 하므로, 시간이 지날수록 더욱 그 변화율이 작아지는 연속해로 주어질 것임을 알 수 있다. 오르막 계단 함수에 대한 해는 보다 일반적인 문제에 대한 **장시간해**(long time solution 또는 large time solution)를 구하는데도 기본 블록으로 사용된다.

한편, 식 (23.13)은 식 (23.2)에서 $f(\phi) = -c(\phi)$인 경우이므로, 다음과 같이 쓸 수 있으며,

$$\phi_t + c(\phi)\phi_x = 0, \tag{23.24}$$

따라서 식 (23.2)는 속도 $-f(\phi)$인 비선형 파동 방정식으로 볼 수 있고, 식 (23.13)은 식 (23.24)의 $c(\phi)$를 1차 함수로 근사한 경우이므로, 식 (23.13)의 해는 식 (23.24)에 대한 연속해의 근사적인 특성을 대변하는 것으로 볼 수 있다.

한편, 만약 초기 조건이 다음과 같이 **내리막 계단 함수**(backward step function)로 주어질 경우, 어떤 해가 얻어질까에 대해 생각해 보기로 하자([그림 23.7좌] 참조).

$$\phi_0(x) = \begin{cases} 1, x \in (-\infty, 0), \\ 0, x \in (0, \infty). \end{cases} \tag{23.25}$$

여기서 $x = 0$에서의 ϕ_0의 값은, 위의 오르막 계단 함수에 대한 경우와 같이, $0 < \epsilon \ll 1$이라고 할 때, $x \in (0,\epsilon)$에 대해 $\phi_0(x) = 1 - \dfrac{x}{\epsilon}$로 주어진 경우의 $\epsilon \to 0$인 극한적 상태로 간주할 수 있음에 유의한다.

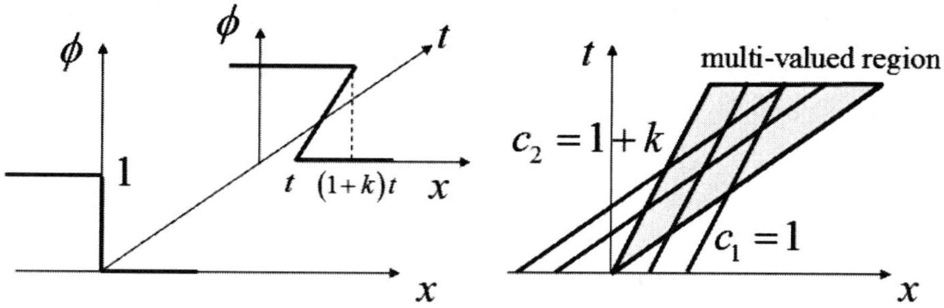

그림 23.7 초기 조건이 내리막 계단 함수인 경우

위와 같은 초기 조건에 대해, 앞에서 다룬 오르막 계단 함수가 초기 조건으로 주어진 경우와 같은 방법으로 해를 구하면, $\phi_0 = 1$, $\phi_0 = 0$인 부분에 대해서는 파도의 전파 속도가 각각 $1+k$, 1이 되어야 하므로, 오히려 뒤쪽의 파도가 앞쪽의 파도보다 앞서 나가는 형태가 되어 [그림 23.7좌]에 보인 바와 같이 $t>0$이면 $x \in (t,(1+k)t)$인 때, 하나의 x 값에 대해 세 개의 ϕ값이 상응하여 이들을 해로 간주하기 곤란한 상황이 발생한다. [그림 23.6우]에서 오르막 계단 함수에 대해 팽창부채가 발생하였던 영역이, 내리막 계단 함수에 대한 경우에는 [그림 23.7우]에 보인 바와 같이 기울기가 $1+k$인 특성곡선과 1인 특성곡선들이 서로 만나는 영역이 되어, 이 영역에 대해 함수의 값을 어떻게 결정할 것인지에 대한 추가적인 고려가 필요하며, 이와 같은 문제에 대해서는 다음 절에서 생각하기로 한다.

(23.13)의 연속해가 얻어지지 않는 또 하나의 예로 다음과 같이 **정상 분포**(normal distribution)로 주어진 초기 조건에 대해 생각해 보기로 한다.

$$\phi_0(x) = \exp\left(-\frac{x^2}{2}\right) \equiv E(x). \tag{23.26}$$

이 함수는 좌우 대칭이며, $x<0$인 구간에서는 단조 증가, $x>0$인 구간에서는 단조 감소 함수임에 유의한다.

식 (23.13)의 해는 식 (23.17)로 이미 구했으므로, 이를 이용하여 초기 조건이 식 (23.26)으로 주어진 경우에 대한 해는 다음과 같이 얻을 수 있다.

$$\phi(x,t) = \phi_0(\xi),\ x(t) = \{1+kE(\xi)\}t + \xi \text{에서.} \tag{23.27}$$

이 식에 따르면, 초기 조건에서 $\xi < 0$ 인 구간은 앞 절에서 살펴 본 바와 같이 시간이 지남에 따라 점차 그 변화율이 작아지겠지만, $\xi > 0$ 인 구간은 $t = t_b > 0$ 인 순간에 파도의 기울기가 어느 점에서 ∞ 가 되고 $t > t_b$ 에 대해서는 앞의 내리막 계단 함수에 대해서 본 바와 같이 ϕ 가 세 개의 값을 가지는 현상이 발생할 것을 알 수 있다([그림 23.8] 참조).

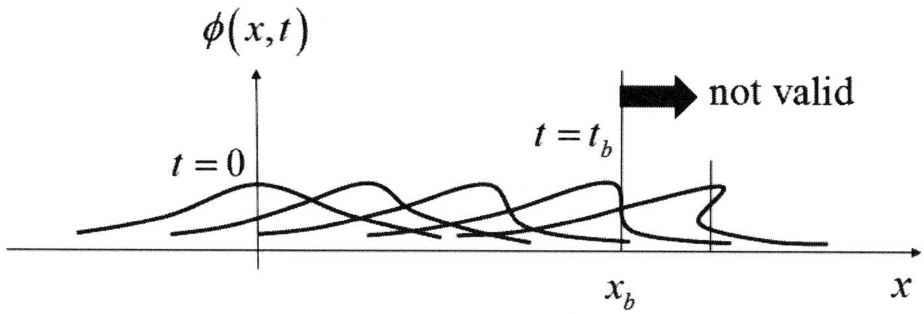

그림 23.8 $t = t_b$ 에 기울기가 ∞ 인 점이 발생하여
연속해가 더 이상 성립되지 않는 경우

따라서 먼저 최대값을 가지는 $\xi = 0$ 에 상응하는 점, **정점**(peak)의 전파에 대해 생각하면, 그 궤적은 식 (23.27)로부터 $E(0) = 1$ 을 고려하여 다음과 같이 얻을 수 있으므로,

$$x(t) = (1 + k)t, \tag{23.28}$$

다시 말하면 정점은 $c = 1 + k = const.$ 의 속도로 전파한다.

다음으로 해가 '**깨지는**(breaking)', 즉 함수 $\phi(x,t)$ 가 어떤 점 x 에서 기울기가 ∞ 가 되는 시간 t_b 를 구하기 위해 ϕ_x 를 구하면 다음을 얻고,

$$\frac{\partial \phi}{\partial x} = \frac{d\phi}{d\xi}\frac{\partial \xi}{\partial x} = -\xi E(\xi)\xi_x, \tag{23.29}$$

ξ_x 를 구하기 위해 식 (23.27)의 특성곡선에 대한 식을 x 에 대해 편미분하여 다음을 얻는다.

$$1 = \{-kt\xi E(\xi) + 1\}\xi_x. \tag{23.30}$$

이 식을 ξ_x 에 대해 정리하고, 그 결과를 식 (23.29)에 대입하여 ϕ_x 를 다음과 같이 얻는데,

$$\frac{\partial \phi}{\partial x} = -\frac{\xi E(\xi)}{1-kt\xi E(\xi)}, \tag{23.31}$$

이 식 우변으로부터 $\phi_x = \infty$ 가 발생하는 시간 t_b 에 대해 다음을 얻으며,

$$1-kt_b\xi E(\xi) = 0, \quad \therefore t_b = \frac{1}{k\xi E(\xi)}, \tag{23.32}$$

이 결과를 식 (23.27)의 특성곡선에 대한 식에 대입하면 다음을 얻는다.

$$x(t) = \{1+kE(\xi)\}t_b + \xi = t_b + \frac{1}{\xi} + \xi. \tag{23.33}$$

이 식의 양변에 ξ 를 곱하면 ξ 에 대한 2차 방정식을 다음과 같이 얻고,

$$\xi^2 - (x-t_b)\xi + 1 = 0, \tag{23.34}$$

2차 방정식의 근에 대한 공식을 사용하여 이 식의 근을 다음과 같이 얻는다.

$$\xi = \frac{1}{2}\left\{(x-t_b) \pm \sqrt{(x-t_b)^2-4}\right\}. \tag{23.35}$$

ξ 가 실근을 가지기 위해서는 $|x-t_b| \geq 2$ 이어야 하며, 최초로 해가 깨지는 시점인 t_b 는 $|x-t_b| = 2$ 로 주어지고, 이에 상응하는 ξ_b 는 0보다 커야 하므로, 다음 결과를 얻는다.

$$\xi_b = \frac{x-t_b}{2} = 1. \tag{23.36}$$

따라서 최초로 해가 깨지는 현상이 발생하는 특성곡선은 다음과 같다.

$$x(t) = \{1+kE(\xi_b)\}t + \xi_b = \left(1+\frac{k}{\sqrt{e}}\right)t + 1. \tag{23.37}$$

이 식과 식 (23.28)을 비교하면 정점의 전파 속도 $c=1+k$가 위 식으로 주어지는 특성곡선의 기울기 $1+\dfrac{k}{\sqrt{e}}$ 보다 크므로, 당연히 $t=t_b>0$인 어느 시점부터 $\phi(x,t)$는 **일가함수**(single-valued function)가 될 수 없음을 알 수 있다.

식 (23.33)에 식 (23.36), $\xi=\xi_b=1$을 대입하여 $x=t_b+2$를 얻으므로, 이를 식 (23.37)에 대입하여 **초기 쇄파**(initial breaking)가 발생하는 시각, t_b에 대해 다음 결과를 얻는다.

$$t_b+2=\left(1+\frac{k}{\sqrt{e}}\right)t_b+1,\ \therefore t_b=\frac{\sqrt{e}}{k}. \tag{23.38}$$

편의상 $k=\dfrac{1}{\sqrt{2\pi}}$ 로 취하면, 초기 쇄파가 발생하는 t_b와 x_b에 대해 다음을 얻는다.

$$t_b=\sqrt{2\pi e}\doteq 4.133,\ x_b=2+t_b=2+\sqrt{2\pi e}\doteq 6.133. \tag{23.39}$$

위에서 초기 쇄파에 대해 얻은 결과를 조금 다른 관점에서 접근하여 얻어보기로 하자. 식 (23.27)의 특성곡선에 대한 식을 다음과 같이 다시 쓸 수 있는데,

$$x(t)=c(\xi)t+\xi,\ c(\xi)\equiv 1+kE(\xi), \tag{23.40}$$

초기 쇄파는 인접한 두 개의 특성곡선이 만날 때 발생할 것으로 간주할 수 있음을 고려하여([그림 23.9] 참조), 최초로 만나는 두 특성곡선의 각각에 상응하는 ξ를 ξ_1, ξ_2라고 하면 위 식으로부터 다음을 얻으며,

$$c(\xi_1)t+\xi_1=c(\xi_2)t+\xi_2, \tag{23.41}$$

두 특성곡선은 인접해 있어야 하므로 $\xi_2\to\xi_1$임을 고려하면, 이 식으로부터 결국 다음 결과를 얻는다.

$$t=\lim_{\xi_2\to\xi_1}\frac{\xi_2-\xi_1}{c(\xi_1)-c(\xi_2)}=-\frac{1}{c'(\xi_1)}=\frac{1}{k\xi_1 E(\xi_1)}. \tag{23.42}$$

초기 쇄파는 위 식을 만족하는 t 중, 가장 작은 값에 상응하는 순간에 발생할 것이므로 t_b는 위 식으로 주어지는 t의 최소값이어야 하며, 따라서 위 식의 우변의 분모는 최대값이어야 한다. 따라서 다음 결과를 얻는데,

$$t_b = \min t = \frac{1}{k} \frac{1}{\max\{\xi_1 E(\xi_1)\}}, \tag{23.43}$$

$\max(\xi E)$는 $\dfrac{d(\xi E)}{d\xi} = 0$에 의해 주어지므로 다음을 얻고,

$$E - \xi^2 E = (1 - \xi^2)E = 0, \tag{23.44}$$

이 식으로부터 $\xi_1 = 1$을 얻어, 이를 식 (23.44)에 대입하여 다음을 얻는다.

$$t_b = \frac{1}{k} \frac{1}{\max\{\xi_1 E(\xi_1)\}} = \frac{\sqrt{e}}{k}. \tag{23.45}$$

물론 이는 위에서 얻은 결과 식 (23.38)과 동일하며, 또 식 (23.44)로부터 얻은 $\xi_1 = 1$은 식 (23.36)에서 얻은 결과 $\xi_b = 1$과 동일함에 유의한다.

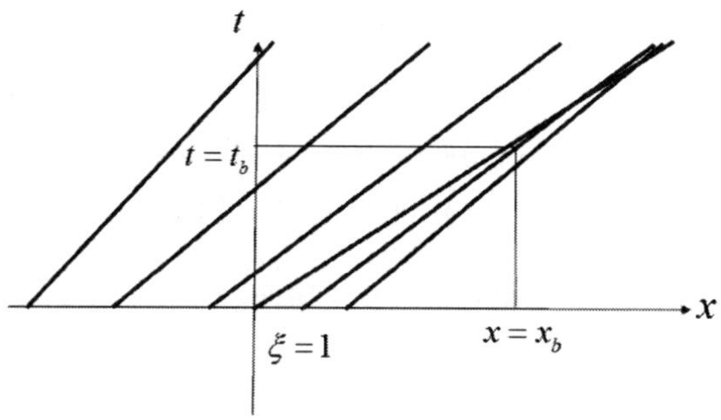

그림 23.9 인접한 두 특성곡선의 교차와 쇄파

이상으로 초기 조건이 정상 분포로 주어지는 경우에 대해 초기 쇄파가 일어나는 시점과 그 위치를 구하였으며, 따라서 다음 문제는 $t > t_b$인 영역에 대해 비선형 파동 방정식인 식 (23.13)의 해를 어떻게 구할 것인가 인데, 이에 대해서는 다음 절에서 다루기로 한다.

23.3 쇄파와 충격파

앞 절에서 본 바와 같이 식 (23.13)과 같은 비선형 파동 방정식에 대해 파도의 초기 조건이 식 (23.25) 또는 식 (23.26)과 같이 감소하는 부분을 가진 경우에 대해서는 $t = t_b > 0$ 인 영역에서 쇄파가 발생하는데, 이 절에서는 $t > t_b$ 인 영역에 대해 주어진 문제의 해를 어떻게 구할 것인가에 대해 생각하기로 한다.

초기 조건이 식 (23.26)으로 주어진 경우, 특성곡선법을 사용하여 구한 해, 식 (23.27)이 수학적으로는 어떠한 오류도 포함하고 있지 않으므로, 비선형 파동 방정식인 식 (23.13)의 물리적 의미에 대해 다시 한 번 생각하기로 한다. 예를 들어 $\phi(x,t)$ 가 유체의 밀도 $\rho(x,t)$ 를 나타낸다고 하면, 압축성 유체의 1차원 유동에 대한 질량 보존 법칙으로부터 다음을 얻을 수 있다([그림 23.10] 참조).

$$\frac{d}{dt}\int_{x_2}^{x_1}\rho(x,t)dx = q(x_2,t) - q(x_1,t). \tag{23.46}$$

여기서 $q(x,t)$ 는 **질량 유량**(mass flux)이다.

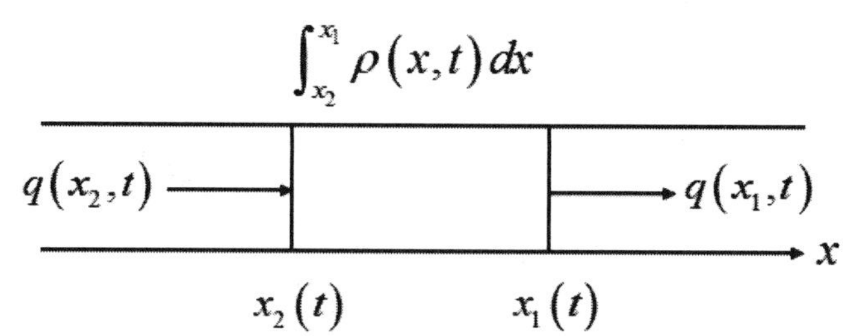

그림 23.10 압축성 유체의 1차원 유동에 대한 질량 보존 법칙

식 (23.46)에서 $x_2 \to x_1$ 인 극한을 취하면 다음 편미분 방정식을 얻으며,

$$\frac{\partial\rho}{\partial t} + \frac{\partial q}{\partial x} = 0, \tag{23.47}$$

여기서 $q = Q(\rho)$ 를 가정하면, 이 관계를 위 식에 대입하여 다음을 얻는다.

$$\frac{\partial\rho}{\partial t}+\frac{dQ}{d\rho}\frac{\partial\rho}{\partial x}=\frac{\partial\rho}{\partial t}+c(\rho)\frac{\partial\rho}{\partial x}=0,\ c(\rho)\equiv\frac{dQ}{d\rho}. \tag{23.48}$$

식 (23.46)과 같이 적분 형태로 주어진 방정식으로부터 극한을 취하여 식 (23.48)와 같은 편미분 방정식을 얻는 과정을 **국부화**(localization)라고 부르며, 식 (23.46)은 질량 보존 법칙의 **광역형**(global form), 식 (23.48)은 **국부형**(local form)이라고 부른다. 식 (23.46)과 (23.48)은 모두 하나의 물리 법칙인 질량 보존 법칙을 수학적으로 표현한 식들이지만, 두 식의 다른 점은 $\rho(x,t)$의 미분 가능성이다. 국부형인 식 (23.48)의 해 $\rho(x,t)$는 연속인 1계 편도함수 ρ_x와 ρ_t를 가져야 하지만, 광역형인 식 (23.46)의 해 $\rho(x,t)$는 x에 대해 적분 가능이기만 하면 되므로, 국부화에 의해 미지 함수의 **유연성**(smoothness)에 대한 조건이 매우 심화된다는 것을 알 수 있다.

만약 $Q(\rho)$를 다음과 같이 2차 방정식으로 근사할 수 있다고 하자.

$$Q(\rho)=\frac{k}{2}\rho^2+\rho+C. \tag{23.49}$$

여기서 $k>0$로 주어진 상수이고, C는 임의의 상수이다. 이 식을 식 (23.48)에 대입하여 다음을 얻으며,

$$\frac{\partial\rho}{\partial t}+(1+k\rho)\frac{\partial\rho}{\partial x}=0,\quad c(\rho)=1+k\rho, \tag{23.50}$$

이 식은 식 (23.13)과 같은 식임을 확인할 수 있다. 따라서 식 (23.50)의 연속해를 구하는 것이 어려운 경우에 대해서는 대신 식 (23.46)을 고려할 수도 있다는 점을 알 수 있다.

유체의 밀도가 어떤 점에서 무한히 큰 변화율을 가진다는 것은, $\rho(x,t)$가 그 점에서 불연속, 즉 **점프**(jump)를 가진다는 것을 뜻한다. 이와 같은 점프를 공기역학에서는 **충격파**(shock wave)라고 부르므로, 여기서도 같은 명칭을 사용하기로 하면, 이 절의 도입부에서 제기된 문제인 $t>t_b$인 영역에 대한 해는 충격파를 허용함으로써 얻을 수 있다. 물론 충격파를 허용한다는 것은 국부형인 식 (23.50) 대신에 광역형인 식 (23.46)을 사용하여 문제를 푼다는 것을 뜻한다.

질량 보존 법칙의 광역형인 식 (23.46)을 사용하기로 하면, $x\in(x_2,x_1)$인 구간 내의 $x=s(t)$에 충격파가 발생한 경우에 대해 다음을 얻는다.

$$\frac{d}{dt}\left\{\int_{x_2}^{s}\rho(x,t)dx+\int_{s}^{x_1}\rho(x,t)dx\right\}=q(x_2,t)-q(x_1,t). \tag{23.51}$$

x_1, x_2가 고정되어 있다고 하면, **라이프니쯔 규칙**(Leibniz rule)을 사용하여 이 식으로부터 다음을 얻는데,

$$\left\{\int_{x_2}^{s}\frac{\partial\rho}{\partial t}dx+\rho(s^-,t)\frac{ds}{dt}+\int_{s}^{x_1}\frac{\partial\rho}{\partial t}dx-\rho(s^+,t)\frac{ds}{dt}\right\}-q(x_2,t)+q(x_1,t)=0, \tag{23.52}$$

여기서 s^-, s^+는 각각 s의 좌극한, 우극한을 뜻한다.

이 식에서 $\frac{ds}{dt}=\dot{s}$으로 표기하고, $x_2 \to s^-$, $x_1 \to s^+$의 극한을 취하면, 적분 구간이 무한히 작을 때, 연속인 함수의 적분은 영으로 수렴하는 것을 이용하여 다음 결과를 얻는다.

$$\{\rho(s^-,t)-\rho(s^+,t)\}\dot{s}+\{q(s^+,t)-q(s^-,t)\}=0. \tag{23.53}$$

함수의 불연속점에서의 점프를 다음과 같이 [ ]를 써서 나타내기로 하면,

$$[f(x)]=f(x^+)-f(x^-), \tag{23.54}$$

식 (23.53) 좌변의 { } 안의 양들은 점프를 사용하여 나타낼 수 있으므로, $x=s(t)$에서의 점프에 대해 다음 결과를 얻는다.

$$-[\rho]\dot{s}+[q]=0. \tag{23.55}$$

이 식을 식 (23.47)과 비교하면 점프, 또는 충격파의 전파 속도 $\dot{s}$에 대해 다음과 같은 **대응성**(correspondence)을 얻음에 유의한다.

$$\frac{\partial}{\partial t}=-[\ ]\dot{s},\ \frac{\partial}{\partial x}=[\ ]. \tag{23.56}$$

따라서 충격파의 전파 속도, 또는 줄여서 **충격 속도**(shock speed) $\dot{s}$ 에 대해 다음 결과를 얻으며,

$$\dot{s} = \frac{[q]}{[\rho]} = \frac{q_1 - q_2}{\rho_1 - \rho_2}. \tag{23.57}$$

여기서 하첨자 1은 불연속점의 우극한, 2는 좌극한을 뜻하고, 이 식은 통상 **점프 조건**(jump condition)이라고 불린다.

예를 들어 $Q(\rho)$가 식 (23.49)와 같이 주어진다면, 충격 속도 $\dot{s}$ 을 다음과 같이 얻는다.

$$\dot{s} = \frac{q_1 - q_2}{\rho_1 - \rho_2} = 1 + \frac{k}{2}(\rho_1 + \rho_2). \tag{23.58}$$

식 (23.50)에 주어진 바와 같이 파도의 전파 속도 $c(\rho) = 1 + k\rho$이므로, 충격 속도는 점프의 좌우 극한이 가지는 속도의 평균치임을 확인할 수 있다.

위에서 얻은 점프 조건의 적용 예를 보이기 위해 식 (23.50)의 비선형 파동 방정식에 대해 다음과 같은 **내리막 사다리 함수**(backward slope function)가 초기 조건으로 주어진 경우를 생각해 보기로 한다([그림 23.11] 참조).

$$\rho_0(x) = \begin{cases} 1, & x < 0, \\ 1 - x, & x \in [0,1], \\ 0, & x > 1. \end{cases} \tag{23.59}$$

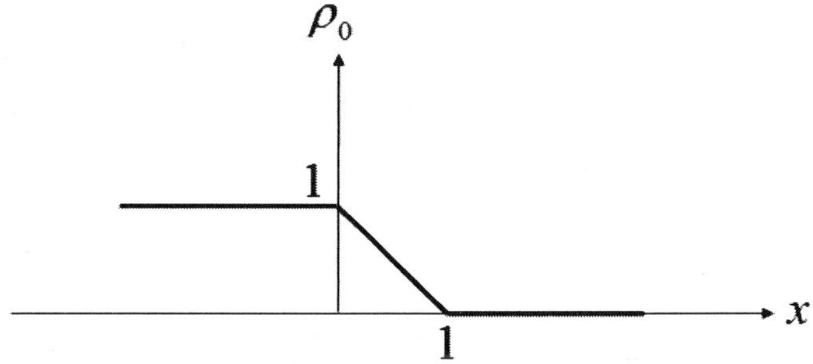

그림 23.11 내리막 사다리 함수로 주어진 초기 조건

이 경우에 대해 특성곡선은 식 (23.16)으로부터 다음과 같이 주어지므로,

$$x(t) = \{1 + k\rho_0(\xi)\}t + \xi,\ x(0) = \xi, \tag{23.60}$$

$\xi \in (-\infty, 0]$ 인 파도에 대해서는 $x(t) = (1+k)t + \xi$, 또 $\xi \in [1, \infty)$ 인 파도에 대해서는 $x(t) = t + \xi$를 얻으므로, 각각 $c_1 = 1$, $c_2 = 1+k$의 속도로 전파한다([그림 23.12] 참조).

[그림 23.12]에 보인 바와 같이 $t < t_b$인 영역에 대해서는 연속해가 존재하는데, 식 (23.60)의 첫째 식을 $\xi \in [0,1]$ 의 ξ에 대해 정리하여 다음을 얻으므로,

$$\xi = \frac{x - (1+k)t - t}{1 - kt}, \tag{23.61}$$

따라서 식 (23.17)로부터 연속해를 다음과 같이 얻는다.

$$\rho(x,t) = \frac{1 - x + t}{1 - kt},\ x \in [(1+k)t, t+1],\ t < t_b. \tag{23.62}$$

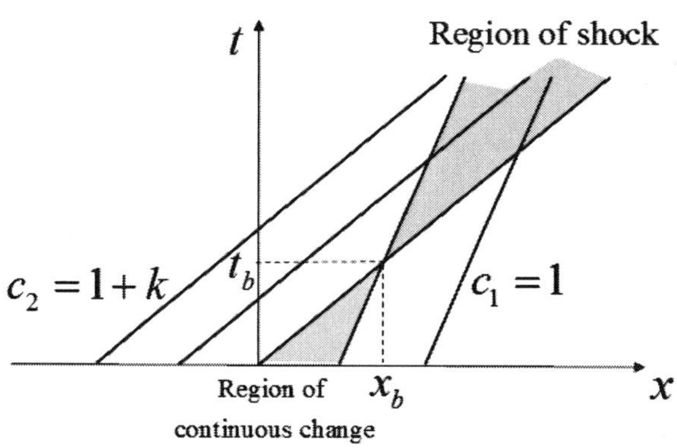

그림 23.12 초기 조건이 내리막 사다리 함수로 주어진 경우에 대한 특성곡선

이 식에 따르면, $\xi \in [0,1]$에 대해 연속해가 주어지는 구간의 길이는 시간이 지남에 따라 짧아지고, 파도의 기울기의 절대값 즉 $\left|\frac{\partial \rho}{\partial x}\right| = \frac{1}{1-kt}$ 은 시간에 따라 점차 증가하다가, $t = t_b = k^{-1}$ 에서 ∞ 가 되어, $t > t_b$ 인 영역에 대해서는 불연속해를 고려해야 함을 알 수 있다.

한편, [그림 23.12]에 보인 바와 같이 $t > t_b$인 경우에는 특성곡선들이 만나는 영역이 있으며, 또 식 (23.62)에 따르면 주어진 $t < t_b$에 대해 $\xi \in [0,1]$에 상응하는 ρ는 x에 대해 항상 선형으로 변화한다. 따라서 $\left|\frac{\partial \rho}{\partial x}\right| \to \infty$가 되는 t_b는 $\xi = 0$, $\xi = 1$인 경우를 고려하여 식 (23.60)으로부터 다음과 같이 얻는다.

$$x(t) = (1+k)t = t+1, \quad \therefore t_b = k^{-1}, \ x_b = k^{-1}+1. \tag{23.63}$$

물론 위에서 얻은 t_b의 값은 식 (23.62)로부터 $\left|\frac{\partial \rho}{\partial x}\right| \to \infty$을 적용하여 얻어지는 t의 값과 같음을 확인할 수 있다.

충격파에 대해 $\rho_1 = 0$, $\rho_2 = 1$이므로, 불연속해는 다음과 같이 주어지며,

$$\rho(x,t) = \begin{cases} 1, x < s(t), \\ 0, x > s(t), \end{cases} \tag{23.64}$$

따라서 충격 속도는 식 (23.58)로부터 다음과 같이 주어지는데,

$$\dot{s} = 1 + \frac{k}{2}(\rho_1 + \rho_2) = 1 + \frac{k}{2}. \tag{23.65}$$

이 식 우변의 k는 주어진 상수이므로, 충격 속도 역시 상수이며, 충격파는 다음과 같은 직선을 따라 전파한다([그림 23.13] 참조).

$$(s - x_b) = \left(1 + \frac{k}{2}\right)(t - t_b), \quad \therefore s(t) = \left(1 + \frac{k}{2}\right)t + \frac{1}{2}. \tag{23.66}$$

그러므로 $t > t_b$인 영역에 대해, 국부형인 식 (23.50) 대신 광역형인 식 (23.46)을 푸는 것이 허용된다면, 점프의 크기가 1인 충격파가 위 식으로 주어지는 직선을 따라 전파함을 알 수 있다.

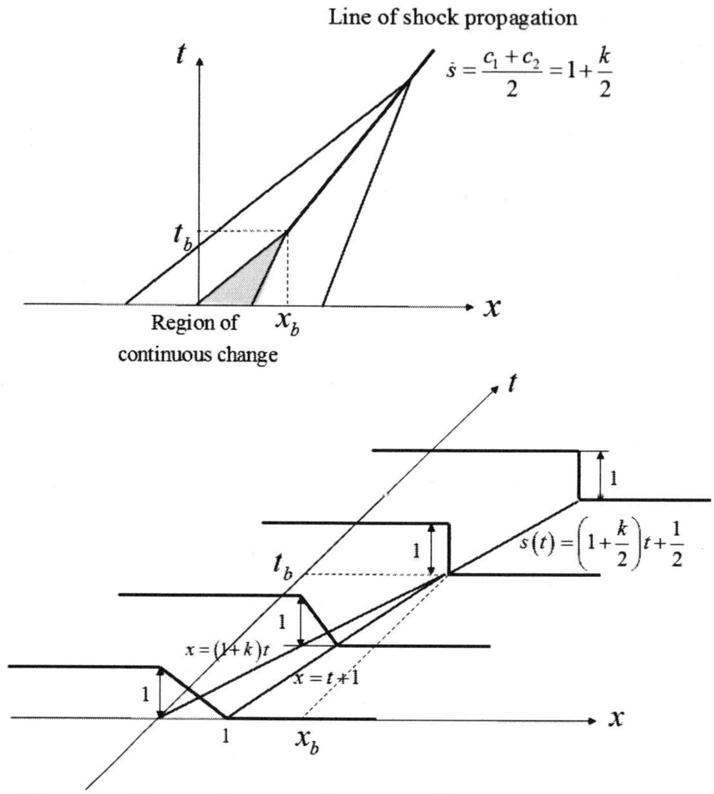

그림 23.13 초기 조건이 내리막 사다리 함수로 주어진 경우에 대한 충격파를 포함하는 해

[그림 23.13]에 보인 바와 같이 내리막 사다리 함수가 초기 조건으로 주어진 경우, 그 해는 $t \geq t_b$ 인 영역에서 내리막 계단 함수로 바뀌어 충격파를 나타내며, 이와 같은 현상은 앞 절에서 보인 바와 같이 오르막 사다리 함수 또는 오르막 계단 함수가 초기 조건으로 주어진 경우, 모든 $t > 0$ 에 대해 연속해를 얻을 수 있었던 것과는 상당히 대조되는 결과이다.

위에서는 질량 보존 법칙이라는 물리적 법칙을 사용하여 식 (23.50) 대신 식 (23.46)을 사용하는 것을 정당화하였으며, 또한 그로부터 얻은 점프 조건인 식 (23.55) 또는 (23.56)을 사용하여 불연속인 해를 얻었다. 그러나 일반적인 형태의 편미분 방정식에 대해 점프를 포함하는 해를 허용할 수 있기 위해서는 이와 같이 물리적 법칙에만 의존하는 방법으로는 수학적 정당성이 확보되지 않으므로, 편미분 방정식의 해의 개념을 확장, 즉 **약해**(weak solution)의 개념을 도입하여 이와 같은 정당성을 확보하는데, 이에 대해서는 이승준(2017a)〈18〉, 또는 Whitham(1974)〈19〉을 참조하기 바란다.

연습문제

1. 다음 문제의 해를 특성곡선법을 사용하여 구하시오.

$$\phi_t + \phi_x = 0,\ x \in (0, \infty),\ t \in (0, \infty), \tag{연23.1}$$

$$\phi(x, 0) = \sin x,\ x \in (0, \infty), \tag{연23.2}$$

$$\phi(0, t) = e^{-t},\ t \in (0, \infty). \tag{연23.3}$$

2. 다음 문제를 특성곡선법을 사용하여 해석하시오.

$$\phi_t - x\phi\phi_x = 0,\ x \in (-\infty, \infty),\ t \in (-\infty, \infty), \tag{연23.4}$$

$$\phi(x, 0) = x,\ x \in (-\infty, \infty). \tag{연23.5}$$

c_1, c_2를 적분 상수라고 할 때, 다음과 같은 형태의 해를 먼저 얻고,

$$\phi(x, t) = c_2,\ x = c_1 e^{-c_2 t}, \tag{연23.6}$$

또 특성곡선과 초기 조건을 고려하여 다음을 얻은 후,

$$c_1 = c_2 = \xi, \tag{연23.7}$$

이들을 식 (연23.6)에 대입하여 결국 다음과 같은 암시적인(implicit) 해를 얻음을 보이시오.

$$x = \phi e^{-\phi t}. \tag{연23.8}$$

3. 다음 문제의 해를 특성곡선법을 사용하여 구하시오.

$$\phi_t + 2t\phi_x = 0,\ x \in (-\infty, \infty),\ t \in (-\infty, \infty), \tag{연23.9}$$

$$\phi(x, 0) = 1 + x^2,\ x \in (0, 1). \tag{연23.10}$$

$(x, t) = \left(1, \frac{1}{2}\right)$에서의 ϕ를 구하고, 주어진 문제의 해가 결정될 수 있는 영역을 구하시오.

4. 다음 문제를 특성곡선법을 사용하여 해석하시오.

$$\phi_t + 2t\phi_x = x,\ x \in (-\infty, \infty),\ t \in (-\infty, \infty), \tag{연23.11}$$

$$\phi(x, 0) = 1 + x^2,\ x \in (0, 1). \tag{연23.10}$$

c_1, c_2를 적분 상수라고 할 때, 다음과 같은 형태의 해를 먼저 얻고,

$$\phi(x, t) = \frac{1}{3}t^3 + c_1 t + c_2, \tag{연23.12}$$

또 특성곡선과 초기 조건을 고려하여 다음을 얻은 후,

$$c_1 = \xi = x - t^2,\ c_2 = 1 + \xi^2 = 1 + (x - t^2)^2, \tag{연23.13}$$

이들을 식 (연23.12)에 대입하여 결국 다음과 같은 해를 얻음을 보이시오.

$$\phi(x, t) = x^2 - 2xt^2 + t^4 - \frac{2}{3}t^3 + xt + 1. \tag{연23.14}$$

$(x, t) = \left(1, \frac{1}{2}\right)$에서의 ϕ를 구하고, [연습문제 3]의 해와 비교하여 논하시오.

5. 다음 문제를 특성곡선법을 사용하여 해석하시오.

$$\phi_t + \phi_x = \phi^2,\ x \in (-\infty, \infty),\ t \in (-\infty, \infty), \tag{연23.15}$$

$$\phi(x,0) = f(x),\ x \in (-\infty, \infty). \tag{연23.16}$$

c_1, c_2를 적분 상수라고 할 때, 다음과 같은 형태의 해를 먼저 얻고,

$$\phi(x,t) = -\frac{1}{t+c_2},\ x = t + c_1, \tag{연23.17}$$

또 특성곡선과 초기 조건을 고려하여 다음을 얻은 후,

$$c_1 = \xi = x - t,\ c_2 = -\frac{1}{f(\xi)} = -\frac{1}{f(x-t)}, \tag{연23.18}$$

이들을 식 (연23.17)에 대입하여 결국 다음과 같은 해를 얻음을 보이시오.

$$\phi(x,t) = \frac{f(x-t)}{1-tf(x-t)}. \tag{연23.19}$$

$f(x) < 0$일 때와 $f(x) > 0$일 때에 대해 각각 해가 존재하는 영역에 대해 논하시오.

24장

2계 편미분 방정식의 분류

이 장에서는 두 개의 독립 변수 x, y의 함수인 미지 함수 $\phi(x,y)$에 대한 2계 편미분 방정식을 생각하기로 한다. 단 그에 앞서 두 개의 미지 함수, $u(x,y)$, $v(x,y)$에 대한 연립 1계 편미분 방정식을 생각한다. 이 문제에 대한 코쉬 문제를 고려함에 있어 앞 장에서 보았던 특성곡선을 다시 만나게 될 것이다.

일반적인 형태의 $\phi(x,y)$에 대한 2계 편미분 방정식에, $u \equiv \phi_x(x,y)$, $v \equiv \phi_y(x,y)$를 도입함으로써 주어진 2계 편미분 방정식을 연립 1계 편미분 방정식으로 바꾸어, 이 계가 가지는 특성곡선의 수에 따라 2계 편미분 방정식을 분류할 수 있음을 보일 것이다.

1절에서는 연립 1계 편미분 방정식에 대한 코쉬 문제를 특성곡선을 도입하여 풀 수 있음을 보일 것이며, 2절에서는 앞 절에서의 논의를 이용하여 2계 편미분 방정식을 특성곡선의 수에 따라 쌍곡선형, 포물선형, 타원형으로 분류할 수 있음을 보이고, 각각의 경우에 대한 대표적인 예로 파동 방정식, 확산 방정식, 라플라스 방정식에 대해 생각한다. 3절에서는 2계 선형 편미분 방정식은 특성곡선을 이용한 좌표 변환에 의해 쌍곡선형은 파동 방정식, 포물선형은 확산 방정식, 타원형은 라플라스 방정식으로 각각 바꾸어 쓸 수 있음을 보이고, 4절에서는 물리학에서 자주 만나게 되는 전형적인 편미분 방정식들에 대해 간단히 논의하기로 한다.

24.1 특성곡선

2계 편미분 방정식을 생각하기 전에 다음과 같이 주어진 매우 일반적인 형태라고 볼 수 있는 두 개의 미지 함수, $u(x,y)$, $v(x,y)$에 대한 연립 1계 편미분 방정식에 대해 생각하기로 한다.

$$a_1 u_x + b_1 u_y + c_1 v_x + d_1 v_y = f_1, \tag{24.1}$$

$$a_2 u_x + b_2 u_y + c_2 v_x + d_2 v_y = f_2 . \tag{24.2}$$

여기서 a_i, b_i, c_i, d_i, f_i, $i = 1,2$는 x, y, u, v의 함수로 주어졌다고 한다.

위 문제와 관련된 **코쉬 문제**(Cauchy problem)는 다음과 같이 쓸 수 있다. (x, y) 평면 상의 영역 R 내부의 곡선 Γ 상에서 u, v의 값이 주어졌을 때, 이를 만족하고, 또 위의 연립 편미분 방정식을 R에서 만족하는 해를 구하시오([그림 24.1] 참조).

곡선 Γ 상의 임의의 점을 P라고 하고, 이에 인접한 R 내부의 임의의 점을 Q라고 하면, 점 Q에서의 u, v는 다음과 같이 쓸 수 있을 것이다.

$$u(Q) = u(P) + du , \; du = u_x dx + u_y dy , \tag{24.3}$$

$$v(Q) = v(P) + dv , \; dv = v_x dx + v_y dy . \tag{24.4}$$

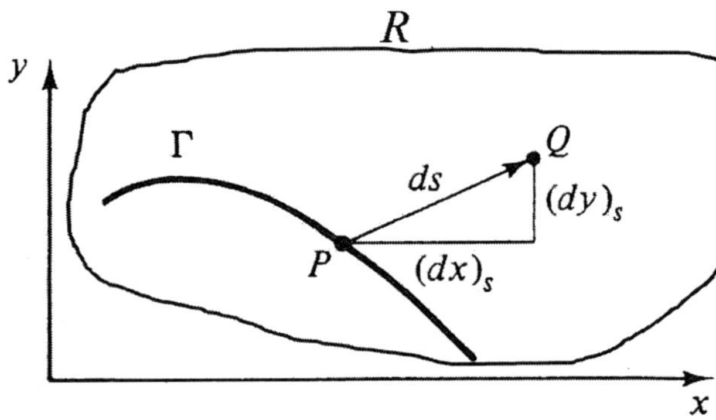

그림 24.1 연립 1계 편미분 방정식에 대한 코쉬 문제

이제 식 (24.3), (24.4)의 둘째 식들은 식 (24.1), (24.2)와 더불어 미지 함수 u_x, u_y, v_x, v_y에 대한 1차 연립 방정식으로 볼 수 있으며 행렬을 이용하여 다음과 같이 다시 쓸 수 있다.

$$\begin{pmatrix} a_1 & b_1 & c_1 & d_1 \\ a_2 & b_2 & c_2 & d_2 \\ dx & dy & 0 & 0 \\ 0 & 0 & dx & dy \end{pmatrix} \begin{pmatrix} u_x \\ u_y \\ v_x \\ v_y \end{pmatrix} = \begin{pmatrix} f_1 \\ f_2 \\ du \\ dv \end{pmatrix} . \tag{24.5}$$

물론 이 식 우변의 du, dv는 알려져 있지 않지만, Γ 상에서는 u, v가 주어져 있으므로 du, dv를 구할 수 있으며, 이를 이용하면 위의 식으로부터 Γ 상에서의 u_x, u_y, v_x, v_y를 구할 수 있다. 단 이때 만약 계수 행렬의 행렬값이 영인 경우에는 Γ 상에서의 u_x, u_y, v_x, v_y를 구할 수 없으므로, 이 경우에 대해 생각하기로 하면, 행렬값이 0이라는 조건으로부터 9.2절의 [정의 9.3]에서 소개한 라플라스 전개를 이용하여 다음을 얻는다.

$$\det\begin{pmatrix} a_1 & b_1 & c_1 & d_1 \\ a_2 & b_2 & c_2 & d_2 \\ dx & dy & 0 & 0 \\ 0 & 0 & dx & dy \end{pmatrix} = -dx\begin{vmatrix} a_1 & b_1 & d_1 \\ a_2 & b_2 & d_2 \\ dx & dy & 0 \end{vmatrix} + dy\begin{vmatrix} a_1 & b_1 & c_1 \\ a_2 & b_2 & c_2 \\ dx & dy & 0 \end{vmatrix}$$

$$= -(dx)^2\begin{vmatrix} b_1 & d_1 \\ b_2 & d_2 \end{vmatrix} + dx\,dy\begin{vmatrix} a_1 & d_1 \\ a_2 & d_2 \end{vmatrix} + dx\,dy\begin{vmatrix} b_1 & c_1 \\ b_2 & c_2 \end{vmatrix} - (dy)^2\begin{vmatrix} a_1 & c_1 \\ a_2 & c_2 \end{vmatrix}$$

$$= \alpha(dy)^2 + 2\beta\,dy\,dx + \gamma(dx)^2 = 0, \tag{24.6}$$

$$\alpha \equiv a_2c_1 - a_1c_2,\ 2\beta = a_1d_2 - a_2d_1 + b_1c_2 - b_2c_1,\ \gamma \equiv b_2d_1 - b_1d_2. \tag{24.7}$$

식 (24.6)의 마지막 식을 $(dx)^2$으로 나누어 다음을 얻는데,

$$\alpha\left(\frac{dy}{dx}\right)^2 + 2\beta\frac{dy}{dx} + \gamma = 0, \tag{24.8}$$

이 식이 성립하면 주어진 곡선 Γ 상에서 u_x, u_y, v_x, v_y를 구할 수 없다. 이 식을 $\dfrac{dy}{dx}$에 대한 2차 방정식으로 보면 다음 결과를 얻으며,

$$\left(\frac{dy}{dx}\right)_{\pm} = \frac{-\beta \pm \sqrt{\beta^2 - \alpha\gamma}}{\alpha}, \tag{24.9}$$

만약 a_i, b_i, c_i, d_i, $i = 1,2$가 x, y만의 함수이면, 위 식은 1계 상미분 방정식이고, 이 식을 적분하여 곡선 Γ 상에서 u_x, u_y, v_x, v_y를 구할 수 없는 곡선의 형태를 구할 수 있다.

어떤 경우라도 식 (24.9)를 만족하는 곡선을 주어진 코쉬 문제의 **특성곡선**(characteristic curves 또는 characteristics)이라고 부르며, 위의 논의로부터 곡선 Γ가 특성곡선이 아니면 식 (24.5)를 이용하여 u_x, u_y, v_x, v_y를 구할 수 있고, 이를 이용하며 결국 $u(Q)$, $v(Q)$를 구할 수 있다.

식 (24.9)로부터 판별식 $\Delta = \beta^2 - \alpha\gamma$의 크기에 따라 세 가지 경우가 발생함을 알 수 있는데,

1) $\Delta > 0$ 이면 두 개의 특성곡선이 존재하며,
2) $\Delta = 0$ 이면 한 개의 특성곡선이 존재하고,
3) $\Delta < 0$ 이면 특성곡선이 존재하지 않는다.

23.1절에서 다루었던 1계 편미분 방정식인 식 (23.3)에 대한 특성곡선으로 $x = const.$인 직선들을 얻었다. 한편, 식 (23.3)에 대한 부속 조건으로는 초기 조건이 주어졌으므로, $t = 0$ 인 직선이 코쉬 문제에서의 Γ에 상응한다고 할 수 있다. 만약 식 (23.3)에 대한 부속 조건으로 $x = const.$ 인 직선 상에서 ϕ가 만족해야 하는 조건이 주어졌다고 하면, 특성곡선이 모두 그 직선에 평행하므로, 23.1절에서 논의한 바와 같은 방법으로 해를 구할 수 없었을 것이다. 다시 말하면 23.1절에서 얻었던 특성곡선과 식 (24.9)로 정의되는 특성곡선은 동일한 성질, 즉 추가로 주어진 부속 조건으로부터 영역 R 내부에서의 해를 구할 수 있게 해주는 성질을 가지고 있어 그 용어가 일관됨을 알 수 있다.

24.2 2계 선형 편미분 방정식의 분류

이제 미지 함수 $\phi(x,y)$에 대한 다음과 같은 비교적 일반적인 형태의 2계 편미분 방정식이 주어졌다고 하자.

$$A\phi_{xx} + 2B\phi_{xy} + C\phi_{yy} = F. \tag{24.10}$$

여기서 A, B, C, F는 x, y, ϕ, ϕ_x, ϕ_y 의 함수로 주어졌다고 한다.

식 (24.10)에 $u \equiv \phi_x$, $v \equiv \phi_y$를 도입하고, 또 $u_y = v_x$ 임을 이용하여 다음과 같은 연립 1계 편미분 방정식을 얻는다.

$$Au_x + 2Bu_y + Cv_y = F, \tag{24.11}$$

$$u_y - v_x = 0. \tag{24.12}$$

이 식들과 식 (24.1), (24.2)를 비교하여 다음을 얻으며,

$$a_1 = A,\ b_1 = 2B,\ c_1 = 0,\ d_1 = C,\ f_1 = F, \tag{24.13}$$

$$a_2 = 0,\ b_2 = 1,\ c_2 = -1,\ d_2 = 0,\ f_2 = 0, \tag{24.14}$$

이들을 식 (24.7)에 대입하여 다음을 얻는다.

$$\alpha = A,\ 2\beta = -2B,\ \gamma = C. \tag{24.15}$$

식 (24.8), (24.9)에 식 (24.15)를 대입하면 특성곡선의 기울기에 대해 다음을 얻는다.

$$A\left(\frac{dy}{dx}\right)^2 - 2B\frac{dy}{dx} + C = 0, \tag{24.16}$$

$$\left(\frac{dy}{dx}\right)_{\pm} = \frac{B \pm \sqrt{B^2 - AC}}{A}. \tag{24.17}$$

따라서 판별식에 대해 다음을 얻으며,

$$\triangle = B^2 - AC, \tag{24.18}$$

이 식 우변의 부호에 따라 위에서 고려한 세 경우가 발생하는데, 주어진 식 (24.10)은 각각의 경우에 대해 다음과 같이 불린다.

1) $\triangle > 0$, 두 개의 특성곡선, **쌍곡선형**(hyperbolic type),
2) $\triangle = 0$, 한 개의 특성곡선, **포물선형**(parabolic type),
3) $\triangle < 0$, 특성곡선 존재하지 않음, **타원형**(elliptic type).

식 (24.10)에서 A, B, C가 x, y만의 함수로 주어지고, 또 F가 x, y 및 ϕ, ϕ_x, ϕ_y의 함수이며, ϕ, ϕ_x, ϕ_y에 대해서는 선형 함수라고 하면, 식 (24.10)은 2계 선형 편미분 방정식이 되며, 아래에서는 세 개의 전형적인 2계 선형 편미분 방정식에 대해 생각하기로 한다.

1) **파동 방정식**(wave equation)
파동 방정식이라고 불리는 다음 방정식에 대해 생각해 보자.

$$\phi_{tt} - a^2 \phi_{xx} = 0. \tag{24.19}$$

여기서 a는 주어진 양의 실수이며, 변수 y가 시간 변수 t로 바뀌었음에 유의한다. 이 식을 식 (24.10)과 비교하면 다음을 얻고,

$$A = -a^2,\ B = 0,\ C = 1, \tag{24.20}$$

이를 식 (24.18)에 대입하여 $\Delta = a^2 > 0$임을 얻으므로, 식 (24.19)의 파동 방정식은 쌍곡선형이며, 두 개의 특성곡선을 가짐을 알 수 있다.

식 (24.17)에 식 (24.20)을 대입하면 특성곡선의 기울기를 다음과 같이 얻으며,

$$\left(\frac{dt}{dx}\right)_{\pm} = \pm \frac{1}{a}, \tag{24.21}$$

이 식을 적분하여 특성곡선을 다음과 같이 얻고,

$$t_+ = \frac{x}{a} + const.,\ t_- = -\frac{x}{a} + const., \tag{24.22}$$

이들은 다음과 같이 바꾸어 쓸 수 있다([그림 24.2] 참조).

$$x - at_+ = const.,\ x + at_- = const.. \tag{24.23}$$

다시 말하면 특성곡선은 (x, t) 평면 상에서 기울기가 $\pm a^{-1}$인 직선 군들로 주어진다.

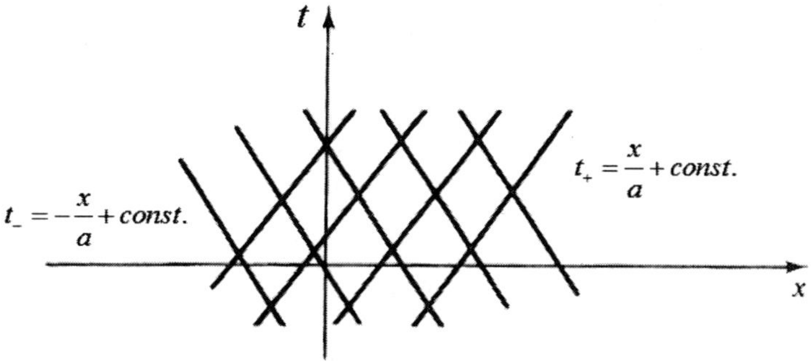

그림 24.2 파동 방정식에 대한 특성곡선

2) **열전도 방정식**(heat conduction equation) 또는 **확산 방정식**(diffusion equation)
확산 방정식이라고 불리는 다음 방정식에 대해 생각해 보자.

$$\phi_t - k\phi_{xx} = 0. \tag{24.24}$$

여기서 k는 주어진 양의 실수라고 하며, 변수 y가 시간 변수 t로 바뀌었음에 유의한다. 이 식을 식 (24.10)과 비교하면 다음을 얻고,

$$A = -k,\ B = 0,\ C = 0, \tag{24.25}$$

이를 식 (24.18)에 대입하여 $\Delta = 0$임을 얻으므로, 식 (24.24)의 확산 방정식은 포물선형이며, 한 개의 특성곡선을 가짐을 알 수 있다.

식 (24.17)에 식 (24.25)를 대입하면 확산 방정식, 식 (24.24)의 특성곡선의 기울기를 다음과 같이 얻으며,

$$\frac{dt}{dx} = 0, \tag{24.26}$$

이 식을 적분하여 특성곡선을 다음과 같이 얻는데,

$$t = const., \tag{24.27}$$

다시 말하면 특성곡선은 (x, t) 평면 상에서 x축에 평행한 직선 군으로 주어진다.

3) **라플라스 방정식**(Laplace equation)
라플라스 방정식이라고 불리는 다음 방정식에 대해 생각해 보자.

$$\phi_{xx} + \phi_{yy} = 0. \tag{24.28}$$

이 식을 식 (24.10)과 비교하면 다음을 얻고,

$$A = 1,\ B = 0,\ C = 1, \tag{24.29}$$

이를 식 (24.18)에 대입하여 $\Delta = -1 < 0$임을 얻으므로, 식 (24.28)의 라플라스 방정식은 타원형이며, 특성곡선을 가지지 않음을 알 수 있다.

특성곡선의 수에 따라 해를 구하는 방법도 달라지지만, 해가 존재하기 위해 주어져야 하는 부속 조건들도 달라진다. 특성곡선 상에 부속 조건이 주어지면 해를 구할 수 없었음을 상기하면, 쌍곡선형인 파동 방정식의 경우에는 초기 조건, 즉 x축 상에서 조건이 주어지면 식 (24.23)으로 주어지는 두 개의 특성곡선을 따라 초기 조건이 전파될 것임을 알 수 있다. 한편, 포물선형인 확산 방정식의 경우에는 특성곡선이 x축에 평행한 직선이므로, 예를 들어 $x = 0$가 고려 중인 영역의 경계일 때, $x = 0$에서의 경계 조건이 주어져야 함을 알 수 있다. 또한 타원형인 라플라스 방정식의 경우에는 특성곡선이 존재하지 않으므로, 영역 내부의 해를 결정하는데 임의의 곡선 Γ 상에서의 조건만으로는 충분치 않을 것임을 알 수 있다([그림 24.3] 참조). 예를 들어 20.1절에서 고려한 디리클레 문제와 같이 주어진 영역의 경계면 전체에서 미지 함수의 값이 알려져야 영역 내부의 함수의 값을 구할 수 있다.

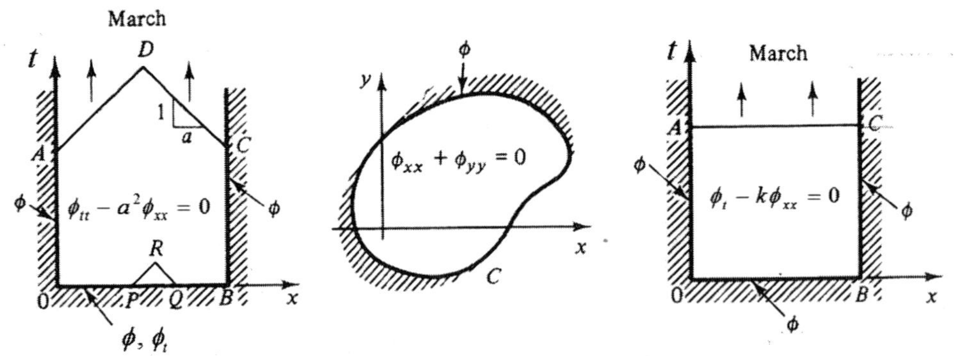

그림 24.3 특성곡선의 수에 따른 부속 조건

다음 장들의 논의로부터 보다 확실해지겠지만 쌍곡선형인 파동 방정식의 경우에는 초기치 문제로 주어질 수 있으며, 해를 구할 수 있는 영역이 t가 증가하는 방향으로 열린 영역일 수 있다. 또한 초기 조건의 일부가 바뀌면 그에 영향을 받는 영역은 제한적이며, 초기 조건의 불연속성은 영역 내부로 그대로 전파될 수 있다.

타원형인 라플라스 방정식의 경우에는 경계치 문제로 주어질 수 있으며, 닫힌 영역의 모든 경계 상에서 경계 조건이 주어져야 영역 내부의 해를 결정할 수 있다. 한편, 경계 조건의 일부가 바뀌면 영역 내부의 모든 점이 그에 의한 영향을 받으며, 해는 주어진 영역 내부에서는 정칙으로 불연속성을 가지지 않는다.

포물선형인 확산 방정식의 경우에는 초기치-경계치 문제로 주어질 수 있으며, 해를 구할 수 있는 영역이 t가 증가하는 방향으로 열린 영역일 수 있고, 또 이 방정식은 t의 방향을 바꿀 수 없는 단방향성 현상에 대한 수학적 표현임에 유의한다. 초기 조건 및 경계 조건의 일부가 바뀌면 그에 의한 영향을 받는 영역은 제한적이며, 이 방정식의 해는 특성곡선, 즉 x축에 평행한 직선 상에서는 x에 대해 정칙이지만, 일반적인 x, t에 대해서는 정칙이 아닐 수도 있다.

24.3 2계 선형 편미분 방정식의 정준형

이 절에서는 앞 절에서 고려한 파동 방정식, 확산 방정식, 라플라스 방정식이 사실은 각각의 쌍곡선형, 포물선형, 타원형 방정식의 **정준형**(canonical form), 다시 말하면 각각의 경우에 속하는 방정식은 이들 세 방정식으로 변환될 수 있음을 보이기로 한다.

먼저 앞 절에서 논의한 2계 선형 편미분 방정식, 식 (24.10)과 이 방정식에 대한 특성곡선의 기울기가 만족해야 하는 식 (24.16), (24.17)을 아래에 다시 보였다.

$$A\phi_{xx}+2B\phi_{xy}+C\phi_{yy}=F, \tag{24.10}$$

$$A\left(\frac{dy}{dx}\right)^2-2B\frac{dy}{dx}+C=0, \tag{24.16}$$

$$\left(\frac{dy}{dx}\right)_{\pm}=\frac{B\pm\sqrt{B^2-AC}}{A}. \tag{24.17}$$

1) 파동 방정식

이 방정식에 대해서는 식 (24.23)에서 구한 특성곡선을 이용하여 다음과 같은 변환을 이용하기로 한다.

$$\xi = x - at, \ \eta = x + at. \tag{24.30}$$

미지 함수를 $\phi(\xi, \eta)$로 간주하여 이 함수가 만족해야 하는 편미분 방정식을 구하기 위해 다음을 생각하고,

$$\phi_x = \phi_\xi \xi_x + \phi_\eta \eta_x = \phi_\xi + \phi_\eta, \ \phi_t = \phi_\xi \xi_t + \phi_\eta \eta_t = -a\phi_\xi + a\phi_\eta, \tag{24.31}$$

$$\phi_{xx} = (\phi_\xi + \phi_\eta)_\xi \xi_x + (\phi_\xi + \phi_\eta)_\eta \eta_x = \phi_{\xi\xi} + 2\phi_{\xi\eta} + \phi_{\eta\eta}, \tag{24.32}$$

$$\phi_{tt} = a(-\phi_\xi + \phi_\eta)_\xi \xi_t + a(-\phi_\xi + \phi_\eta)_\eta \eta_t = a^2(\phi_{\xi\xi} - 2\phi_{\xi\eta} + \phi_{\eta\eta}), \tag{24.33}$$

식 (24.32), (24.33)을 식 (24.19)의 파동 방정식에 대입하면 다음을 얻는다.

$$\phi_{tt} - a^2\phi_{xx} = -4a^2\phi_{\xi\eta} = 0, \ \therefore \phi_{\xi\eta} = 0. \tag{24.34}$$

따라서 파동 방정식은 위의 마지막 식과 같은 형태로도 주어질 수 있다.

한편 쌍곡선형의 방정식인 경우에는 식 (24.17)로 주어지는 두 개의 특성곡선이 존재하므로, 이들 두 개의 특성곡선을 새로운 좌표계로 사용하기로 하면 다음과 같이 쓸 수 있다.

$$\xi = \psi_+(x,y), \ \eta = \psi_-(x,y). \tag{24.35}$$

여기서 $\psi_\pm(x,y)$는 1계 상미분 방정식인 식 (24.17)의 해로 얻어진다.

미지 함수를 $\phi(\xi, \eta)$로 간주하여 이 함수가 만족해야 하는 편미분 방정식을 구하기 위해 다음을 생각한다.

$$\phi_x = \phi_\xi \xi_x + \phi_\eta \eta_x, \ \phi_y = \phi_\xi \xi_y + \phi_\eta \eta_y, \tag{24.36}$$

$$\phi_{xx} = (\phi_\xi \xi_x + \phi_\eta \eta_x)_\xi \xi_x + (\phi_\xi \xi_x + \phi_\eta \eta_x)_\eta \eta_x = \phi_{\xi\xi}\xi_x^2 + 2\phi_{\xi\eta}\xi_x \eta_x + \phi_{\eta\eta}\eta_x^2, \tag{24.37}$$

$$\phi_{xy} = (\phi_\xi \xi_x + \phi_\eta \eta_x)_\xi \xi_y + (\phi_\xi \xi_x + \phi_\eta \eta_x)_\eta \eta_y$$
$$= \phi_{\xi\xi}\xi_x \xi_y + \phi_{\xi\eta}(\xi_x \eta_y + \xi_y \eta_x) + \phi_{\eta\eta}\eta_x \eta_y, \tag{24.38}$$

$$\phi_{yy} = (\phi_\xi \xi_y + \phi_\eta \eta_y)_\xi \xi_y + (\phi_\xi \xi_y + \phi_\eta \eta_y)_\eta \eta_y = \phi_{\xi\xi}\xi_y^2 + 2\phi_{\xi\eta}\xi_y \eta_y + \phi_{\eta\eta}\eta_y^2. \tag{24.39}$$

식 (24.37), (24.38), (24.39)에서 ξ_{xx}, ξ_{xy}, ξ_{yy}, η_{xx}, η_{xy}, η_{yy}와 관련된 항들은 ϕ의 2계 편도함수 항들을 포함하지 않고, 따라서 2계 편미분 방정식의 형태 상 분류에는 영향을 미치지 않으며, 항상 방정식의 우변에 포함시킬 수 있으므로 무시하였다.

이제 식 (24.37), (24.38), (24.39)를 식 (24.10)에 대입하여 다음을 얻는다.

$$A\phi_{xx} + 2B\phi_{xy} + C\phi_{yy} = (A\xi_x^2 + 2B\xi_x \xi_y + C\xi_y^2)\phi_{\xi\xi}$$
$$+ 2\{A\xi_x \eta_x + B(\xi_x \eta_y + \xi_y \eta_x) + C\xi_y \eta_y\}\phi_{\xi\eta}$$
$$+ (A\eta_x^2 + 2B\eta_x \eta_y + C\eta_y^2)\phi_{\eta\eta} = 0. \tag{24.40}$$

여기서 편의상 $F \equiv 0$으로 취하였다.

식 (24.40) 첫째 등호 우변의 $\phi_{\xi\xi}$의 계수에 대해서는 다음을 얻는데,

$$A\xi_x^2 + 2B\xi_x \xi_y + C\xi_y^2 = \xi_y^2 \left\{ A\left(\frac{\xi_x}{\xi_y}\right)^2 + 2B\left(\frac{\xi_x}{\xi_y}\right) + C \right\}, \tag{24.41}$$

ξ의 미분을 취하여 특성곡선에 대해 다음을 얻고,

$$d\xi = \xi_x dx + \xi_y dy = 0, \quad \therefore \frac{\xi_x}{\xi_y} = -\left(\frac{dy}{dx}\right)_+, \tag{24.42}$$

이를 식 (24.41)에 대입하여 다음을 얻는다.

$$A\xi_x^2 + 2B\xi_x \xi_y + C\xi_y^2 = \xi_y^2 \left\{ A\left(\frac{dy}{dx}\right)_+^2 - 2B\left(\frac{dy}{dx}\right)_+ + C \right\} = 0. \tag{24.43}$$

여기서 마지막 등호는 특성곡선이 만족해야 하는 식 (24.16)으로부터 얻었다.

또 $\phi_{\eta\eta}$의 계수에 대해서는 다음을 얻으며,

$$A\eta_x^2 + 2B\eta_x\eta_y + C\eta_y^2 = \eta_y^2\left\{A\left(\frac{\eta_x}{\eta_y}\right)^2 + 2B\left(\frac{\eta_x}{\eta_y}\right) + C\right\}, \tag{24.44}$$

η의 미분을 취하여 특성곡선에 대해 다음을 얻으므로,

$$d\eta = \eta_x dx + \eta_y dy = 0, \quad \therefore \frac{\eta_x}{\eta_y} = -\left(\frac{dy}{dx}\right)_-, \tag{24.45}$$

이를 식 (24.44)에 대입하여 다음 결과를 얻는다.

$$A\eta_x^2 + 2B\eta_x\eta_y + C\eta_y^2 = \eta_y^2\left\{A\left(\frac{dy}{dx}\right)_-^2 - 2B\left(\frac{dy}{dx}\right)_- + C\right\} = 0. \tag{24.46}$$

여기서 마지막 등호는 위에서와 같이 식 (24.16)으로부터 얻었다.

따라서 식 (24.43), (24.46)을 식 (24.40)에 대입하면 다음을 얻고,

$$\{A\xi_x\eta_x + B(\xi_x\eta_y + \xi_y\eta_x) + C\xi_y\eta_y\}\phi_{\xi\eta} = 0, \tag{24.47}$$

이 식 좌변 $\phi_{\xi\eta}$의 계수에 대해서는 다음을 얻는다.

$$\begin{aligned} A\xi_x\eta_x + B(\xi_x\eta_y + \xi_y\eta_x) + C\xi_y\eta_y &= \xi_y\eta_y\left\{A\frac{\xi_x}{\xi_y}\frac{\eta_x}{\eta_y} + B\left(\frac{\xi_x}{\xi_y} + \frac{\eta_x}{\eta_y}\right) + C\right\} \\ &= \xi_y\eta_y\left[A\left(\frac{dy}{dx}\right)_+\left(\frac{dy}{dx}\right)_- - B\left\{\left(\frac{dy}{dx}\right)_+ + \left(\frac{dy}{dx}\right)_-\right\} + C\right] \\ &= -2\frac{\xi_y\eta_y}{A}(-AC + B^2) \neq 0. \end{aligned} \tag{24.48}$$

여기서 둘째 등호는 식 (24.42), (24.45)를 이용하여, 셋째 등호는 식 (24.17)로부터 얻는 $\left(\frac{dy}{dx}\right)_+\left(\frac{dy}{dx}\right)_- = \frac{C}{A}$, $\left(\frac{dy}{dx}\right)_+ + \left(\frac{dy}{dx}\right)_- = \frac{2B}{A}$를 이용하고, 또 마지막 등호는 주어진 편미분 방정식 (24.10)이 쌍곡선형이므로, 판별식 $\Delta > 0$임을 이용하여 각각 얻었다.

그러므로 주어진 편미분 방정식 (24.10)이 쌍곡선형일 경우에는 식 (24.47)로부터 다음을 얻으며,

$$\phi_{\xi\eta} = 0\,, \tag{24.49}$$

이 식은 파동 방정식에 대해 얻은 식 (24.34)의 마지막 식과 같으므로, 파동 방정식 또는 식 (24.49)는 쌍곡선형 방정식의 정준형으로 간주할 수 있다.

2) 확산 방정식

포물선형의 2계 선형 편미분 방정식이 주어진 경우에는 식 (24.17)로 주어지는 특성곡선이 하나만 존재하므로, x 와 이 특성곡선을 새로운 좌표계로 사용하기로 하면 다음과 같이 쓸 수 있고,

$$\xi = x\,,\ \eta = \psi(x,y)\,, \tag{24.50}$$

여기서 $\psi(x,y)$ 는 1계 상미분 방정식인 식 (24.17)의 해로 얻어진다.

미지 함수를 $\phi(\xi,\eta)$ 로 간주하여 이 함수가 만족해야 하는 편미분 방정식을 구하기 위해 식 (24.37), (24.38), (24.39)를 이용하는데, 위의 변환으로부터 $\xi_x = 1$, $\xi_y = 0$ 을 얻으므로 이를 대입하여 다음을 얻는다.

$$\phi_{xx} = \phi_{\xi\xi} + 2\phi_{\xi\eta}\eta_x + \phi_{\eta\eta}\eta_x^2\,, \tag{24.51}$$

$$\phi_{xy} = \phi_{\xi\eta}\eta_y + \phi_{\eta\eta}\eta_x\eta_y\,, \tag{24.52}$$

$$\phi_{yy} = \phi_{\eta\eta}\eta_y^2\,. \tag{24.53}$$

이제 식 (24.51), (24.52), (24.53)을 식 (24.10)에 대입하여 다음을 얻는다.

$$A\phi_{xx} + 2B\phi_{xy} + C\phi_{yy} = A\phi_{\xi\xi}$$
$$+2\left(A\eta_x + B\eta_y\right)\phi_{\xi\eta} + \left(A\eta_x^2 + 2B\eta_x\eta_y + C\eta_y^2\right)\phi_{\eta\eta} = F(\xi,\eta,\phi,\phi_\xi,\phi_\eta)\,. \tag{24.54}$$

이 식 첫째 등호 우변의 $\phi_{\xi\eta}$ 의 계수에 대해서는 다음을 얻는데,

$$A\eta_x + B\eta_y = \eta_y\left(A\frac{\eta_x}{\eta_y} + B\right), \tag{24.55}$$

η의 미분을 취하여 특성곡선에 대해 다음을 얻고,

$$d\eta = \eta_x dx + \eta_y dy = 0, \quad \therefore \frac{\eta_x}{\eta_y} = -\frac{dy}{dx}, \tag{24.56}$$

이를 식 (24.55)에 대입하여 다음 결과를 얻는다.

$$A\eta_x + B\eta_y = A\eta_y\left(-\frac{dy}{dx} + \frac{B}{A}\right) = 0. \tag{24.57}$$

여기서 마지막 등호는 식 (24.17)로부터 얻었다.

또한 $\phi_{\eta\eta}$의 계수에 대해서는 다음을 얻으며,

$$\begin{aligned} A\eta_x^2 + 2B\eta_x\eta_y + C\eta_y^2 &= \eta_y^2\left\{A\left(\frac{\eta_x}{\eta_y}\right)^2 + 2B\left(\frac{\eta_x}{\eta_y}\right) + C\right\} \\ &= \eta_y^2\left\{A\left(\frac{dy}{dx}\right)^2 - 2B\left(\frac{dy}{dx}\right) + C\right\} = 0, \end{aligned} \tag{24.58}$$

여기서 둘째 등호는 식 (24.56), 또 마지막 등호는 식 (24.16)으로부터 얻었다.

따라서 식 (24.57), (24.58)을 식 (24.54)에 대입하면 다음을 얻는다.

$$A\phi_{\xi\xi} = F(\xi, \eta, \phi, \phi_\xi, \phi_\eta), \quad \therefore \phi_{\xi\xi} = \frac{F(\xi, \eta, \phi, \phi_\xi, \phi_\eta)}{A}. \tag{24.59}$$

그러므로 주어진 편미분 방정식 (24.10)이 포물선형일 경우, 그 정준형은 식 (24.59)의 마지막 식과 같이 얻어지며, 확산 방정식은 이미 정준형으로 주어진 것임을 알 수 있다.

3) 라플라스 방정식

타원형의 2계 선형 편미분 방정식이 주어진 경우에는 특성곡선이 존재하지는 않지만, $\triangle = B^2 - AC < 0$ 이므로 복소수를 도입하여 식 (24.17)을 다음과 같이 쓸 수 있다.

$$\frac{dy}{dx} = \frac{B + i\sqrt{AC - B^2}}{A}. \tag{24.60}$$

물론 이 식은 1계 상미분 방정식인데, 위와 같이 주어진 $\frac{dy}{dx}$ 는 식 (24.16)을 만족하며, 위 식의 해를 $\psi(x, y)$ 라고 하면, ψ 는 복소함수이므로 다음과 같이 두 실함수 $\xi(x, y)$, $\eta(x, y)$ 를 도입하여 나타낼 수 있다.

$$\psi(x, y) = \xi + i\eta. \tag{24.61}$$

이 두 실함수 ξ, η 를 새로운 좌표계로 사용하기로 한다.

$\psi(x, y) = const.$ 는 식 (24.60)을 만족하므로 이를 미분하여 다음을 얻으며,

$$d\psi = \psi_x dx + \psi_y dy = 0, \quad \therefore \frac{\psi_x}{\psi_y} = -\frac{dy}{dx} = \frac{\xi_x + i\eta_x}{\xi_y + i\eta_y}, \tag{24.62}$$

위 식의 마지막 관계를 식 (24.16)에 대입하여 다음을 얻는다.

$$A\left(\frac{\xi_x + i\eta_x}{\xi_y + i\eta_y}\right)^2 + 2B\frac{\xi_x + i\eta_x}{\xi_y + i\eta_y} + C = 0,$$

$$\therefore A(\xi_x + i\eta_x)^2 + 2B(\xi_x + i\eta_x)(\xi_y + i\eta_y) + C(\xi_y + i\eta_y)^2 = 0. \tag{24.63}$$

식 (24.63)의 마지막 식의 실수부와 허수부를 따로 쓰면 다음을 얻는다.

$$A(\xi_x^2 - \eta_x^2) + 2B(\xi_x \xi_y - \eta_x \eta_y) + C(\xi_y^2 - \eta_y^2) = 0, \tag{24.64}$$

$$A\xi_x \eta_x + 2B(\xi_x \eta_y + \xi_y \eta_x) + C\xi_y \eta_y = 0. \tag{24.65}$$

미지 함수를 $\phi(\xi,\eta)$로 간주하면 주어진 편미분 방정식, 식 (24.10)은 식 (24.40)과 같이 바꾸어 쓸 수 있는데, 식 (24.64)에 따르면 $\phi_{\xi\xi}$와 $\phi_{\eta\eta}$의 계수는 같고, 식 (24.65)에 따르면 $\phi_{\xi\eta}$의 계수는 0이므로, 식 (24.40)으로부터 결국 다음 결과를 얻는다.

$$A\phi_{xx}+2B\phi_{xy}+C\phi_{yy}=\left(A\xi_x^2+2B\xi_x\xi_y+C\xi_y^2\right)\left(\phi_{\xi\xi}+\phi_{\eta\eta}\right)=0. \tag{24.66}$$

여기서 편의상 $F\equiv 0$으로 취하였다. 위 식의 첫째 등호 우변의 첫째 ( ) 안의 항이 만약 0이 되면 $-\dfrac{\xi_x}{\xi_y}$가 $\dfrac{dy}{dx}$가 만족하는 식을 만족하는 결과가 되는데, 이는 식 (24.17)에서 $\Delta=B^2-AC<0$이므로 모순이 되며, 따라서 첫째 ( ) 안의 항은 0이 될 수 없고, 결국 다음을 얻는다.

$$\phi_{\xi\xi}+\phi_{\eta\eta}-0. \tag{24.67}$$

그러므로 주어진 편미분 방정식, 식 (24.10)이 타원형일 경우, 그 정준형은 식 (24.67)과 같이 얻어지며, 라플라스 방정식은 이미 정준형으로 주어진 것임을 알 수 있다.

이상으로 2계 선형 편미분 방정식은 타원형, 포물선형, 쌍곡선형에 대해 각각 라플라스 방정식, 확산 방정식, 파동 방정식을 그 정준형으로 볼 수 있음을 보였으며, 따라서 2계 선형 편미분 방정식은 위의 세 방정식에 대한 논의를 통해 다룰 수 있다는 것을 알 수 있고, 25장, 26장, 27장에서는 이들에 대해 차례로 다루기로 한다.

24.4 대표적인 방정식들

앞 절에서 본 바와 같이 미지 함수 $\phi(x,y)$가 만족하는 2계 편미분 방정식, 식 (24.10)이 선형일 경우, 파동 방정식, 확산 방정식, 라플라스 방정식이 각각 쌍곡선형, 포물선형, 타원형에 대한 정준형이므로 2계 선형 편미분 방정식에 대해서는 다음 장들에서 보일 바와 같이 꽤 일반적인 논의를 진행할 수 있다.

이외에도 물리학에서 자주 다루게 되는 편미분 방정식 중에는 비선형 편미분 방정식들과, 3계 이상의 편도함수를 포함하는 고계 편미분 방정식들을 생각할 수 있다. 아래에서는 이와 같은 방정식의 대표적인 예들에 대해 간단히 알아보기로 한다.

라플라스 방정식의 우변에 0이 아닌 함수가 주어지는, 예를 들어 2차원 **이상유체**(ideal fluid)의 **정상 유동**(steady flow)에서 특이점 분포 $f(x,y)$가 주어진 경우 **속도 포텐셜**(velocity potential) $\phi(x,y)$는 다음과 같은 식을 만족한다.

$$\phi_{xx}+\phi_{yy}=f(x,y). \tag{24.68}$$

이 식은 **프와송 방정식**(Poisson equation)이라고 불리며, 이에 대해서는 25장에서 다루게 될 것이다.

비선형 편미분 방정식으로, 미지 함수 $\phi(x,t)$에 대한 확산 방정식인 식 (24.24)에 비선형 항 $\phi\phi_x$가 추가된 다음과 같은 형태의 **버거스 방정식**(Burgers equation)이 있다.

$$\phi_t+\phi\phi_x-k\phi_{xx}=0. \tag{24.69}$$

여기서 k는 주어진 양의 실수이다. 이 식은 확산성과 비선형성의 균형에 의해 어떠한 현상이 일어나는가를 보여주는 모형으로 확산 방정식과 관련하여 26장에서 다루게 될 것이다.

또한 공기역학에서 다루는 **이상기체**(ideal gas)의 1차원 **등엔트로피 유동**(isentropic flow)에 대한 질량 보존과 운동량 보존 법칙은 유체 중에서의 음속 $a(x,t)$와 x방향 속도 $u(x,t)$에 대해 다음과 같은 형태로 주어질 수 있다.

$$u_t+uu_x+\alpha aa_x=0,\ \alpha\equiv\frac{2}{(\gamma-1)}, \tag{24.70}$$

$$a_t+ua_x+\alpha^{-1}au_x=0. \tag{24.71}$$

여기서 γ는 해당 기체의 **비열비**(ratio of specific heats)이다. 이 문제는 1절에서 고려한 연립 1계 편미분 방정식, 식 (24.1), (24.2)의 예로 볼 수 있으며 27장에서 이 문제와 관련하여 간단히 논의할 것이다.

3계 편도함수를 포함하는 비선형 편미분 방정식의 예로 미지 함수 $\phi(x,t)$에 대해 다음과 같은 형태로 주어지는 **KdV 방정식**(Korteweg-de Vries equation)이 있다

$$\phi_t+(c_0+\alpha\phi)\phi_x+\beta\phi_{xxx}=0. \tag{24.72}$$

여기서 c_0, α, β는 모두 주어진 양의 실수이다. 이 식은 파동과 관련하여 **약한 분산성**(weak dispersion)과 **약한 비선형성**(weak nonlinearity)의 균형에 의해 어떠한 현상이 일어나는가를 보여주는 모형이다.

또한 위에서 고려한 KdV 방정식으로부터 비선형 항 $\phi\phi_x$을 제거한, 다음과 같은 형태의 **선형 KdV 방정식**(linearized Korteweg-de Vries equation)을 고려할 수도 있다.

$$\phi_t + \phi_x + \beta\phi_{xxx} = 0. \tag{24.73}$$

이 식은 약한 분산성을 가지는 천수파에 대한 모형이며, 분산성 파동과 관련하여 식 (24.72), (24.73)은 28장에서 다룰 것이다.

위에서 언급한 KdV 방정식은 파동의 전파 방향을 한 방향, 즉 양의 x방향으로 제한시킨 모형이었으나, 두 방향 모두 허용하는 비선형 분산성 파동과 관련된 모형으로 다음과 같은 형태로 주어지는 **부즈네스크 방정식**(Boussinesq equation)이 있다.

$$\phi_{tt} - c_0^2\phi_{xx} + (\phi_t\phi_{xx} + \alpha\phi_x\phi_{xt}) - \beta^2\phi_{xxtt} = 0. \tag{24.74}$$

여기서 c_0, α, β는 모두 주어진 양의 실수이다. 위에서 ( )의 비선형 항들이 무시된 모형은 선형 부즈네스크 방정식이라고 불린다.

한편, 미지 함수 $\phi(x, y)$가 정의된 영역 내에서 주어진 편미분 방정식의 형태가 쌍곡선형, 포물선형, 타원형의 어느 하나로 확정할 수 없는 다음과 같은 형태의 **트리코미 방정식**(Tricomi equation)이 있다.

$$(1 - M^2)\phi_{xx} + \phi_{yy} = 0. \tag{24.75}$$

여기서 $M = M(x, y)$으로 **마하 수**(Mach number)인데 영역 내에서 구간 $[0, \infty)$ 내의 어떤 값도 가질 수 있으므로 이와 같은 문제를 다루는 경우에는 선형 문제임에도 불구하고 편미분 방정식의 형태를 세 경우 중 어느 하나로 확정할 수 없다. 위 문제는 초음속 날개 단면 주위의 **천이음속 유동**(transonic flow)에 대한 방정식으로 주어진다.

이외에도 무수히 많은 편미분 방정식들을 생각할 수 있겠지만, 여기서는 기본적으로 중요한 문제들에 대해 논의하는 것에 그치기로 하고, 그 외의 많은 문제들에 대한 논의는 편미분 방정식에 대한 고전인 John(1982)〈16〉, Garabedian(1964)〈17〉 등으로 미루기로 한다.

연습문제

1. 다음 2계 선형 편미분 방정식들의 형태를 분류하고, 만약 영역에 따라 다른 형태에 속하는 경우에는 그 영역들을 구하시오.

   1) $\rho(x)\phi_{tt} = \phi_{xx} + f(x)e^{i\omega t}$, $\rho(x) > 0$,

   2) $\phi_{xx} + (1-x^2)\phi_{yy} = e^{-x}$,

   3) $\phi_t = (1-\phi)^2 \phi_{xx}$.

2. 다음 방정식들을 정준형으로 변환하시오.

   1) $\epsilon^2 \phi_{xx} + \phi_{yy} = 0$,

   2) $\phi_{xx} - x^2\phi_{yy} = \kappa\phi^3$,

   3) $\phi_{xx} + 2\phi_{xt} + \phi_{tt} = f(x,t)$.

   여기서 ϵ과 κ는 주어진 상수이다.

3. 식 (24.10)에서 $A=1$, $B=0$, $C=-1$, $F=\phi_x - y$라고 할 때, 이와 같은 방정식의 형태와 특성곡선을 구하고, 이 방정식의 해에 대해 논하시오.

4. 식 (24.10)에서 $A=1$, $B=-1$, $C=1$, $F=-3\phi_x + \phi - 1$이라고 할 때, 이와 같은 방정식의 형태와 특성곡선을 구하고, 이 방정식의 해에 대해 논하시오.

5. 식 (24.10)에서 $A=1$, $B=0$, $C=-y^2$, $F=-\sin(x+y)$라고 할 때, 이와 같은 방정식을 그 정준형으로 변환하고, 그 일반해가 다음과 같음을 보이시오.

$$\phi(x,y) = e^x \int_0^x e^\alpha \cos(\alpha + ye^{\alpha - x})\, d\alpha + e^x f(ye^{-x}) + g(x). \qquad (\text{연}24.1)$$

   여기서 f, g는 임의의 함수이다.

25장

타원형 방정식; 라플라스 방정식

이 장에서는 2계 선형 편미분 방정식 중 타원형 방정식의 전형적인 문제인 라플라스 방정식과 관련하여 문제 풀이에 사용하는 기본적인 방법과 개념에 대해 설명하기로 한다.

1절에서는 두 개의 독립 변수를 가지는 미지 함수 $\phi(x,y)$ 에 대해 변수 분리법을 사용하여 주어진 편미분 방정식을 두 개의 상미분 방정식으로 바꾸어 푸는 방법에 대해 소개하는데, 10.3절의 [정리 10.6], Sturm-Liouville 정리의 사용에 유의하기 바라며, 디리클레 및 노이만 경계치 문제에 대해 간단히 논의하기로 한다. 2절에서는 **원판**(circular disk)과 **상반 평면**(upper half plane)에 대한 디리클레 문제를 고려하여 프와송 적분을 구하고, 이 결과로부터 포텐셜의 특성에 대해 알아보기로 한다. 3절에서는 그린 함수를 정의하고, 이를 이용하여 원판과 상반 평면에 대한 디리클레 문제의 해를 구하여 프와송 핵함수가 그린 함수의 법선 방향 도함수로 주어지는 것을 보이며, 또한 노이만 문제의 그린 함수에 대해 간략하게 논의하기로 하는데, 이 부분과 관련된 보다 자세한 논의에 대해서는 Kellogg(1967)〈20〉를 참조하기 바란다. 4절에서는 섭동법의 적용을 날개단면에 대한 박익 이론의 두께 문제와 관련하여 보이기로 하며, 이 부분에 대한 보다 자세한 논의에 대해서는 Van Dyke(1964)〈13〉를 참조하기 바란다.

25.1 변수 분리법

편미분 방정식을 푸는 방법은 23.1절에서 논의한 바와 같이 가능하다면 주어진 편미분 방정식을 상미분 방정식으로 바꾸는 것이다. 이 절에서는 이와 관련하여 가장 기본적으로 사용되는 **변수 분리법**(separation of variables)에 대해 네 개의 예제를 통해 설명하기로 한다.

1) 직사각형 영역

[그림 25.1]에 나타낸, 다음과 같은 **경계치 문제**(boundary value problem)가 주어졌다고 하자.

$$\nabla^2\phi = \phi_{xx} + \phi_{yy} = 0,\ x \in (0, l),\ y \in (0, b), \tag{25.1}$$

$$\phi(x, 0) = f(x),\ \phi(0, y) = \phi(l, y) = \phi(x, b) = 0. \tag{25.2}$$

여기서 l, b는 주어진 양의 실수, $f(x)$는 주어진 함수라고 한다.

이 문제의 해와 관련하여 다음과 같은 가정을 도입하기로 한다.

$$\phi(\underline{x}) \equiv \phi(x, y) = X(x)\, Y(y). \tag{25.3}$$

다시 말하면 x만의 함수인 X와 y만의 함수인 Y의 곱으로 주어지는 형태를 가진 해의 존재를 가정하였다.

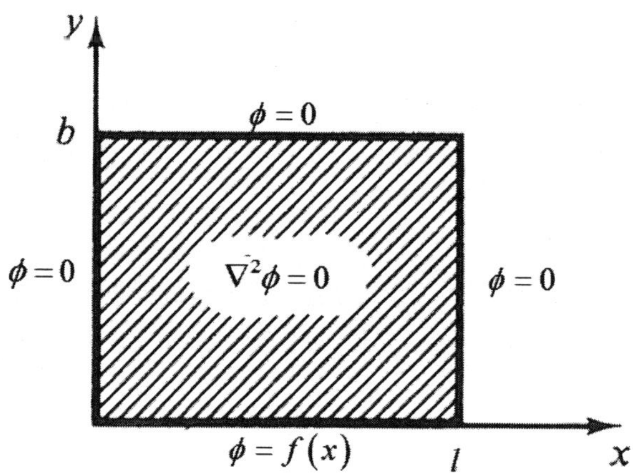

그림 25.1 라플라스 방정식에 대한 경계치 문제

물론 식 (25.3)의 형태를 가진 해가 여러 개 있을 수 있는데, 라플라스 방정식의 **선형성**(linearity) 때문에 만약 그러한 해가 많이 있을 경우에는 그들의 **선형 조합**(linear combination) 역시 라플라스 방정식을 만족할 것이다. 이제 식 (25.3)의 가정을 식 (25.1)에 대입하면 다음을 얻고,

$$Y\frac{d^2X}{dx^2} + X\frac{d^2Y}{dy^2} = 0, \tag{25.4}$$

이 식의 양변을 XY로 나누어 다음을 얻는데,

$$\frac{1}{X}\frac{d^2X}{dx^2}+\frac{1}{Y}\frac{d^2Y}{dy^2}=0,\ \therefore\frac{1}{X}\frac{d^2X}{dx^2}=-\frac{1}{Y}\frac{d^2Y}{dy^2},\tag{25.5}$$

위 식, 마지막 식의 좌변은 x만의 함수이고, 우변은 y만의 함수이므로, 등호가 성립하기 위해서는 양변이 상수가 되어야 하며 양변을 $-k^2$과 같다고 하면, 따라서 다음과 같은 X, Y에 대한 두 개의 상미분 방정식을 얻는다.

$$\frac{d^2X}{dx^2}+k^2X=0,\tag{25.6}$$

$$\frac{d^2Y}{dx^2}-k^2Y=0.\tag{25.7}$$

여기서 k는 양의 실수로 아직 정해지지 않은 상수이며, $-k^2$은 **분리 상수**(separation constant)로 부르기로 한다.

식 (25.3)의 가정을 경계 조건인 식 (25.2)의 둘째 식에 대입하면 다음을 얻으며,

$$X(0)=X(l)=0,\ Y(b)=0,\tag{25.8}$$

아직 식 (25.2)의 첫째 식은 만족시키지 않았음에 유의한다.

식 (25.8)의 첫째 식을 경계 조건으로 하여 식 (25.6)의 해를 구하면 다음을 얻는다.

$$X_n(x)=\sin k_n x,\ k_n\equiv\frac{n\pi}{l},\ n=1,2,\cdots.\tag{25.9}$$

이 결과는 10.3절에서 Sturm-Liouville 이론과 관련하여 얻었던 식 (10.30)과 같다. 다시 말하면 10.3절의 [정리 10.6]의 Sturm-Liouville 정리에 따라 식 (25.9)로 주어지는 함수의 집합은 $L_2(0,l)$의 기저로 사용될 수 있음을 뜻한다.

식 (25.9)로 주어지는 X_n에 상응하는 Y_n을 식 (25.8)의 둘째 식을 경계 조건으로 고려하여 식 (25.7)로부터 구하면 다음을 얻고,

$$Y_n(y)=\sinh k_n(b-y),\ k_n\equiv\frac{n\pi}{l},\ n=1,2,\cdots,\tag{25.10}$$

위의 결과를 종합하여 다음을 얻는다.

$$\phi(\underline{x}) = \sum_{n=1}^{\infty} a_n X_n(x) Y_n(y) = \sum_{n=1}^{\infty} a_n \sin k_n x \sinh k_n (b-y). \tag{25.11}$$

여기서 a_n, $n=1, 2, \cdots$ 은 아직 정해지지 않은 계수이다.

지금까지 만족되지 않은 경계 조건, 식 (25.2)의 첫째 식에 식 (25.11)을 대입하여 다음을 얻는데,

$$\phi(x, 0) = \sum_{n=1}^{\infty} a_n \sinh k_n b \sin k_n x = f(x), \tag{25.12}$$

위에서 논의한 바와 같이 $f(x) \in L_2(0, l)$ 이면 위 식의 a_n 은 **고유 함수**(eigenfunction)의 직교성을 이용하여 다음 관계로부터 구할 수 있다.

$$a_n \sinh k_n b = \frac{(f, X_n)}{(X_n, X_n)} = \frac{2}{l}(f, X_n), \ n = 1, 2, \cdots . \tag{25.13}$$

여기서 (f, X_n) 은 10.3절의 식 (10.36)에서와 같이 다음 식으로 정의된 스칼라곱이며,

$$(f, X_n) = \int_0^l f(\xi) X_n(\xi) d\xi, \tag{25.14}$$

식 (25.13)의 둘째 등호는 다음 결과를 이용하여 얻었다.

$$(X_n, X_n) = \int_0^l \sin^2 k_n \xi \, d\xi = \frac{l}{2}. \tag{25.15}$$

결국 식 (25.13)으로부터 얻는 a_n 을 식 (25.11)에 대입하여 주어진 문제의 해를 다음과 같이 얻는다.

$$\phi(\underline{x}) = \frac{2}{l} \sum_{n=1}^{\infty} (f, \sin k_n \xi) \sin k_n x \frac{\sinh k_n (b-y)}{\sinh k_n b}, \ k_n \equiv \frac{n\pi}{l}. \tag{25.16}$$

예를 들어 10.3절에서 고려했던 바와 같이 $f(x)=100$ 인 경우, 식 (10.44)로부터 식 (25.13)의 우변에 대해 다음을 얻으므로,

$$a_n \sinh k_n b = \frac{2}{l}(100, X_n) = \begin{cases} \dfrac{400}{n\pi}, n=1, 3, \cdots, \\ 0, \quad n=2, 4, \cdots, \end{cases} \tag{25.17}$$

이를 식 (25.16)에 대입하여 다음을 얻는다.

$$\phi(\underline{x}) = \frac{400}{\pi}\sum_{n=1}^{\infty}\frac{\sin k_{2n-1}x}{2n-1}\frac{\sinh k_{2n-1}(b-y)}{\sinh k_{2n-1}b}, \ k_n \equiv \frac{n\pi}{l}. \tag{25.18}$$

이상에서 기술한 변수 분리법은 다른 형태의 선형 편미분 방정식에도 이용될 수 있으므로, 다음에 위의 과정을 단계 별로 정리해 둔다.

단계 1, 식 (25.3);

각 변수만의 함수의 곱으로 미지 함수를 가정한다.

단계 2, 식 (25.6), (25.7), (25.8);

위의 가정을 주어진 편미분 방정식에 대입하여 각 함수에 대한 상미분 방정식을 얻는다. 이때 경계 조건, 또는 초기 조건으로부터 상미분 방정식에 대한 조건을 얻는데, 만족시키지 못한 부분은 나중에 만족시켜야 함에 유의한다.

단계 3, 식 (25.11);

각각의 상미분 방정식으로부터 서로 상응하는 다수의 해를 얻는데, 이들은 10.3절의 [정리 10.6], Sturm-Liouville 정리에서 밝힌 바와 같이 L_2 에 속하는 함수들을 고유 함수 전개하는데 사용할 수 있는 기저임에 유의한다.

단계 4, 식 (25.16);

고유 함수 전개로 얻어진 해에 포함된 미정 계수를, 아직 만족되지 않은 경계 조건을 사용하여 구할 수 있으며, 이때 고유 함수의 직교성을 이용한다.

위에서 생각한 식 (25.1), (25.2)의 경계치 문제, 즉 모든 경계에서 미지 함수의 값이 주어지고, 주어진 영역에서 라플라스 방정식을 만족하는 함수를 구하는 문제는 20.1절에서 소개한 바와 같이 **디리클레 문제**(Dirichlet problem)라고 불린다.

2) 원판 문제

주어진 물체의 경계가 원인 경우에는 라플라스 방정식을 직교 좌표계가 아닌 극 좌표계 (r, θ)로 나타낸 다음과 같은 식을 생각해야 한다(이승준(2010) 참조).

$$\nabla^2\phi = \phi_{rr} + \frac{1}{r}\phi_r + \frac{1}{r^2}\phi_{\theta\theta} = 0. \tag{25.19}$$

[그림 25.2]에 나타낸, 다음과 같은 경계치 문제가 주어졌다고 하자.

$$\nabla^2\phi = \phi_{rr} + \frac{1}{r}\phi_r + \frac{1}{r^2}\phi_{\theta\theta} = 0,\ r \in (0, a),\ \theta \in [0, 2\pi], \tag{25.20}$$

$$\lim_{r \to a}\phi(r, \theta) = f(\theta). \tag{25.21}$$

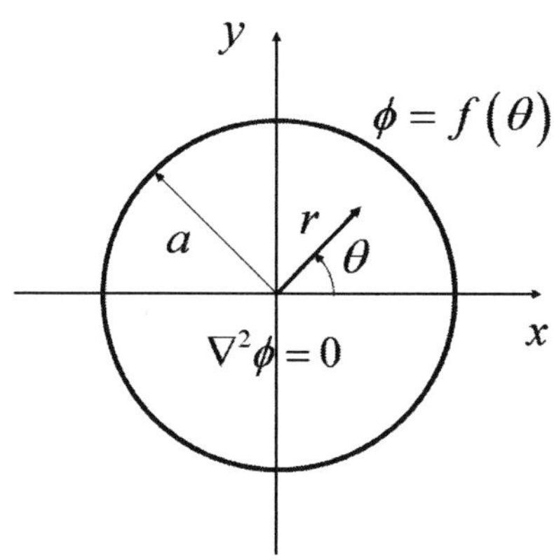

그림 25.2 원판에 대한 디리클레 문제

이 문제에 대해 위에서와 같이 변수 분리법을 적용해 보기로 한다. 먼저 단계 1로 다음과 같이 가정하고,

$$\phi(r, \theta) = R(r)\Theta(\theta), \tag{25.22}$$

이를 식 (25.20)에 대입하여 다음을 얻으며,

$$\Theta\frac{d^2R}{dr^2} + \frac{\Theta}{r}\frac{dR}{dr} + \frac{R}{r^2}\frac{d^2\Theta}{d\theta^2} = 0, \tag{25.23}$$

이 식의 양변에 $\dfrac{r^2}{R\Theta}$ 을 곱하여 다음을 얻는다.

$$\frac{r^2}{R}\frac{d^2R}{dr^2}+\frac{r}{R}\frac{dR}{dr}+\frac{1}{\Theta}\frac{d^2\Theta}{d\theta^2}=0,\ \therefore \frac{r^2}{R}\frac{d^2R}{dr^2}+\frac{r}{R}\frac{dR}{dr}=-\frac{1}{\Theta}\frac{d^2\Theta}{d\theta^2}. \quad (25.24)$$

이 식의 마지막 식의 좌변과 우변은 각각 r, θ만의 함수이므로 위 등식이 성립하기 위해서는 양변이 상수가 되어야 하며, 분리 상수를 k^2으로 취하면 단계 2로 다음을 얻는다.

$$r^2\frac{d^2R}{dr^2}+r\frac{dR}{dr}-k^2R=0, \quad (25.25)$$

$$\frac{d^2\Theta}{d\theta^2}+k^2\Theta=0. \quad (25.26)$$

여기서 k는 양의 실수로 아직 정해지지 않은 상수이다. $k=0$일 때, 식 (25.25)의 해는 ϕ가 상수인 경우를 제외하면 $R=\ln r$을 얻는데, $r=0$이 문제의 영역에 포함되어 있으므로, 영역 내에서 무한히 큰 값을 가지는 해를 제외시키기로 하면, 이하에서는 $k\neq 0$인 경우만 생각하기로 한다.

식 (25.25)는 13.2절에서 다룬 바 있는 코쉬-오일러 방정식이므로, 그 해로 $R=r^{\lambda}$를 가정하고 이를 대입하여 다음을 얻으며,

$$\lambda(\lambda-1)+\lambda-k^2=0,\ \therefore \lambda=\pm k, \quad (25.27)$$

따라서 C, D를 아직 정해지지 않은 실수 계수라고 하면 다음을 얻는데,

$$R(r)=Cr^{-k}+Dr^{k}, \quad (25.28)$$

위에서와 같이 원점이 문제 영역에 포함되어 있으므로, 영역 내에서 무한히 큰 값을 가지는 해를 제외시키기로 하면 $C=0$이 되고 다음을 얻는다.

$$R(r)=r^{k}. \quad (25.29)$$

한편, 식 (25.26)으로부터 그 일반해는 다음과 같이 쓸 수 있으며,

$$\Theta(\theta) = A\cos k\theta + B\sin k\theta, \tag{25.30}$$

위의 해는 θ에 대해 2π의 주기를 가지는 주기 함수가 되어야하므로, $k = n$, $n = 0, 1, 2, \cdots$ 을 얻으며, 따라서 이들을 종합하여 단계 3으로 $\phi(r, \theta)$에 대해 다음 결과를 얻는다.

$$\phi(r, \theta) = \sum_{n=0}^{\infty} r^n \left(A_n \cos n\theta + B_n \sin n\theta\right). \tag{25.31}$$

여기서 A_n, B_n은 아직 정해지지 않은 실수 계수이며, $n = 0$에 상응하는 항은 상수이다.

위에서 식 (25.26)은 Sturm-Liouville 정리를 적용할 수 있는 식이며, 따라서 식 (25.30) 우변의 함수들은 $L_2(0, 2\pi)$에 대해 기저로 사용될 수 있음에 유의한다.

이제 단계 4로 아직까지 만족되지 않은 경계 조건, 식 (25.21)에 식 (25.31)을 대입하여 다음을 얻으며,

$$\phi(a, \theta) = A_0 + \sum_{n=1}^{\infty} a^n \left(A_n \cos n\theta + B_n \sin n\theta\right) = f(\theta), \tag{25.32}$$

이 식은 5.1절의 [정의 5.1]에서 고려한 $f(\theta)$의 푸리에 급수와 본질적으로 같다. $\cos n\theta$, $\sin n\theta$의 직교성을 이용하여 위의 A_n, B_n을 다음과 같이 구할 수 있다.

$$A_0 = \frac{(f, 1)}{(1, 1)} = \frac{1}{2\pi}(f, 1), \tag{25.33}$$

$$a^n A_n = \frac{(f, \cos n\mu)}{(\cos n\mu, \cos n\mu)} = \frac{1}{\pi}(f, \cos n\mu),\ n = 1, 2, \cdots, \tag{25.34}$$

$$a^n B_n = \frac{(f, \sin n\mu)}{(\sin n\mu, \sin n\mu)} = \frac{1}{\pi}(f, \sin n\mu),\ n = 1, 2, \cdots. \tag{25.35}$$

여기서 $(f, \cos n\mu)$는 식 (10.36)에서와 같이 다음 식으로 정의된 스칼라곱이며,

$$(f, \cos n\mu) = \int_0^{2\pi} f(\mu) \cos n\mu d\mu, \tag{25.36}$$

식 (25.33), (25.34), (25.35)의 둘째 등호는 다음 결과를 이용하여 얻었다.

$$(1, 1) = \int_0^{2\pi} d\mu = 2\pi, \int_0^{2\pi} \cos^2 \mu \, d\mu = \int_0^{2\pi} \sin^2 \mu \, d\mu = \pi. \tag{25.37}$$

식 (25.33)으로부터 A_0는 $f(\theta)$의 평균값임을 알 수 있다.

결국 식 (25.33), (25.34), (25.35)를 식 (25.31)에 대입하여 주어진 문제의 해를 다음과 같이 얻는다.

$$\phi(r, \theta) = \frac{(f, 1)}{2\pi} + \frac{1}{\pi} \sum_{n=1}^{\infty} \left(\frac{r}{a}\right)^n \{(f, \cos n\mu) \cos n\theta + (f, \sin n\mu) \sin n\theta\}. \tag{25.38}$$

이 식으로부터 $f(\theta)$의 평균값인 A_0은 $\phi(0, \theta)$, 즉 원점에서의 값임을 알 수 있으며, 디리클레 문제의 해가 가지는 이와 같은 성질과 관련하여서는 다음 절에서 다시 논의하기로 한다.

3) **선형 중첩**(linear superposition)

예제 1)에 대해 얻은 해를 이용하여 선형 중첩에 의해 해를 구할 수 있는 예를 보이기로 한다.

역시 디리클레 문제로 [그림 25.3]에 나타낸 다음과 같은 경계치 문제가 주어졌다고 하자.

$$\nabla^2 \phi = \phi_{xx} + \phi_{yy} = 0, \; x \in (0, l), \; y \in (0, b), \tag{25.39}$$

$$\phi(x, 0) = f(x), \; \phi(0, y) = g(y), \; \phi(l, y) = \phi(x, b) = 0. \tag{25.40}$$

여기서 l, b는 주어진 양의 실수, $f(x)$, $g(y)$는 주어진 함수라고 한다.

이 문제를 푸는데 [그림 25.1]로 주어진 문제의 해를 이용하기 위해 먼저 ϕ를 다음과 같이 분해한다([그림 25.4] 참조).

$$\phi = \Phi + \Psi. \tag{25.41}$$

여기서 $\Phi(x,y)$는 다음과 같은 디리클레 문제의 해이고,

$$\nabla^2\Phi = \Phi_{xx} + \Phi_{yy} = 0,\ x\in(0,l),\ y\in(0,b), \tag{25.42}$$

$$\Phi(x,0) = f(x),\ \Phi(0,y) = \Phi(l,y) = \Phi(x,b) = 0, \tag{25.43}$$

$\Psi(x,y)$는 다음과 같은 디리클레 문제의 해이다.

$$\nabla^2\Psi = \Psi_{xx} + \Psi_{yy} = 0,\ x\in(0,l),\ y\in(0,b), \tag{25.44}$$

$$\Psi(0,y) = g(y),\ \Psi(l,y) = \Psi(x,0) = \Psi(x,b) = 0. \tag{25.45}$$

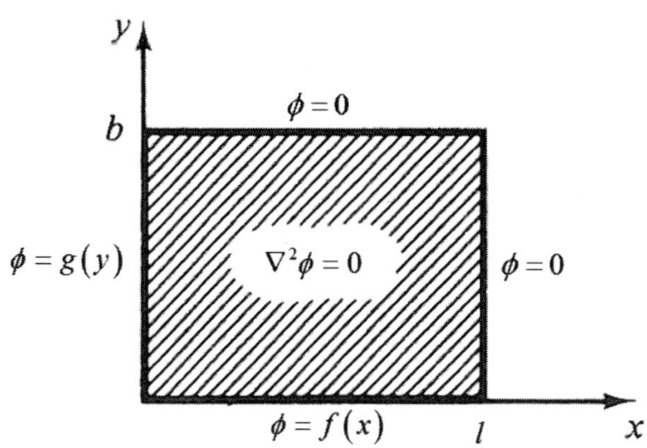

그림 25.3 선형 중첩의 예를 보이는 디리클레 문제

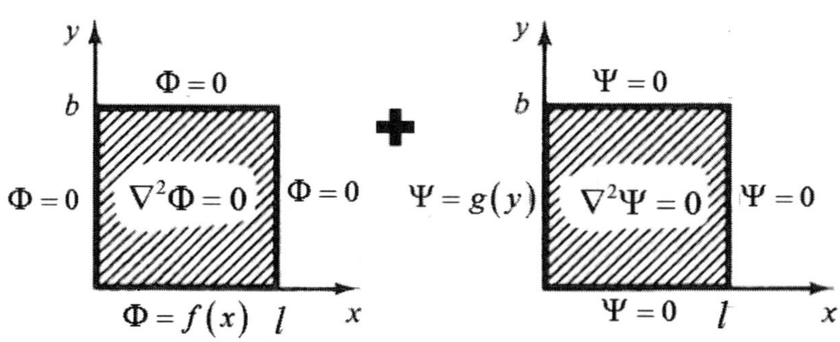

그림 25.4 디리클레 문제의 분해

Φ에 대한 문제, 식 (25.42), (25.43)은 식 (25.1), (25.2)와 같으므로, Φ는 식 (25.16)으로부터 다음과 같이 얻는다.

$$\Phi(\underline{x}) = \frac{2}{l}\sum_{n=1}^{\infty}(f, \sin k_n x) \sin k_n x \frac{\sinh k_n (b-y)}{\sinh k_n b}, \ k_n \equiv \frac{n\pi}{l}. \tag{25.46}$$

한편, Ψ에 대한 문제에 대해 위에서와 같이 변수 분리법을 사용하면, (25.5)를 얻는데, 식 (25.6), (25.7) 대신에 다음을 얻는다.

$$\frac{d^2X}{dx^2} - \kappa^2 X = 0, \tag{25.47}$$

$$\frac{d^2Y}{dx^2} + \kappa^2 Y = 0. \tag{25.48}$$

Φ에 대해서는 분리 상수로 $-k^2$을 취했으나 여기서는 대신 κ^2을 취한 것을 알 수 있다. 이와 같이 분리 상수를 택하는 데는 문제의 성질에 따라 달라질 수 있으므로, 약간의 시행 오차를 겪는 것이 보통이다.

식 (25.45)의 둘째 식인 경계 조건으로부터 다음을 얻으며,

$$Y(0) = Y(b) = 0, \ X(l) = 0, \tag{25.49}$$

먼저 식 (25.49)의 첫째 식을 경계 조건으로 하여 식 (25.48)의 해를 구하면 다음을 얻는다.

$$Y_n(y) = \sin\kappa_n y, \ \kappa_n \equiv \frac{n\pi}{b}, \ n = 1, 2, \cdots . \tag{25.50}$$

Y_n에 상응하는 X_n을 식 (25.49)의 둘째 식을 경계 조건으로 고려하여 구하면 다음을 얻고,

$$X_n(x) = \sinh\kappa_n (l-x), \ \kappa_n \equiv \frac{n\pi}{b}, \ n = 1, 2, \cdots , \tag{25.51}$$

위의 결과를 종합하여 다음을 얻는다.

$$\Psi(\underline{x}) = \sum_{n=1}^{\infty} \alpha_n X_n(x)\, Y_n(y) = \sum_{n=1}^{\infty} \alpha_n \sin\kappa_n y \sinh\kappa_n (l-x), \ \kappa_n = \frac{n\pi}{b}. \quad (25.52)$$

이제 아직까지 만족되지 않은 경계 조건, 식 (25.45)의 첫째 식에 식 (25.52)를 대입하여 다음을 얻고,

$$\Psi(0, y) = \sum_{n=1}^{\infty} \alpha_n \sinh\kappa_n l \sin\kappa_n y = g(y), \quad (25.53)$$

따라서 고유 함수 전개의 계수 α_n은 다음 관계로부터 구할 수 있다.

$$\alpha_n \sinh\kappa_n l = \frac{[g, Y_n]}{[Y_n, Y_n]} = \frac{2}{b}[g, Y_n], \ n = 1, 2, \cdots . \quad (25.54)$$

여기서 $[g, Y_n]$는 식 (10.36)에서와 같이 다음 식으로 정의된 스칼라곱이며,

$$[g, Y_n] = \int_0^b g(\eta)\, Y_n(\eta)\, d\eta, \quad (25.55)$$

식 (25.54)의 둘째 등호는 다음 결과를 이용하여 얻었다.

$$[Y_n, Y_n] = \int_0^b \sin^2\kappa_n \eta\, d\eta = \frac{b}{2}. \quad (25.56)$$

결국 식 (25.54)를 식 (25.52)에 대입하여 Ψ를 다음과 같이 얻고,

$$\Psi(\underline{x}) = \frac{2}{b}\sum_{n=1}^{\infty} [g, \sin\kappa_n \eta] \sin\kappa_n y \frac{\sinh\kappa_n (l-x)}{\sinh\kappa_n l}, \ \kappa_n = \frac{n\pi}{b}, \quad (25.57)$$

식 (25.46), (25.57)로부터 ϕ를 다음과 같이 얻는다.

$$\phi(\underline{x}) = 2\sum_{n=1}^{\infty}\left\{\frac{(f, \sin k_n \xi)}{l} \sin k_n x \frac{\sinh k_n (b-y)}{\sinh k_n b}\right.$$

$$\left. + \frac{[g, \sin \kappa_n \eta]}{b} \sin \kappa_n y \frac{\sinh \kappa_n (l-x)}{\sinh \kappa_n l}\right\},\ k_n = \frac{n\pi}{l},\ \kappa_n = \frac{n\pi}{b}. \quad (25.58)$$

이 결과를 주어진 문제에 대입하여 주어진 모든 경계 조건을 만족하는 것을 쉽게 확인할 수 있다.

4) 직사각형 영역에 대한 프와송 방정식

24.4절의 식 (24.68)에서 언급한 프와송 방정식을 변수 분리법으로 푸는 예를 보이기로 한다.

예를 들어 직사각형 형태의 박막에 하중 $p(x, y)$가 가해질 때 박막의 처짐 $w(\underline{x}) \equiv w(x,y)$는 다음과 같은 경계치 문제의 해로 주어진다([그림 25.5] 참조).

$$\nabla^2 w = w_{xx} + w_{yy} = -\frac{p(x, y)}{T} \equiv f(x,y),\ x \in (0, a),\ y \in (0, b), \quad (25.59)$$

$$w(0, y) = w(a, y) = 0,\ y \in (0, b), \quad (25.60)$$

$$w(x, 0) = w(x, b) = 0,\ x \in (0, a). \quad (25.61)$$

여기서 a, b는 주어진 양의 실수이고, T는 박막에 작용하는 장력이다.

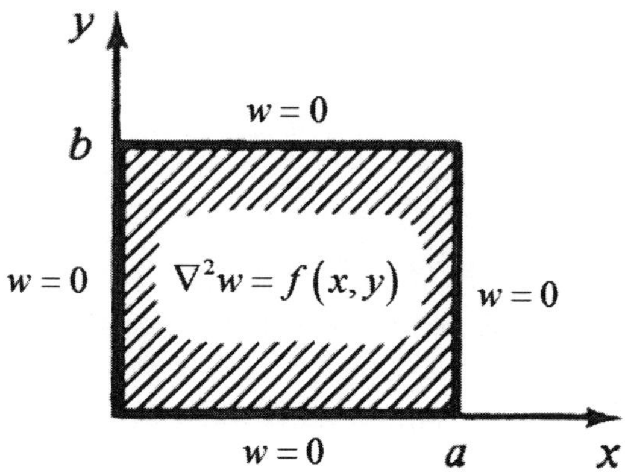

그림 25.5 박막의 처짐

10.3절에서 고려한 Sturm-Liouville 이론을 약간 확장하여 편미분 연산자 ∇^2을 선형 연산자 L로 정의하여 식 (25.59)를 다시 쓰면 $Lw=f$를 얻고, 이 문제의 해를 구하기 위해 다음과 같은 고유치 문제를 생각하는데,

$$Lw=\lambda w, \tag{25.62}$$

이때 경계 조건은 물론 식 (25.60), (25.61)을 사용하기로 한다.

단계 1로 $w(\underline{x})=X(x)\,Y(y)$를 가정하고, 이를 식 (25.62)에 대입하면 다음을 얻으며,

$$Y\frac{d^2X}{dx^2}+X\frac{d^2Y}{dy^2}=\lambda XY, \tag{25.63}$$

이 시이 양변을 XY로 나누어 다음을 얻는데,

$$\frac{1}{X}\frac{d^2X}{dx^2}+\frac{1}{Y}\frac{d^2Y}{dy^2}=\lambda,\ \ \therefore\frac{1}{X}\frac{d^2X}{dx^2}=\lambda-\frac{1}{Y}\frac{d^2Y}{dy^2}, \tag{25.64}$$

위 식, 마지막 식의 좌변은 x만의 함수이고, 우변은 y만의 함수이므로, 등호가 성립하기 위해서는 양변이 상수가 되어야 하며 분리 상수를 $-k^2$으로 취하면, 단계 2로 다음과 같이 X, Y에 대한 두 개의 상미분 방정식을 얻는다.

$$\frac{d^2X}{dx^2}+k^2X=0, \tag{25.65}$$

$$\frac{d^2Y}{dx^2}-(\lambda+k^2)\,Y=0. \tag{25.66}$$

여기서 k는 양의 실수로 아직 정해지지 않은 상수이다.

$w(\underline{x})=X(x)\,Y(y)$의 가정을 식 (25.60)의 경계 조건에 대입하면 다음을 얻으며,

$$X(0)=X(a)=0, \tag{25.67}$$

이를 경계 조건으로 하여 식 (25.65)의 해를 구하면 다음을 얻는다.

$$X_m(x) = \sin k_m x\,,\ k_m \equiv \frac{m\pi}{a},\ m = 1, 2, \cdots . \tag{25.68}$$

또한 $w(x, y) = X(x)\,Y(y)$의 가정을 식 (25.61)의 경계 조건에 대입하면 다음을 얻으며,

$$Y(0) = Y(b) = 0\,, \tag{25.69}$$

이를 경계 조건으로 하여 식 (25.66)의 해를 구하면 다음을 얻는다.

$$Y_n(y) = \sin\kappa_n y\,,\ \kappa_n \equiv \frac{n\pi}{b},\ n = 1, 2, \cdots , \tag{25.50}$$

$$\lambda_{mn} = -\left(k_m^2 + \kappa_n^2\right) = -\pi^2\left\{\left(\frac{m}{a}\right)^2 + \left(\frac{n}{b}\right)^2\right\}. \tag{25.70}$$

여기서 식 (25.66) 좌변의 Y의 계수는 $\lambda_{mn} + k_m^2 = -\kappa_n^2 < 0$ 임에 유의한다.

따라서 이들을 종합하여 단계 3으로 $w(x, y)$에 대해 다음을 얻는다.

$$w(\underline{x}) = \sum_{m=1}^{\infty}\sum_{n=1}^{\infty} A_{mn}\sin k_m x\,\sin\kappa_n y = \sum_{m=1}^{\infty}\sum_{n=1}^{\infty} A_{mn}\phi_{mn}(x, y), \tag{25.71}$$

$$\phi_{mn}(x, y) \equiv \sin k_m x\,\sin\kappa_n y\,,\ m = 1, 2, \cdots ,\ n = 1, 2, \cdots . \tag{25.72}$$

여기서 A_{mn}은 아직 정해지지 않은 실수 계수이며, 확장된 Sturm-Liouville 정리에 의해 $\phi_{mn}(x, y)$는 $L\phi_{mn} = \lambda_{mn}\phi_{mn}$을 만족하고, 직사각형 영역 $x \in (0, a)$, $y \in (0, b)$, R에서 $L_2(R)$에 속하는 함수에 대해 기저로 사용될 수 있음에 유의한다.

이제 단계 4로 $Lw = f$를 만족시키기 위해, 먼저 $f(x, y)$에 대해 다음을 가정한다.

$$f(x, y) = \sum_{m=1}^{\infty}\sum_{n=1}^{\infty} B_{mn}\phi_{mn}(x, y)\,. \tag{25.73}$$

여기서 B_{mn}은 다음 식으로부터 얻어지며,

$$B_{mn} = \frac{(f, \phi_{mn})}{(\phi_{mn}, \phi_{mn})} = \frac{4}{ab}(f, \phi_{mn}), \; m = 1, 2, \cdots, \; n = 1, 2, \cdots, \qquad (25.74)$$

또 스칼라곱은 다음과 같이 정의되고,

$$(f, \phi_{mn}) = \int_0^a \int_0^b f(x, y)\phi_{mn} \, dx \, dy, \qquad (25.75)$$

식 (25.74)의 둘째 등호는 다음 결과를 이용하여 얻었다.

$$(\phi_{mn}, \phi_{mn}) = \int_0^b \int_0^a \sin^2 k_m x \, \sin^2 \kappa_n y \, dx \, dy = \frac{ab}{4}. \qquad (25.76)$$

ϕ_{mn}은 $L\phi_{mn} = \lambda_{mn}\phi_{mn}$을 만족하므로, $Lw = f$에 식 (25.71)과 (25.73)을 대입하여 다음을 얻고,

$$A_{mn} L\phi_{mn} = A_{mn}\lambda_{mn}\phi_{mn} = B_{mn}\phi_{mn},$$

$$\therefore A_{mn} = \frac{B_{mn}}{\lambda_{mn}}, \; m = 1, 2, \cdots, \; n = 1, 2, \cdots, \qquad (25.77)$$

이들을 식 (25.71)에 대입하여 다음 결과를 얻는다.

$$w(\underline{x}) = \frac{4}{ab} \sum_{m=1}^{\infty} \sum_{n=1}^{\infty} \frac{(f, \phi_{mn})}{\lambda_{mn}} \phi_{mn}(x, y). \qquad (25.78)$$

25.2 포텐셜

라플라스 방정식의 해는 **포텐셜 함수**(potential function) 또는 간단히 **포텐셜**이라고도 부른다.[1] 물리학의 여러 분야에서 포텐셜 ϕ의 **그래디언트**(gradient) $\nabla\phi$는 실제 물리량의 **장**(field) $\underline{u}$에 상응한다.

1) Green(1828)[37]은 포텐셜 함수를, Gauss(1840)[38]는 포텐셜을 각각 사용하였는데, 여기서는 주로 포텐셜을 쓰기로 한다.

20.4절에서 설명한 바와 같이 예를 들어 비압축성 유체의 비회전성 유동과 관련하여 ϕ 는 속도 포텐셜이라고 불리며, 속도 $\underline{u} = \nabla\phi$로 주어진다. 비압축성 유체의 2차원 유동에 대한 질량 보존 법칙은 다음과 같이 주어지므로,

$$\nabla \cdot \underline{u} = 0, \tag{25.79}$$

이 식에 속도 포텐셜을 사용하면 쉽게 다음을 얻는다.

$$\nabla \cdot \nabla\phi = \nabla^2\phi = 0. \tag{25.80}$$

중력장, 유체의 속도장, 전기장 등이 모두 포텐셜의 그래디언트로 주어지고, 특이점을 고려하지 않아도 되는 경우, 포텐셜은 라플라스 방정식을 만족한다.

16.2절에서 복소함수와 관련하여 이미 **조화 함수**(harmonic function)라는 용어를 사용, 라플라스 방정식의 해에 대해 논의한 바 있으며, 20.3절에서는 등각 사상과 관련하여 원주 상에서 미지 함수의 값이 경계 조건으로 주어지는 문제에 대해 반경 a인 원판에 대한 해는 변수를 적절히 바꾸어 아래에 다시 보인 식 (20.38)의 **프와송 적분**(Poisson integral)으로 주어지는 것을 보인 바 있다.

$$\phi(r,\theta) = \frac{1}{2\pi}\int_0^{2\pi} \frac{a^2 - r^2}{a^2 + r^2 - 2ar\cos(\mu - \theta)}\phi(a,\mu)\,d\mu. \tag{20.38}$$

한편, 앞 절에서는 변수 분리법을 사용하여 원판에 대한 디리클레 문제의 해로 아래에 다시 보인 식 (25.38)을 얻었다.

$$\phi(r,\theta) = \frac{(f,1)}{2\pi} + \frac{1}{\pi}\sum_{n=1}^{\infty}\left(\frac{r}{a}\right)^n \{(f,\cos n\mu)\cos n\theta + (f,\sin n\mu)\sin n\theta\}. \tag{25.38}$$

위의 두 경우, 주어진 문제는 같은 문제이며, 따라서 아래에서는 먼저 식 (25.38)로부터 프와송 적분을 얻을 수 있음을 보이고, 관련하여 포텐셜의 성질에 대해 논의하기로 한다.

식 (25.38) 급수에 포함된 각 항의 스칼라곱을 적분으로 나타내어 식 (25.38)을 다음과 같이 바꾸어 쓸 수 있는데,

$$\phi(r,\theta)=\frac{1}{\pi}\int_0^{2\pi}f(\mu)\left\{\frac{1}{2}+\sum_{n=1}^{\infty}\left(\frac{r}{a}\right)^n(\cos n\mu\cos n\theta+\sin n\mu\sin n\theta)\right\}d\mu$$

$$=\frac{1}{\pi}\int_0^{2\pi}f(\mu)\left\{\frac{1}{2}+\sum_{n=1}^{\infty}\alpha^n\cos n(\mu-\theta)\right\}d\mu,\ \alpha\equiv\frac{r}{a}<1, \tag{25.81}$$

이 식 마지막 우변, 피적분 함수의 { } 안의 함수를 S라고 하면 이에 대해 다음을 얻는다.

$$S=-\frac{1}{2}+Re\left\{\sum_{n=0}^{\infty}\alpha^n e^{in(\mu-\theta)}\right\}=-\frac{1}{2}+Re\left\{\frac{1}{1-\alpha e^{i(\mu-\theta)}}\right\}$$

$$=-\frac{1}{2}+Re\left\{\frac{1-\alpha e^{-i(\mu-\theta)}}{1-2\alpha\cos(\mu-\theta)+\alpha^2}\right\}=\frac{1}{2}\left\{\frac{2-2\alpha\cos(\mu-\theta)}{1-2\alpha\cos(\mu-\theta)+\alpha^2}-1\right\}$$

$$=\frac{1}{2}\frac{1-\alpha^2}{1-2\alpha\cos(\mu-\theta)+\alpha^2}=\frac{1}{2}\frac{a^2-r^2}{a^2+r^2-2ar\cos(\mu-\theta)}. \tag{25.82}$$

여기서 둘째 등호를 얻는 데는 초항 1, 공비 $\alpha e^{i(\mu-\theta)}$인 무한 등비급수의 합에 대한 공식을 사용하였다. 이 식을 식 (25.81)에 대입하고 $f(\mu)=\phi(a,\mu)$임을 고려하면 식 (20.38)을 얻으며, 따라서 전혀 다른 방법으로 구하였으나 식 (20.38)과 식 (25.38)은 같은 해임을 보였다.

식 (20.38) 또는 식 (25.38)에서 $r=0$으로 취하면 원점, 즉 원의 중심에서의 포텐셜 값은 원주에서의 포텐셜 값의 평균임을 얻으며, 포텐셜의 이와 같은 성질은 보통 **가우스의 산술평균 정리**(Gauss' theorem of the arithmetic mean, 1840)[37]로 알려져 있다. 이 정리는 반경 a인 원 내부의 모든 점에 대해 국부적으로도 적용할 수 있으므로, 어떤 점에서의 포텐셜은 항상 그 점을 중심으로 하는 임의의 원의 원주 상에서의 값의 평균값과 같다. 물론 그 원은 포텐셜이 정의된 원래의 영역 내부에 있어야 할 것이다. 이 논의의 연장선 상에서 디리클레 문제의 해로 얻어진 포텐셜은 영역 내부에서 최소값, 또는 최대값을 가질 수 없으며, 포텐셜의 최소 또는 최대값은 항상 영역의 경계에서 발생함을 알 수 있다. 또한 20.3절의 리만 사상 정리에 따라 위와 같은 성질은 공학 문제에서 다루는 대부분의 단순연결 영역에 대해 확장 적용할 수 있다.

한편, 프와송 적분과 관련하여 프와송 핵함수 $P(\mu-\theta;r,a)$를 식 (20.39)로 정의한 바 있는데, 이를 이용하면 식 (20.38)을 다음과 같이 다시 쓸 수 있다.

$$\phi(r,\theta)=\int_0^{2\pi}P(\mu-\theta;r,a)\,f(\mu)\,d\mu. \tag{25.83}$$

만약 $f(\mu)=1$ 이라고 하면 원 내부의 모든 점에서 $\phi(r,\theta)=1$ 이어야 하므로 다음을 얻는데,

$$\int_0^{2\pi}P(\mu-\theta;r,a)\ d\mu=1, \tag{25.84}$$

또 $\lim_{r\to a}\phi(r,\theta)=f(\theta)$ 이므로, 식 (25.83)은 다음과 같이 쓸 수 있고,

$$f(\theta)=\int_0^{2\pi}P(\mu-\theta;r\to a,\ a)\,f(\mu)\,d\mu, \tag{25.85}$$

이 두 결과로부터 프와송 핵함수는 4.2절의 [정의 4.2]에서 소개한 **델타 수열**(delta sequence)의 일종으로 다음이 성립함을 알 수 있다.

$$\lim_{r\to a}P(\mu-\theta;r,a)=\delta(\mu-\theta). \tag{25.86}$$

다음으로는 [그림 25.6]에 보인 것과 같은 상반 평면에 대한 디리클레 문제에 대해 생각해보자.

$$\nabla^2\phi=\phi_{xx}+\phi_{yy}=0,\ x\in(-\infty,\infty),\ y\in(0,\infty), \tag{25.87}$$

$$\phi(x,0)=f(x). \tag{25.88}$$

여기서 $f(x)$는 주어진 함수라고 한다.

이 문제는 20.3절에서 이미 고려한 바 있으며, 위의 문제에 대한 해로 식 (20.47)을 얻었는데, 이 해를 변수를 적절히 바꾸어 아래에 다시 보였다.

$$\phi(x,y)=\frac{y}{\pi}\int_{-\infty}^{\infty}\frac{\phi(\xi,0)}{(\xi-x)^2+y^2}\,d\xi. \tag{20.47}$$

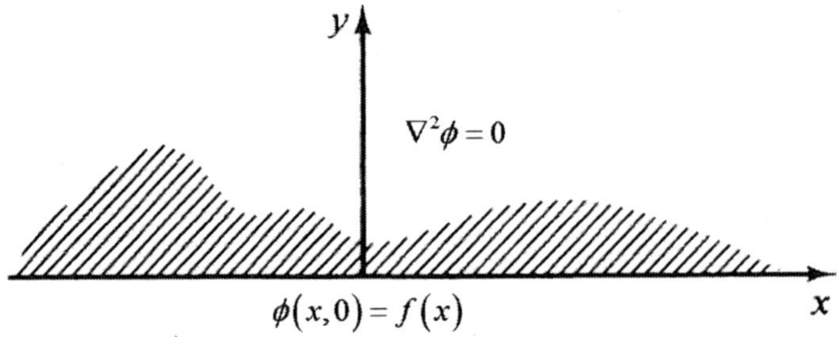

그림 25.6 상반 평면에 대한 디리클레 문제

이 문제의 경계 조건의 형태 상 변수 분리법을 사용하기는 힘들 것으로 보이므로, 변수 x에 대한 푸리에 변환을 사용하기로 한다. 다시 말하면 식 (25.87)의 양변에 e^{-ikx}를 곱하고 $-\infty$부터 ∞까지 적분하면 다음을 얻는데,

$$\int_{-\infty}^{\infty} \phi_{xx} e^{-ikx} dx + \int_{-\infty}^{\infty} \phi_{yy} e^{-ikx} dx = 0, \tag{25.89}$$

여기서 ϕ, ϕ_x가 $|x| \to \infty$일 때, 영으로 수렴한다고 가정하면, 위 식 좌변 첫째 항으로부터 부분적분에 의해 다음을 얻으며,

$$\int_{-\infty}^{\infty} \phi_{xx} e^{-ikx} dx = ik\int_{-\infty}^{\infty} \phi_x e^{-ikx} dx = -k^2 \int_{-\infty}^{\infty} \phi e^{-ikx} dx = -k^2 \tilde{\phi}(k, y), \tag{25.90}$$

위에서 $\tilde{\phi}$는 6.1절의 [정의 6.1]에서 보였던 ϕ의 변수 x에 대한 푸리에 변환이다.

둘째 항에 대해서는 y에 대한 편미분과 적분의 순서를 바꾸어 다음을 얻으므로,

$$\int_{-\infty}^{\infty} \phi_{yy} e^{-ikx} dx = \frac{\partial^2}{\partial y^2} \int_{-\infty}^{\infty} \phi e^{-ikx} dx = \frac{d^2\tilde{\phi}}{dy^2}, \tag{25.91}$$

이들 결과를 식 (25.89)에 대입하여 다음과 같은 상미분 방정식을 얻는다.

$$\frac{d^2\tilde{\phi}}{dy^2} - k^2 \tilde{\phi} = 0, \ y \in (0, \infty). \tag{25.92}$$

다시 말하면 푸리에 적분을 이용하여 주어진 편미분 방정식, 식 (25.87)을 독립 변수가 y 인 $\tilde{\phi}$에 대한 상미분 방정식으로 바꾸었음에 유의한다.

한편 경계 조건인 식 (25.88)의 양변에 e^{-ikx}를 곱하고 $-\infty$부터 ∞까지 적분하면 다음을 얻는데,

$$\tilde{\phi}(k,0)=\tilde{f}(k), \tag{25.93}$$

여기서 $\tilde{f}(k)$는 f의 푸리에 변환이며, 이 식은 식 (25.92)의 해가 만족해야 하는 경계 조건이다.

식 (25.92)의 일반해는 다음과 같이 쓸 수 있는데,

$$\tilde{\phi}(k,y)=A(k)e^{-ky}+B(k)e^{ky}, \tag{25.94}$$

$\tilde{\phi}(k,y)$가 $y\to\infty$일 때, 영으로 수렴한다고 가정하면, $B(k)=0$으로 취해야 하며, 식 (25.93)의 경계 조건으로부터 결국 다음을 얻는다.

$$\tilde{\phi}(k,y)=\tilde{f}(k)e^{-|k|y}\equiv\tilde{f}(k)\tilde{g}(k,y),\ \ \tilde{g}(k,y)\equiv e^{-|k|y}. \tag{25.95}$$

여기서 $|k|$는 $k\in(-\infty,\infty)$임을 고려하여 취하였다.

6.1절의 [정의 6.1]에서 보였던 푸리에 역변환을 고려하여 $g(x,y)$에 대해 다음을 얻으며,

$$\begin{aligned}2\pi g(x,y)&=\int_{-\infty}^{\infty}e^{-|k|y}e^{ikx}\,dk=\int_{-\infty}^{0}e^{k(y+ix)}\,dk+\int_{0}^{\infty}e^{k(-y+ix)}\,dk\\&=\left.\frac{e^{k(y+ix)}}{y+ix}\right|_{-\infty}^{0}+\left.\frac{e^{k(-y+ix)}}{-y+ix}\right|_{0}^{\infty}=\frac{1}{y+ix}+\frac{1}{y-ix}=\frac{2y}{x^2+y^2},\end{aligned} \tag{25.96}$$

또 이 식으로부터 다음을 얻으므로,

$$g(x,y)=\frac{1}{\pi}\frac{y}{x^2+y^2}, \tag{25.97}$$

6.1절의 [정리 6.4]에서 보였던 컨볼루션의 푸리에 변환쌍에 대한 결과를 식 (25.95)에 적용하여 다음을 얻는다.

$$\phi(x,y) = f * g = \int_{-\infty}^{\infty} f(\xi)\, g(\xi - x, y)\, d\xi = \frac{y}{\pi}\int_{-\infty}^{\infty} \frac{f(\xi)}{(\xi - x)^2 + y^2}\, d\xi . \quad (25.98)$$

식 (25.98)로 얻어진 상반 평면에 대한 디리클레 문제의 해는 전혀 다른 방법을 사용하여 얻어진 식 (20.47)과 같은 결과를 주고 있음을 확인할 수 있다.

위 결과를 식 (20.38)의 프와송 적분과 비교할 때, 상반 평면에 대한 문제에 대해서도 $K(\xi - x, y) \equiv g(\xi - x, y)$로 정의하면, 식 (25.98)은 다음과 같이 다시 쓸 수 있으며,

$$\phi(x,y) = \int_{-\infty}^{\infty} K(\xi - x, y)\, f(\xi)\, d\xi, \quad (25.99)$$

$K(\xi - x, y)$는 프와송 핵함수의 역할을 하고 있음을 알 수 있다.

한편, $\lim_{y\to 0}\phi(x,y) = f(x)$이므로, 식 (25.99)로부터 다음을 얻으며,

$$f(x) = \int_{-\infty}^{\infty} K(\xi - x, y \to 0)\, f(\xi)\, d\xi, \quad (25.100)$$

이 결과로부터 $K(\xi - x, y)$도, 식 (25.83)에 보인 원판에 대한 디리클레 문제의 프와송 핵함수와 같이, 델타 수열의 일종으로 볼 수 있으며, 다음 식이 성립함을 알 수 있다.

$$\lim_{y\to 0} K(\xi - x; y) = \delta(\xi - x) . \quad (25.101)$$

벡터미적분학에서 배운 **가우스 정리**(Gauss theorem) 또는 **다이버젼스 정리**(divergence theorem)는 다음과 같이 쓸 수 있다. 2차원 문제의 경우, 어떤 **닫힌 단순연결 영역**(closed simply connected region) R의 경계가 폐곡선 $C \equiv \partial R$로 주어질 때, 이 영역 내부와 경계 상에서 정의되고, 그 편도함수들이 연속인 벡터 함수 $\underline{u}(\xi, \eta) \equiv \underline{u}(\underline{\xi})$에 대해 다음 관계가 성립한다(이승준(2010) 참조).

$$\int_R \nabla \cdot \underline{u}\, dA = \int_C \underline{u} \cdot \hat{\nu}\, ds . \quad (25.102)$$

여기서 $\hat{\nu}$는 **외향 단위 법선 벡터**(outward normal unit vector)이며, 편미분과 적분은 $\underline{\xi} = (\xi, \eta)$에 대해 수행된다.

이 식에 $\underline{u} = \nabla\phi$를 대입하면 영역 R의 내부와 경계에서 라플라스 방정식을 만족하는 포텐셜 $\phi(\xi,\eta) \equiv \phi(\underline{\xi})$는 다음 관계를 만족해야 한다.

$$\int_C \underline{u} \cdot \hat{\nu}\, ds = \int_C \frac{\partial\phi}{\partial\nu}\, ds = 0\,. \tag{25.103}$$

20.3절에서 논의한 **노이만 문제**(Neumann problem)는 경계 조건이 미지 함수의 법선 방향 도함수로 주어진 경우 포텐셜을 구하는 문제인데, 위의 식에 따르면 노이만 문제의 경계 조건은 식 (25.103)을 만족하도록 주어져야 할 것이다.

또한 벡터미적분학에서 배운 **그린의 1 항등식**(Green's first identity; Green, 1793-1841, UK, 1828)[37]은 다이버젼스 정리인 식 (25.102)에 $\underline{u} = \phi\nabla\phi$를 대입하여 다음과 같이 얻는다.

$$\int_R \nabla \cdot (\phi\nabla\phi)\, dA = \int_C \phi\frac{\partial\phi}{\partial\nu}\, ds\,. \tag{25.104}$$

이 식은 그 편도함수들이 영역 내부와 경계 상에서 연속인 함수 $\phi(\underline{\xi})$에 대해 성립한다.

만약 식 (25.104)의 $\phi(\underline{\xi})$가 라플라스 방정식을 만족하는 포텐셜일 경우에는 이 식 좌변의 피적분 함수에 대해 다음을 얻으므로,

$$\nabla \cdot (\phi\nabla\phi) = \phi\nabla^2\phi + (\nabla\phi)^2 = (\nabla\phi)^2\,, \tag{25.105}$$

이를 식 (25.104)에 대입하여 다음을 얻는다.

$$\int_R (\nabla\phi)^2\, dA = \int_C \phi\frac{\partial\phi}{\partial\nu}\, ds\,. \tag{25.106}$$

이 식 좌변 피적분 함수는 이상유체의 유동을 예로 들면 속도의 제곱에 해당하므로 좌변은 운동 에너지의 두 배이며, 따라서 만약 C 상에서 $\phi = 0$이 성립하면, 운동 에너지도 0이 되어야 하므로 R 내부의 모든 점에서 $\phi = 0$이 성립해야 한다. 이와 같은 성질에 의해, 디리클레 문제는 유일한 해를 가짐을 알 수 있다. 왜냐하면, 만약 동일한 디리클레 문제에 대해 두 개의 해가 존재한다고 할 때, 그 두 해의 차이는 C 상에서 0이어야 하며, 두 포

텐셜의 차이 역시 라플라스 방정식을 만족해야 하므로, 결국 R 내부의 모든 점에서도 두 해의 차이는 0이 되어야하기 때문이다.

한편, 식 (25.106)에 따르면, C 상의 모든 점에서 $\dfrac{\partial \phi}{\partial \nu} = 0$ 이 성립하면, 위에서와 같은 이유로 R 내부의 모든 점에서 $\phi = const.$ 가 성립해야 한다. 이와 같은 성질에 의해 노이만 문제의 해는 상수 항을 제외하면 유일한 해를 가짐을 알 수 있다. 왜냐하면, 만약 동일한 노이만 문제에 대해 상수 차이가 아닌 서로 다른 두 개의 해가 존재한다고 할 때, 그 두 해의 차이는 C 상에서는 $\dfrac{\partial \phi}{\partial \nu} = 0$ 을 만족해야 하며, 따라서 두 해는 R 내부의 모든 점에서 상수 항을 제외하면 같아야하기 때문이다.

나아가 다이버젼스 정리인 식 (25.102)에 $\underline{u} = \psi \nabla \phi$를 대입하면 다음을 얻고,

$$\int_R \nabla \cdot (\psi \nabla \phi)\, dA = \int_C \psi \frac{\partial \phi}{\partial \nu}\, ds\,, \tag{25.107}$$

또 $\underline{u} = \phi \nabla \psi$를 대입하면 다음을 얻는데,

$$\int_R \nabla \cdot (\phi \nabla \psi)\, dA = \int_C \phi \frac{\partial \psi}{\partial \nu}\, ds\,, \tag{25.108}$$

식 (25.108)에서 식 (25.107)을 빼 주어 다음 결과를 얻는다.

$$\int_R \{\nabla \cdot (\phi \nabla \psi) - \nabla \cdot (\psi \nabla \phi)\}\, dA = \int_C \left(\phi \frac{\partial \psi}{\partial \nu} - \psi \frac{\partial \phi}{\partial \nu}\right) ds\,. \tag{25.109}$$

여기서 $\phi(\xi)$, $\psi(\xi)$는 그 편도함수들이 영역 내부와 경계 상에서 연속이라고 가정하며, 이 식은 **그린의 2 항등식**(Green's second identity)으로 알려져 있다. 여기서 $\hat{\nu}$는 외향 단위 법선 벡터이며, 편미분과 적분은 $\xi = (\xi, \eta)$ 에 대해 수행됨에 유의한다.

식 (25.109) 좌변의 피적분 함수에 대해 다음을 얻으므로,

$$\nabla \cdot (\phi \nabla \psi) - \nabla \cdot (\psi \nabla \phi) = \phi \nabla^2 \psi - \psi \nabla^2 \phi\,, \tag{25.110}$$

이를 식 (25.109)에 대입하여 다음과 같은 형태로 주어지는 그린의 2 항등식을 얻는다.

$$\int_R (\phi\nabla^2\psi - \psi\nabla^2\phi)\,dA = \int_C \left(\phi\frac{\partial\psi}{\partial\nu} - \psi\frac{\partial\phi}{\partial\nu}\right) ds\,. \tag{25.111}$$

25.3 그린 함수

이 절에서는 먼저 디리클레 문제와 관련하여 그린 함수를 정의하고, 앞 절에서 다룬 원판과 상반 평면에 대한 디리클레 문제의 해로 얻은 프와송 적분의 핵함수가 사실은 그린 함수의 경계 C 상에서의 법선 방향 도함수였음을 보이기로 하며, 다음으로 노이만 문제의 그린 함수에 대해 간단히 논의하기로 한다.

앞 절에서 얻었던 식 (25.111), 즉 그린의 2 항등식에 대해 ϕ가 다음과 같은 디리클레 문제의 해라고 하면,

$$\nabla^2\phi = 0\,,\ \ \underline{x} \in R, \tag{25.112}$$

$$\phi(\underline{x}) = f(\underline{x})\,,\ \ \underline{x} \in \partial R \equiv C, \tag{25.113}$$

이를 식 (25.111)에 대입하여 다음을 얻는다.

$$\int_R \phi\nabla^2\psi\,dA = \int_C \left(f\frac{\partial\psi}{\partial\nu} - \psi\frac{\partial\phi}{\partial\nu}\right) ds\,. \tag{25.114}$$

앞 절에서 밝힌 바와 같이 위 식에서 모든 편미분과 적분은 $\underline{\xi} = (\xi, \eta)$에 대해 수행된다.

주어진 디리클레 문제의 해를 구하기 전에는 C 상에서 $\dfrac{\partial\phi}{\partial\nu}$를 알 수 없으므로, 위의 관계를 주어진 문제의 해를 구하는데 사용하기 위해 ψ에 대해 다음을 가정하면,

$$\psi = 0\,,\ \ \underline{\xi} \in \partial R \equiv C, \tag{25.115}$$

식 (25.114)로부터 다음을 얻는다.

$$\int_R \phi \nabla^2 \psi \, dA = \int_C \frac{\partial \psi}{\partial \nu} f \, ds \,. \tag{25.116}$$

또 나아가 만약 이 식 좌변 피적분 함수와 관련하여 다음을 가정하면,

$$\nabla^2 \psi = \delta(\underline{\xi} - \underline{x}), \ \underline{\xi} \in R, \ \underline{x} \in R, \tag{25.117}$$

결국 식 (25.116)으로부터 다음을 얻는다.

$$\phi(\underline{x}) = \int_C \frac{\partial \psi}{\partial \nu} f \, ds \,. \tag{25.118}$$

위에서 얻은 ψ에 대한 식, 식 (25.117)과 식 (25.115)를 만족하는 해는 식 (25.112), (25.113)으로 주어진 디리클레 문제의 **그린 함수**(Green's function)라고 부르며, 따라서 그린 함수 $G(\underline{\xi};\underline{x})$는 다음 문제의 해이다.

$$\nabla^2 G = \delta(\underline{\xi} - \underline{x}), \quad \underline{\xi} \in R, \ \underline{x} \in R, \tag{25.119}$$

$$G = 0, \ \underline{\xi} \in \partial R \equiv C. \tag{25.120}$$

위에서 밝힌 바와 같이 위 식에서 모든 편미분은 $\underline{\xi} = (\xi, \eta)$에 대해 수행되므로, 식 (25.119)는 그린 함수가 $\underline{\xi} = \underline{x}$를 제외한 R의 모든 점에서 라플라스 방정식을 만족하며, 또한 C 상에서 그린 함수의 값이 0이 되어야 함을 알 수 있다. 물론 식 (25.119), (25.120)을 만족하는 그린 함수를 구하는 것이 식 (25.112), (25.113)으로 주어진 디리클레 문제의 해를 구하는 것보다 쉬울 것으로 가정하고 있으며, 일단 그린 함수를 구하면 주어진 디리클레 문제의 해는 식 (25.118)로부터 얻는 다음 식으로 주어짐을 알 수 있다.

$$\phi(\underline{x}) = \int_C \frac{\partial G}{\partial \nu} f \, ds \,. \tag{25.121}$$

식 (25.119)의 양변을 $\underline{\xi} = \underline{x}$를 중심으로 하고, 반경이 ε인 원, R_ε에 대해 적분하면 다음을 얻으며([그림 25.7] 참조),

$$\int_{R_\varepsilon} \nabla^2 G\, dA = \int_{R_\varepsilon} \delta(\underline{\xi} - \underline{x})\, dA = 1, \tag{25.122}$$

이 식의 좌변은 다이버젼스 정리를 적용하여 다음과 같이 다시 쓸 수 있다.

$$\int_{R_\varepsilon} \nabla^2 G\, dA = \int_{C_\varepsilon} \frac{\partial G}{\partial \nu}\, ds = \int_0^{2\pi} \frac{\partial G}{\partial \rho}\bigg|_{\rho=\varepsilon} \varepsilon\, d\mu = 2\pi\varepsilon \frac{\partial G}{\partial \rho}\bigg|_{\rho=\varepsilon}. \tag{25.123}$$

여기서 마지막 등호는 $\frac{\partial G}{\partial \rho}\Big|_{\rho=\varepsilon}$ 이 μ의 함수가 아닌 것으로 가정하여 얻었다.

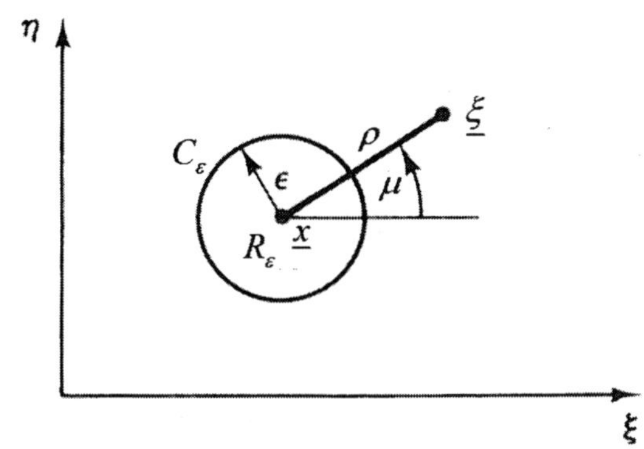

그림 25.7 2차원 라플라스 방정식에 대한 그린 함수 $G(\underline{\xi}; \underline{x})$의 특이부

식 (25.123)을 식 (25.122)에 대입하면 다음을 얻는데,

$$\frac{\partial G}{\partial \rho}\bigg|_{\rho=\varepsilon} = \frac{1}{2\pi\varepsilon}, \quad \therefore G = \frac{1}{2\pi} \ln \rho,$$

$$\rho = \sqrt{(\xi - x)^2 + (\eta - y)^2} = |\underline{\xi} - \underline{x}|, \tag{25.124}$$

이 결과에 라플라스 방정식을 만족하는 어떠한 조화 함수 $h(\underline{\xi}; \underline{x})$를 더하여도 그 합 역시 식 (25.119)를 만족하므로, 식 (25.120)의 경계 조건을 고려하면 그린 함수 $G(\underline{\xi}; \underline{x})$는 다음과 같이 쓸 수 있다.

$$G(\xi;\underline{x})=\frac{1}{2\pi}\ln\rho+h(\xi;\underline{x}). \tag{25.125}$$

위 식의 형태를 보면 우변 첫째 항은 $\rho=0$에서 **대수 함수적 특이점**(logarithmic singularity)을 가지므로 **특이부**(singular part)라고 부르고, 둘째 항은 R에서 조화 함수이므로 **조화부**(harmonic part)라고 부른다.

이제 그린 함수의 조화부인 $h(\xi;\underline{x})$를 원판과 상반 평면에 대해 차례로 구하기로 하자.

1) 원판에 대한 그린 함수

반경 a인 원판 내부의 점 $\underline{x}$에 대수 함수적 특이점이 놓여 있을 때, 원주 상에서 그린 함수의 값이 0이 되는 조화부를 구하기 위해 다음을 생각한다. [그림 25.8]에 보인 바와 같이 전 $\underline{x}$의 원주에 대한 **경상점**(image point) $\underline{x}_1$은 원점과 점 $\underline{x}$를 잇는 반경 방향 직선의 연장선 상에서 원점으로부터의 거리 r_1이 다음 식으로 주어지는 점이다.

$$r_1=\frac{a^2}{r}. \tag{25.126}$$

이 경상점에 음의 세기를 가지는 대수 함수적 특이점이 놓인 경우, 그 포텐셜은 $-\frac{1}{2\pi}\ln\rho_1$으로 주어지는데, 원주 상에서의 $\frac{\rho}{\rho_1}$는 다음과 같은 특성을 가진다.

$$\frac{\rho}{\rho_1}=\sqrt{\frac{a^2+r^2-2ar\cos(\theta-\mu)}{a^2+r_1^2-2ar_1\cos(\theta-\mu)}}$$

$$=\frac{r}{a}\sqrt{\frac{(a/r)^2+1-2(a/r)\cos(\theta-\mu)}{1+(a/r)^2-2(a/r)\cos(\theta-\mu)}}=\frac{r}{a}. \tag{25.127}$$

여기서 첫째 등호를 얻는 데는 코싸인 법칙을, 둘째 등호를 얻는 데는 식 (25.126)으로 주어진 경상점의 특성을 각각 사용하였다.

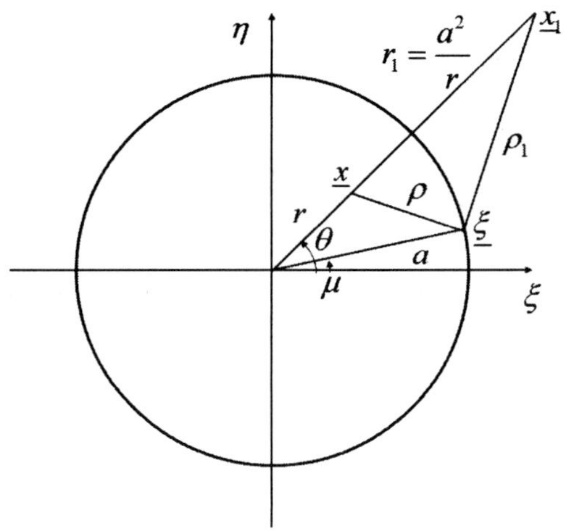

그림 25.8 원판에 대한 경상점

이 결과에 따르면 고정된 점 $\underline{x}$에 대해 $\frac{\rho}{\rho_1}$는 고정된 값 $\frac{r}{a}$을 가지므로, 그린 함수를 다음과 같이 가정할 수 있다.

$$G(\xi;\underline{x}) = \frac{1}{2\pi}\ln\rho - \frac{1}{2\pi}\ln\rho_1 + \frac{1}{2\pi}\ln\frac{a}{r}. \tag{25.128}$$

$|\xi| = a$인 원주 상의 점에 대해 이 식의 우변에 대해 식 (25.127)을 활용하여 다음을 얻으므로,

$$G(\xi;\underline{x}) = \frac{1}{2\pi}\ln\frac{\rho}{\rho_1}\frac{a}{r} = 0,\ \xi \in \partial R \equiv C, \tag{25.129}$$

원판에 대한 디리클레 문제의 그린 함수는 식 (25.128)로 주어짐을 알 수 있다.

한편, 원판에 대한 디리클레 문제의 해는 식 (25.121)로 주어지므로, 그린 함수의 원주 상에서의 법선 방향 도함수 $\frac{\partial G}{\partial \nu}$를 구해야 하는데, (ξ,η) 평면에서 반경 방향 좌표를 σ라고 하면 ρ와 ρ_1은 각각 다음과 같이 주어지는 함수에서 $\sigma = a$를 취한 것으로 볼 수 있으므로,

$$\rho = \sqrt{\sigma^2 + r^2 - 2\sigma r\cos\beta},\ \rho_1 = \sqrt{\sigma^2 + r_1^2 - 2\sigma r_1\cos\beta},\ \beta \equiv \mu - \theta, \tag{25.130}$$

$\dfrac{\partial G}{\partial \nu}$ 는 다음과 같이 얻는다.

$$\begin{aligned}\frac{\partial G}{\partial \nu} &= \frac{\partial G}{\partial \sigma} = \frac{1}{2\pi}\left(\frac{1}{\rho}\frac{\partial \rho}{\partial \sigma} - \frac{1}{\rho_1}\frac{\partial \rho}{\partial \sigma}\right)_{\sigma = a} \\ &= \frac{1}{2\pi}\left(\frac{1}{\rho}\frac{\sigma - r\cos\beta}{\rho} - \frac{1}{\rho_1}\frac{\sigma - r_1\cos\beta}{\rho_1}\right)_{\sigma = a} \\ &= \frac{1}{2\pi}\frac{1}{\{\rho(a)\}^2}\left\{a - r\cos\beta - \frac{r^2}{a^2}\left(a - \frac{a^2}{r}cos\beta\right)\right\} \\ &= \frac{1}{2\pi a}\frac{a^2 - r^2}{a^2 + r^2 - 2ar\cos\beta}. \end{aligned} \tag{25.131}$$

이 결과를 식 (25.121)에 대입하면 다음을 얻으며,

$$\begin{aligned}\phi(\underline{x}) &= \frac{1}{2\pi a}\int_C \frac{a^2 - r^2}{a^2 + r^2 - 2ar\cos\beta} f\, ds \\ &= \frac{1}{2\pi}\int_0^{2\pi} \frac{a^2 - r^2}{a^2 + r^2 - 2ar\cos(\mu - \theta)} f\, d\mu, \end{aligned} \tag{25.132}$$

이는 식 (20.38)로 주어지는 프와송 적분임을 확인할 수 있다.

2) 상반 평면에 대한 그린 함수

상반 평면 내부의 점 $\underline{x}$ 에 대수 함수적 특이점이 놓여 있을 때, ξ축 상에서 그린 함수의 값이 0이 되는 조화부를 구하기 위해 다음을 생각한다. [그림 25.9]에 보인 바와 같이 점 $\underline{x} = (x, y)$ 의 ξ축에 대한 경상점은 $\underline{x}_1 = (x, -y)$ 로 주어지는 점이다.

이 경상점에 음의 세기를 가지는 대수 함수적 특이점을 놓으면, 그 포텐셜은 $-\dfrac{1}{2\pi}\ln\rho_1$ 으로 주어지는데, ξ축 상에서의 $\dfrac{\rho}{\rho_1}$ 는 다음과 같은 특성을 가진다.

$$\frac{\rho}{\rho_1} = \sqrt{\frac{(\xi - x)^2 + y^2}{(\xi - x)^2 + y^2}} = 1. \tag{25.133}$$

이 결과에 따라 상반 평면에 대한 디리클레 문제의 그린 함수를 다음과 같이 얻는다.

$$G(\xi\,;\underline{x}) = \frac{1}{2\pi}\ln\rho - \frac{1}{2\pi}\ln\rho_1\,,\ \rho_1 = \sqrt{(\xi - x)^2 + (\eta + y)^2}\,. \tag{25.134}$$

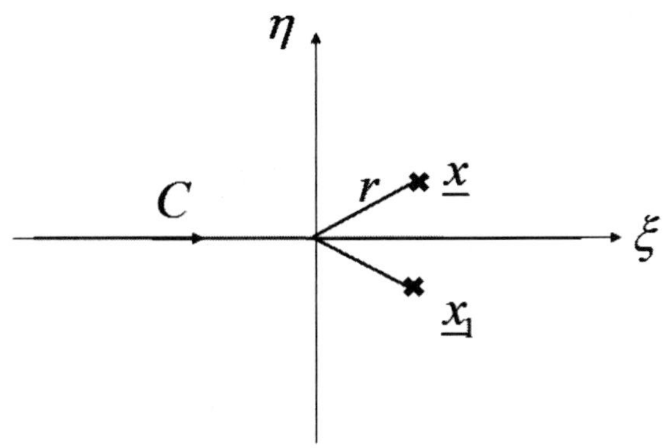

그림 25.9 상반 평면에 대한 경상점

디리클레 문제의 해는 식 (25.121)로 주어지므로, 그린 함수의 ξ축 상에서의 법선 방향 도함수 $\dfrac{\partial G}{\partial \nu}$를 구해야 하며, 이는 다음과 같이 얻는다.

$$\frac{\partial G}{\partial \nu} = -\frac{\partial G}{\partial \eta} = -\frac{1}{2\pi}\left(\frac{1}{\rho}\frac{\partial \rho}{\partial \eta} - \frac{1}{\rho_1}\frac{\partial \rho_1}{\partial \eta}\right)_{\eta=0} = -\frac{1}{2\pi}\left(\frac{\eta - y}{\rho^2} - \frac{\eta + y}{\rho_1^2}\right)_{\eta=0}$$

$$= \frac{1}{\pi}\frac{y}{\rho^2(0)} = \frac{1}{\pi}\frac{y}{(\xi - x)^2 + y^2}. \tag{25.135}$$

이 결과를 식 (25.121)에 대입하면 다음을 얻어

$$\phi(x,y)=\frac{y}{\pi}\int_{-\infty}^{\infty}\frac{\phi(\xi,0)}{(\xi-x)^2+y^2}\,d\xi, \tag{25.136}$$

푸리에 적분을 사용하여 구한 식 (25.98), 그리고 복소함수론을 사용하여 얻은 식 (20.47)과 같은 결과를 얻음을 확인할 수 있다.

이상으로 원판과 상반 평면에 대한 디리클레 문제에 대해 그린 함수를 사용하여 얻은 해가 복소함수론이나 변수 분리법 또는 푸리에 적분을 이용하여 얻은 해와 같음을 보였으며, 프와송 적분의 핵함수는 그린 함수의 법선 방향 도함수와 같음을 확인하였다.

한편 ϕ가 다음과 같은 노이만 문제의 해라고 하고,

$$\nabla^2\phi=0,\ \underline{x}\in R, \tag{25.137}$$

$$\frac{\partial\phi}{\partial n}=f(\underline{x}),\ \underline{x}\in\partial R\equiv C, \tag{25.138}$$

$\psi=G$와 위 식을 식 (25.111), 그린의 2 항등식에 대입하여 다음을 얻는다.

$$\int_R\phi\nabla^2 G\,dA=\int_C\left(\phi\frac{\partial G}{\partial\nu}-Gf\right)ds. \tag{25.139}$$

앞에서 밝힌 바와 같이 위 식에서 모든 편미분과 적분은 $\underline{\xi}=(\xi,\eta)$에 대해 수행됨에 유의한다.

노이만 문제에 대한 그린 함수에 대해 다음을 가정할 수 있으면 좋겠으나,

$$\frac{\partial G}{\partial\nu}=0,\ \underline{\xi}\in\partial R\equiv C, \tag{25.140}$$

만약 이 식이 성립하면 다음 식도 성립해야 한다.

$$\int_C\frac{\partial G}{\partial\nu}\,ds=0. \tag{25.141}$$

한편, 그린 함수는 식 (25.119)를 만족할 것을 요구해야 하는데, 이 식의 양변을 영역 R에 대해 적분하면 다음을 얻으며,

$$\int_R \nabla^2 G\,dA = \int_R \delta(\xi - \underline{x})\,dA = 1\,,\ \underline{x} \in R, \tag{25.142}$$

다이버젼스 정리에 따르면 식 (25.141)과 (25.142)의 좌변은 같아야 하므로, 결국 식 (25.140)을 요구할 수 없음을 알 수 있다.

따라서 노이만 문제에 대한 그린 함수에 대해서는 식 (25.140) 대신 다음과 같이 그린 함수의 법선 방향 도함수가 일정한 상수 c의 값을 가지도록 한다.

$$\frac{\partial G}{\partial \nu} = c\,,\ \xi \in \partial R \equiv C. \tag{25.143}$$

만약 고려 중인 영역의 경계 C의 길이가 유한할 때는 c를 그 길이의 역수로 취하면 편리하다.

위 식을 식 (25.139)에 대입하여 다음을 얻는데,

$$\phi(\underline{x}) = -\int_C G f\,ds + c\int_C \phi\,ds = -\int_C G f\,ds + \phi_m\,, \tag{25.144}$$

여기서 ϕ_m은 C 상에서 ϕ의 평균값으로 상수이다. 물론 ϕ_m은 일반적으로 알려져 있지 않지만, 대부분의 포텐셜은 포텐셜 자체보다는 포텐셜의 미분이 실제적인 물리량을 나타내므로 포텐셜에 상수 항이 포함된다고 하더라도 큰 문제가 발생하지 않는다. 나아가, 노이만 문제는 디리클레 문제와는 달리 얻어진 해에 상수 항을 더해도 항상 주어진 문제를 만족하므로, 식 (25.144)는 오히려 당연한 결과로 볼 수 있을 것이다.

이상으로부터 노이만 문제에 대한 그린 함수 $G(\xi;\underline{x})$는 식 (25.119)와 식 (25.143)을 만족하며, 주어진 노이만 문제의 해는 식 (25.144)로 얻을 수 있음을 보였다. 노이만 문제에 대한 그린 함수 $G(\xi;\underline{x})$도 식 (25.125)와 같이 특이부와 조화부의 합의 형태로 주어지며, 조화부 $u(\xi;\underline{x})$는 식 (25.143)의 경계 조건을 만족하도록 결정된다. 위에서 얻은 결과의 이용에 대해서는 다음 절에서 보일 것이며, 보다 자세한 사항은 Kellogg(1967)〈20〉 등으로 미루기로 한다.

25.4 섭동법

21.3절에서는 상미분 방정식의 해를 구하는 것과 관련하여 섭동법에 대해 설명하였다. 편미분 방정식에 대한 일반적인 섭동법의 응용을 여기서 다루기에는 너무 광범위한 문제이므로, 이 절에서는 **박익 이론**(thin airfoil theory)의 **두께 문제**(thickness problem)를 예로 들어 섭동법 응용의 대표적인 사례를 소개하는데 그치기로 한다.

[그림 25.10]에 보인 바와 같이 x축 방향의 속도 U인 균일 유동 중에 놓인 날개단면 주위의 유동을 구하는 문제는 유체 영역을 R이라고 할 때, 속도 포텐셜 $\phi(x,y) \equiv \phi(\underline{x})$에 대한 다음과 같은 경계치 문제로 주어진다.

$$\nabla^2\phi = 0,\ \underline{x} \in R, \tag{25.145}$$

$$\phi(\underline{x}) \sim Ux\,,\ |\underline{x}| \to \infty\,, \tag{25.146}$$

$$\frac{v}{u} = \varepsilon\frac{dT}{dx},\ x \in [0,a],\ y = \varepsilon T(x). \tag{25.147}$$

여기서 $(u,v) = \nabla\phi$로 속도 벡터이고, $\varepsilon \ll 1$이며, 식 (25.147)은 유체 입자의 속도가 날개 단면의 상부 표면 상에서 그 단면에 접선 방향이어야 한다는 조건으로 **유동-접선성 조건**(flow-tangency condition), 또는 **비침투성 조건**(impermeability condition)이라고 불린다([그림 25.11] 참조).

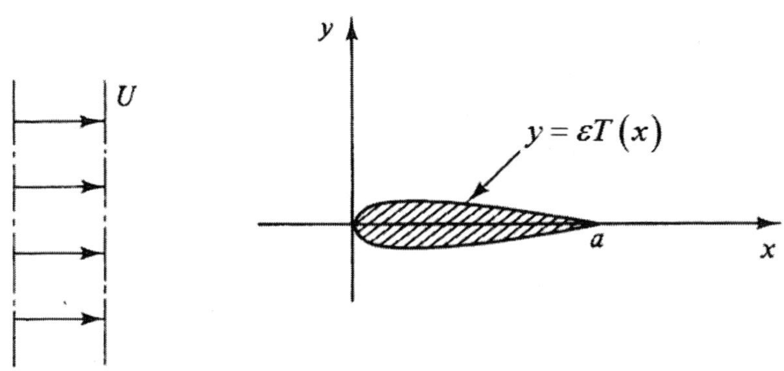

그림 25.10 날개단면 주위의 유동

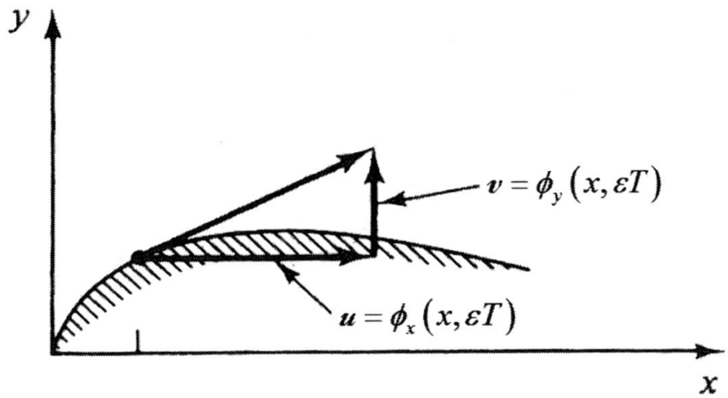

그림 25.11 유동-접선성 조건 또는 비침투성 조건

위에 주어진 경계치 문제의 해를 다음과 같이 ε의 점근 멱급수로 가정하기로 한다.

$$\phi(\underline{x}) = \sum_{n=0}^{\infty} \varepsilon^n \phi_n(\underline{x}) = \phi_0 + \varepsilon\phi_1 + \varepsilon^2\phi_2 + \cdots . \tag{25.148}$$

날개단면의 두께가 매우 작을 때, 유동장은 전반적으로 균일 유동으로부터 크게 변화하지 않을 것으로 볼 수 있다면, $\phi_0 = Ux$로 취할 수 있을 것이며, 식 (25.148)의 가정을 주어진 경계치 문제에 대입하여 다음을 얻는다.

$$\nabla^2\phi_j = 0,\ \underline{x} \in R,\ j \in [1;\infty], \tag{25.149}$$

$$\phi_j(\underline{x}) \sim 0,\ |\underline{x}| \to \infty,\ j \in [1;\infty]. \tag{25.150}$$

날개단면의 표면에서 만족되어야 하는 경계 조건인 유동-접선성 조건에 식 (25.148)의 가정을 적용하기 위해 식 (25.147)을 다음과 같이 다시 쓰기로 하는데,

$$\phi_y(x, \varepsilon T) = \varepsilon\phi_x(x, \varepsilon T)\frac{dT}{dx}, \tag{25.151}$$

여기서 이 식이 적용되는 y가 매우 작은 양이므로, 이 식의 양변을 모두 $y=0$에 대해 테일러 전개하여 생각하기로 한다. $y=0$에서 계산된 값들을 예를 들어 $\phi(x,0)=\check{\phi}$와 같이 나타내기로 하면, 테일러 전개에 의해 이 식의 양변에 대해 각각 다음을 얻으며,

$$\phi_y(x,\varepsilon T)=\check{\phi}_y+\check{\phi}_{yy}\,\varepsilon T+\check{\phi}_{yyy}\frac{(\varepsilon T)^2}{2}+O(\varepsilon^3), \tag{25.152}$$

$$\phi_x(x,\varepsilon T)=\check{\phi}_x+\check{\phi}_{xy}\,\varepsilon T+\check{\phi}_{xyy}\frac{(\varepsilon T)^2}{2}+O(\varepsilon^3), \tag{25.153}$$

여기서 이들을 식 (25.151)에 대입하면 다음을 얻고,

$$\check{\phi}_y+\check{\phi}_{yy}\varepsilon T+\check{\phi}_{yyy}\frac{(\varepsilon T)^2}{2}=\varepsilon\frac{dT}{dx}\left(\check{\phi}_x+\check{\phi}_{xy}\varepsilon T\right)+O(\varepsilon^3), \tag{25.154}$$

이 식에 식 (25.148), 점근 멱급수의 가정을 대입하면 다음을 얻는데,

$$\left(\varepsilon\check{\phi}_{1y}+\varepsilon^2\check{\phi}_{2y}\right)+\varepsilon^2 T\check{\phi}_{1yy}=\varepsilon\frac{dT}{dx}\left(U+\varepsilon\check{\phi}_{1x}\right)+O(\varepsilon^3), \tag{25.155}$$

이 식으로부터 ε의 차수가 같은 항들끼리 모아 다음 결과를 얻는다.

$$\varepsilon^1;\ \check{\phi}_{1y}=U\frac{dT}{dx},\ x\in[0,a], \tag{25.156}$$

$$\varepsilon^2;\ \check{\phi}_{2y}=\frac{dT}{dx}\check{\phi}_{1x}-T\check{\phi}_{1yy},\ x\in[0,a]. \tag{25.157}$$

$$\cdots.$$

ε^1-문제의 해는 식 (25.149), (25.150), (25.156)을 만족해야 하는데, **대칭형 날개단면**(symmetric airfoil)인 경우에는 유동이 x축에 대해 대칭일 것이므로, 문제의 영역을 상반평면으로 바꾸어 생각할 수 있다. x축 상에서의 경계 조건은 날개단면이 위치한 구간을 제외한 전 구간에서 y방향 속도가 0이 되어야 하므로, 이를 식 (25.156)과 같이 고려하여 다음을 얻는다.

$$\breve{\phi}_{1y} = \begin{cases} U\dfrac{dT}{dx}, & x \in [0, a], \\ 0, & x \not\in [0, a]. \end{cases} \tag{25.158}$$

식 (25.149), (25.150), (25.158)은 [그림 25.12]에 보인 바와 같이 노이만 문제를 구성하며, 이 문제의 해는 앞 절에서 논의한 바와 같이 식 (25.119), (25.143)을 만족하는 그린 함수를 사용하여 식 (25.144)로 주어진다.

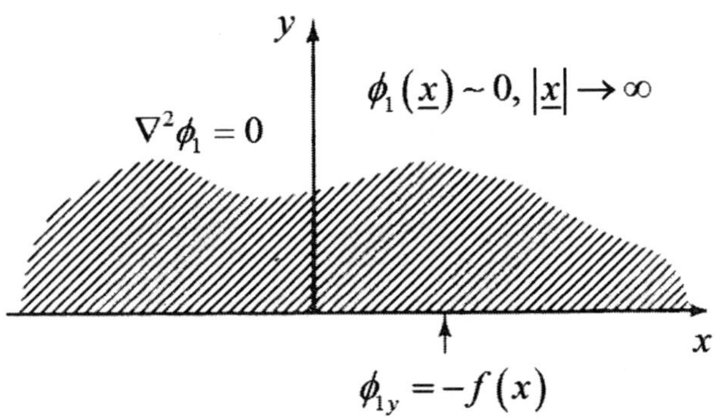

그림 25.12 날개단면의 두께 문제와 관련된 노이만 문제

상반 평면에 대한 노이만 문제의 그린 함수 $G(\underline{\xi};\underline{x})$에 대해, 그 특이부는 식 (25.124)에서 구한 바와 같을 것이며, 그 조화부는 식 (25.143)에 보인 바와 같이 ξ축에서 그린 함수의 법선 방향 도함수가 상수가 되어야 하므로, c를 0이 아닌 임의의 실수 상수라고 할 때, $\dfrac{\partial G}{\partial \eta} = c$가 만족되도록 결정되어야 한다.

따라서 이번에는 점 $\underline{x}$의 ξ축에 대한 경상점, 즉 $\underline{x}_1 = (x, -y)$에 양의 세기를 가지는 대수 함수적 특이점을 놓기로 하면, 그 포텐셜은 $\dfrac{1}{2\pi}\ln\rho_1$으로 주어지며, ξ축 상에서 $\dfrac{\partial}{\partial \eta}(\ln\rho + \ln\rho_1)$은 다음과 같은 특성을 가진다.

$$\left\{\frac{\partial}{\partial\eta}(\ln\rho+\ln\rho_1)\right\}_{\eta=0}=\left(\frac{1}{\rho}\frac{\partial\rho}{\partial\eta}+\frac{1}{\rho_1}\frac{\partial\rho_1}{\partial\eta}\right)_{\eta=0}=\left(\frac{\eta-y}{\rho^2}+\frac{\eta+y}{\rho_1^2}\right)_{\eta=0}=0. \tag{25.159}$$

$c=0$이 되었으나, 이 문제의 경우에는 원점에 중심을 둔 반경 $B\to\infty$인 상반원과 ξ축이 C를 구성하며, 두 특이점은 그 세기가 크기와 부호가 같으므로, 식 (25.141)이 성립하지 않을 것을 쉽게 알 수 있다. 따라서 위에 보인 노이만 문제에 대한 그린 함수를 다음과 같이 얻는다.

$$G(\xi;\underline{x})=\frac{1}{2\pi}\ln\rho+\frac{1}{2\pi}\ln\rho_1\,,\ \rho_1=\sqrt{(\xi-x)^2+(\eta+y)^2}\,. \tag{25.160}$$

결국 노이만 문제의 해는 상수 항을 무시하면 식 (25.144)로부터 다음과 같이 얻는데,

$$\phi_1(\underline{x})=-\int_C Gf\,ds=\frac{1}{2\pi}\int_C \ln\{(\xi-x)^2+y^2\}\check{\phi}_{1y}\,ds\,, \tag{25.161}$$

여기에 식 (25.158)을 대입하여 다음을 얻는다.

$$\phi_1(\underline{x})=\frac{U}{2\pi}\int_0^a\frac{dT}{d\xi}\ln\{(\xi-x)^2+y^2\}\,d\xi\,. \tag{25.162}$$

앞 절에서 지적한 바와 같이 위 식에서의 포텐셜은 속도 포텐셜로 그 그래디언트가 유체 입자의 속도이므로, 포텐셜에 포함된 상수 항은 물리적으로 큰 의미를 갖지 않는다.

ε^2-문제의 해는 식 (25.149), (25.150), (25.157)을 만족해야 하는데, 앞에서와 같은 논리에 근거하여 상반 평면에 대한 노이만 문제를 얻으며, 단 식 (25.158) 대신 다음을 얻는다.

$$\check{\phi}_{2y}=\begin{cases}\dfrac{d}{dx}\left(T\check{\phi}_{1x}\right), & x\in[0,a],\\ 0, & x\notin[0,a].\end{cases} \tag{25.163}$$

상미분 방정식에 대해 섭동법을 사용했을 때와 같이 이 식 우변은 ε^1-문제의 해로부터 얻을 수 있고, 이와 같은 상황은 고차 문제에 대해서도 마찬가지이다. 따라서 이론 상, 위와 같은 해법을 반복적으로 적용하여 고차의 해를 얻을 수 있는데, 단 이와 같이 얻어진 해의 수렴성과 균일성에 대해서는 아직 논의하지 않았다. 수렴성에 대해서는 어차피 식 (25.148)의 가정이 **점근적**(asymptotic)이므로, 큰 문제가 없다고 할 수 없지만, 균일성은 날개 단면의 **앞끝**(leading edge)과 **뒤끝**(trailing edge) 부근에서 발생하는 **정체점**(stagnation point) 때문에 중요한 문제가 된다.

정체점에서는 유체 입자의 속도가 0이 되므로, 날개단면에 기인하는 유동의 교란이 균일 유동과 같은 정도의 크기를 가지며, 정체점 부근의 영역에서는 교란 유동의 크기를 $O(\varepsilon)$으로 간주한 박익 이론의 가정이 맞지 않는다. 대부분의 날개단면이 쐐기형(wedge type)의 날카로운 뒤끝을 가지므로 이 점 부근에서의 유동은 두께 문제에 대해 큰 어려움을 야기하지 않는다. 하지만 대부분의 날개단면은 **뭉뚝한**(blunt) 앞끝을 가지므로, 이 점 부근에서의 불균일성은 해의 정확성에 큰 영향을 끼치며, 보통 **타원형 날개단면**(elliptic airfoil)의 유동 특성을 고려하여 **균일 유효한**(uniformly valid) 해를 구하는 것이 상례이다. 이와 관련된 자세한 사항은 Van Dyke(1964)〈13〉 등으로 미루기로 한다.

연습문제

1. 1절의 예제 1)에서, $l=1$, $b=2$, $f(x)=x(1-x)$라고 할 때, 식 (25.16)으로부터 해를 확정하시오. $\phi\left(\frac{1}{2},1\right)$에서의 해를 1% 이내로 정확하게 얻기 위해서는 몇 항이 필요한지 구하시오.

2. [연습문제 1]에서 $y=b$에서의 경계 조건이 $\phi=0$이 아니고 다음과 같이 주어질 때,

$$\phi(x,2)=x^2(1-x),\ x\in(0,1), \tag{연25.1}$$

이 경우에 대한 해를 구하시오. 이때 식 (25.7)에 대한 경계 조건으로 식 (25.8)의 셋째 식을 쓸 수 없으므로, 식 (25.7)의 해를 어떻게 가정하는 것이 좋을지 검토하시오.

3. 1절의 예제 4)에서 $a=1$, $b=2$, $f(x,y)=\sin\pi x\cos\pi y$라고 할 때, 식 (25.77)로부터 해를 확정하시오. $w\left(\frac{1}{2},1\right)$에서의 해를 1% 이내로 정확하게 얻기 위해서는 몇 항이 필요한지 구하시오.

4. 식 (20.38)에 보인 원판에 대한 디리클레 문제의 프와송 적분에서, $\phi(a,\mu)=1$로 취하고, 직접 적분에 의해 식 (20.38) 우변의 적분이 2π임을 보이시오. 단 이때 사용해야 할 다음 적분 공식을 복소적분을 이용하여 구하시오.

$$\int_0^{2\pi}\frac{d\beta}{A-B\cos\beta}=\frac{2\pi}{\sqrt{A^2-B^2}}. \tag{연25.2}$$

여기서 $A>B>0$이다.

5. 식 (25.162)로부터 $\nabla\phi=(u,v)$이고, $\varepsilon\to 0$일 때 다음과 같은 점근 근사를 구하시오.

$$u(x,\varepsilon T)\sim U-\varepsilon\frac{U}{\pi}PV\int_0^a\frac{T'(\xi)}{\xi-x}d\xi, \tag{연25.3}$$

$$v(x,\varepsilon T)\sim\varepsilon UT'(x). \tag{연25.4}$$

여기서 T'은 그 변수에 대한 미분을 뜻한다. 식 (연25.3) 우변의 적분에 대해 다음의 변수 변환을 도입하고,

$$\xi=\frac{a}{2}(1-\cos\theta),\ x=\frac{a}{2}(1-\cos\alpha), \tag{연25.5}$$

또 $T'(\xi)=\sum_{n=1}^{\infty}A_n\sin n\theta$의 푸리에 급수를 가정한 뒤, 19장의 [연습문제 5]에서 식 (연19.1)로 정의한 Glauert 적분 $G_n(\alpha)$를 이용하여 다음 결과를 유도하시오.

$$u(x,\varepsilon T)\sim U-\varepsilon U\sum_{n=1}^{\infty}A_n\cos n\alpha. \tag{연25.6}$$

26장

포물선형 방정식; 확산 방정식

이 장에서는 2계 선형 편미분 방정식 중 포물선형 방정식의 전형적인 문제인 확산 방정식과 관련하여 문제 풀이에 사용하는 기본적인 방법과 개념에 대해 설명하기로 한다.

1절에서는 두 개의 독립 변수 x, t를 가지는 미지 함수 $u(x,t)$에 대한 확산 방정식의 네 가지 기본해를 구하며, 2절에서는 변수 분리법과 푸리에 변환을 사용하여 확산 방정식과 관련된 전형적인 실제 문제의 해를 구하는 방법을 보이고, 또 앞 절에서 얻은 기본해들이 이렇게 얻은 해들과 어떻게 연관되는지 살펴보기로 한다. 1절 및 2절의 내용과 관련하여 보다 자세한 내용에 대해서는 Widder(1975)〈21〉를 참조하기 바란다. 3절에서는 선형인 확산 방정식에 비선형 항을 더하여 얻어지는 **버거스 방정식**(Burgers equation)에 대해 소개하고, 그 해를 **코올-호프 변환**(Cole-Hopf transform)을 사용하여 얻은 후, 확산율이 매우 작은 극한의 경우에 대한 근사해와 확산 항이 무시된 비선형 파동 방정식의 해의 비교를 통해 충격파의 구조 등에 대해 살펴보기로 한다. 이 절에 대한 보다 자세한 사항은 이승준(2017a)〈18〉, Whitham(1974)〈19〉을 참고하기 바란다.

26.1 기본해

이 절에서는 먼저 확산 방정식에 대해 네 가지 형태의 **기본해**(basic solutions)를 구하기로 한다. 미지 함수 $u(x,\tau)$에 대한 확산 방정식은 식 (24.24)로부터 다음과 같이 쓸 수 있다.

$$u_\tau = \nu u_{xx}\,. \tag{26.1}$$

여기서 ν는 물리적으로는 **확산율**(diffusivity)이라고 불리며, 주어진 양의 실수이다. 이 식에 $t=\nu\tau$의 치환을 도입하면 다음을 얻는데,

$$u_t = u_{xx}\,, \tag{26.2}$$

이 절과 다음 절에서는 이 식을 기준으로 확산 방정식에 대해 생각하기로 한다. 식 (26.2)에 대한 해를 구하면, 그 해에 t 대신 $\nu\tau$를 대입하여 식 (26.1)의 해를 얻을 수 있음에 유의한다.

1) $e^{\alpha x+\beta t}$의 형태를 가진 기본해

확산 방정식인 식 (26.2)의 기본해를 구함에 있어 $e^{\alpha x+\beta t}$의 형태를 가진 해를 구하기로 하면, 이를 식 (26.2)에 대입하여 $\beta=\alpha^2$을 얻으므로, α라는 매개변수를 가진 기본해 $A(x,t;\alpha)$를 다음과 같이 얻는다.

$$A(x,t;\alpha)=e^{\alpha x+\alpha^2 t}. \tag{26.3}$$

여기서 α는 복소수로 취하여도 문제가 없으므로, $\alpha\rightarrow i\alpha$로 취하면 다음을 얻으며,

$$A(x,t;i\alpha)=e^{i\alpha x-\alpha^2 t}=(\cos\alpha x+i\sin\alpha x)e^{-\alpha^2 t}, \tag{26.4}$$

위의 식 (26.3), (26.4)로부터 A는 다음과 같은 네 가지 형태로 쓸 수 있음을 알 수 있다.

$$\cos\alpha x\, e^{-\alpha^2 t},\ \sin\alpha x\, e^{-\alpha^2 t},\ e^{\alpha x}\cosh\alpha^2 t,\ e^{\alpha x}\sinh\alpha^2 t. \tag{26.5}$$

2) x, t의 다항식으로 얻어지는 기본해

식 (26.3)의 지수 함수를 x, t에 대해 각각 테일러 급수 전개하면 다음을 얻는데,

$$A(x,t;\alpha)=e^{\alpha x+\alpha^2 t}=\sum_{m=0}^{\infty}\frac{(\alpha x)^m}{m!}\sum_{n=0}^{\infty}\frac{(\alpha^2 t)^n}{n!}=\sum_{k=0}^{\infty}v_k(x,t)\frac{\alpha^k}{k!}, \tag{26.6}$$

이 식 마지막 우변의 α^k, $k\in[0;\infty]$는 서로 선형 독립이므로 $v_k(x,t)$, $k\in[0;\infty]$는 각각 모두 확산 방정식을 만족해야 한다. 식 (26.6)의 급수들에 대한 계산으로부터 다음을 얻는데,

$$v_0=1,\ v_1=x,\ v_2=x^2+2t,\ v_3=x^3+6xt,\ \cdots, \tag{26.7}$$

직접 대입에 의해 v_k가 확산 방정식을 만족함을 확인할 수 있다. 이들 다항식은 **열 다항식**(heat polynomial)으로 불린다.

3) 상사 변환에 의한 기본해

23.1절에서 편미분 방정식을 상미분 방정식으로 바꾸는 방법의 하나로 언급한 바 있는 상사 변환과 관련하여 기본해를 구하기로 한다. 상사 변환은 편미분 방정식에 독립 변수들의 적절한 조합을 도입하여 편미분 방정식을 상미분 방정식으로 바꾸어 주는 변환을 뜻한다. 확산 방정식에 대한 상사 변환을 고려하기 위해 식 (26.1)을 잠깐 생각하기로 하는데, 양변의 **물리적 차원**(physical dimension)을 고려하면 $\nu \equiv a^2$이라고 할 때, a의 차원, $[a]$를 다음과 같이 얻는다.

$$[a] = LT^{-1/2}. \tag{26.8}$$

여기서 L과 T는 각각 길이와 시간의 차원을 나타낸다. 따라서 확산 방정식과 관련된 무차원 변수 η는 다음과 같이 정의할 수 있다.

$$\eta = \frac{x}{2a\sqrt{\tau}} = \frac{x}{2\sqrt{t}}. \tag{26.9}$$

여기서 분모의 상수 2는 차후의 계산 상 편의를 위해 선택되었다.

이제 $u(x,t) = U(\eta)$로 가정하면, 연쇄율을 적용하여 다음을 얻으며,

$$u_t = \frac{dU}{d\eta}\frac{\partial \eta}{\partial t} = \frac{dU}{d\eta}\left(-\frac{x}{4t\sqrt{t}}\right) = -\frac{\eta}{2t}\frac{dU}{d\eta}, \tag{26.10}$$

$$u_x = \frac{dU}{d\eta}\frac{\partial \eta}{\partial x} = \frac{1}{2\sqrt{t}}\frac{dU}{d\eta},\ u_{xx} = \frac{1}{4t}\frac{d^2U}{d\eta^2}, \tag{26.11}$$

이들을 식 (26.2)에 대입하여 다음 결과를 얻는다.

$$\frac{d^2U}{d\eta^2} + 2\eta\frac{dU}{d\eta} = 0. \tag{26.12}$$

이 식은 선형 상미분 방정식이며, 따라서 원했던 바와 같이 **상사 변수**(similarity variable) η는 식 (26.9)로 주어짐을 알 수 있다. 위 식에서 $V(\eta)=\dfrac{dU}{d\eta}$로 치환하면 다음과 같이 분리형의 1계 상미분 방정식을 얻고,

$$\frac{1}{V}\frac{dV}{d\eta}=-2\eta, \tag{26.13}$$

이 식의 적분으로부터 다음 결과를 얻는다.

$$\ln V=-\eta^2+c_1. \tag{26.14}$$

여기서 c_1은 적분 상수이다. 이 식으로부터 다음 결과를 얻으며,

$$V=c_2e^{-\eta^2},\ c_2=e^{c_1}, \tag{26.15}$$

여기에 $V(\eta)=\dfrac{dU}{d\eta}$를 대입하고 양변을 적분하여 다음을 얻는다.

$$U(\eta)=c_2\int_{\eta}^{\infty}e^{-\zeta^2}d\zeta. \tag{26.16}$$

3.2절의 식 (3.26), (3.27)로부터 다음을 얻었으므로,

$$\int_0^{\infty}e^{-\zeta^2}d\zeta=\frac{\sqrt{\pi}}{2}, \tag{26.17}$$

식 (26.16)에서 $c_2=\dfrac{2}{\sqrt{\pi}}$로 취하면, $U(0)=1$을 얻으며, 또한 다음 결과를 얻는다.

$$U(\eta)=U\left(\frac{x}{2\sqrt{t}}\right)=\frac{2}{\sqrt{\pi}}\int_{\frac{x}{2\sqrt{t}}}^{\infty}e^{-\zeta^2}d\zeta\equiv erfc\left(\frac{x}{2\sqrt{t}}\right). \tag{26.18}$$

여기서 $erfc(\eta)$는 **상보오차 함수**(complementary error function)이다. 이 식을 직접 식 (26.2)에 대입하여 $U(\eta)$가 확산 방정식을 만족하는 것을 확인할 수 있다.

4) 3)으로부터 파생되는 기본해

위에서 식 (26.18)로 얻은 해로부터 얻을 수 있는 기본해에 대해 생각하기로 한다. 식 (26.2)를 x에 대해 한 번 편미분하면 다음 식을 얻는데,

$$u_{xt} = u_{xxx}\,, \tag{26.19}$$

$u_x \equiv w(x, y)$라고 할 때, 식 (26.19)에 따르면 만약 u가 확산 방정식을 만족하는 경우 w도 확산 방정식을 만족함을 알 수 있다. 이와 같은 관계를 식 (26.18)에서 얻은 $U\left(\dfrac{x}{2\sqrt{t}}\right)$에 적용하면 다음을 얻으며,

$$-\frac{1}{2}\frac{\partial U}{\partial x} = \frac{e^{-x^2/4t}}{2\sqrt{\pi t}} \equiv K(x,t)\,, \tag{26.20}$$

이 해는 보통 **열원해**(heat source solution)라고 불린다.

이상으로 네 가지 종류의 기본해를 얻었는데, 확산 방정식은 선형이므로 위에서 얻은 어떤 해들의 선형 조합도 확산 방정식의 해가 되며, 선형 조합뿐만 아니라 선형 연산인 적분, 미분을 사용하여 위에서 얻은 기본해들로부터 새로운 해들을 유도할 수 있다. 이들이 다음 절에서 다룰 네 개의 예제들에서 어떤 형태로 사용되는지 유의하기 바란다.

26.2 전형적인 문제

이 절에서는 다섯 개의 예제를 생각하여 확산 방정식을 만족하는 해의 특성과 앞 절에서 구한 기본해들이 그런 해들을 구함에 있어 어떤 역할을 하고 있는지 보이기로 한다.

1) 유한한 길이를 가진 **봉**(rod)의 온도 분포에 대한 **초기치-경계치 문제**(initial and boundary value problem)

길이가 l인 봉에 대한 온도 분포를 구하기 위해 다음과 같은 초기치-경계치 문제를 생각하기로 하자([그림 26.1] 참조).

$$u_t = u_{xx}\,,\ x \in (0, l)\,,\ t \in (0, \infty)\,, \tag{26.21}$$

$$u(x, 0) = f(x)\,,\ x \in (0, l)\,, \tag{26.22}$$

$$u(0, t) = u(l, t) = 0\,,\ t \in (0, \infty)\,. \tag{26.23}$$

여기서 $f(x)$는 주어진 함수라고 한다.

이 문제의 해와 관련하여 변수 분리법을 사용하기로 하고, 다음과 같은 가정을 도입하기로 한다.

$$u(x, t) = X(x)\, T(t)\,. \tag{26.24}$$

라플라스 방정식에 대해서와 같이 확산 방정식의 선형성 때문에 위와 같은 형태를 가지는 해가 많이 있을 경우에는 그들의 선형 조합 역시 확산 방정식을 만족할 것이다.

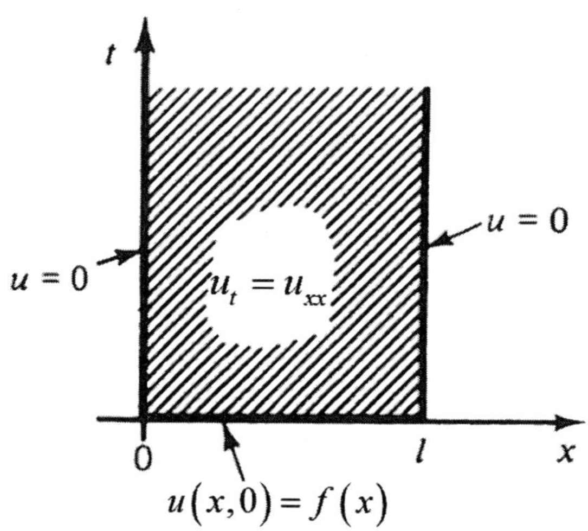

그림 26.1 확산 방정식에 대한 초기치-경계치 문제

식 (26.24)의 가정을 식 (26.21)에 대입하면 다음을 얻고,

$$X\frac{dT}{dt} = T\frac{d^2X}{dx^2}\,, \tag{26.25}$$

이 식의 양변을 XT로 나누어 다음을 얻는데,

$$\frac{1}{T}\frac{dT}{dt} = \frac{1}{X}\frac{d^2X}{dx^2}\,, \tag{26.26}$$

위 식의 좌변은 t만의 함수이고, 우변은 x만의 함수이므로, 분리 상수를 $-k^2$으로 취하면 다음과 같이 X, T에 대한 두 개의 상미분 방정식을 얻는다.

$$\frac{d^2X}{dx^2} + k^2 X = 0\,, \tag{26.27}$$

$$\frac{dT}{dt} + k^2 T = 0\,. \tag{26.28}$$

여기서 k는 양의 실수로 아직 정해지지 않은 상수이다.

식 (26.24)의 가정을 경계 조건인 식 (26.23)에 대입하면 다음을 얻으며,

$$X(0) = X(l) = 0\,, \tag{26.29}$$

이 식을 경계 조건으로 하여 식 (26.27)의 해를 구하면 다음을 얻는다.

$$X_n(x) = \sin k_n x\,,\ k_n \equiv \frac{n\pi}{l},\ n = 1, 2, \cdots\,. \tag{26.30}$$

이 결과는 10.3절에서 Sturm-Liouville 이론과 관련하여 얻었던 식 (10.30)과 같으며, 10.3절의 [정리 10.6]으로 주어진 Sturm-Liouville 정리에 따라 식 (26.30)으로 주어지는 함수의 집합은 $L_2(0, l)$의 기저로 사용될 수 있다.

식 (26.30)에 보인 X_n에 상응하는 T_n을 식 (26.28)로부터 구하는데, $t \to \infty$일 때 유계이어야 한다는 조건을 부과하여 다음을 얻고,

$$T_n(t) = e^{-k_n^2 t},\ k_n \equiv \frac{n\pi}{l},\ n = 1, 2, \cdots, \tag{26.31}$$

위의 결과를 종합하여 다음 결과를 얻는다.

$$u(x,t) = \sum_{n=1}^{\infty} a_n X_n(x)\, T_n(t) = \sum_{n=1}^{\infty} a_n \sin k_n x\, e^{-k_n^2 t}. \tag{26.32}$$

여기서 a_n, $n = 1, 2, \cdots$은 아직 정해지지 않은 계수이다. 위 급수의 각 항은 앞 절에서 구한 식 (26.5)의 둘째 항으로 주어지는 기본해의 형태를 가짐에 유의한다.

지금까지 만족되지 않은 초기 조건, 식 (26.22)에 식 (26.32)를 대입하여 다음을 얻는데,

$$u(x,0) = \sum_{n=1}^{\infty} a_n \sin k_n x = f(x), \tag{26.33}$$

위에서 논의한 바와 같이 $f(x) \in L_2(0,l)$이면 위 식의 a_n은 고유 함수의 직교성을 이용하여 다음 관계로부터 구할 수 있다.

$$a_n = \frac{(f, X_n)}{(X_n, X_n)} = \frac{2}{l}(f, X_n),\ n = 1, 2, \cdots. \tag{26.34}$$

여기서 (f, X_n)는 식 (25.14)에서와 같이 다음 식으로 정의된 스칼라곱이며,

$$(f, X_n) = \int_0^l f(\xi)\, X_n(\xi)\, d\xi, \tag{25.14}$$

식 (26.34)의 둘째 등호는 식 (25.15)를 이용하여 얻었다.

결국 식 (26.34)를 식 (26.32)에 대입하여 주어진 문제의 해를 다음과 같이 얻는다.

$$u(x,t) = \frac{2}{l}\sum_{n=1}^{\infty} (f, \sin k_n \xi)\, \sin k_n x\, e^{-k_n^2 t},\ k_n \equiv \frac{n\pi}{l}. \tag{26.35}$$

이 결과에 따르면 $t \to \infty$ 일 때, u는 점근적으로 다음과 같이 주어지며,

$$u(x,t) \sim \frac{2}{l}(f, \sin k_1 \xi) \sin k_1 x \, e^{-k_1^2 t} = \frac{2}{l}(f, \sin k_1 \xi) \sin \frac{\pi x}{l} \, e^{-\frac{\pi^2}{l^2} t}, \quad (26.36)$$

초기 조건 f의 형태에 상관없이 $x = l/2$ 에서 최대값을 가짐을 알 수 있다.

예를 들어 10.3절에서 고려했던 바와 같이 $f(x) = 100$ 이면, 식 (10.44)로부터 식 (26.34)의 우변에 대해 다음을 얻으므로,

$$a_n = \frac{2}{l}(100, X_n) = \begin{cases} \dfrac{400}{n\pi}, & n = 1, 3, \cdots, \\ 0, & n = 2, 4, \cdots, \end{cases} \quad (26.37)$$

이를 식 (26.35)에 대입하여 다음을 얻는다.

$$u(x,t) = \frac{400}{\pi} \sum_{n=1}^{\infty} \frac{\sin k_{2n-1} x}{2n-1} e^{-k_{2n-1}^2 t}, \quad k_n \equiv \frac{n\pi}{l}. \quad (26.38)$$

2) 유한한 길이를 가진 봉의 온도 분포에 대한 초기치-경계치 문제

앞의 1)에서 다루었던 문제에 대해 경계 조건만 다음과 같이 바뀐 초기치-경계치 문제를 생각하기로 하자([그림 26.2] 참조).

$$u_t = u_{xx}, \; x \in (0, l), \; t \in (0, \infty), \quad (26.21)$$

$$u(x, 0) = f(x), \; x \in (0, l), \quad (26.22)$$

$$u(0, t) = a, \; u(l, t) = b, \; t \in (0, \infty). \quad (26.39)$$

여기서 a, b는 주어진 실수라고 한다.

이 문제에 대해서 만약 1)에서와 같은 방법을 사용한다면 식 (26.27)에 대해 경계 조건을 적용하기 어려우므로, 1)에서와 같은 방법으로는 해를 구하기 힘든 것을 알 수 있다.

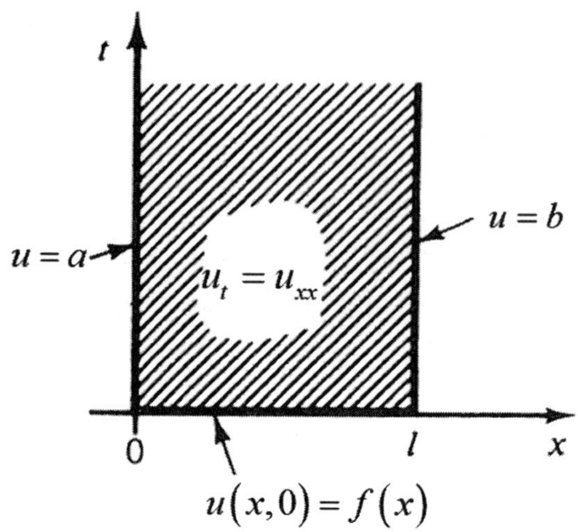

그림 26.2 확산 방정식에 대한 선형 중첩의 예

앞 절의 식 (26.7)에서 구한 열 다항식 중에서 시간의 함수가 아닌 v_0와 v_1의 선형 조합을 다음과 같이 나타내고,

$$v(x) = \alpha v_0 + \beta v_1 = \alpha + \beta x, \tag{26.40}$$

$u(x,t)$가 다음과 같은 선형 중첩의 형태로 주어진다고 가정한다.

$$u(x,t) = v(x) + u_1(x,t). \tag{26.41}$$

여기서 $v(x)$는 식 (26.39)로 주어지는 경계 조건을 만족하도록 결정하면, 다음을 얻으며,

$$v(x) = a + \frac{b-a}{l} x, \tag{26.42}$$

따라서 $u_1(x,t)$는 1)에서 다루었던 것과 같은 형태의 초기치-경계치 문제의 해가 된다.

식 (26.32)와 식 (26.42)를 식 (26.41)에 대입하여 주어진 문제에 대한 해를 다음과 같이 얻는데,

$$u(x,t) = a + \frac{b-a}{l}x + \sum_{n=1}^{\infty} a_n \sin k_n x \, e^{-k_n^2 t}, \; k_n \equiv \frac{n\pi}{l}, \tag{26.43}$$

지금까지 만족되지 않은 초기 조건, 식 (26.22)에 식 (26.43)을 대입하여 다음을 얻는다.

$$u(x,0) = v(x) + \sum_{n=1}^{\infty} a_n \sin k_n x = f(x),$$

$$\therefore \sum_{n=1}^{\infty} a_n \sin k_n x = f(x) - v(x) \equiv F(x). \tag{26.44}$$

위 식의 a_n 은 고유 함수의 직교성을 이용하여 다음 식으로부터 얻는다.

$$a_n = \frac{(F, X_n)}{(X_n, X_n)} = \frac{2}{l}(F, X_n), \; n = 1, 2, \cdots . \tag{26.45}$$

식 (26.45)를 식 (26.43)에 대입하여 주어진 문제의 해를 다음과 같이 얻는다.

$$u(x,t) = a + \frac{b-a}{l}x + \frac{2}{l}\sum_{n=1}^{\infty} (F, \sin k_n \xi) \sin k_n x \, e^{-k_n^2 t}, \; k_n \equiv \frac{n\pi}{l}. \tag{26.46}$$

이 결과에 따르면 $t \to \infty$ 일 때, u 는 점근적으로 다음과 같이 주어지며,

$$u(x,t) \sim a + \frac{b-a}{l}x = v(x), \tag{26.47}$$

따라서 앞 절에서 구한 기본해의 하나였던 열 다항식을 이용하여 얻은 $v(x)$는 $t \to \infty$ 일 때의 해로, 보통 **정상해**(steady solution)라고 불리는 해임을 알 수 있다.

3) 무한한 길이를 가진 봉의 온도 분포에 대한 초기치 문제

이번에는 길이가 매우 길어 무한히 길다고 볼 수 있는 봉(rod)에 대한 온도 분포를 구하기 위해 다음과 같은 초기치 문제를 생각하기로 하자.

$$u_t = u_{xx},\ x \in (-\infty, \infty),\ t \in (0, \infty), \tag{26.48}$$

$$u(x,0) = f(x),\ x \in (-\infty, \infty). \tag{26.49}$$

여기서 $f(x)$는 주어진 함수라고 한다.

이 문제의 경계 조건의 형태 상 변수 분리법을 사용하기는 힘들 것으로 보이므로, 변수 x에 대한 푸리에 변환을 사용하기로 한다. 즉 식 (26.48)의 양변에 e^{-ikx}를 곱하고 x에 대해 $-\infty$부터 ∞까지 적분하면 다음을 얻는데,

$$\int_{-\infty}^{\infty} u_t e^{-ikx}\, dx = \int_{-\infty}^{\infty} u_{xx} e^{-ikx}\, dx, \tag{26.50}$$

이 식 좌변에 대해서는 t에 대한 편미분과 적분의 순서를 바꾸어 다음을 얻으며,

$$\int_{-\infty}^{\infty} u_t e^{-ikx}\, dx = \frac{\partial}{\partial t}\int_{-\infty}^{\infty} u e^{-ikx}\, dx = \frac{d\tilde{u}}{dt}, \tag{26.51}$$

여기서 $\tilde{u}(k,t)$는 6.1절의 [정의 6.1]에서 보였던 $u(x,t)$의 변수 x에 대한 푸리에 변환이다.

또 식 (26.50)의 우변에 대해서는 u, u_x가 $|x| \to \infty$일 때, 충분히 빨리 영으로 수렴한다고 가정하면 부분적분에 의해 다음을 얻으며,

$$\int_{-\infty}^{\infty} u_{xx} e^{-ikx}\, dx = ik\int_{-\infty}^{\infty} u_x e^{-ikx}\, dx = -k^2\int_{-\infty}^{\infty} u e^{-ikx}\, dx = -k^2\tilde{u}(k,y), \tag{26.52}$$

이들 결과를 식 (26.50)에 대입하여 다음과 같은 상미분 방정식을 얻는다.

$$\frac{d\tilde{u}}{dt} + k^2\tilde{u} = 0,\ t \in (0, \infty). \tag{26.53}$$

푸리에 변환을 이용하여 주어진 편미분 방정식, 식 (26.48)을 독립 변수가 t인 상미분 방정식으로 바꾸었음에 유의한다.

한편 경계 조건인 식 (26.49)의 양변에 e^{-ikx}를 곱하고 $-\infty$부터 ∞까지 적분하면 다음을 얻는데,

$$\tilde{u}(k,0)=\tilde{f}(k), \tag{26.54}$$

여기서 $\tilde{f}(k)$는 f의 푸리에 변환이며, 이 식은 식 (26.53)의 해가 만족해야 하는 경계 조건이다.

식 (26.53)의 일반해는 다음과 같이 쓸 수 있는데,

$$\tilde{u}(k,t)=a(k)e^{-k^2t}, \tag{26.55}$$

식 (26.54)의 경계 조건으로부터 $a(k)=\tilde{f}(k)$를 얻으므로, 결국 다음을 얻는다.

$$\tilde{u}(k,t)=\tilde{f}(k)e^{-k^2t}\equiv\tilde{f}(k)\tilde{h}(k,t),\ \tilde{h}(k,t)\equiv e^{-k^2t}. \tag{26.56}$$

6.1절의 [정의 6.1]에서 보였던 푸리에 역변환을 고려하여 $h(x,t)$를 구하면 다음을 얻으며,

$$2\pi h(x,t)=\int_{-\infty}^{\infty}e^{-k^2t}e^{ikx}\,dk=\int_{-\infty}^{\infty}e^{-k^2t+ikx}\,dk, \tag{26.57}$$

이 식 우변 피적분 함수의 지수에 대해 다음과 같은 치환을 도입하면,

$$-k^2t+ikx=-\left(\sqrt{t}\,k+\frac{ix}{2\sqrt{t}}\right)^2-\frac{x^2}{4t}=-\kappa^2-\eta^2, \tag{26.58}$$

$$\kappa\equiv\sqrt{t}\,k+\frac{ix}{2\sqrt{t}}=\sqrt{t}\,k+i\eta,\ \eta\equiv\frac{x}{2\sqrt{t}}, \tag{26.59}$$

식 (26.57)은 다음과 같이 다시 쓸 수 있다.

$$2\pi h(x,t)=\frac{e^{-\eta^2}}{\sqrt{t}}\int_{-\infty+i\eta}^{\infty+i\eta}e^{-\kappa^2}\,d\kappa. \tag{26.60}$$

이 식 우변의 복소적분에 대해서는 [그림 26.3]에 보인 바와 같은 폐곡선 C에 대한 복소적분으로 바꾸어 생각하기로 하면, 피적분 함수는 C 내부에서 정칙이므로 식 (26.60)은 다음과 같이 다시 쓸 수 있으며,

$$h(x,t) = \frac{e^{-\eta^2}}{2\pi\sqrt{t}}\int_{-\infty}^{\infty} e^{-\kappa^2}\,d\kappa = \frac{e^{-x^2/4t}}{2\sqrt{\pi t}} \equiv K(x,t), \tag{26.61}$$

여기서 둘째 등호는 식 (26.17)을 이용하여 얻었으며, 마지막 등호는 앞 절의 식 (26.20)에서 얻었던 기본해인 열원해 $K(x,t)$와의 비교에 의해 얻었다.

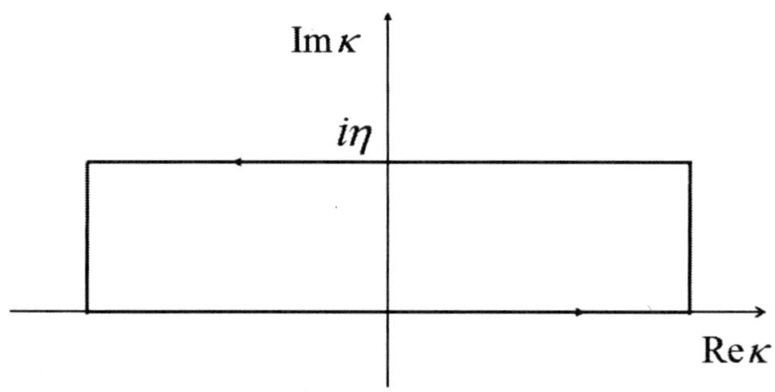

그림 26.3 식 (26.60)의 복소적분에 대한 경로

6.1절의 [정리 6.4]에서 보였던 컨볼루션의 푸리에 변환쌍에 대한 결과를 식 (26.56)에 적용하는데 $h(x,t) \equiv K(x,t)$ 임을 고려하여 다음을 얻는다.

$$u(x,t) = f * K = \int_{-\infty}^{\infty} f(\xi)\,K(\xi - x, t)\,d\xi = \frac{1}{2\sqrt{\pi t}}\int_{-\infty}^{\infty} f(\xi)\,e^{-(\xi - x)^2/4t}\,d\xi. \tag{26.62}$$

이하에서는 위 식으로 주어진 $u(x,t)$를 사용하여 세 가지 다르게 주어진 초기 조건 $f(x)$에 대한 해를 구하여 기본해 $K(x,t)$ 및 확산 방정식의 해의 특성에 대해 살펴보기로 한다.

첫째로 만약 $f(x)=1$이라고 하면 $u(x,t)$는 위 식으로부터 다음과 같이 얻는다.

$$u(x,t)=\frac{1}{2\sqrt{\pi t}}\int_{-\infty}^{\infty}e^{-(\xi-x)^2/4t}d\xi. \qquad (26.63)$$

이 식 우변의 피적분 함수에 $\zeta=\dfrac{\xi-x}{2\sqrt{t}}$, $d\zeta=\dfrac{d\xi}{2\sqrt{t}}$의 치환을 이용하면 다음을 얻는다.

$$u(x,t)=\int_{-\infty}^{\infty}K(\xi-x,t)\,d\xi=\frac{1}{\sqrt{\pi}}\int_{-\infty}^{\infty}e^{-\zeta^2}d\zeta=1. \qquad (26.64)$$

여기서 마지막 등호는 식 (26.17)을 이용하여 얻었다. 이 식에 따르면 초기에 봉의 모든 곳에서 $u=1$이었다면, 이와 같은 초기 상태가 줄곧 지속됨을 뜻하여 물리적으로는 하자가 없는 듯 보인다.

그러나 $f(x)=1$에 대한 푸리에 변환은 존재하지 않으므로, 식 (26.54) 또는 (26.56) 자체가 성립하지 않는다. 그럼에도 불구하고 위에서 물리적으로 타당한 해를 얻은 것은 $|\xi|\to\infty$일 때, K가 충분히 빨리 감소하여 식 (26.62)의 ξ에 대한 적분을 수행하는데 문제가 없었기 때문이다.

보다 정확한 해석을 얻기 위해 식 (26.62)에서 $t\to 0$일 때에 대해 고려하기로 하자. 먼저 $t\to 0$일 때의 극한을 생각하면 다음을 얻으므로,

$$\lim_{t\to 0}u(x,t)=\lim_{t\to 0}\int_{-\infty}^{\infty}f(\xi)\,K(\xi-x,t)\,d\xi=f(x), \qquad (26.65)$$

다시 말하면 $t\to 0$일 때의 $K(\xi-x,t)$는 델타 수열임을 알 수 있다. 이 관계는 25.2절에서 기술하였던 프와송 적분의 핵함수(kernel)에 대해 얻었던 식 (25.86) 또는 (25.101)과 같은 관계임에 유의한다.

식 (26.61)로 주어진 $K(\xi-x,t)$는 고정된 t에 대해서는 $\xi=x$에 대칭점을 가진 정상분포 또는 **가우스 분포**(Gaussian distribution)에 상응하며, $t\to 0$에 따라 그 최대값은 무한히 증가하지만 식 (26.64)에서 본 바와 같이 그 적분값은 1로 고정되어 있어, 위에서 언급한 바와 같이 델타 수열의 조건을 모두 갖추고 있음을 알 수 있다([그림 26.4] 참조).

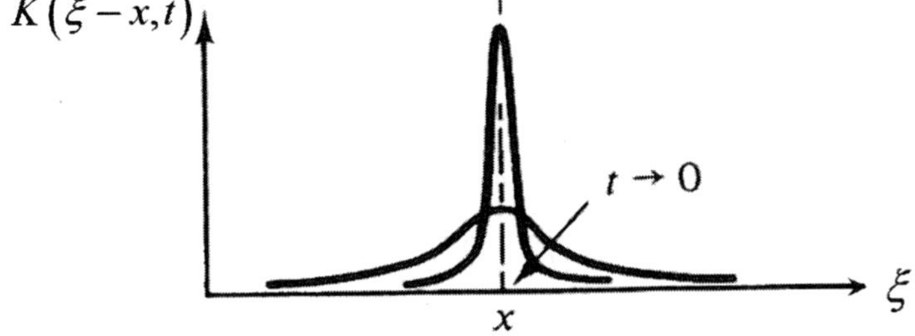

그림 26.4 델타 수열로서의 열원해 $K(\xi-x,t)$

둘째로, 만약 $f(x)=\delta(x-x_0)$ 라고 하면 $u(x,t)$ 는 식 (26.62)로부터 다음과 같이 얻는다.

$$u(x,t)=\frac{1}{2\sqrt{\pi t}}\int_{-\infty}^{\infty}\delta(\xi-x_0)e^{-(\xi-x)^2/4t}d\xi=\frac{e^{-(x_0-x)^2/4t}}{2\sqrt{\pi t}}=K(x_0-x,t). \tag{26.66}$$

이 식에 따르면 점 $x=x_0$ 에 델타 함수로 주어진 초기 조건에 대한 해가 바로 $x=x_0$ 에 대칭점을 가진 K이므로, $K(\xi-x,t)$는 $\xi=x$ 또는 $x=\xi$에 놓인 델타 함수, 즉 **열원**(heat source)에 상응하는 해임을 알 수 있으며, 이와 같은 이유로 식 (26.20)에서 얻었던 기본해를 열원해라고 부른다.

한편 식 (26.66)에 따르면 델타 함수로 주어진 초기 조건에 대해 아무리 작은 t 라고 하더라도 $t>0$ 에 대해 u 는 $|x|\to\infty$ 에서도 0이 아니므로, 만약 u 를 온도라고 하면 열의 전파 속도가 무한대에 달한다는 결론이 얻어지며, 명백히 이는 경험과 어긋난다. 이와 같은 물리적 모순을 가지지 않으며, 보다 현실적인 모형을 고려할 때는 다음과 같이 u_{tt} 항을 더한 확산 모형을 생각할 수 있다.

$$u_t+\frac{1}{c^2}u_{tt}=u_{xx}. \tag{26.67}$$

여기서 c 는 열의 전파 속도에 상응하는 양이다. 일반적으로는 c 가 **음속**(acoustic speed)에 가까우므로 위 식 좌변의 둘째 항은 매우 작은 양이지만, 델타 함수와 같이 급격히 변화하는 함수에 대해서는 $t \ll 1$일 때 무시할 수 없는 크기를 가지며, 이때는 확산 현상이라기보다는 파동 현상으로 다루어야 한다는 점을 위의 식은 시사하고 있다.

셋째로, $f(x) = H(x)$, 즉 $x = 0$에서 점프를 가지는 단위 계단 함수라고 하면 $u(x,t)$는 식 (26.62)로부터 다음과 같이 얻는다.

$$u(x,t) = \frac{1}{2\sqrt{\pi t}} \int_{-\infty}^{\infty} H(\xi) e^{-(\xi - x)^2/4t} d\xi = \frac{1}{2\sqrt{\pi t}} \int_0^{\infty} e^{-(\xi - x)^2/4t} d\xi. \quad (26.68)$$

이 식 우변의 피적분 함수에 $\zeta = \dfrac{\xi - x}{2\sqrt{t}}$, $d\zeta = \dfrac{d\xi}{2\sqrt{t}}$의 치환을 이용하면 다음을 얻는다.

$$\begin{aligned} u(x,t) &= \frac{1}{\sqrt{\pi}} \int_{-x/2\sqrt{t}}^{\infty} e^{-\zeta^2} d\zeta = \frac{1}{\sqrt{\pi}} \int_{-x/2\sqrt{t}}^{0} e^{-\zeta^2} d\zeta + \frac{1}{\sqrt{\pi}} \int_0^{\infty} e^{-\zeta^2} d\zeta \\ &= \frac{1}{\sqrt{\pi}} \int_0^{x/2\sqrt{t}} e^{-\zeta^2} d\zeta + \frac{1}{2} = \frac{1}{2} erf\left(\frac{x}{2\sqrt{t}}\right) + \frac{1}{2}. \end{aligned} \quad (26.69)$$

여기서 $erf(\eta)$는 **오차 함수**(error function)로 식 (26.18)로 정의했던 상보오차 함수 $erfc(\eta)$와는 다음 관계를 가지므로,

$$erf(\eta) = \frac{2}{\sqrt{\pi}} \int_0^{\eta} e^{-\zeta^2} d\zeta = 1 - erfc(\eta), \quad (26.70)$$

이를 식 (26.69)에 대입하면 다음을 얻는데,

$$u(x,t) = 1 - \frac{1}{2} erfc\left(\frac{x}{2\sqrt{t}}\right) \equiv 1 - \frac{1}{2} U(\eta), \quad (26.71)$$

이 식의 마지막 등호는 앞 절의 식 (26.18)에서 얻었던 기본해를 사용하여 얻었다. 이 식 마지막 우변의 첫째 항은 식 (26.7)에서 얻었던 기본해 v_0이므로, 위 식의 우변은 기본해의 선형 조합으로 주어졌다고 할 수 있다.

식 (26.69)에 보인 해에 따르면, 초기 조건이 단위 계단 함수로 주어진 경우에 대한 해는 시간이 지남에 따라 [그림 26.5]에 보인 바와 같이 변화한다.

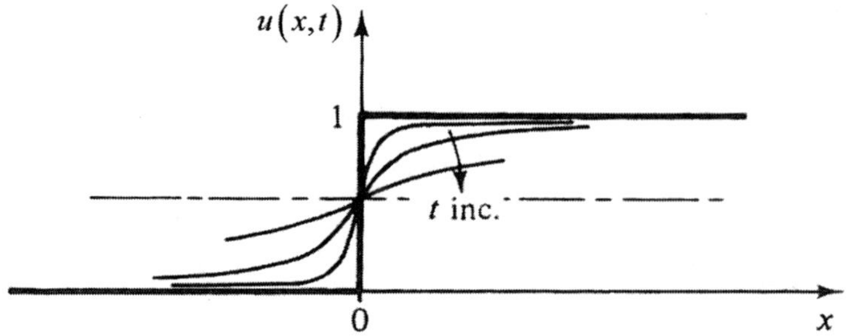

그림 26.5 단위 계단 함수로 주어진 초기 조건에 대한 해

초기의 $x=0$에 위치한 점프는 즉각적으로 사라져 u는 연속적으로 변화하는 함수가 되며, 시간이 지남에 따라 $x=0$ 부근에서의 u의 기울기는 점차 감소하고, 또 $erf(0)=0$이므로 $t\to\infty$이면 결국 모든 곳에서 $u\to\frac{1}{2}$이 됨을 확인할 수 있다. 이와 같이 확산 방정식은 급격한 변화를 항상 덜 급격하게 하는 경향을 가지며, 이는 23.1절에서 보았던 비선형 파동 방정식의 비선형 항이 가파라짐 현상을 야기하는 것과 잘 대조된다.

4) **반무한 봉**(semi-infinite rod)의 온도 분포에 대한 초기치-경계치 문제

만약 원래 주어진 문제가 다음과 같이 한쪽으로만 무한히 긴 반무한 봉에 대한 초기치-경계치 문제였다고 하자.

$$u_t = u_{xx},\ x\in[0,\infty),\ t\in(0,\infty), \tag{26.72}$$

$$\lim_{t\to 0} u(x,t) = f(x),\ x\in(0,\infty), \tag{26.73}$$

$$u(0,t)=0,\ t\in(0,\infty). \tag{26.74}$$

여기서 $f(x)$는 주어진 함수라고 한다.

위와 같은 문제의 해는 3)의 해로 얻은 식 (26.62)를 이용하여 구할 수 있다. 위의 문제를 다음과 같은 무한히 긴 봉에 대한 초기치 문제로 바꿀 수 있다([그림 26.6] 참조).

$$u_t = u_{xx},\ x\in(-\infty,\infty),\ t\in(0,\infty), \tag{26.75}$$

$$\lim_{t\to 0} u(x,t) = F(x),\ F(x)\equiv\begin{cases} f(x), & x>0,\\ -f(-x), & x<0.\end{cases} \tag{26.76}$$

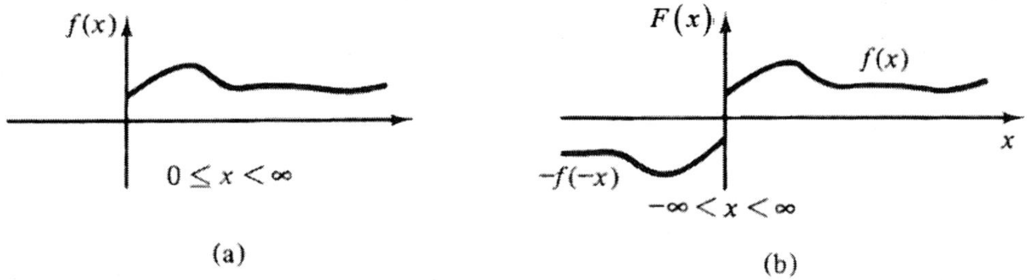

그림 26.6 반무한 봉에 대한 초기 조건의 확장

그 해는 식 (26.62)로부터 다음과 같이 얻는다.

$$
\begin{aligned}
u(x,t) &= \int_{-\infty}^{\infty} F(\xi)\,K(\xi-x,t)\,d\xi \\
&=-\int_{-\infty}^{0} f(-\xi)\,K(x-\xi,t)\,d\xi+\int_{0}^{\infty} f(\xi)\,K(x-\xi,t)\,d\xi \\
&=-\int_{0}^{\infty} f(\zeta)\,K(x+\zeta,t)\,d\zeta+\int_{0}^{\infty} f(\xi)\,K(x-\xi,t)\,d\xi \\
&=\int_{0}^{\infty} f(\xi)\,\{K(x-\xi,t)-K(x+\xi,t)\}\,d\xi. \qquad (26.77)
\end{aligned}
$$

여기서 둘째 등호는 식 (26.75)와 $K(\xi-x,t)=K(x-\xi,t)$를 이용하여 얻고, 셋째 등호는 첫째 적분 항에 대해 $\xi=-\zeta$의 치환을 사용하여 얻었다.

식 (26.77) 마지막 우변, 피적분 함수의 둘째 항은 **역경상 효과**(inverse mirror image effect)를 나타내는 항이며, $x=0$에 위치한 경계에 의해 마치 경상점에 음의 세기를 가지는 열원이 더해진 것과 같은 효과를 나타냄을 뜻한다. 물론 음의 열원을 더함으로써 식 (26.74)로 주어진 $x=0$에서의 경계 조건을 만족함에 유의한다. 이와 같이 경상점에 적절한 세기의 특이점을 더하여 해를 구하는 방법을 일반적으로 **경상법**(method of mirror image)이라고 부른다.

경상법은 라플라스 방정식에 대한 원판과 상반 평면에 대한 디리클레 문제의 그린 함수에 대해 설명한 25.3절에서, 즉 식 (25.128)과 식 (25.134)를 구하는 과정에서 이미 이용한 바 있고, 또한 박익 이론과 관련하여 25.4절에서 상반 평면의 노이만 문제의 그린 함수, 식 (25.160)을 구하는 데도 쓰였으며, 상당히 광범위하게 효과적으로 사용될 수 있는 방법이다.

5) 원판의 온도에 대한 초기치-경계치 문제

원판에서의 열전도, 또는 확산을 고려하는 경우, 온도 분포가 원주 방향 좌표 θ와 무관할 때, 온도 $u(r,t)$에 대한 확산 방정식은 다음과 같이 주어질 수 있다.

$$u_t = u_{rr} + \frac{1}{r}u_r. \tag{26.78}$$

여기서 (r, θ)는 극 좌표이다.

예를 들어 반경 a인 원판의 온도 $u(r,t)$에 대해 다음과 같은 초기치-경계치 문제가 주어졌다고 하자.

$$u_t = u_{rr} + \frac{1}{r}u_r,\ r \in [0, a),\ t \in (0, \infty), \tag{26.79}$$

$$u(r, 0) = f(r),\ r \in [0, a), \tag{26.80}$$

$$u(a, t) = 0,\ t \in [0, \infty). \tag{26.81}$$

여기서 $f(r)$은 주어진 함수라고 한다.

이 문제에 대해 변수 분리법을 적용하기로 하면, 먼저 단계 1로 다음과 같이 가정하고,

$$u(r, t) = R(r)\,T(t), \tag{26.82}$$

이를 식 (26.79)에 대입하여 다음을 얻으며,

$$R\frac{dT}{dt} = T\frac{d^2R}{dr^2} + \frac{T}{r}\frac{dR}{dr}, \tag{26.83}$$

이 식의 양변을 RT로 나누어 다음을 얻는다.

$$\frac{1}{T}\frac{dT}{dt}=\frac{1}{R}\frac{d^2R}{dr^2}+\frac{1}{rR}\frac{dR}{dr}. \tag{26.84}$$

이 식의 좌변과 우변은 각각 t, r만의 함수이므로 분리 상수를 $-k^2$으로 취하면 단계 2로 다음을 얻는다.

$$r\frac{d^2R}{dr^2}+\frac{dR}{dr}+k^2rR=0, \tag{26.85}$$

$$\frac{dT}{dt}+k^2T=0. \tag{26.86}$$

여기서 k는 양의 실수로 아직 정해지지 않은 상수이다. $k=0$이면 식 (26.85)의 해는 u가 상수인 경우를 제외하면 $R=\ln r$을 얻는데, $r=0$이 문제의 영역에 포함되어 있으므로, 영역 내에서 무한히 큰 값을 가지는 해를 제외시키기로 하면, 이하에서는 $k\neq 0$인 경우만 생각하기로 한다.

식 (26.85)는 14.2절에서 다룬 바 있는 베셀 방정식으로 바꾸어 쓸 수 있는데, $\rho=kr$의 치환을 도입하고 이를 대입한 뒤, 양변에 ρ를 곱하면 $R(\rho)$에 대해 다음을 얻으며,

$$\rho\frac{d^2R}{d\rho^2}+\frac{dR}{d\rho}+\rho R=0, \tag{26.87}$$

이 식은 식 (14.23)에서 $\nu=0$으로 취한 0차 베셀 방정식이다.

따라서 A, B를 아직 정해지지 않은 실수 계수라고 하면 R의 일반해를 다음과 같이 쓸 수 있는데,

$$R(r)=AJ_0(kr)+BY_0(kr), \tag{26.88}$$

여기서 J_0, Y_0는 각각 1종 및 2종 0차 베셀 함수이다(14.2절 참조). 원점이 문제 영역에 포함되어 있으므로, 영역 내에서 무한히 큰 값을 가지는 해를 제외시키기로 하면 식 (14.28)로부터 다음을 알고 있으므로,

$$J_o(\rho) \sim 1, \; Y_0(\rho) \sim \frac{2}{\pi} \ln\rho, \; \rho \ll 1, \tag{26.89}$$

$B=0$이 되고 다음을 얻는다.

$$R(r) = J_0(kr). \tag{26.90}$$

식 (26.81)의 경계 조건에 식 (26.82)의 가정을 대입하여 식 (26.87)에 대한 경계 조건을 다음과 같이 얻으며,

$$R(r=a) = 0, \tag{26.91}$$

이를 식 (26.90)에 대입하면 다음 결과를 얻는다.

$$k_n a = j_n, \; n = 1, 2, \cdots . \tag{26.92}$$

여기서 j_n은 $J_0(j_n) = 0$을 만족하는 소위 베셀 함수의 **제로**(zero)들이다. 따라서 R에 대해 다음을 얻는다.

$$R_n(r) = J_0\left(j_n \frac{r}{a}\right) \equiv J_0(k_n r), \; k_n \equiv \frac{j_n}{a}, \; n = 1, 2, \cdots . \tag{26.93}$$

j_n은 $n \geq 3$이면 $j_{n+1} - j_n \cong \pi$로 볼 수 있고, j_1부터 j_5까지를 [표 26.1]에 보였으며, 표에는 $J_1(j_n)$의 값도 같이 보였다.

표 26.1 베셀 함수의 제로

n	1	2	3	4	5
j_n	2.405	5.520	8.654	11.79	14.93
$J_1(j_n)$	0.5191	−0.3403	0.2715	−0.2325	0.2065

식 (26.85)는 10.3절에서 다룬 [정리 10.6]의 Sturm-Liouville 정리를 적용할 수 있는 식이며, 식 (10.42)의 형태대로 식 (26.83)을 다시 쓰면 다음을 얻으므로,

$$\frac{d}{dr}\left(r\frac{dR}{dr}\right)+k^2 rR=0, \tag{26.94}$$

k^2은 고유값임을 알 수 있으며, 따라서 식 (26.93)으로 주어진 함수들은 $L_2(0,a)$에 대해 기저로 사용될 수 있는 **고유 함수**(eigenfunction)들이다. 단 식 (26.94)와 식 (10.42)의 비교로부터 **가중 함수**(weighting function) $w=r$을 얻으므로 식 (10.41)에 보인 바대로 $L_2(0,a)$에 속하는 r의 두 함수 $\eta(r)$, $\zeta(r)$에 대해 스칼라곱은 다음과 같이 정의된다.

$$(\eta,\zeta)=\int_0^a r\eta(r)\zeta(r)\,dr. \tag{26.95}$$

한편, 식 (26.86)으로부터 R_n에 상응하는 T_n을 다음과 같이 얻으며,

$$T_n(t)=e^{-k_n^2 t}, \tag{26.96}$$

따라서 이들을 종합하여 단계 3으로 $u(r,t)$에 대해 다음 결과를 얻는다.

$$u(r,t)=\sum_{n=1}^{\infty}A_n R_n T_n=\sum_{n=1}^{\infty}A_n J_0(k_n r)e^{-k_n^2 t},\ k_n\equiv\frac{j_n}{a}. \tag{26.97}$$

여기서 A_n은 아직 정해지지 않은 실수 계수이며, 이제 단계 4로 아직까지 만족되지 않은 초기 조건, 식 (26.80)에 식 (26.97)을 대입하여 다음을 얻으며,

$$u(r,0)=\sum_{n=1}^{\infty}A_n J_0(k_n r)=f(r), \tag{26.98}$$

이 식은 $f(r)$의 **푸리에-베셀 급수**(Fourier-Bessel series)이다.[1)]

1) 푸리에-베셀 급수에 대한 보다 자세한 사항은 Churchill(1963)<22>을 참조하기 바란다.

고유 함수인 $J_0(k_n r)$의 직교성을 이용하여 위의 A_n을 다음과 같이 구할 수 있으며,

$$A_n = \frac{(f,\, J_0(k_n\xi))}{(J_0(k_n\xi),\, J_0(k_n\xi))} = \frac{2}{a^2[J_1(k_n a)]^2}(f,\, J_0(k_n\xi)),\ n = 1, 2, \cdots, \tag{26.99}$$

여기서 위 식의 둘째 등호는 다음 결과를 이용하여 얻었다([연습문제 3] 참조).

$$\int_0^a \xi[J_0(k_n\xi)]^2\, d\xi = \frac{a^2}{2}[J_1(k_n a)]^2. \tag{26.100}$$

위에서 J_1은 1종 1차 베셀 함수이며, $J_1(k_n a)$의 값은 [표 26.1]에 보인 바 있고, 그 절대치는 n이 증가함에 따라 단조적으로 감소한다.

결국 식 (26.99)를 식 (26.97)에 대입하여 주어진 문제의 해를 다음과 같이 얻는다.

$$u(r,t) = \frac{2}{a^2}\sum_{n=1}^{\infty}\frac{(f,\, J_0(k_n\xi))}{[J_1(k_n a)]^2}J_0(k_n r)e^{-k_n^2 t},\ k_n \equiv \frac{j_n}{a}. \tag{26.101}$$

1)에서 다루었던 봉 문제에 대한 해를 아래에 다시 보인 식 (26.35)로 얻은 바 있다.

$$u(x,t) = \frac{2}{l}\sum_{n=1}^{\infty}(f,\, \sin k_n\xi)\, \sin k_n x\, e^{-k_n^2 t},\ k_n \equiv \frac{n\pi}{l}. \tag{26.35}$$

이 식과 식 (26.101)의 두 결과를 비교하면 식 (26.35)에서 $n\pi$가 원래 싸인 함수의 제로인 것에 주목할 수 있고, 또 봉 문제에서 $\sin k_n x$의 역할을 원판 문제에서는 $J_0(k_n r)$이 하고 있는 것을 알 수 있으며, 이와 같은 이유로 베셀 함수는 보통 **원주 조화파**(cylindrical harmonic wave)라고도 불린다.

26.3 버거스 방정식

23.3절에서 쇄파와 충격파를 다루었는데, 이와 같이 파동을 다룰 때, 비선형성에 의해 파도의 변화율이 대단히 커지면, 실제에 있어서는 확산이 추가적인 영향을 미쳐 연속적인 해가 얻어지는 것이 상례이다. 앞 절에서 생각했던 예제들에서 변화율이 대단히 큰 부분을 가지는 초기 조건이 주어진다고 하더라도 확산에 의해 이들이 즉각적으로 연속인 함수로 바뀌며, 또 시간이 지남에 따라 점차 보다 부드러운 함수로 변화되는 것을 보았다.

이하에서는 식 (26.1) 대신 다음과 같은 **버거스 방정식**(Burgers equation; Burgers, 1895-1981, Netherlands, 1948)[39]에 대해 생각하기로 한다.

$$u_t + u u_x = \nu u_{xx} . \tag{26.102}$$

이 절에서는 차후 비선형 파동 방정식과의 비교를 위해 1절에서 사용하였던 τ 대신 t를 사용하기로 함에 유의한다. 식 (26.102)는 점성 유체의 1차원 유동에 대한 운동 방정식인 **NS 방정식**(Navier-Stokes equation)으로부터 압력과 중력의 영향을 무시하여 얻어지는 식이기도 하다.

식 (26.102)의 좌변 둘째 항인 비선형 항은 파동을 가파르게 하고, 우변의 확산 항은 파동의 변화율을 감소시키는 서로 대조적인 역할을 하므로, 이들의 상호 작용에 의해 어떠한 해가 얻어지는지 유의하기 바란다.

버거스 방정식은 좌변의 둘째 항 때문에 비선형 방정식이지만, Cole(1951)[40]과 Hopf(1950)[41]는 각각 독립적으로 다음과 같은 변환에 의해 위 식을 선형인 확산 방정식으로 바꿀 수 있음을 보였다. 이들이 사용한 변환은 **코올-호프 변환**(Cole-Hopf transform)으로 불리며, 이 변환은 다음과 같이 2 단계로 진행할 수 있다. 먼저 $u = \psi_x$ 로 치환하면 식 (26.102)로부터 다음을 얻으며,

$$\psi_{xt} + \psi_x \psi_{xx} = \nu \psi_{xxx} , \tag{26.103}$$

이 식을 x에 대해 적분하여 다음을 얻는다.

$$\psi_t + \frac{1}{2}\psi_x^2 = \nu \psi_{xx} . \tag{26.104}$$

다음으로 위 식에 $\psi = -2\nu \ln w$의 치환을 도입하면 다음을 얻으며,

$$-2\nu\frac{w_t}{w}+\frac{1}{2}\left(-2\nu\frac{w_x}{w}\right)^2 = -2\nu^2\frac{\partial}{\partial x}\left(\frac{w_x}{w}\right) = -2\nu^2\left(\frac{w_{xx}}{w}-\frac{w_x^2}{w^2}\right), \tag{26.105}$$

이 식의 양변에 $-\dfrac{w}{2\nu}$를 곱하고 정리하여 다음과 같이 $w(x,t)$에 대해 선형인 확산 방정식을 얻는다.

$$w_t = \nu w_{xx}. \tag{26.106}$$

위의 두 단계를 한 단계로 쓰면 다음의 코올-호프 변환을 얻으므로,

$$u = -2\nu\frac{\partial}{\partial x}(\ln w) = -2\nu\frac{w_x}{w}, \tag{26.107}$$

선형인 식 (26.106)에 대한 해 $w(x,t)$를 얻으면, 이를 위 식에 대입하여 버거스 방정식의 해인 $u(x,t)$를 구할 수 있다. 비선형인 식 (26.102)의 해를 직접 구하기는 쉽지 않지만, 선형인 확산 방정식, 식 (26.106)을 푸는 방법은 앞 절에서 보인 바와 같이 다양한 방법들이 알려져 있으므로, 코올-호프 변환은 버거스 방정식의 해를 구하는데 매우 유력한 방법으로 사용된다.

식 (26.102)에서 확산을 나타내는 우변의 항을 무시하고 미지 함수를 $c(x,t)$라고 하면, 다음과 같이 c에 대한 비선형 파동 방정식을 얻는데,

$$c_t + cc_x = 0, \tag{26.108}$$

이 식이 다음과 같은 초기 조건을 만족한다고 할 때,

$$c(x,0) = f(x),\ x \in (-\infty, \infty), \tag{26.109}$$

23.1절에서 소개한 특성곡선법을 사용하면 $\dfrac{dx}{dt} = c$로 주어지는 특성곡선 상에서 $\dfrac{dc}{dt} = 0$, 즉 $c = const.$이 만족되어야 하므로, 위 문제에 대한 연속해를 다음과 같이 얻는다.

$$c(x,t) = f(\xi),\ x(t) = f(\xi)t + \xi \text{에서}. \tag{26.110}$$

여기서 ξ는 $t=0$일 때의 x이다.

또한 식 (26.108)을 다음과 같이 바꾸어 쓸 수 있는데,

$$c_t + \frac{dQ}{dc} c_x = 0, \ \frac{dQ}{dc} = c, \ \therefore Q = \frac{1}{2}c^2 + C, \tag{26.111}$$

여기서 C는 적분 상수이다. 이 식과 관련된 불연속해는 23.3절의 식 (23.57)에 보인 점프 조건으로 부터 결정되는 전파 속도 U로 움직이는 충격파로 얻어진다.

$$U \equiv \dot{s} = \frac{Q(c_2) - Q(c_1)}{c_2 - c_1} = \frac{c_1 + c_2}{2}. \tag{26.112}$$

여기서 하첨자 1은 충격파의 바로 앞쪽에 위치한 곳에서의 값, 또 2는 뒤쪽에 위치한 곳에서의 값을 각각 나타낸다.

아래에서는 버거스 방정식, 식 (26.102)에 대해 식 (26.109)와 같은 초기 조건이 주어졌을 때의 해를 코올-호프 변환을 사용하여 구하기로 한다.

$$u_t + u u_x = \nu u_{xx}, \tag{26.102}$$

$$u(x,0) = f(x), \ x \in (-\infty, \infty). \tag{26.113}$$

코올-호프 변환 $u = -2\nu \frac{\partial}{\partial x} \ln w$를 적분하여 $w(x,t)$에 대한 식을 다음과 같이 얻을 수 있으므로,

$$w(x,t) = \exp\left(-\frac{1}{2\nu}\int_{-\infty}^{x} u(\xi,t)\,d\xi\right), \tag{26.114}$$

식 (26.113)의 초기 조건은 $w(x,t)$에 대해 다음과 같은 초기 조건에 상응한다.

$$W(x) \equiv w(x,0) = \exp\left(-\frac{1}{2\nu}\int_{-\infty}^{x} f(\xi)\,d\xi\right) = e^{-\frac{F(x)}{2\nu}},$$

$$F(x) \equiv \int_{-\infty}^{x} f(\xi)\,d\xi. \tag{26.115}$$

따라서 식 (26.106)의 확산 방정식에 대한 해, $w(x,t)$를 앞 절에서 다룬 3)의 해인 식 (26.62)에 t 대신 νt를 대입하여 다음과 같이 얻는다.

$$w(x,t)=\frac{1}{2\sqrt{\pi\nu t}}\int_{-\infty}^{\infty}W(\eta)\,e^{-\frac{(\eta-x)^2}{4\nu t}}d\eta=\frac{1}{2\sqrt{\pi\nu t}}\int_{-\infty}^{\infty}e^{-\frac{F(\eta)}{2\nu}-\frac{(\eta-x)^2}{4\nu t}}d\eta. \tag{26.116}$$

이 결과를 코올-호프 변환 $u=-2\nu\dfrac{w_x}{w}$에 대입하여 버거스 방정식에 대한 해 $u(x,t)$를 다음과 같이 얻는다.

$$u(x,t)=\frac{\displaystyle\int_{-\infty}^{\infty}\frac{x-\eta}{t}E(\eta,x,t)\,d\eta}{\displaystyle\int_{-\infty}^{\infty}E(\eta,x,t)\,d\eta}, \tag{26.117}$$

$$E(\eta,x,t)\equiv e^{-\frac{G(\eta,x,t)}{2\nu}},\ \ G(\eta,x,t)\equiv F(\eta)+\frac{(\eta-x)^2}{2t}. \tag{26.118}$$

위에서 얻은 해가 $\nu\to 0$일 때, 즉 확산의 영향이 점차 작아져 무시할 수 있을 때에 대한 근사가, 비선형 파동 방정식의 해를 특성곡선법으로 구한 해, 즉 식 (26.110)에 보인 결과와 어떤 관계에 있는지에 대해 살펴보기로 하자.

식 (26.118)에 보인 함수 $E(\eta,x,t)$의 지수는 다음과 같이 쓸 수 있는데,

$$-\frac{G(\eta,x,t)}{2\nu}=-\frac{1}{2\nu}\left\{F(\eta)+\frac{(\eta-x)^2}{2t}\right\}, \tag{26.119}$$

여기서 $\nu\to 0$일 때의 $E(\eta,x,t)$에 대한 적분을 구하는 데는 **라플라스 방법**(Laplace method)을 사용하기로 한다([연습문제 4] 참조).

다음과 같은 적분이 주어졌다고 하자.

$$S(\mu)=\int_{-\infty}^{\infty}g(x)e^{\mu v(x)}dx. \tag{26.120}$$

여기서 $\mu \to \infty$ 인 실수 매개변수이고, $g(x)$, $v(x)$는 실함수이다. 라플라스 방법에 따르면, 이 적분의 점근값은 $v(x)$가 최대가 되는 점, 즉 $\dfrac{dv}{dx}=0$을 만족하는 점 부근의 적분에 의해 주어진다고 볼 수 있다. 만약 $v(x)$가 최대값을 하나의 점 x_0에서만 가진다고 할 때, 식 (26.120)의 적분은 다음과 같이 근사적으로 주어진다.[2)]

$$S(\mu) \approx \sqrt{\frac{2\pi}{\mu|v''(x_0)|}}\, g(x_0)\, e^{\mu v(x_0)}. \tag{26.121}$$

$\nu \to 0$일 때의 $E(\eta, x, t)$의 적분은 따라서 $\dfrac{\partial G}{\partial \eta}=0$을 만족하는 $\eta=\xi$ 부근에서의 적분값으로 근사할 수 있으며, $G(\eta,x,t)$의 $\eta=\xi$ 부근에서의 값은 다음과 같이 근사할 수 있다.

$$G(\eta,x,t) \sim G(\xi,x,t) + \left.\frac{\partial^2 G}{\partial \eta^2}\right|_{\eta=\xi} \frac{(\eta-\xi)^2}{2}, \tag{26.122}$$

단 여기서 ξ는 다음 식으로부터 얻는데,

$$\frac{\partial G}{\partial \eta}=0, \ \therefore \ \frac{dF}{d\eta} + \frac{\xi - x}{t} = f(\xi) + \frac{\xi - x}{t} = 0, \tag{26.123}$$

위 마지막 식을 x에 대해 정리하면 $x=f(\xi)t+\xi$가 되므로 바로 식 (26.110)으로 주어지는 특성곡선을 얻음을 확인할 수 있다.

따라서 식 (26.117) 우변 분모의 적분에 대해 다음 근사를 얻는다.

$$\int_{-\infty}^{\infty} E(\eta,x,t)\,d\eta \sim E(\xi,x,t)\int_{\xi-\epsilon}^{\xi+\epsilon} e^{-\alpha(\eta-\xi)^2}d\eta, \ \alpha = \frac{1}{4\nu}\left.\frac{\partial^2 G}{\partial \eta^2}\right|_{\eta=\xi}, \tag{26.124}$$

여기서 양의 실수인 ϵ은 1보다 매우 작은 수로 볼 수 있다.

같은 방법으로 식 (26.117) 우변 분자의 적분에 대해 다음 근사를 얻으며,

2) 라플라스 방법과 관련하여 보다 자세한 사항에 대해서는 De Bruijn(1981)<23>을 참조하기 바란다.

$$\int_{-\infty}^{\infty}\frac{x-\eta}{t}E(\eta,x,t)\,d\eta \sim \frac{x-\xi}{t}E(\xi,x,t)\int_{\xi-\epsilon}^{\xi+\epsilon}e^{-\alpha(\eta-\xi)^2}d\eta, \qquad (26.125)$$

따라서 식 (26.117)로 주어진 $u(x,t)$의 $\nu\to 0$일 때의 근사에 대해 다음 결과를 얻는다.

$$\lim_{\nu\to 0}u(x,t) \sim \frac{x-\xi}{t}. \qquad (26.126)$$

식 (26.123)으로부터 이 식의 우변은 $f(\xi)$임을 얻으므로, 결국 연속해에 대해서는, 버거스 방정식의 해로부터 $\nu\to 0$일 때의 근사해를 구하면, 비선형 파동 방정식인 식 (26.108)의 해와 같은 결과를 얻음을 알 수 있다.

아래에서는 23.3절에서 충격파의 전파 속도에 대해 구한 식으로부터 얻은 식 (26.112)와 비교하여, 위에서 버거스 방정식의 해로 얻은 식 (26.117)이 $\nu\to 0$일 때에 어떤 결과를 주는지에 대해 살펴보기로 하자.

버거스 방정식의 해로 내리막 계단 함수와 그 형태가 비슷한 해를 구하기로 하면, 충격파 좌우의 파도의 크기 u_2, $u_1(u_2>u_1>0)$이 주어진 경우, 충격파의 속도 U가 일정한 점에 착안하여, 이하에서는 먼저 $\xi=x-Ut$라고 할 때, 버거스 방정식의 해 중에서 $u(x,t)=u(\xi)$의 형태를 가지는 해를 구하기로 한다. 식 (26.102)로 주어지는 버거스 방정식에 $u(\xi)$를 대입하면 다음을 얻는데,

$$-Uu'+uu'=\nu u'', \qquad (26.127)$$

여기서 $u'=\dfrac{du}{d\xi}$, $u''=\dfrac{d^2u}{d\xi^2}$을 뜻한다.

이 식을 ξ에 대해 한 번 적분하여 다음을 얻으며,

$$-Uu+\frac{1}{2}u^2=\nu u'+a, \qquad (26.128)$$

여기서 a는 적분 상수이다. $\xi\to\pm\infty$일 때, $u\to u_{1,2}$, $u'\sim 0$임을 고려하면, 이 식으로부터 다음을 얻고,

$$-Uu_1+\frac{1}{2}u_1^2=-Uu_2+\frac{1}{2}u_2^2=a, \tag{26.129}$$

이 식을 정리하여 U, a에 대해 다음을 얻는다.

$$U=\frac{u_1+u_2}{2}, \ a=-\frac{u_1u_2}{2}. \tag{26.130}$$

위 첫째 식에 따르면 $u(\xi)$의 형태를 가지는 버거스 방정식의 해의 전파 속도 U는 식 (26.112)로 주어지는 충격파의 전파 속도와 같음을 확인할 수 있다.

식 (26.128)은 일반적으로 다음과 같이 쓸 수 있는 1계 비선형 상미분 방정식인 **Riccati 방정식**(Riccati equation; Riccati, 1676-1754, Italy, 1724)[42]에 속하는데([연습문제 11.9] 참조),

$$\frac{dy}{dx}=\alpha(x)y^2+\beta(x)y+\gamma(x), \tag{26.131}$$

이 식은 $y=-\frac{1}{\alpha}\frac{f'}{f}$의 변환, 즉 코올-호프 변환에 의해 다음과 같은 2계 선형 상미분 방정식으로 변환할 수 있음은 잘 알려져 있다([연습문제 5] 참조).

$$f''-\left(\beta+\frac{\alpha'}{\alpha}\right)f'+\alpha\gamma f=0. \tag{26.132}$$

이제 $u(\xi)$를 구하기 위해 식 (26.128)에 코올-호프 변환 $u=-2\nu\frac{w'}{w}$를 적용하면 $\alpha=\frac{1}{2\nu}$, $\beta=-\frac{U}{\nu}$, $\gamma=-\frac{a}{\nu}$를 얻으므로, 이를 식 (26.132)에 대입하여 다음을 얻는다.

$$w''+\frac{U}{\nu}w'-\frac{a}{2\nu^2}w=0. \tag{26.133}$$

상수 계수를 가지는 2계 선형 상미분 방정식인 이 식에 $w=e^{\lambda\xi}$를 대입하여 λ에 대한 2차 방정식을 얻으며, 근의 공식을 사용하여 다음을 얻고,

$$\lambda_{1,2} = \frac{1}{2\nu}\left(-U \pm \sqrt{U^2 - 2a}\right), \tag{26.134}$$

이 식에 식 (26.130)을 대입하고 정리하여 다음 결과를 얻는다.

$$\lambda_{1,2} = \frac{1}{2\nu}\left\{-\frac{u_1+u_2}{2} \pm \frac{1}{2}\sqrt{(u_1+u_2)^2 - 4u_1 u_2}\right\} = \frac{1}{2\nu}\left(-\frac{u_1+u_2}{2} \mp \frac{u_2-u_1}{2}\right)$$

$$= \frac{-u_m \mp u_a}{2\nu}, \; u_m \equiv \frac{u_1+u_2}{2}, \; u_a \equiv \frac{u_2-u_1}{2} \tag{26.135}$$

따라서 식 (26.133)의 해는 다음과 같이 쓸 수 있으며,

$$w(\xi) = e^{-\frac{u_m}{2\nu}\xi}\left(Ae^{-\frac{u_a}{2\nu}\xi} + Be^{\frac{u_a}{2\nu}\xi}\right) = e^{-\frac{u_m}{2\nu}\xi}\left(Ae^{-\zeta} + Be^{\zeta}\right), \; \zeta \equiv \frac{u_a}{2\nu}\xi, \tag{26.136}$$

여기서 A, B는 미정 상수이다. 위 결과를 코올-호프 변환 $u = -2\nu\frac{w'}{w}$에 대입하여 $u(\xi)$를 다음과 같이 얻는데,

$$u(\zeta) = \frac{A(u_m+u_a)e^{\zeta} + B(u_m-u_a)e^{-\zeta}}{Ae^{\zeta}+Be^{-\zeta}} = \frac{Au_2e^{-\zeta}+Bu_1e^{\zeta}}{Ae^{\zeta}+Be^{-\zeta}}, \tag{26.137}$$

여기서 $A = B$인 경우에 대해 다음을 얻는다.

$$u(\xi) = \frac{u_2e^{-\zeta}+u_1e^{\zeta}}{e^{\zeta}+e^{-\zeta}} = \frac{u_2(\cosh\zeta - \sinh\zeta) + u_1(\cosh\zeta + \sinh\zeta)}{2\cosh\zeta},$$

$$\therefore u(\zeta) = u_m - u_a\tanh\zeta, \; \zeta = \frac{u_a}{2\nu}\xi = \frac{u_a}{2\nu}(x - Ut) = \frac{u_a}{2\nu}(x - u_m t). \tag{26.138}$$

[그림 26.7]에 이 함수를 보였는데, 충격파의 점프에 해당하는 부분이 tanh 함수로 주어진 것에 유의한다. 식 (26.138)에서 tanh 함수 앞의 부호가 − 임은, 위의 '충격파'가 내리막 계단 함수에 상응하는 것임을 나타내는데, 이 식에 대해 $\nu \to 0$의 극한을 취하면 내리막 계단 함수를 얻음을 확인할 수 있다.

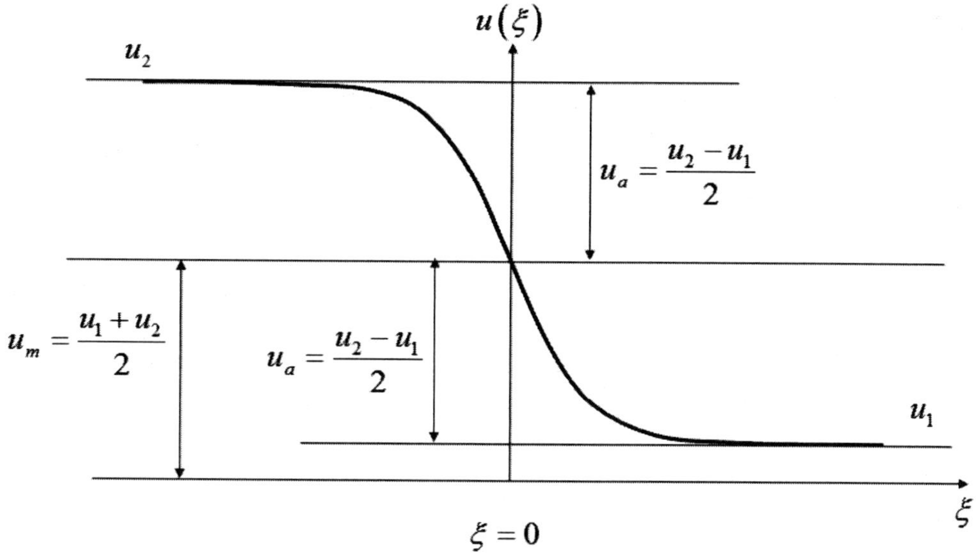

그림 26.7 확산을 고려한 '충격파'; 내리막 계단 함수

한편 u_a는 '충격파'의 크기의 반이라고 볼 수 있고, 따라서 **충격파의 두께**(shock thickness) ξ_T는 $\tanh\pi = 0.9963$임을 고려하여, 위 식에서 tanh 함수의 자변수의 값이 $\pm\pi$에 해당하는 점들 사이의 거리로 정의하면 다음을 얻는다.

$$\xi_T = \frac{4\pi\nu}{u_a}. \tag{26.139}$$

이 식에 따르면 충격파의 두께는 충격파의 크기에 반비례하며, 또 $\nu \to 0$일 때, 충격파의 두께도 영으로 수렴함을 확인할 수 있다. 보다 다양한 초기 조건에 대한 버거스 방정식의 해와, 그 해들이 $\nu \to 0$일 때 가지는 해의 특성과 비선형 파동 방정식의 해와의 비교 등에 대해서는 이승준(2017a), Whitham(1964) 등을 참고하기 바란다.

연습문제

1. 1절 마지막 부분에서 언급한 바와 같이 기본해의 적분도 확산 방정식의 해가 될 수 있는데, 예를 들어 식 (26.5)의 첫째 항으로 주어진 해를 사용하여 다음과 같은 함수를 정의한다고 할 때,

$$\psi(x,t)=\frac{1}{\pi}\int_0^{\infty}e^{-\alpha^2 t}\cos\alpha x\,d\alpha\,, \tag{연26.1}$$

이 함수가 다음 미분 방정식을 만족하는 것을 보이시오.

$$\psi_x=-\frac{x}{2t}\psi \tag{연26.2}$$

이 미분 방정식의 해는 다음과 같이 쓸 수 있으며,

$$\psi(x,t)=A(t)e^{-x^2/4t}\,, \tag{연26.3}$$

식 (연26.1)로부터 다음을 얻으므로,

$$\psi(0,t)=\frac{1}{\pi}\int_0^{\infty}e^{-\alpha^2 t}\,d\alpha=\frac{1}{\pi\sqrt{t}}\int_0^{\infty}e^{-\xi^2}\,d\xi=\frac{1}{2\sqrt{\pi t}}=A(t)\,, \tag{연26.4}$$

결국 다음 결과를 얻음을 보이시오.

$$\psi(x,t)=\frac{e^{-x^2/4t}}{2\sqrt{\pi t}}=K(x,t)\,. \tag{연26.5}$$

다시 말하면 식 (연26.1)로 정의된 ψ는 열원해임을 알 수 있다.

2. 식 (26.6)에 보인 열 다항식의 일반항 $v_k(x,t)$는 다음과 같이 쓸 수 있음을 보이시오.

$$\frac{v_k(x,t)}{k!} = \sum_{n=0}^{[k/2]} \frac{x^{k-2n}\, t^n}{(k-2n)!\, n!}\,. \tag{연26.6}$$

여기서 $[k/2]$는 $k/2$보다 작거나 같은 정수 중에서 가장 큰 정수를 뜻한다. 이 식을 이용하여 식 (26.7)을 얻으시오.

3. 식 (26.100)을 얻기 위해 $u(r)$과 $v(r)$이 각각 식 (26.94)를 $k=\alpha$, β일 때 만족한다고 가정하면, 다음 식을 얻음을 보이시오.

$$\frac{d}{dr}\left\{r\left(v\frac{du}{dr}-u\frac{dv}{dr}\right)\right\} = (\beta^2-\alpha^2)ruv\,. \tag{연26.7}$$

이 식으로부터 다음을 얻고,

$$\left(J_0(\alpha\xi),\, J_0(\beta\xi)\right) = \frac{\beta a J_0(\alpha a)J_1(\beta a) - \alpha a J_0(\beta a)J_1(\alpha a)}{\left(\beta^2-\alpha^2\right)}\,, \tag{연26.8}$$

또 이 결과에 대해 $\beta\to\alpha$의 극한을 취하는데, 로피탈 규칙을 적용하여 다음을 얻음을 보이시오.

$$\left(J_0(\alpha\xi),\, J_0(\alpha\xi)\right) = \frac{a^2}{2}\left[J_1(\alpha a)\right]^2. \tag{연26.9}$$

단 이 결과를 얻는 데는 [연습문제 14.5] 2), 3)의 베셀 함수들 사이의 관계식을 사용하고, 또 $J_0(\alpha a)=0$임을 이용하였다.

4. 식 (26.120)과 같은 적분 $S(\mu)$가 주어졌다고 할 때, $\mu \to \infty$이면 본문에서 기술한 바와 같이 $S(\mu)$는 $\frac{dv}{dx}=0$을 만족하는 점 부근의 적분에 의해 주어진다고 볼 수 있으며, 만약 $v(x)$가 최대값을 하나의 점 x_0에서만 가진다면, $v(x)$는 점 x_0 부근에서 다음과 같이 근사할 수 있으므로,

$$v(x) \simeq v(x_0) + \frac{v''(x_0)}{2}(x-x_0)^2 = v_0 - \frac{a_0}{2}(x-x_0)^2, \tag{연26.10}$$

$$v_0 \equiv v(x_0),\ a_0 \equiv |v''(x_0)|, \tag{연26.11}$$

$S(\mu)$는 다음과 같이 근사할 수 있다.

$$S(\mu) \approx g(x_0)e^{\mu v_0}\int_{x_0-\varepsilon}^{x_0+\varepsilon} e^{-\frac{\mu a_0}{2}(x-x_0)^2}dx = g(x_0)e^{\mu v_0}I(\mu). \tag{연26.12}$$

여기서 우변의 적분 $I(\mu)$는 $\sqrt{\mu a/2}(x-x_0)=\xi$의 치환을 사용하여 $\sqrt{\frac{2\pi}{\mu a}}$임을 보일 수 있으므로, 식 (연26.12)로부터 식 (26.121)에 보인 근사적인 결과를 얻음을 보이시오.

5. Riccati 방정식, 식 (26.131)에 코올-호프 변환 $y=-\frac{1}{\alpha}\frac{f'}{f}$을 대입하여 선형 2계 상미분 방정식인 식 (26.132)를 유도하시오.

27장

쌍곡선형 방정식; 파동 방정식

이 장에서는 2계 선형 편미분 방정식 중 쌍곡선형 방정식의 전형적인 문제인 파동 방정식과 관련하여 문제 풀이에 사용하는 기본적인 방법과 개념에 대해 설명하기로 한다.

1절에서는 두 개의 독립 변수 x, t를 가지는 미지 함수 $\phi(x,t)$에 대한 파동 방정식과 관련하여 달랑베르의 일반해를 구하며, 이를 무한히 긴 줄의 횡진동에 적용하여 그 변위를 얻는다. 2절에서는 변수 분리법과 라플라스 변환을 사용하여 파동 방정식과 관련된 전형적인 문제의 해를 구하는 방법을 보이고, 또 앞 절에서 얻은 일반해가 이렇게 얻은 해들과 어떻게 연관되는지 살펴보기로 한다. 3절에서는 연립 1계 편미분 방정식으로 주어지는 천수파에 대한 문제에 대해 살펴보며, 리만 불변량과 댐 파괴 문제 등에 대해 간략하게 살펴보기로 한다. 이 절에 대한 보다 자세한 사항은 이승준(2017a)〈18〉, Whitham(1974)〈19〉을 참고하기 바란다.

27.1 달랑베르의 일반해

이 절에서는 파동 방정식에 대한 달랑베르의 일반해를 구하고 그와 관련된 예제를 생각하기로 한다.

미지 함수 $\phi(x,t)$에 대한 파동 방정식은 식 (24.19)로부터 다음과 같이 쓸 수 있다.

$$\phi_{tt}=a^2\phi_{xx}. \tag{27.1}$$

여기서 a는 물리적으로는 파동의 속도라고 할 수 있으며, 주어진 양의 실수이다.

위 식은 24.2절에서 보인 바와 같이 (x,t) 평면 상에서 기울기가 $\pm a^{-1}$인 직선 군들로 주어지는 두 개의 특성곡선을 가지며, 식 (24.30)에서 보인 대로 이들을 다음과 같이 새로운 독립 변수로 쓰기로 하면,

$$\xi=x-at,\ \eta=x+at, \tag{27.2}$$

식 (24.49)에서 얻은 바와 같이 $\phi(\xi, \eta)$에 대해 다음과 같은 형태의 정준형 파동 방정식이 유도된다.

$$\phi_{\xi\eta} = 0 . \tag{27.3}$$

이 식을 ξ와 η에 대해 각각 적분하여 다음을 얻으며,

$$\phi(\xi, \eta) = \Phi(\xi) + \Psi(\eta), \tag{27.4}$$

여기서 Φ와 Ψ는 임의의 연속인 함수라고 하자. 물론 식 (27.1)을 만족하기 위해서는 두 번 연속 미분 가능해야 하지만, 이와 관련된 사항에 대해서는 아래에서 보다 자세히 논의하기로 하고, 여기서는 일단 이들이 연속이라고 가정한다.

식 (27.4)에 식 (27.2)를 다시 대입하면 다음을 얻는데,

$$\phi(x, t) = \Phi(x - at) + \Psi(x + at), \tag{27.5}$$

이 식에 따르면 식 (27.1), 파동 방정식의 해는 x의 양의 방향으로 a의 속력으로 진행하는 모양이 변치 않는 파동 Φ와, x의 음의 방향으로 a의 속력으로 진행하는 모양이 변치 않는 파동 Ψ의 합으로 구성된다. 이 해는 **달랑베르**(D'Alembert, 1717-1783, France, 1747)[43]에 의해 처음 구해졌으며, 보통 **달랑베르의 일반해**(D'Alembert's general solution)라고 부른다.

23.1절에서 고려한 1계 선형 파동 방정식의 해는 식 (23.12)에 보인 바와 같이 x축의 양의 방향으로 a의 속력으로 전파하는 파도임에 반해, 위에서는 2계 선형 파동 방정식의 해로 양과 음의 두 방향으로 전파하는 파동을 얻은 점에 유의한다.

아래에서는 먼저 예를 들어 길이가 매우 길어 무한히 길다고 볼 수 있는 **줄의 횡진동**(lateral vibration of string)의 변위 $\phi(x, t)$를 구하기 위해 다음과 같은 초기치 문제를 생각하기로 하자.

$$\phi_{tt} = a^2 \phi_{xx}, \ x \in (-\infty, \infty), \ t \in (0, \infty), \tag{27.6}$$

$$\phi(x, 0) = f(x), \ \phi_t(x, 0) = g(x), \ x \in (-\infty, \infty). \tag{27.7}$$

여기서 a는 주어진 양의 실수이고, 초기 변위 $f(x)$와 초기 속도 $g(x)$는 주어진 함수라고 한다.

식 (27.7)의 초기 조건에 식 (27.5)의 일반해를 대입하여 다음을 얻는데,

$$\Phi(x)+\Psi(x)=f(x), \tag{27.8}$$

$$-a\Phi'(x)+a\Psi'(x)=g(x),\ \Phi'(x)\equiv\left.\frac{d\Phi}{d\xi}\right|_{t=0},\ \Psi'(x)\equiv\left.\frac{d\Psi}{d\eta}\right|_{t=0}, \tag{27.9}$$

식 (27.9)의 양변을 적분하여 다음을 얻으며,

$$-\{\Phi(x)-\Phi(0)\}+\{\Psi(x)-\Psi(0)\}=\frac{1}{a}\int_0^x g(\alpha)\,d\alpha\equiv h(x), \tag{27.10}$$

이를 정리하여 다음을 얻으므로,

$$-\Phi(x)+\Psi(x)=h(x)-\Phi(0)+\Psi(0)=h(x)-b,\ b\equiv\Phi(0)-\Psi(0), \tag{27.11}$$

식 (27.8)과 (27.11)로부터 Φ와 Ψ를 다음과 같이 얻는다.

$$\Phi(x)=\frac{1}{2}\{f(x)-h(x)+b\}, \tag{27.12}$$

$$\Psi(x)=\frac{1}{2}\{f(x)+h(x)-b\}. \tag{27.13}$$

이를 일반해에 대입하여 주어진 초기치 문제에 대한 해를 다음과 같이 얻는데,

$$\phi(x,t)=\frac{1}{2}\{f(x-at)+f(x+at)\}+\frac{1}{2}\{-h(x-at)+h(x+at)\}, \tag{27.14}$$

이 식 우변의 마지막 항은 다음과 같이 다시 쓸 수 있으므로,

$$\begin{aligned}-h(x-at)+h(x+at)&=-\frac{1}{a}\int_0^{x-at}g(\alpha)\,d\alpha+\frac{1}{a}\int_0^{x+at}g(\alpha)\,d\alpha\\&=\frac{1}{a}\int_{x-at}^{x+at}g(\alpha)\,d\alpha,\end{aligned} \tag{27.15}$$

이 결과를 식 (27.14)에 대입하여 결국 다음을 얻는다.

$$\phi(x,t)=\frac{1}{2}\{f(x-at)+f(x+at)\}+\frac{1}{2a}\int_{x-at}^{x+at}g(\alpha)\,d\alpha. \tag{27.16}$$

만약 $g(x)\equiv 0$, 즉 초기 속도 $\phi_t=g$가 0이었으면, 그와 같은 경우에 대한 해는 다음과 같이 주어지는데,

$$\phi(x,t)=\frac{1}{2}\{f(x-at)+f(x+at)\}, \tag{27.17}$$

이 식에 따르면, [그림 27.1]에 보인 바와 같이 초기 변위 $\phi=f$중 반은 x의 양의 방향으로 a의 속력으로, 나머지 반은 x의 음의 방향으로 a의 속력으로 진행함을 알 수 있다.

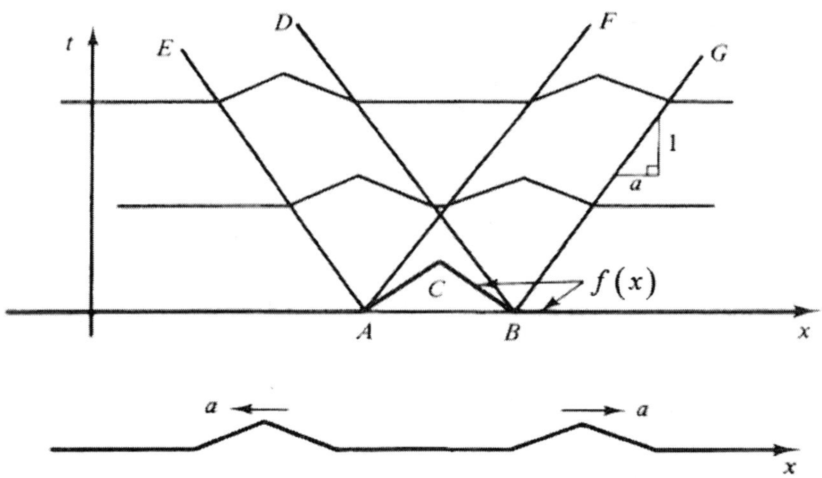

그림 27.1 초기 속도가 영인 경우의 파동 방정식의 해

f가 0이 아닌 영역이 구간 $\overline{AB}$일 경우, $t>0$에 대해 ϕ가 0이 아닌 영역은 x의 음의 방향으로 전파하는 파도에 대해서는 직선 $\overline{AE}$와 $\overline{BD}$ 사이의 구간, 양의 방향으로 전파하는 파도에 대해서는 직선 $\overline{AF}$와 $\overline{BG}$ 사이의 구간만으로 주어진다.

식 (27.17)이 식 (27.6)을 만족하기 위해서는 당연히 두 번 연속 미분 가능해야 하지만, 위에 보인 예에서 f는 연속인 함수였다. f가 주어진 x의 구간에서 두 번 연속 미분 가능한 함수, 즉 C_2에 속하는 경우에는 식 (27.17)로 주어진 해가 주어진 편미분 방정식 (27.6)을 만족하는 것을 보이는데 아무 문제가 없다. 하지만 [그림 27.1]에 보인 것과 같은 초기 조건의 f는 C_0에 속하며, 따라서 위에서 구한 해가 주어진 방정식 (27.6)을 주어진 (x,t) 영역에서 만족하는 것을 보일 수는 없으므로, 위와 같은 경우에는 23.3절에서 보인 바와 같이 쇄파 또는 충격파를 허용하거나, 또는 해의 정의를 일반화하여 약해의 개념을 도입할 수도 있다.

23.1절 1)의 iiia)에서 지적한 바와 같이 초기 조건인 $f(x)$의 1차 도함수가 $x=x_1$에서 불연속인 경우, 파도 $\phi(x,t)$는 $x=x_1$을 지나는 특성곡선 상의 모든 점에서 x에 대한 1차 편도함수가 불연속이어야 하므로, 초기 조건의 불연속성은 특성곡선을 따라서 전파한다. 쇄파 또는 충격파를 허용하는 경우에는 이와 같은 상황이 잘 반영되어야 할 것이며, 이런 문제와 관련된 보다 자세한 논의는 Whitham(1974)〈19〉, John(1982)〈16〉 등을 참조하기 바란다.

27.2 쌍곡선형 파동

이 절에서는 다섯 개의 예제를 생각하여 파동 방정식을 만족하는 해의 특성과 앞 절에서 구한 달랑베르의 일반해가 이들 문제의 해들과 어떤 관계에 있는지를 살펴보기로 한다.

1) 유한한 길이를 가진 줄의 횡진동에 대한 초기치-경계치 문제

길이가 l인 줄의 횡진동의 변위 $\phi(x,t)$를 구하기 위해 다음과 같은 초기치-경계치 문제를 생각하기로 하자([그림 27.2] 참조).

$$\phi_{tt}=a^2\phi_{xx}\,,\ x\in(0,l)\,,\ t\in(0,\infty)\,, \tag{27.18}$$

$$\phi(x,0)=f(x)\,,\ \phi_t(x,0)=0\,,\ x\in(0,l)\,, \tag{27.19}$$

$$\phi(0,t)=\phi(l,t)=0\,,\ t\in(0,\infty)\,. \tag{27.20}$$

여기서 a는 주어진 양의 실수이고, 초기 변위 $f(x)$는 주어진 함수라고 한다.

이 문제의 해와 관련하여 변수 분리법을 사용하기로 하고, 다음과 같은 가정을 도입하기로 한다.

$$\phi(x,t) = X(x)\tau(t)\,. \tag{27.21}$$

라플라스 방정식에 대해서와 같이 파동 방정식의 선형성 때문에 위와 같은 형태를 가지는 해가 많이 있을 경우에는 그들의 선형 조합 역시 파동 방정식을 만족할 것이다.

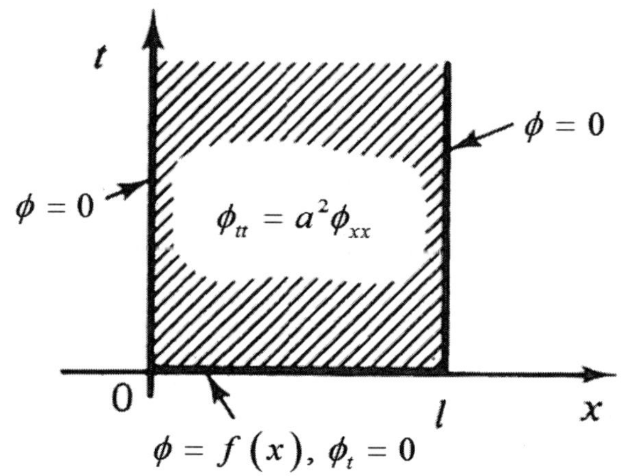

그림 27.2 파동 방정식에 대한 초기치-경계치 문제

식 (27.21)의 가정을 식 (27.18)에 대입하면 다음을 얻고,

$$X\frac{d^2\tau}{dt^2} = a^2\tau\frac{d^2X}{dx^2}\,, \tag{27.22}$$

이 식의 양변을 $a^2X\tau$로 나누어 다음을 얻는데,

$$\frac{1}{a^2}\frac{1}{\tau}\frac{d^2\tau}{dt^2} = \frac{1}{X}\frac{d^2X}{dx^2}\,, \tag{27.23}$$

위 식의 좌변은 t만의 함수이고, 우변은 x만의 함수이므로, 분리 상수를 $-k^2$으로 취하면 다음과 같이 X, τ에 대한 두 개의 상미분 방정식을 얻는다.

$$\frac{d^2X}{dx^2}+k^2X=0, \tag{27.24}$$

$$\frac{d^2\tau}{dt^2}+a^2k^2\tau=0. \tag{27.25}$$

여기서 k는 양의 실수로 아직 정해지지 않은 상수이다.

식 (27.21)의 가정을 경계 조건인 식 (27.20)에 대입하면 다음을 얻으며,

$$X(0)=X(l)=0, \tag{27.26}$$

이 식을 경계 조건으로 하여 식 (27.24)의 해를 구하면 다음을 얻는다.

$$X_n(x)=\sin k_n x,\ k_n\equiv\frac{n\pi}{l},\ n=1,2,\cdots. \tag{27.27}$$

이 결과는 10.3절에서 Sturm-Liouville 이론과 관련하여 얻었던 식 (10.30)과 같으며, 10.3절의 [정리 10.6]의 Sturm-Liouville 정리에 따라 식 (27.27)로 주어지는 함수의 집합은 $L_2(0,l)$의 기저로 사용될 수 있다.

식 (27.27)로 주어지는 X_n에 상응하는 τ_n을 식 (27.25)로부터 구하면 다음을 얻으며,

$$\tau_n(t)=A_n\cos ak_nt+B_n\sin ak_nt,\ k_n\equiv\frac{n\pi}{l},\ n=1,2,\cdots, \tag{27.28}$$

여기서 A_n, B_n, $n=1,2,\cdots$은 아직 정해지지 않은 계수이다. 초기 속도에 대한 조건, 식 (27.19)의 둘째 식에 식 (27.21)의 가정을 대입하면 다음을 얻으므로,

$$\left.\frac{d\tau}{dt}\right|_{t=0}=0, \tag{27.29}$$

이를 식 (27.28)에 대입하면 $B_n=0$, $n=1,2,\cdots$을 얻어, 이들을 종합하여 다음 결과를 얻는다.

$$\phi(x,t)=\sum_{n=1}^{\infty}X_n(x)\tau_n(t)=\sum_{n=1}^{\infty}A_n\sin k_n x\cos ak_n t. \tag{27.30}$$

여기서 A_n, $n=1,2,\cdots$ 은 아직 정해지지 않은 계수이다.

지금까지 만족되지 않은 초기 변위에 대한 조건, 식 (27.19)의 첫째 식에 식 (27.30)을 대입하여 다음을 얻는데,

$$\phi(x,0)=\sum_{n=1}^{\infty}A_n\sin k_n x=f(x), \tag{27.31}$$

위에서 논의한 바와 같이 $f(x)\in L_2(0,l)$ 이면 위 식의 A_n 은 고유 함수의 직교성을 이용하여 다음 관계로부터 구할 수 있다.

$$A_n=\frac{(f,X_n)}{(X_n,X_n)}=\frac{2}{l}(f,X_n),\ n=1,2,\cdots. \tag{27.32}$$

여기서 (f,X_n)는 식 (25.14)에서와 같이 다음 식으로 정의된 스칼라곱이며,

$$(f,X_n)=\int_0^l f(\xi)X_n(\xi)d\xi, \tag{25.14}$$

식 (27.32)의 둘째 등호는 식 (25.15)를 이용하여 얻었다.

식 (27.32)를 식 (27.30)에 대입하여 주어진 문제의 해를 다음과 같이 얻는다.

$$\phi(x,t)=\frac{2}{l}\sum_{n=1}^{\infty}(f,\sin k_n\xi)\sin k_n x\cos ak_n t,\ k_n\equiv\frac{n\pi}{l}. \tag{27.33}$$

식 (27.33) 우변의 급수를 구성하는 각 항에 대해 다음이 성립하므로,

$$\sin k_n x\cos ak_n t=\frac{1}{2}\{\sin k_n(x-at)+\sin k_n(x+at)\}, \tag{27.34}$$

이를 식 (27.33)에 대입하여 다음을 얻는다.

$$\phi(x,t)=\frac{1}{l}\sum_{n=1}^{\infty}(f,\sin k_n\xi)\left\{\sin k_n(x-at)+\sin k_n(x+at)\right\}. \tag{27.35}$$

이 식에 따르면 n이 서로 다른 **모드**(mode)도 모두 같은 속도 a로 전파하고 있음을 알 수 있다.

이 결과를 식 (27.5)의 달랑베르의 일반해와 비교하면 다음을 얻으므로,

$$\Phi(x)=\Psi(x)=\frac{1}{l}\sum_{n=1}^{\infty}(f,\sin k_n\xi)\sin k_n x=\frac{f(x)}{2}, \tag{27.36}$$

위에서 얻은 해 (27.33)도 달랑베르의 일반해의 형태를 가지고 있으며, 무한히 긴 줄에 대한 결과인 식 (27.17)과도 전적으로 같은 결과를 주고 있음을 알 수 있다. 물론 식 (27.35)는 삼각함수의 덧셈 공식을 적용하여 얻었지만, 물리적으로는 **정재파**(standing wave)는 서로 반대 방향으로 전파하는 두 **진행파**(progressive wave)의 합으로 쓸 수 있다고 하는 일반적인 파동 이론의 결과를 적용한 것이라고도 할 수 있다.

2) 반 무한한 길이를 가진 줄의 횡진동에 대한 초기치-경계치 문제

원래 주어진 문제가 다음과 같이 한쪽으로만 무한히 긴 **반무한 줄**(semi-infinite string)의 횡진동의 변위 $\phi(x,t)$를 구하기 위한 다음과 같은 초기치-경계치 문제였다고 하자.

$$\phi_{tt}=a^2\phi_{xx},\ x\in(0,\infty),\ t\in(0,\infty), \tag{27.37}$$

$$\phi(x,0)=f(x),\ \phi_t(x,0)=0,\ x\in(0,\infty), \tag{27.38}$$

$$\phi(0,t)=0,\ t\in(0,\infty). \tag{27.39}$$

여기서 a는 주어진 양의 실수, 또 초기 변위 $f(x)$는 주어진 함수라고 한다.

위와 같은 문제의 해는 앞 절에서 구한 무한히 긴 줄에 대한 해 식 (27.17)을 이용하여 구할 수 있다. $x=0$에서의 경계 조건을 고려하여 식 (27.38) 첫째 식으로 주어진 초기 조건을 다음과 같은 무한히 긴 줄에 대한 초기 조건으로 바꿀 수 있으므로([그림 27.3] 참조),

$$\phi_{tt}=a^2\phi_{xx},\ x\in(-\infty,\infty),\ t\in(0,\infty), \tag{27.40}$$

$$\phi(x,0)=F(x)\equiv\begin{cases}f(x), & x>0,\\ -f(-x), & x<0,\end{cases} \tag{27.41}$$

$$\phi_t(x,0)=0,\ x\in(-\infty,\infty), \tag{27.42}$$

이 문제에 대한 해는 식 (27.17)로부터 다음과 같이 얻는다.

$$\phi(x,t)=\frac{1}{2}\{F(x-at)+F(x+at)\},\ x\in(0,\infty). \tag{27.43}$$

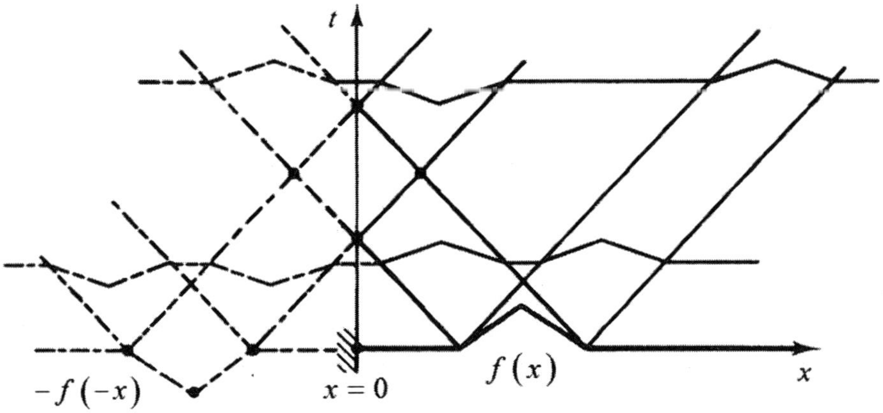

그림 27.3 반무한 줄에 대한 초기 조건의 확장과 해

위 식으로 주어지는 해를 [그림 27.3]에 같이 보였다. 초기에 $x<0$인 영역에 주어진 파도가 시간이 지남에 따라 $x>0$인 영역으로 전파해 나가는데, 물리적으로 이는 초기에 $x>0$인 영역에 주어졌던 파도가 $x=0$에서의 경계 조건 때문에 그 경계에서 반사되어 $x>0$인 영역으로 전파해 나가는 것으로 볼 수 있다. 경계 조건을 만족시키기 위해 도입하였던 **역경상**(inverse mirror image)이 어느 정도 시간이 지난 후, 경계점에서의 **반사**(reflection)에 상응함에 유의한다.

3) 유한한 길이를 가진 줄의 횡진동에 대한 초기치-경계치 문제

1)에서 생각했던 길이가 유한한 줄의 횡진동 문제를 이번에는 2)에서와 같이 무한히 긴 줄에 대한 달랑베르의 일반해를 사용하여 구하기로 하자.

1)에서 주어진 초기 조건을 $x=0$과 $x=l$에서의 경계 조건을 고려하여 다음과 같이 무한히 긴 줄에 대해 주기 $2l$인 주기 함수로 주어지는 초기 조건으로 바꿀 수 있으므로 ([그림 27.4] 참조),

$$\phi(x,0)=F(x)\equiv\begin{cases}f(x), & x\in(0,l),\\ -f(-x), & x\in(-l,0),\end{cases} \tag{27.44}$$

$$F(x)=F(x+2l),\ x\in(-\infty,\infty), \tag{27.45}$$

그 해는 식 (27.17)로부터 다음과 같이 얻는다.

$$\phi(x,t)=\frac{1}{2}\{F(x-at)+F(x+at)\},\ x\in(0,l). \tag{27.46}$$

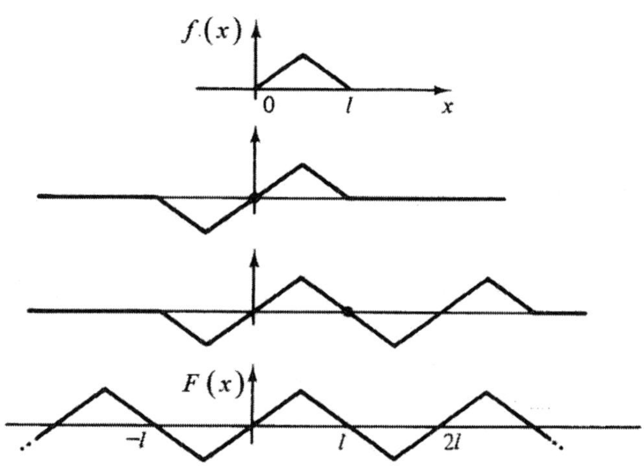

그림 27.4 길이 l인 줄에 대한 초기 조건의 확장

한편, 식 (27.31)에서 알 수 있는 바와 같이, 식 (27.32)로 주어지는 A_n은 $f(x)$의 싸인 급수에 대한 푸리에 계수이므로, 사실 식 (27.31)의 급수는 주기 $2l$인 $F(x)$의 푸리에 싸인 급수이다. 따라서 이를 식 (27.46)에 대입하면 다음을 얻고,

$$\phi(x,t)=\frac{1}{2}\sum_{n=1}^{\infty}A_n\{\sin k_n(x-at)+\sin k_n(x+at)\},\ x\in(0,l), \tag{27.47}$$

여기에 식 (27.32)를 대입하면 식 (27.35)와 동일한 결과를 얻음을 확인할 수 있다.

이상으로 변수 분리법을 사용하여 구한 해와 달랑베르의 일반해를 이용하여 구한 해가 같은 결과를 주고 있음을 보았으며, 파동 방정식의 해는 본질적으로 x의 양의 방향과, 음의 방향으로 각각 a의 속력을 가지고 형태의 변화 없이 진행하는 파도에 상응함을 살펴보았다.

4) 무한히 긴 줄에 대한 라플라스 변환의 적용

앞 절에서 고려한 무한히 긴 줄에 대한 해, 식 (27.16)을 라플라스 변환을 적용하여 구하기로 한다.

식 (27.6)의 양변에 e^{-st}를 곱하고 t에 대해 0부터 ∞까지 적분하면 다음을 얻는다.

$$\int_0^{\infty}\phi_{tt}e^{-st}dt=a^2\int_0^{\infty}\phi_{xx}e^{-st}dt. \tag{27.48}$$

이 식의 좌변에 대해서는 두 번의 부분적분을 적용하고, 식 (27.7)의 초기 조건을 이용하며, $t\to\infty$일 때 ϕ가 충분히 빨리 영으로 수렴한다고 가정하고, 또 우변에 대해서는 적분과 편미분의 순서를 바꾸면 6.2절, [정의 6.3]으로부터 $\phi(x,t)$의 시간 t에 대한 라플라스 변환, $\overline{\phi}(x,s)=L\phi(x,t)$에 대해 다음과 같은 2계 상미분 방정식을 얻는다.

$$-g(x)-sf(x)+s^2\overline{\phi}(x,s)=a^2\frac{d^2\overline{\phi}}{dx^2},$$

$$\therefore\ \frac{d^2\overline{\phi}}{dx^2}-\frac{s^2}{a^2}\overline{\phi}(x,s)=h(x,s),\ h(x,s)\equiv-\frac{1}{a^2}\{g(x)+sf(x)\}. \tag{27.49}$$

이 식을 풀기 위해 14.3절에서 고려한 그린 함수를 사용하기로 하면, 그린 함수 $G(\alpha, x; s)$는 다음 문제의 해로 얻어지며,

$$\frac{d^2G}{d\alpha^2} - \beta^2 G(\alpha, x; s) = \delta(\alpha - x),\ \beta \equiv \frac{s}{a},$$

$$\alpha \in (-\infty, \infty),\ x \in (-\infty, \infty), \tag{27.50}$$

$$G(-\infty, x; s) = G(\infty, x; s) = 0, \tag{27.51}$$

또 그린 함수를 사용하여 식 (27.49)의 해를 나타내면 다음과 같다.

$$\overline{\phi}(x,s) = \int_{-\infty}^{\infty} G(\alpha - x; s) h(\alpha, s) d\alpha. \tag{27.52}$$

위 식을 얻는 데는 $|x| \to \infty$ 일 때 $\overline{\phi}$가 영으로 수렴한다고 가정하였다.

식 (27.50), (27.51)의 해, 그린 함수는 다음과 같이 얻을 수 있으므로([연습문제 5] 참조),

$$G(\alpha, x; s) = -\frac{1}{2\beta} e^{-\beta|\alpha - x|} = -\frac{a}{2s} e^{-\frac{s}{a}|\alpha - x|}, \tag{27.53}$$

이를 식 (27.52)에 대입하여 다음과 같이 $\overline{\phi}(x,s)$를 얻는다.

$$\overline{\phi}(x,s) = \frac{1}{2a} \int_{-\infty}^{\infty} e^{-\frac{s}{a}|\alpha - x|} \left\{ f(\alpha) + \frac{g(\alpha)}{s} \right\} d\alpha. \tag{27.54}$$

그런데 델타 함수 $\delta(t-\tau)$의 라플라스 변환은 다음과 같으므로,

$$L\delta = \int_0^{\infty} \delta(t - \tau) e^{-st} dt = e^{-s\tau},\ \tau > 0, \tag{27.55}$$

식 (27.54) 우변의 피적분 함수 { } 안의 첫째 항에 대한 라플라스 역변환은 다음과 같이 얻는다.

$$L^{-1}\int_{-\infty}^{\infty} e^{-\frac{s}{a}|\alpha-x|} f(\alpha)d\alpha = \int_{-\infty}^{\infty} \delta\left(t-\frac{|\alpha-x|}{a}\right)f(\alpha)d\alpha$$

$$= a\int_{-\infty}^{\infty} \delta(t-|\zeta|)f(x+a\zeta)\,d\zeta = a\{f(x-at)+f(x+at)\}. \quad (27.56)$$

여기서 둘째 등호를 얻는 데는 $\zeta=\dfrac{\alpha-x}{a}$, $d\alpha=a\,d\zeta$의 치환을 사용하였으며, 마지막 등호는 적분 구간을 $\zeta<0$, $\zeta>0$인 두 구간으로 나눈 뒤 델타 함수의 성질을 이용하여 얻었다.

또한 6.3절 라플라스 역변환에 대한 [정리 6.5]에 따르면, 식 (27.54) 우변의 피적분 함수 { } 안의 둘째 항에 대한 라플라스 역변환 I는 다음과 같이 얻는다.

$$I \equiv L^{-1}\int_{-\infty}^{\infty} \frac{e^{-\frac{s}{a}|\alpha-x|}}{s} g(\alpha)d\alpha = \frac{1}{2\pi i}\int_{\gamma-i\infty}^{\gamma+i\infty}\int_{-\infty}^{\infty} \frac{e^{-\frac{s}{a}|\alpha-x|}}{s} g(\alpha)d\alpha\, e^{st}\,ds$$

$$= \int_{-\infty}^{\infty}\left\{\frac{1}{2\pi i}\int_{\gamma-i\infty}^{\gamma+i\infty} e^{s(t-|\zeta|)}\,\frac{ds}{s}\right\}g(\alpha)d\alpha,\ \zeta=\frac{\alpha-x}{a}. \quad (27.57)$$

여기서 적분경로는 [그림 6.2] 또는 [그림 19.3]에 보인 Br이다.

이 식의 마지막 우변 피적분 함수에 포함된 { } 안의 적분 J에 대해서는 [그림 19.3]과 [그림 19.4]에 보인 바와 같이 τ의 부호에 따라 서로 다른 폐곡선에 대한 적분으로 바꾸어 생각하기로 한다. 피적분 함수가 $\tau>0$일 때는 $s=0$에서 하나의 단극점만을 가지며 유수는 1이고, $\tau<0$일 때는 폐곡선 내부에 특이점을 가지지 않음을 고려하여 유수 정리를 사용하면 다음을 얻으며,

$$J(\tau) \equiv \frac{1}{2\pi i}\int_{\gamma-i\infty}^{\gamma+i\infty} e^{s\tau}\,\frac{ds}{s} = \begin{cases}1, & \tau>0,\\ 0, & \tau<0,\end{cases}\quad \tau\equiv t-|\zeta|, \quad (27.58)$$

이 결과를 식 (27.57)에 대입하면 다음을 얻는다.

$$I = \int_{-\infty}^{\infty} J(\tau) g(\alpha)\, d\alpha = \int_{x-at}^{x+at} g(\alpha)\, d\alpha. \tag{27.59}$$

식 (27.56)과 (27.59)를 이용하여 $\phi(x,t) = L^{-1}\overline{\phi}(x,s)$를 식 (27.16)에 보인 바와 같이 얻음을 확인할 수 있다. 이상으로 무한히 긴 줄에 대해 달랑베르의 일반해를 사용하여 얻은 해와 라플라스 변환을 사용하여 얻은 해가 동일함을 보였다.

5) 저항을 받는 유한한 길이인 줄의 횡진동에 대한 초기치-경계치 문제

1)에서 생각했던 길이 l인 줄의 횡진동에 대해 약간의 저항이 있을 경우, 파동 방정식에 감쇠에 상응하는 $2\mu\dfrac{\partial\phi}{\partial t}$ 항을 더하여 다음과 같은 초기치-경계치 문제를 생각할 수 있다.

$$\phi_{tt} + 2\mu\phi_t = a^2\phi_{xx},\ x \in (0, l),\ t \in (0, \infty), \tag{27.60}$$

$$\phi(x, 0) = f(x),\ \phi_t(x, 0) = 0,\ x \in (0, l), \tag{27.19}$$

$$\phi(0, t) = \phi(l, t) = 0,\ t \in (0, \infty). \tag{27.20}$$

여기서 μ, a는 각각 주어진 양의 실수로, $\dfrac{\mu}{a} \ll \dfrac{\pi}{l}$를 만족하며, 초기 변위 $f(x)$는 주어진 함수라고 한다.

1)에서와 같이 변수 분리법을 사용하기로 하고, 식 (27.21)을 가정한 후, 이 가정을 식 (27.60)에 대입하면 다음을 얻고,

$$X\frac{d^2\tau}{dt^2} + 2\mu X\frac{d\tau}{dt} = a^2\tau\frac{d^2X}{dx^2}, \tag{27.61}$$

이 식의 양변을 $a^2X\tau$로 나누어 다음을 얻는데,

$$\frac{1}{a^2}\frac{1}{\tau}\left(\frac{d^2\tau}{dt^2} + 2\mu\frac{d\tau}{dt}\right) = \frac{1}{X}\frac{d^2X}{dx^2}, \tag{27.62}$$

분리 상수를 $-k^2$ 으로 취하면 다음과 같이 X, τ에 대한 두 개의 상미분 방정식을 얻는다.

$$\frac{d^2 X}{dx^2} + k^2 X = 0, \tag{27.24}$$

$$\frac{d^2 \tau}{dt^2} + 2\mu \frac{d\tau}{dt} + a^2 k^2 \tau = 0. \tag{27.63}$$

여기서 k는 양의 실수로 아직 정해지지 않은 상수이다.

$X(x)$에 대한 경계 조건은 식 (27.26)으로 주어지며, 이 식을 경계 조건으로 하여 식 (27.24)의 해를 구하면 다음에 다시 보인 식 (27.27)을 얻는다.

$$X_n(x) = \sin k_n x, \ k_n \equiv \frac{n\pi}{l}, \ n = 1, 2, \cdots . \tag{27.27}$$

식 (27.27)로 주어지는 X_n에 상응하는 τ_n을 식 (27.63)으로부터 구하면 다음을 얻으며,

$$\tau_n(t) = e^{-\mu t}\left(A_n \cos \alpha_n k_n t + B_n \sin \alpha_n k_n t\right), \tag{27.64}$$

$$\alpha_n = a\sqrt{1 - \left(\frac{\mu}{a k_n}\right)^2}, \ n = 1, 2, \cdots , \tag{27.65}$$

여기서 A_n, B_n, $n = 1, 2, \cdots$ 은 아직 정해지지 않은 계수이고, $\frac{\mu}{a} \ll \frac{\pi}{l}$ 이 성립하므로 (27.65) 우변의 제곱근 안은 모든 n에 대해 영보다 크며, n이 증가할수록 $\alpha_n \to a$ 임에 유의한다.

초기 속도에 대한 조건, 식 (27.19)의 둘째 식에 식 (27.21)의 가정을 대입하면 식 (27.29)를 얻으므로, 이를 식 (27.64)에 대입하면 다음을 얻고,

$$B_n = \frac{\mu A_n}{\alpha_n k_n} = A_n \beta_n, \ \beta_n \equiv \frac{\mu}{\alpha_n k_n}, \ n = 1, 2, \cdots , \tag{27.66}$$

이들을 종합하여 다음 결과를 얻는다.

$$\phi(x,t)=\sum_{n=1}^{\infty} X_n(x)\,\tau_n(t)=e^{-\mu t}\sum_{n=1}^{\infty} A_n \sin k_n x\left(\cos\alpha_n k_n t+\beta_n \sin\alpha_n k_n t\right). \tag{27.67}$$

여기서 A_n, $n=1, 2, \cdots$ 은 아직 정해지지 않은 계수이다.

지금까지 만족되지 않은 초기 변위에 대한 조건, 식 (27.19)의 첫째 식에 식 (27.67)을 대입하여 다음을 얻는데,

$$\phi(x,0)=\sum_{n=1}^{\infty} A_n \sin k_n x = f(x), \tag{27.31}$$

여기서 A_n 은 고유 함수의 직교성을 이용하여 앞에서와 같이 아래에 다시 보인 식 (27.32)를 사용하여 구할 수 있으며,

$$A_n=\frac{(f, X_n)}{(X_n, X_n)}=\frac{2}{l}(f, X_n),\ n=1, 2, \cdots, \tag{27.32}$$

여기서 (f, X_n) 는 식 (25.14)에서와 같이 다음 식으로 정의된 스칼라곱이다.

식 (27.32)를 식 (27.67)에 대입하여 주어진 문제의 해를 다음과 같이 얻는다.

$$\phi(x,t)=\frac{2e^{-\mu t}}{l}\sum_{n=1}^{\infty}(f, \sin k_n\xi)\sin k_n x\left(\cos\alpha_n k_n t+\beta_n \sin\alpha_n k_n t\right). \tag{27.68}$$

이 결과에 삼각함수의 덧셈 공식을 적용하면 다음을 얻는다.

$$\begin{aligned}\phi(x,t)&=\frac{e^{-\mu t}}{l}\sum_{n=1}^{\infty}(f, \sin k_n\xi)\left[\sin k_n(x-\alpha_n t)+\sin k_n(x+\alpha_n t)\right.\\&\qquad\left.+\beta_n\{\cos k_n(x-\alpha_n t)-\cos k_n(x+\alpha_n t)\}\right]\\&=\frac{e^{-\mu t}}{l}\sum_{n=1}^{\infty}(f, \sin k_n\xi)\{\varPhi_n(x-\alpha_n t)+\varPsi_n(x+\alpha_n t)\},\end{aligned} \tag{27.69}$$

$$\Phi_n(x) \equiv \sin k_n x + \beta_n \cos k_n x,\ \Psi_n(x) \equiv \sin k_n x - \beta_n \cos k_n x, \tag{27.70}$$

$$\beta_n = \frac{\mu}{\alpha_n k_n},\ \alpha_n = a\sqrt{1-\left(\frac{\mu}{a k_n}\right)^2},\ n = 1, 2, \cdots . \tag{27.71}$$

n이 서로 다른 모드는 감쇠에 기인하여 다른 속도로 전파함을 알 수 있으며, $\frac{\mu}{a} \ll \frac{\pi}{l}$이 성립하는 경우, 모든 n에 대해 $\alpha_n \to a$, $\beta_n \to 0$이므로, 각 모드에 미치는 감쇠의 영향은 그리 크지 않음을 알 수 있다.

27.3 연립 1계 편미분 방정식; 천수파

이 절에서는 지배 방정식이 연립 1계 편미분 방정식으로 주어지는 전형적인 쌍곡선형 문제 중의 하나인 **천수 수면파**(shallow water surface wave), 또는 줄여서 **천수파** 문제에 대해 간단히 논의하기로 하며, 보다 자세한 사항은 이승준(2017a)⟨18⟩을 참조하기 바란다.

물의 점성과 압축성은 무시하고, 또 편의 상 수심이 일정한 문제를 생각하기로 하면, 천수파는 수심 h_0에 비해 파도의 파장 l이 매우 길다고 가정, 즉 $\frac{h_0}{l} \ll 1$을 가정함으로써 성립한다([그림 27.5] 참조).

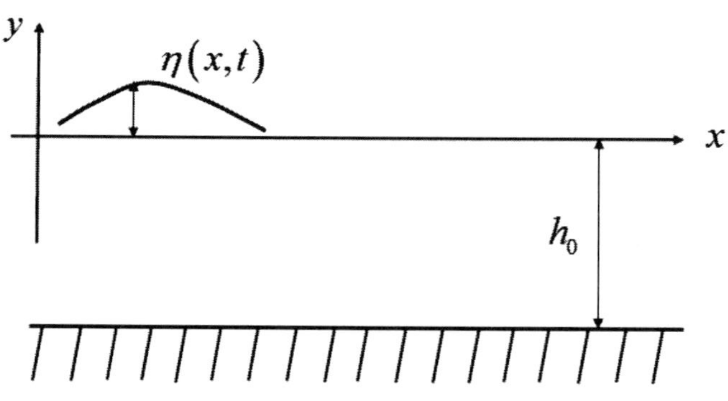

그림 27.5 천수파에 대한 개략도

이와 같은 경우에는 라플라스가 **조석파**(tidal wave)를 다루면서 도입한 x 방향 속도 성분의 **깊이 방향 평균**(depthwise average) $u(x,t)$ 와 수면의 변위 $\eta(x,t)$ 를 두 개의 미지 함수로 취하고, 질량 보존과 운동량 법칙을 적용하여 다음과 같은 연립 1계 편미분 방정식을 얻을 수 있다.

$$\eta_t + u\eta_x + (\eta + h_0)u_x = 0, \tag{27.72}$$

$$u_t + uu_x + g\eta_x = 0. \tag{27.73}$$

여기서 g 는 중력 가속도이며, 식 (27.73)을 얻기 위해서는 압력 p 가 깊이에 따라 **수정역학적**(hydrostatic)으로 변화, 즉 $p = \rho g(\eta - y)$ 임을 가정하였고, ρ 는 물의 밀도이다. 압력에 대한 이와 같은 수정역학적인 가정은 파동의 **분산성**(dispersion)을 무시하는 것과 등가인 점을 지적해 둔다.

수심이 일정한 경우의 천수파에 대한 선형 이론은 위의 식 (27.72)와 식 (27.73)에서 비선형 항을 무시하여 얻는 다음 식들로부터 얻을 수 있다.

$$\eta_t + h_0 u_x = 0, \tag{27.74}$$

$$u_t + g\eta_x = 0. \tag{27.75}$$

이 두 식으로부터 u 를 소거하면 다음을 얻는다.

$$\eta_{tt} = gh_0\eta_{xx} = c_0^2\eta_{xx}, \quad c_0 \equiv \sqrt{gh_0}\,. \tag{27.76}$$

이 식은 파도의 전파 속도가 $c_0 = \sqrt{gh_0}$ 인 $\eta(x,t)$ 에 대한 파동 방정식이며, 따라서 앞 절에서 논의한 내용들을 그대로 적용할 수 있고, 위에서 u 대신 η 를 소거하여도 $u(x,t)$ 에 대해 위에서와 같은 형태의 파동 방정식을 얻는다.

선형 천수파의 전파 속력 c_0 는 **임계 속력**(critical speed)이라고 불린다. 천수파로 다룰 수 있는 **쓰나미**(tsunami)는 따라서 대부분 임계 속력으로 전파하는데, 수심 100 m 인 곳에서의 임계 속력은 약 30 m/s, 즉 약 100 km/h 에 해당하므로, 매우 빠른 속력으로 해안가로 접근함을 알 수 있다.

한편, 비선형 항들을 그대로 유지한 채 위의 식 (27.72)와 식 (27.73)으로 주어지는 문제를 다루기 위해, 먼저 η 대신 다음 식으로 정의되는 $c(x,t)$를 도입하기로 하면,

$$c \equiv \sqrt{g(\eta + h_0)}\,, \tag{27.77}$$

위의 식 (27.72)와 식 (27.73)으로부터 η를 소거하여 다음을 얻는다.

$$u_t + u u_x + 2 c c_x = 0\,, \tag{27.78}$$

$$c_t + u c_x + 2^{-1} c u_x = 0\,. \tag{27.79}$$

이 식은 24.4절에서 언급한 식 (24.70), (24.71)과 유사한 형태이며, 식 (24.70) 둘째 식에서 $\gamma = 2$로 취하면 이들 식을 얻는다. 이와 같은 유사성은 공기 중에서의 충격파를 연구하는데, **수력 점프**(hydraulic jump)를 사용할 수도 있다는 가능성을 뜻하였으므로, 충격파 연구의 초기에 상당한 관심을 받았다.

24.1절에서 연립 1계 편미분 방정식에 대한 특성곡선에 대해 논의하였는데, 24.1절에서의 $u(x,y)$, $v(x,y)$가 여기서는 $u(x,t)$, $c(x,t)$인 점을 감안하여 식 (24.5)를 현재 생각하고 있는 천수파 문제에 적합하도록 바꿔 쓰면 다음을 얻으며,

$$\begin{pmatrix} u & 1 & 2c & 0 \\ 2^{-1}c & 0 & u & 1 \\ dx & dt & 0 & 0 \\ 0 & 0 & dx & dt \end{pmatrix} \begin{pmatrix} u_x \\ u_t \\ c_x \\ c_t \end{pmatrix} = \begin{pmatrix} 0 \\ 0 \\ du \\ dc \end{pmatrix}, \tag{27.80}$$

식 (24.7)에 주어진 α, β, γ를 구하면 다음을 얻는다.

$$\alpha = c^2 - u^2\,,\ 2\beta = 2u\,,\ \gamma = -1\,. \tag{27.81}$$

이들을 식 (24.9)에 대입하여 특성곡선을 구하면 다음을 얻고,

$$\left(\frac{dt}{dx}\right)_{\pm} = \frac{-u \pm \sqrt{u^2 + c^2 - u^2}}{c^2 - u^2} = \frac{-u \pm c}{(c-u)(c+u)} = \frac{u \mp c}{(u-c)(u+c)}, \tag{27.82}$$

이 식으로부터 특성곡선에 대한 $\dfrac{dx}{dt}$ 를 구하면 다음 결과를 얻는다.

$$\left(\frac{dx}{dt}\right)_{\pm} = u \pm c. \tag{27.83}$$

특성곡선은 식 (27.80)의 좌변 계수 행렬의 행렬값이 0이라는 조건을 사용하여 얻었으므로, 만약 특성곡선 상에서 만족되는 식이 존재한다면, 위 식 계수 행렬의 한 열을 우변의 열벡터로 바꾼 행렬의 행렬값도 0이 되어야 할 것이므로, 마지막 열을 우변의 열벡터로 바꾸어 다음을 얻으며,

$$\det\begin{pmatrix} u & 1 & 2c & 0 \\ 2^{-1}c & 0 & u & 0 \\ dx & dt & 0 & du \\ 0 & 0 & dx & dc \end{pmatrix} = 0, \tag{27.84}$$

이 식에 9.2절의 라플라스 전개를 적용하여 다음을 얻는다.

$$\begin{aligned} &-\det\begin{pmatrix} u & 1 & 2c \\ 2^{-1}c & 0 & u \\ 0 & 0 & dx \end{pmatrix} du + \det\begin{pmatrix} u & 1 & 2c \\ 2^{-1}c & 0 & u \\ dx & dt & 0 \end{pmatrix} dc \\ &= \frac{c}{2}\, dx\, du + \left(c^2 dt - u^2 dt + u dx\right) dc = 0, \\ &\therefore \frac{dx}{dt}(c\,du + 2u dc) - 2\left(u^2 - c^2\right) dc = 0. \end{aligned} \tag{27.85}$$

따라서 $\left(\dfrac{dx}{dt}\right)_{+}$ 상에서는 위 식에 식 (27.83)을 대입하여 다음 식이 만족되어야 함을 얻으며,

$$\begin{aligned} (c\,du + 2u dc) - 2\,(u - c)\, dc = c\,(du + 2\, dc) = 0, \\ \therefore u + 2c = const., \end{aligned} \tag{27.86}$$

같은 방법으로 $\left(\frac{dx}{dt}\right)_-$ 상에서는 식 (27.85)에 식 (27.83)을 대입하여 다음이 만족되어야 함을 얻는다.

$$(c\,du + 2udc) - 2(u+c)\,dc = c(du - 2\,dc) = 0,$$
$$\therefore u - 2c = const.. \tag{27.87}$$

위의 논의로부터 식 (27.83)으로 주어지는 특성곡선 상에서 각각 $u \pm 2c = const.$가 성립하는 것을 알 수 있다.

한편, 리만(Riemann, 1826-1866, Germany, 1860)[44]은 보다 직관적인 방법을 사용하여 위와 동일한 결과를 얻었는데, 그는 식 (27.78) (27.79)의 선형 조합을 미정 상수 λ를 도입하여 다음과 같이 쓸 수 있음에 착안하였다.

$$\lambda\left(c_t + uc_x + 2^{-1}cu_x\right) + \left(u_t + uu_x + 2cc_x\right) = 0. \tag{27.88}$$

이 식은 다음과 같은 형태로 다시 바꾸어 쓸 수 있으며,

$$\lambda\left\{c_t + \left(u + 2\lambda^{-1}c\right)c_x\right\} + \left\{u_t + \left(u + 2^{-1}\lambda c\right)u_x\right\} = 0, \tag{27.89}$$

여기서 만약 $2\lambda^{-1} = 2^{-1}\lambda$, 즉 $\lambda = \pm 2$이면 다음 결과를 얻는다.

$$\pm 2\{c_t + (u \pm c)c_x\} + \{u_t + (u \pm c)u_x\} = 0,$$
$$\therefore (u \pm 2c)_t + (u \pm c)(u \pm 2c)_x = 0. \tag{27.90}$$

다시 말하면, $u \pm 2c$는 $\frac{dx}{dt} = u \pm c$로 주어지는 특성곡선 상에서 상수임을 얻으며 이는 위에서 특성곡선에 대한 일반적인 해석을 사용하여 얻은 결과와 동일하다. 여기서 $u \pm 2c$는 **리만 불변량**(Riemann invariant)이라고 불린다.

이하에서는 위에서 구한 리만 불변량을 이용하여 소위 **댐 파괴 문제**(dam break problem)를 다루어보기로 한다.

$t=0$ 에 $x=0$ 에 위치한 댐이 파괴된다고 하면, [그림 27.6]에 보인 것과 같이 댐의 왼쪽에 수심 h_0 로 댐을 채우고 있던 물이 차후 어떠한 변화를 보일 것인지 생각할 때, 초기 조건은 다음과 같다.

$$u(x,0)=0,\ x\in(-\infty,\infty), \tag{27.91}$$

$$c(x,0)=c_0,\ x\in(-\infty,0). \tag{27.92}$$

23.2절, [그림 23.7]에서 고려하였던 초기 조건이 내리막 계단 함수인 문제와 유사하지만, 지금 고려하는 문제에서는 유체 입자의 운동을 고려하여 수표면의 형상을 구해야 한다. 천수파를 가정할 수 있다고 하면, 이미 위에서 구한 리만 불변량을 사용할 수 있는데, 기울기가 $u+c$ 인 특성곡선을 C^+, $u-c$ 인 특성곡선을 C^- 로 나타내기로 하자. $u=0$ 인 곳에서 시작하는 C^+ 상에서, $c=c_0$ 이므로 리만 불변량, $u+2c=2c_0$ 의 일정한 값을 가져야 한다. $x=0$ 에서는 초기에 c 의 값이 불연속이며, 따라서 원점으로부터는 [그림 27.6]에 보인 바와 같이 직선인 C^- 에 의한 **팽창부채**(expansion fan)가 형성될 것이며 이들은 다음 식으로 주어질 것이다.

$$\frac{x}{t}=u-c. \tag{27.93}$$

이 식 우변의 u, c 는 $u+2c=2c_0$ 의 관계를 만족해야 하므로, 팽창부채의 가장 오른쪽에 위치한 직선에 대해서는 $c=0$ 이 성립하므로 다음을 얻고,

$$\frac{x}{t}=u=2c_0,\ \therefore x=2c_0t, \tag{27.94}$$

가장 왼쪽에 위치한 직선에 대해서는 $c=c_0$ 가 성립하므로 다음을 얻는다.

$$\frac{x}{t}=u-c_0=-c_0,\ \therefore x=-c_0t. \tag{27.95}$$

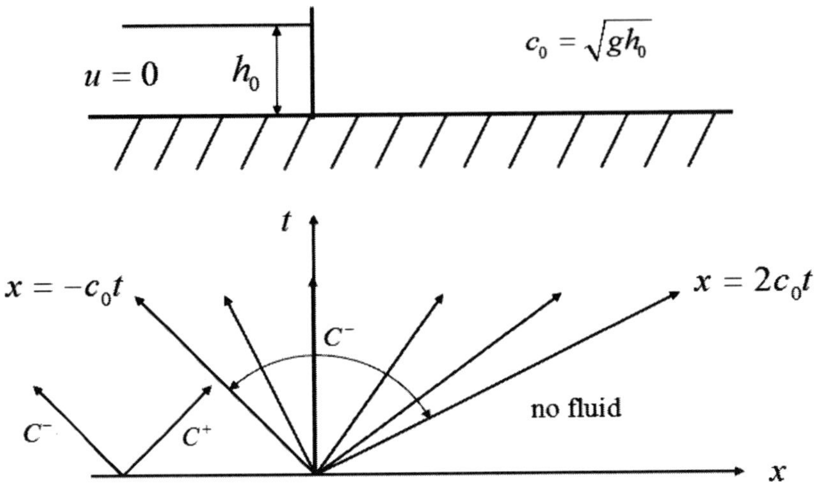

그림 27.6 댐 파괴 문제에 대한 개략도와 특성곡선

이들 두 직선 사이의 팽창부채 영역에 대해 u, c를 리만 불변량과 식 (27.93)의 특성곡선에 대한 식을 사용하여 나타내면 다음을 얻는다.

$$u = \frac{x}{t} + c = \frac{x}{t} + \left(c_0 - \frac{u}{2}\right), \quad \therefore u = \frac{2}{3}\left(\frac{x}{t} + c_0\right), \ x \in (-c_0 t, 2c_0 t), \tag{27.96}$$

$$c = u - \frac{x}{t} = \frac{2}{3}\left(\frac{x}{t} + c_0\right) - \frac{x}{t}, \quad \therefore c = \frac{1}{3}\left(-\frac{x}{t} + 2c_0\right), \ x \in (-c_0 t, 2c_0 t). \tag{27.97}$$

여기서 식 (27.96)의 첫째 등호는 식 (27.93)으로부터, 둘째 등호는 리만 불변량으로부터, 그리고 식 (27.97)의 첫째 등호는 역시 식 (27.93)으로부터, 둘째 등호는 식 (27.96)으로부터 각각 얻었다.

식 (27.97)에 식 (27.77)을 대입하면 수면의 변위 $\eta(x, t)$를 다음과 같이 얻으며,

$$g(\eta + h_0) = \frac{1}{9}\left(-\frac{x}{t} + 2c_0\right)^2,$$

$$\therefore \eta(x, t) = \frac{1}{9g}\left(-\frac{x}{t} + 2c_0\right)^2 - h_0, \ x \in (-c_0 t, 2c_0 t), \ t \in (0, \infty), \tag{27.98}$$

[그림 27.7]에 보인 바와 같이 $\eta(x,t)$는 모든 t에 대해 포물선임을 얻는다. 또한 이 식에 따르면 $x=0$에서의 수면 변위는 다음과 같다.

$$\eta(0,t)=\frac{4gh_0}{9g}-h_0=-\frac{5}{9}h_0,\ t\in(0,\infty). \tag{27.99}$$

팽창부채에 상응하는 영역의 오른쪽 끝은 유체가 없는 곳으로 유체가 흘러나가는 부분에 상응하며, 이 점의 전진 속도는 식 (27.94)에 보인 바와 같이 $2c_0$이고, 수심이 h_0보다 작아지기 시작하는 점의 전파 속도는 식 (27.95)에 보인 바와 같이 $-c_0$임에 유의한다. 위에서 얻은 해와 실제 문제에 대한 해의 차이점 등을 포함한 보다 자세한 논의에 대해서는 Whitham(1974)〈19〉을 참고하기 바란다.

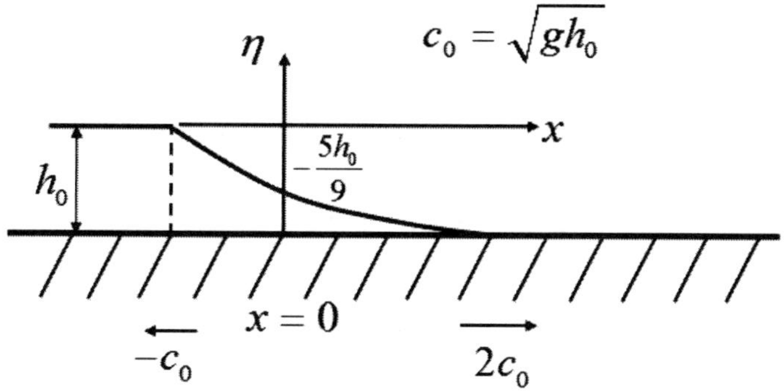

그림 27.7 댐 파괴 문제에 대한 수면의 변화

연습문제

1. 다음 2계 편미분 방정식의 점 $(x,t)=(0,1)$을 지나는 특성곡선을 구하시오.

   1) $\phi_{tt}=t\phi_{xx}$,

   2) $\phi_{tt}+2e^x\phi_{xt}+e^{2x}\phi_{xx}+\cos x\phi_t+\sin x\phi_x+x^2\phi=0$,

   3) $(\cos^2 x-\sin^2 x)\phi_{tt}+2\cos x\phi_{xt}+\phi_{xx}+\phi=0$.

2. 식 (27.6), (27.7)로 주어지는 문제에서 $f(x)=0$, $g(x)=\cos x$일 경우에 대한 해를 구하시오.

3. 하중을 받고 있는 줄의 횡진동에 대한 다음과 같은 초기치-경계치 문제를 생각하자.

$$\phi_{tt}-\phi_{xx}=\sin\pi x,\ x\in(0,1),\ t\in(0,\infty), \tag{연27.1}$$

$$\phi(x,0)=0,\ \phi_t(x,0)=0,\ x\in(0,1), \tag{연27.2}$$

$$\phi(0,t)=\phi(1,t)=0,\ t\in(0,\infty). \tag{연27.3}$$

위 문제의 해를 다음과 같은 형태로 가정하여,

$$\phi(x,t)=\psi(x,t)+p(x,t),\ p(x,t)\equiv\pi^{-2}\sin\pi x, \tag{연27.4}$$

$\psi(x,t)$에 대한 문제를 얻고, 이 문제의 해를 구하여 결국 다음을 얻음을 보이시오.

$$\phi(x,t)=\pi^{-2}\sin\pi x(1-\cos\pi t). \tag{연27.5}$$

4. 변수 분리법을 사용하여 다음 문제의 해를 구하시오.

   1) **전신 방정식**(telegrapher equation)

$$\phi_{tt} + 2\mu\phi_t + b\phi = a^2\phi_{xx}, \ x \in (0, \pi), \ t \in (0, \infty), \tag{연27.6}$$

$$\phi(x, 0) = 0, \ \phi_t(x, 0) = g(x), \ x \in (0, \pi), \tag{연27.7}$$

$$\phi(0, t) = \phi(\pi, t) = 0, \ t \in (0, \infty). \tag{연27.8}$$

   2) 위의 문제에서 $\mu = 2^{-1}$, $b = 0$ 이고, 단 초기 조건과 경계 조건이 다음과 같이 주어지는 경우에 대해 생각하시오.

$$\phi(x, 0) = \sin^3 \frac{x}{2}, \ \phi_t(x, 0) = 0, \ x \in (0, \pi), \tag{연27.9}$$

$$\phi(0, t) = 0, \ \phi_x(\pi, t) = 0 \, t \in (0, \infty). \tag{연27.10}$$

5. 식 (27.50), (27.51)을 만족하는 그린 함수가 식 (27.53)으로 주어짐을 보이기 위해, 먼저 $\alpha \in (-\infty, x)$, $\alpha \in (x, \infty)$ 인 경우로 나누어 식 (27.50), (27.51)의 해를 구하고, 나아가 그린 함수의 함수 값은 $\alpha = x$ 에서 연속이고, 또 그 기울기는 단위 점프를 가지는 것을 이용하시오.

28장

분산성 파동

Whitham(1974)⟨19⟩은 파동을 쌍곡선형 파동과 분산성 파동으로 분류한 바 있는데, 27장에서 쌍곡선형 파동에 대해서는 이미 논의하였으므로, 이 장에서는 그의 분류 방법에 따라 **분산성 파동**(dispersive waves)에 대해 간략하게 논의하기로 한다. 쌍곡선형 파동은 그 지배 방정식이 특성곡선법을 사용하여 풀 수 있는 연립 1계 편미분 방정식인 파동으로 정의할 수 있는데 반해, 대단히 많은 파동 현상은 다음과 같은 **요소해**(elementary solution)를 사용하여 나타낼 수 있다.

$$\phi(x,t) = a\cos(kx-\omega t) = Re\, A e^{i(kx-\omega t)}, \tag{28.1}$$

$$\omega = W(k). \tag{28.2}$$

여기서 a는 실수 상수로 진폭, A는 복소 상수로 **복소 진폭**(complex amplitude)이라고 부르며, Re는 뒤에 따르는 부분의 실수부를 취함을 뜻한다. 또 k는 파수, ω는 진동수라고 부르며, 각각 요소해의 공간 및 시간에 대한 주기성을 나타낸다. 식 (28.2)는 시간적 주기성 ω와 공간적 주기성 k 사이의 관계식으로, **분산 관계식**(dispersion relation)이라고 불리며, 식 (28.1), (28.2)로 주어지는 파동은 **분산성**(dispersive) 파동이라고 불린다.

분산성 파동을 다룸에 있어서는 다음과 같이 **위상함수**(phase function) $\theta(x,t)$를 정의하는 것이 편리한데,

$$\theta(x,t) = kx - \omega t = k(x-ct), \tag{28.3}$$

$$c = \frac{\omega}{k} = \frac{W(k)}{k} = c(k) = c(\lambda), \tag{28.4}$$

이를 이용하여 식 (28.1)을 다시 쓰면 다음을 얻으며,

$$\phi(x,t)=a\cos\{k(x-ct)\},\tag{28.5}$$

이 식에 따르면 요소해는 오른쪽으로 **위상속도**(phase velocity) c의 속도로 전파하는 파동임을 알 수 있다. 또한 식 (28.4)에 따르면 파동의 파장에 따라 위상속도가 변화하는데, 만약 초기에 파장이 다른 파동들이 몰려 있는 **파군**(wave group)이 주어진 경우, 시간이 충분히 흐른 뒤 파장이 다른 파동들 사이의 거리는 상당히 멀어질 것이며, 따라서 파군의 전체 길이는 초기보다 훨씬 길어질 것이므로 식 (28.4)를 분산 관계식이라고 부른다.

아래에서는 다음을 가정하기로 하며,

$$\frac{d^2\omega}{dk^2}\neq 0,\tag{28.6}$$

다시 말하면 $W(k)$가 k의 1차 함수가 아님을 가정함으로써 위상속도 c가 상수인 경우는 배제할 수 있다.

1절에서는 선형 분산성 파동의 중요한 기본적인 성질들에 대해 설명하고, 그 전형적인 예로 선형 수면파에 대해 논의하기로 한다. 2절에서는 분산성 파동의 점근해와 관련하여 켈빈의 정류 위상법에 대해 생각하고, 관련된 문제를 통해 그 응용 예를 보인다. 3절에서는 비선형성과 분산성이 같이 고려된 편미분 방정식들에 대해 고려하여 파동의 주요한 두 성질, 즉 비선형성과 분산성이 균형을 이룰 때 발생하는 파동들에 대해 고찰하기로 한다. 이 장에 대한 보다 자세한 사항은 이승준(2017a)〈18〉, Whitham(1974)〈19〉을 참고하기 바란다.

28.1 분산성 파동; 수면파

앞 장에서는 넓은 의미에서 파동 방정식이라고 부를 수 있는 2계 선형 편미분 방정식에 의해 기술되는 파동을 생각하였다면, 이 장에서는 그와는 다르게 그 해가 식 (28.1)과 같은 형태로 주어지는 문제를 생각하기로 한다.

지배 방정식이 선형 편미분 방정식으로 주어진 경우에는 분산 관계식을 유도하기 위해 식 (28.1)에 보인 해의 형태를 고려하여 다음과 같은 대응성을 이용할 수 있다.

$$\frac{\partial}{\partial t}\Leftrightarrow -i\omega,\ \frac{\partial}{\partial x}\Leftrightarrow ik.\tag{28.7}$$

예를 들어 부즈네스크 방정식, 식 (24.74)에서 비선형 항들을 무시하면 다음과 같은 **선형 부즈네스크 방정식**(linearized Boussinesq equation)을 얻는데,

$$\phi_{tt} - c_0^2 \phi_{xx} - \beta^2 \phi_{xxtt} = 0, \tag{28.8}$$

이에 대해 식 (28.7)을 사용하면 다음을 얻는다.

$$-\omega^2 + c_0^2 k^2 - \beta^2 k^2 \omega^2 = 0, \ \therefore \omega = \pm c_0 k \left(1 + \beta^2 k^2\right)^{-1/2}. \tag{28.9}$$

또한 재료역학과 진동공학에서 많이 사용되는 **보 방정식**(beam equation)은 다음과 같이 주어질 수 있으며

$$\phi_{tt} + \gamma^2 \phi_{xxxx} = 0, \tag{28.10}$$

여기서 γ는 주어진 양의 실수이다. 이 식에 식 (28.7)을 사용하면 다음을 얻는다.

$$\omega^2 = \gamma^2 k^4, \ \therefore \omega = \pm \gamma k^2. \tag{28.11}$$

잘 알려진 바와 같이 수심 h가 일정한 수역에서의 **선형 수면파**(linear water surface wave)에 대한 분산 관계식은 다음과 같으며,

$$\omega = \pm \sqrt{gk \tanh kh}, \tag{28.12}$$

여기서 g는 중력 가속도, h는 수심이다.

또한 **선형 KdV 방정식**(linearized KdV equation)은 다음과 같이 쓸 수 있으며,

$$\phi_t + c_0 \phi_x + \nu \phi_{xxx} = 0, \tag{28.13}$$

여기서 c_0, ν는 주어진 양의 실수이다. 이 식에 식 (28.7)을 적용하면 다음을 얻는다.

$$\omega = W(k) = c_0 k - \nu k^3. \tag{28.14}$$

위에서 얻은 분산 관계식 중 식 (28.9), (28.11), (28.12)와 같이, 하나의 k 값에 대해 음과 양, 두 개의 ω값을 주는 것은 같은 파수의 파동이 좌우로 진행할 수 있는 것을 뜻하며, 한편 식 (28.14)가 하나의 ω값을 주는 것은 KdV 방정식의 경우, 파동의 진행 방향을 오른쪽으로 한정시켜 생각하기 때문이다.

쌍곡선형 파동에 대해서는 비선형 항의 영향에 따른 충격파 또는 불연속해를 어떻게 다룰 것인가가 주요한 문제였다면, 선형 분산성 파동에 대해서는 **푸리에 합성**(Fourier synthesis)을 사용하여 파동을 나타내고 또 그로부터 필요한 정보를 어떻게 얻어낼 것인가가 일차적으로 주요한 문제이다.

주어진 함수 $f(x)$의 푸리에 변환 $F(k)$는 6.1절의 [정의 6.1]에 의해 다음과 같이 정의되며,

$$F(k) = \int_{-\infty}^{\infty} f(x)e^{-ikx}dx, \tag{28.15}$$

$F(k)$의 푸리에 역변환 $f(x)$는 다음 식으로 정의된다.

$$f(x) = \frac{1}{2\pi}\int_{-\infty}^{\infty} F(k)e^{ikx}dk. \tag{28.16}$$

우리가 다루는 대부분의 함수 $f(x)$는 **실함수**(real-valued function)이므로, 푸리에 변환 $F(k)$에 대해 식 (28.15)로부터 다음 관계를 얻는다.

$$F(-k) = F^*(k). \tag{28.17}$$

여기서 상첨자 $*$는 **복소켤레**(complex conjugate)를 뜻하며, $F(k)$는 일반적으로 복소함수이지만, 식 (28.16)으로 주어지는 $f(x)$는 실함수임에 유의한다.

식 (28.1)로 주어진 요소해로부터 푸리에 합성에 의해 선형 분산성 파동으로 주어진 문제의 해 $\phi(x,t)$는 다음과 같은 형태로 가정할 수 있다.

$$\phi(x,t) = Re\int_{-\infty}^{\infty} A(k)e^{i\{kx - W(k)t\}}dk. \tag{28.18}$$

여기서 각각의 성분파는 $c(k) = \dfrac{W(k)}{k}$의 위상속도로 전파한다.

한편, **군속도**(group velocity) c_g는 다음과 같이 정의되는데, 분산성 파동과 관련하여 물리적으로 중요한 의미를 가진다.

$$c_g(k) = \frac{dW(k)}{dk}. \tag{28.19}$$

위상함수는 식 (28.3)으로 정의한 바 있지만 보다 복잡한 파계에 대해서는 다음과 같이 파도의 크기와 위상함수가 시간과 공간에 따라 변화하는 것을 고려해야 할 필요가 있다.

$$\phi(x,t) = a(x,t)\cos\theta(x,t). \tag{28.20}$$

여기서 $a(x,t)$는 **진폭함수**(amplitude function)라고 불리며, 또한 위상함수 $\theta(x,t)$는 x와 t의 **지변 함수**(slowly-varying functions)로, 식 (28.3)으로 주어지지 않는 것이 일반적이다. 이와 같은 경우에는 오히려 파수 k와 진동수 ω를 위상함수 $\theta(x,t)$를 이용하여 다음과 같이 **국부적**(locally)으로 정의할 수 있으며,

$$k(x,t) = \frac{\partial\theta}{\partial x},\ \ \omega(x,t) = -\frac{\partial\theta}{\partial t}, \tag{28.21}$$

이때 분산 관계식 $\omega = W(k)$는 여전히 성립하는 것으로 가정할 수 있다.

따라서 분산 관계식은 식 (28.21)을 이용하여 다음과 같이 쓸 수 있다.

$$\frac{\partial\theta}{\partial t} + W\left(\frac{\partial\theta}{\partial x}\right) = 0. \tag{28.22}$$

한편 식 (28.21)로부터 다음과 같은 **적합 조건식**(compatibility condition)을 얻으며,

$$\frac{\partial k}{\partial t} = \frac{\partial^2\theta}{\partial t\partial x} = -\frac{\partial\omega}{\partial x},\ \ \therefore \frac{\partial k}{\partial t} + \frac{\partial\omega}{\partial x} = 0, \tag{28.23}$$

이 식 좌변 둘째 항에 분산 관계식을 대입하여 다음을 얻는다.

$$\frac{\partial k}{\partial t} + \frac{dW}{dk}\frac{\partial k}{\partial x} = \frac{\partial k}{\partial t} + c_g(k)\frac{\partial k}{\partial x} = 0. \tag{28.24}$$

이 식은 파수 $k(x,t)$에 대한 1계 편미분 방정식으로, 23장의 식 (23.2)에 속하는 것으로 볼 수 있다. 다시 말하면 이 식은 파수 k에 대한 쌍곡선형 파동 방정식이며, 군속도 c_g는 파수가 전파되는 속도임을 뜻한다. 또한 (x,t) 평면 상에 주어진 곡선 C를 따라 k의 시간에 대한 변화율을 구하면 다음을 얻는데,

$$\frac{dk}{dt} = \frac{\partial k}{\partial t} + \frac{dx}{dt}\frac{\partial k}{\partial x}, \tag{28.25}$$

여기서 $\frac{dx}{dt}$는 곡선 C가 $x = x(t)$로 주어졌을 때의 기울기이다.

따라서 만약 $x = c_g t$인 직선을 생각하면, 이 직선 상에서는 $\frac{dx}{dt} = c_g$이므로, 식 (28.24), (28.25)에 의해 $\frac{dk}{dt} = 0$가 성립해야 한다. 그러므로 이 직선 상에서는 파수 k가 일정해야 하며, 만약 어떤 관찰자가 군속도로 움직인다면 항상 같은 파수의 파동을 보게 될 것이다([그림 28.1] 참조).

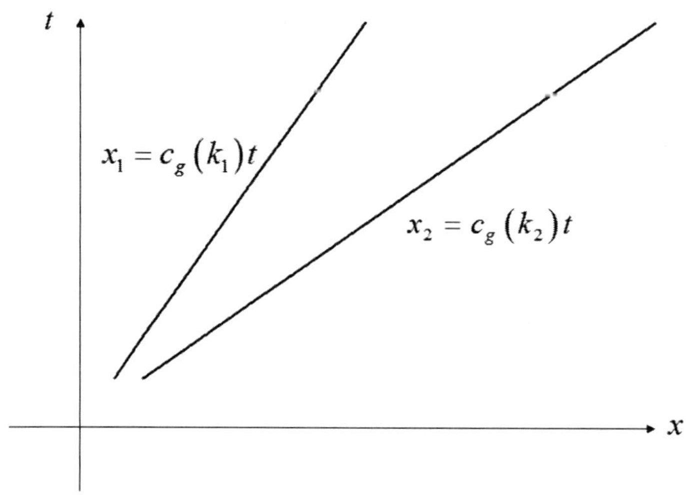

그림 28.1 선형 분산성 파동의 파수 전파 속도인 군속도

이상의 논의로부터 분산성 파동의 파수 k는 오히려 쌍곡선형 파동의 성질을 가지는 것을 알 수 있으며, 따라서 분산성 파동과 쌍곡선형 파동은 서로 매우 밀접한 연관을 가지고 있음을 알 수 있다.

아래에서는 표면장력을 무시하고, 중력에 기인하는 **선형 수면파**(linear water surface wave)에 대해 생각하며 수심 h는 일정하다고 가정한다. 초기인 $t = 0$에 **초기 변위**(initial displacement) $\eta_0(x)$가 주어진 경우, 시간에 따라 변화하는 수면파 $\eta(x,t)$를 구하기로 하는데, 공간 변수 x에 대해서는 푸리에 변환, 시간 변수 t에 대해서는 라플라스 변환을 사용하기로 한다.

고려해야 할 초기치-경계치 문제는 다음과 같다. 비점성 비압축성 유체를 가정하면, 질량 보존 법칙으로부터 속도 포텐셜 $\phi(x,y,t)$에 대한 라플라스 방정식을 얻으며,

$$\nabla^2\phi = \phi_{xx} + \phi_{yy} = 0,\ x \in (-\infty, \infty),\ y \in (-h, 0),\ t \in (0, \infty), \tag{28.26}$$

수표면에서의 선형화된 운동학적 조건을 다음과 같이 얻고,

$$\eta_t - \phi_y = 0,\ x \in (-\infty, \infty),\ y = 0,\ t \in (0, \infty), \tag{28.27}$$

선형화된 동역학적 조건은 다음과 같이 얻는데,

$$\phi_t + g\eta = 0,\ x \in (-\infty, \infty),\ y = 0,\ t \in (0, \infty), \tag{28.28}$$

바닥에서의 운동학적 조건, 즉 비침투 조건은 다음과 같으며,

$$\phi_y(x, -h, t) = 0,\ x \in (-\infty, \infty),\ t \in (0, \infty) \tag{28.29}$$

초기 조건은 다음과 같다.

$$\eta(x, 0) = \eta_0(x),\ x \in (-\infty, \infty). \tag{28.30}$$

식 (28.26)은 라플라스 방정식으로 타원형에 속하지만, 문제 영역의 경계면인 수표면의 변위로 주어지는 수면파 및 그에 상응하는 속도 포텐셜은 위에서 논의한 분산성 파동에 속함에 유의한다([그림 28.2] 참조).

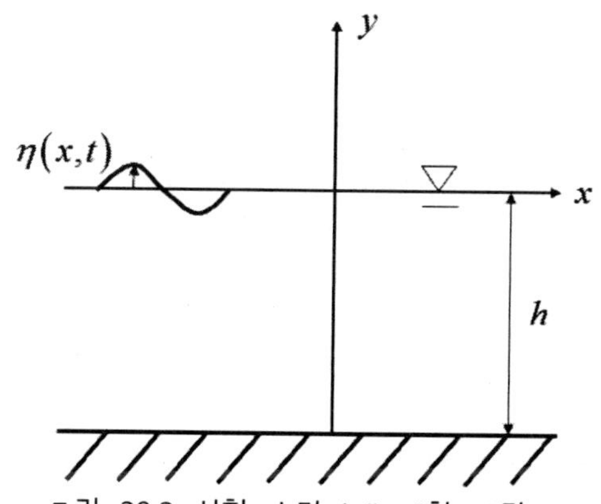

그림 28.2 선형 수면파에 대한 개략도

위와 같이 주어진 선형 수면파에 대한 문제를 풀기 위해 푸리에 변환을 $\boldsymbol{F}$, 라플라스 변환을 L로 다음과 같이 표기하기로 하는데,

$$\boldsymbol{F}L\phi(x,y,t) = \Phi(k,y,s) = \int_{-\infty}^{\infty} e^{-ikx}\left\{\int_{0}^{\infty}\phi(x,y,t)\,e^{-st}dt\right\}dx, \tag{28.31}$$

$$\boldsymbol{F}L\eta(x,t) = N(k,s) = \int_{-\infty}^{\infty} e^{-ikx}\left\{\int_{0}^{\infty}\eta(x,t)\,e^{-st}dt\right\}dx, \tag{28.32}$$

$$\boldsymbol{F}\eta_0 = N_0(k) = \int_{-\infty}^{\infty}\eta_0\,e^{-ikx}dx, \tag{28.33}$$

푸리에 변환의 변수는 k, 라플라스 변환의 변수는 s를 사용하기로 한다.

위에 보인 식 (28.26), (28.27), (28.28), (28.29), (28.30)으로 구성된 초기치-경계치 문제는 위의 변환을 사용하여 다음과 같이 쓸 수 있다.

$$-k^2\Phi+\Phi_{yy}=0,\ y\in(-h,0), \tag{28.34}$$

$$(-N_0+sN)-\Phi_y=0,\ y=0, \tag{28.35}$$

$$s\Phi+gN=0,\ y=0, \tag{28.36}$$

$$\Phi_y=0,\ y=-h. \tag{28.37}$$

식 (28.35), (28.36)을 얻는 데는 예를 들어 다음을 이용하였으며,

$$L\eta_t = \int_0^{\infty}\eta_t e^{-st}dt = \eta e^{-st}\Big|_{t=0}^{t=\infty} + s\int_0^{\infty}\eta e^{-st}dt = -\eta_0 + sL\eta, \tag{28.38}$$

라플라스 변환의 사용에 의해 초기 조건은 위의 식들에 포함된 점에 유의한다.

식 (28.34)의 일반해 Φ는 다음과 같은 형태로 가정할 수 있으며,

$$\Phi(k,y,s) = A(k,s)\cosh ky_1 + B(k,s)\sinh ky_1,\ y_1 \equiv y+h, \tag{28.39}$$

여기서 y_1 은 바닥으로부터 잰 연직 거리이다. 위 식을 식 (28.37)에 대입하여 다음을 얻으며,

$$B(k,s)=0, \tag{28.40}$$

수표면에서의 경계 조건 식 (28.35), (28.36)에 이들 결과를 대입하여 다음을 얻는다.

$$A\sinh kh=\frac{1}{k}\left(-N_0+sN\right), \tag{28.41}$$

$$A\cosh kh=-\frac{gN}{s}. \tag{28.42}$$

$(\sinh kh, \cosh kh)=(\sigma,\gamma)$를 사용하고, A와 N을 미지 함수로 간주하여 위 식들을 다시 쓰면 다음을 얻으며,

$$\sigma kA-sN=-N_0, \tag{28.43}$$

$$\gamma sA+gN=0, \tag{28.44}$$

이들은 A와 N에 대한 연립 1차 방정식이고, 우변은 주어진 함수이므로, 이들로부터 **Cramer 해법**(Cramer rule)에 의해 다음 결과를 얻는다.

$$A=-\frac{gN_0}{\Delta},\ N=\frac{\gamma sN_0}{\Delta}, \tag{28.45}$$

$$\Delta=\gamma\left(s^2+gk\tanh kh\right)=\cosh kh\{s^2+\omega^2(k)\}, \tag{28.46}$$

$$\omega^2(k)\equiv gk\tanh kh. \tag{28.47}$$

여기서 Δ 는 식 (28.43), (28.44)의 연립 방정식에 대한 계수 행렬의 **행렬값**(determinant)이며, 식 (28.47)은 식 (28.12)에서 언급한 선형 수면파에 대한 분산 관계식임에 유의한다.

식 (28.40)과 (28.45)의 첫째 식을 식 (28.39)에 대입하고 정리하여 Φ에 대해 다음을 얻는다.

$$\Phi=-\frac{gN_0}{\Delta}\cosh ky_1. \tag{28.48}$$

속도 포텐셜 $\phi(x,y,t)$와 수면의 변위 $\eta(x,t)$는 각각 식 (28.48)과 식 (28.45) 둘째 식의 역변환으로부터 얻을 수 있다.

식 (28.45) 둘째 식으로 주어진 $N(k,s)$의 라플라스 역변환으로부터 다음을 얻는데,

$$L^{-1}N(k,s) = L^{-1}\left(\frac{N_0 s}{s^2+\omega^2}\right), \tag{28.49}$$

다음과 같은 라플라스 변환을 고려하면,

$$Le^{i\beta t} = \frac{1}{s-i\beta} = \frac{s+i\beta}{s^2+\beta^2}, \tag{28.50}$$

$L\cos\beta t = \dfrac{s}{s^2+\beta^2}$, $L\sin\beta t = \dfrac{\beta}{s^2+\beta^2}$임을 알 수 있으며, 또 N_0는 이미 알고 있는 함수 $\eta_0(x)$의 푸리에 변환이므로, 다음을 얻고,

$$L^{-1}N(k,s) = N_0(k)\cos\omega t, \tag{28.51}$$

이 결과의 푸리에 역변환을 구하여 $\eta(x,t)$를 구할 수 있다. 위 식 우변은 두 함수의 곱으로 주어져 있으므로, 6.1절의 [정리 6.4], 컨볼루션의 푸리에 변환쌍에 대한 결과를 사용할 수 있다.

$\omega(k) = \sqrt{gk\tanh kh}$이고 $\omega(k)$는 우함수이므로, 예를 들어 $\cos\omega t$의 역변환은 다음과 같이 쓸 수 있으며,

$$\boldsymbol{F}^{-1}\cos\omega t = \frac{1}{\pi}\int_0^{\infty}\cos\omega t\cos kx\,dk \equiv C(x,t), \tag{28.52}$$

이 결과를 이용하여 식 (28.51)의 푸리에 역변환을 구하는데, 6.1절의 컨볼루션의 푸리에 변환쌍에 대한 식 (6.10), (6.12)를 사용하면 다음을 얻는다.

$$\eta(x,t) = \boldsymbol{F}^{-1}L^{-1}N(k,s) = \int_{-\infty}^{\infty}\eta_0(\xi)C(x-\xi,t)\,d\xi$$

$$= \frac{1}{\pi}\int_{-\infty}^{\infty}\eta_0(\xi)d\xi\int_0^{\infty}\cos\omega t\cos k(x-\xi)dk. \tag{28.53}$$

a는 길이 차원을 가지는 상수라고 할 때, $\eta_0(x) = a^2\delta(x)$로 주어진 경우에 대해서는 다음을 얻는다.

$$\eta(x,t) = \frac{a^2}{\pi}\int_0^{\infty}\cos\omega t\cos kx\,dk = a^2 C(x,t). \tag{28.54}$$

따라서 $C(x,t)$는 본질적으로는 수면파의 초기 변위가 델타 함수로 주어진 경우에 대한 수면파의 변위임을 알 수 있으며 보통 **기본해**(fundamental solution)라고 불린다. $C(x,t)$의 차원은 무차원량의 k에 대한 적분이므로 1/(길이) 임에 유의한다.

편의상 심해, 즉 $h\to\infty$를 가정하면 $\omega(k) = \sqrt{gk}$로 볼 수 있으며, 단 이때 기본해를 나타내는 적분이 수렴하지 않는다는 난점이 있으므로, 이와 같은 문제를 우회하기 위해 다음과 같은 변수 변환을 고려하기로 한다.

$$\alpha^2 = kx\,,\ \xi^2 = \frac{gt^2}{4x}. \tag{28.55}$$

이들로부터 다음을 얻으며,

$$\alpha^2\xi^2 = gk\frac{t^2}{4}\,,\ 2\xi\alpha = \sqrt{gk}\,t = \omega t\,, \tag{28.56}$$

이들을 식 (28.54)의 기본해에 대입하여 다음을 얻는다.

$$C(x,t) = \frac{2}{\pi x}\int_0^{\infty}\alpha\cos(2\xi\alpha)\cos\alpha^2\,d\alpha = \frac{1}{\pi x}\frac{d}{d\xi}\int_0^{\infty}\cos\alpha^2\sin(2\xi\alpha)\,d\alpha. \tag{28.57}$$

위 식 우변의 피적분 함수는 삼각함수의 성질에 따라 다음과 같이 바꾸어 쓸 수 있고,

$$\cos\alpha^2\sin(2\xi\alpha) = \frac{1}{2}\left[\sin\{(\alpha+\xi)^2-\xi^2\} - \sin\{(\alpha-\xi)^2-\xi^2\}\right], \tag{28.58}$$

이를 식 (28.57)의 우변 적분에 대입하여 정리하면 다음을 얻으므로,

$$\begin{aligned} I &= \int_0^\infty \cos\alpha^2 \sin(2\xi\alpha)\, d\alpha \\ &= \frac{1}{2}\left[\int_0^\infty \sin\{(\alpha+\xi)^2 - \xi^2)\}\, d\alpha - \int_0^\infty \sin\{(\alpha-\xi)^2 - \xi^2\}\, d\alpha\right] \\ &= \frac{1}{2}\left[\int_\xi^\infty \sin(\theta^2 - \xi^2)\, d\theta - \int_{-\xi}^\infty \sin(\theta^2 - \xi^2)\, d\theta\right] \\ &= -\frac{1}{2}\int_{-\xi}^\xi \sin(\theta^2 - \xi^2)\, d\theta = -\int_0^\xi \sin(\theta^2 - \xi^2)\, d\theta, \end{aligned} \tag{28.59}$$

이 결과를 식 (28.57)에 대입하고 **라이프니쯔 규칙**(Leibniz rule)을 적용하면 다음을 얻으며,

$$\begin{aligned} C(x,t) &= -\frac{1}{\pi x}\frac{d}{d\xi}\int_0^\xi \sin(\theta^2 - \xi^2)\, d\theta = -\frac{1}{\pi x}\int_0^\xi \frac{\partial}{\partial\xi}\sin(\theta^2 - \xi^2)\, d\theta \\ &= \frac{2\xi}{\pi x}\int_0^\xi \cos(\theta^2 - \xi^2)\, d\theta = \frac{2\xi}{\pi x} Re\left\{e^{i\xi^2}\int_0^\xi e^{-i\theta^2}\, d\theta\right\}, \end{aligned} \tag{28.60}$$

이 식 우변 { } 안의 적분은 Fresnel **적분**(Fresnel's integral)으로 알려진 **초월 함수**(transcendental function)이다.

$\xi = \dfrac{t}{2}\sqrt{\dfrac{g}{x}} \gg 1$인 경우에 대한 기본해의 점근식을 구하면 다음과 같으며,

$$C(x,t) \sim \frac{2\xi}{\pi x} Re\left\{e^{i\xi^2}\int_0^\infty e^{-i\theta^2}\, d\theta\right\}, \tag{28.61}$$

여기서 우변의 괄호 안의 적분 I에 대해서는 새로운 적분 변수 $\xi = e^{i\pi/4}\theta$를 도입하여 다음을 얻는데,

$$I \equiv \int_0^\infty e^{-i\theta^2}\, d\theta = e^{-i\pi/4}\int_0^\infty e^{-\xi^2} d\xi = \frac{\sqrt{\pi}}{2} e^{-i\pi/4}, \tag{28.62}$$

여기서 마지막 등호는 3.2절의 식 (3.26)을 사용하여 얻었다. 이 결과를 식 (28.61)에 대입하여 다음을 얻는다.

$$C(x,t) \sim \frac{2\xi}{\pi x}\frac{\sqrt{\pi}}{2}Re\left(e^{i\xi^2}e^{-i\pi/4}\right) = \frac{1}{2}\sqrt{\frac{g}{\pi}}\frac{t}{x^{3/2}}\cos\left(\frac{gt^2}{4x}-\frac{\pi}{4}\right),\ \frac{t}{\sqrt{x}} \gg 1. \tag{28.63}$$

이 결과는 **코쉬-프와송 해**(Cauchy-Poisson solution)로 알려져 있다. 이 식에 따르면, 고정된 x에서 파동을 관측하면, 파동의 진폭은 시간 t에 비례하여 증가하고, 또 그 위상은 t^2에 따라 증가하므로 시간이 지남에 따라 같은 시간 동안 보다 크고 많은 파동이 지나가는 것을 볼 수 있음을 뜻한다.

28.2 점근 근사; 정류 위상법

앞 절에서 수면파에 대한 결과를 얻으면서 예를 들어 식 (28.53)에서 본 바와 같이 1차원 파동에 대해 주어진 문제의 해는 다음과 같이 주어진다고 가정할 수 있다.

$$\eta(x,t) = Re\int_{-\infty}^{\infty} A(k)e^{i\{kx - W(k)t\}}dk. \tag{28.64}$$

여기서 $A(k)$는 보통 초기 조건으로부터 구할 수 있다.

만약 초기 조건이 다음과 같이 주어지면,

$$\eta(x,0) = \eta_0(x),\ x\in(-\infty,\infty), \tag{28.65}$$

식 (28.64)에 $t=0$를 대입하여 다음을 얻는다.

$$\eta_0(x) = Re\int_{-\infty}^{\infty} A(k)e^{ikx}dk. \tag{28.66}$$

$N_0(k)$를 $\eta_0(x)$의 푸리에 변환이라고 하면, 식 (28.16)과의 비교로부터 $A(k) = \dfrac{N_0(k)}{2\pi}$를 얻으며, 이를 식 (28.64)에 대입하여 다음 결과를 얻는다.

$$\eta(x,t) = \frac{1}{2\pi} Re \int_{-\infty}^{\infty} N_0(k) e^{i\{kx - W(k)t\}} dk. \tag{28.67}$$

식 (28.66) 우변의 적분은 실수함수가 되어 Re 은 필요하지 않은데, 왜냐하면 $\eta_0(x)$ 는 실함수이므로, 식 (28.17)에 보인 바와 같이 $N_0(-k) = N_0^*(k)$ 가 성립하며, 따라서 다음 결과를 얻을 수 있기 때문이다.

$$\int_{-\infty}^{\infty} A(k) e^{ikx} dk = \int_0^{\infty} [A(k) e^{ikx} + A^*(k) e^{-ikx}] dk = 2Re \int_0^{\infty} A(k) e^{ikx} dk. \tag{28.68}$$

그러나 식 (28.64) 또는 (28.67) 우변의 적분은 일반적으로 복소함수이므로 Re 이 필요하다. $W(k)$ 가 기함수일 경우에는 식 (28.68)에서 보인 바와 같은 과정을 통해 적분이 실함수가 되는 것을 보일 수 있으나, 우함수일 경우에는 다음과 같은 결과를 얻으며,

$$\int_{-\infty}^{\infty} A(k) e^{i[kx - W(k)t]dk} = \int_0^{\infty} [A(k) e^{i\{kx - W(k)t\}} + A^*(k) e^{-i[kx + W(k)t\}}] dk, \tag{28.69}$$

이 식 우변의 적분은 실함수가 아니기 때문이다.

$W(k)$ 가 기함수일 경우 식 (28.67) 우변의 적분은 오른쪽으로만 전파하는 파동을 나타내며, 우함수일 경우에는 식 (28.69)에 보인 바와 같이 오른쪽, 왼쪽으로 전파하는 파동을 다 포함한다는 점에 유의한다.

한편 앞 절에서 본 여러 방정식에 대한 분산 관계식, 식 (28.9), (28.11), (28.12)에서 보는 바와 같이 파동이 좌우로 진행하는 두 개의 모드를 가질 때는, 식 (28.64) 대신에 다음과 같은 해를 고려해야 하며,

$$\eta(x,t) = \int_{-\infty}^{\infty} A_1(k) e^{i\{kx - W(k)t\}} dk + \int_{-\infty}^{\infty} A_2(k) e^{i\{kx + W(k)t\}} dk, \tag{28.70}$$

이 경우에는 다음과 같은 초기 조건으로부터 $A_1(k)$, $A_2(k)$를 결정할 수 있다.

$$\eta(x,0) = \eta_0(x), \ \eta_t(x,0) = \eta_1(x), \ x \in (-\infty, \infty). \tag{28.71}$$

위와 같은 경우 논의의 편의를 위해 $\eta_1(x) \equiv 0$을 가정하면,[1] 초기 조건으로부터 다음을 얻으며,

$$\eta_0(x) = \int_{-\infty}^{\infty} \{A_1(k) + A_2(k)\} e^{ikx} dk, \tag{28.72}$$

$$\eta_1(x) = i\int_{-\infty}^{\infty} W(k)\{-A_1(k) + A_2(k)\} e^{ikx} dk = 0, \tag{28.73}$$

$N_0(k)$를 $\eta_0(x)$의 푸리에 변환이라고 하면, 따라서 이들로부터 다음 결과를 얻고,

$$A_1(k) = A_2(k) = \frac{N_0(k)}{4\pi}, \tag{28.74}$$

이를 식 (28.70)에 대입하여 분산성 파동에 대한 일반해를 다음과 같이 얻는다.

$$\eta(x,t) = \frac{1}{4\pi}\int_{-\infty}^{\infty} N_0(k)\left[e^{i\{kx - W(k)t\}} + e^{i\{kx + W(k)t\}}\right] dk. \tag{28.75}$$

식 (28.70) 또는 (28.75) 우변의 적분에 대해서는 식 (28.64)에서와는 달리 Re을 취하지 않았는데, 이는 식 (28.17)에 보인 바와 같이 $N_0(-k) = N_0^*(k)$가 성립하고, $W(k)$가 기함수일 경우에는 식 (28.68)에서 보인 바와 같은 과정을 통해 적분이 실함수가 되는 것을 보일 수 있으며, 또 우함수일 경우에도 다음과 같은 결과를 얻는데,

$$\int_{-\infty}^{\infty} N_0(k)\left[e^{i\{kx - W(k)t\}} + e^{i\{kx + W(k)t\}}\right] dk$$

$$= \int_0^{\infty} \left[N_0(k)\left[e^{i\{kx - W(k)t\}} + e^{i\{kx + W(k)t\}}\right] dk\right.$$

$$\left. + \int_0^{\infty} \left[N_0^*(k)\left[e^{-i\{kx + W(k)t\}} + e^{-i\{kx - W(k)t\}}\right] dk, \right. \tag{28.76}$$

이 식 우변은 실함수이기 때문이다.

그러므로 선형 분산성 파동을 다룰 경우에는 다음과 같은 형태의 적분을 자주 다루어야 하는데,

1) 일반적인 초기조건에 대해서는 [연습문제 1]을 참조하기 바란다.

$$I(x,t)=\int_{-\infty}^{\infty} A(k)e^{i\{kx-W(k)t\}}\,dk, \tag{28.77}$$

특히 $t\rightarrow\infty$ 또는 $x\rightarrow\infty$ 일 때의 위 적분의 **점근 근사**(asymptotic approximation)는 많은 문제에 대해 중요한 결과를 제공한다.

위 적분의 점근 근사를 얻기 위해 먼저 다음을 가정하고,

$$\frac{x}{t}=\alpha=const., \tag{28.78}$$

$t\rightarrow\infty$ 인 경우를 생각하기로 하면([그림 28.3] 참조), 식 (28.77)의 적분을 다음과 같이 다시 쓸 수 있다.

$$I(x,t)=\int_{-\infty}^{\infty} A(k)e^{-it\chi(k)}\,dk,\quad \chi(k)\equiv W(k)-k\frac{x}{t}. \tag{28.79}$$

켈빈(Kelvin, 1824-1907, UK, 1887)[45]은 식 (28.79)에 보인 것과 같은 적분에 대해 $t\rightarrow\infty$ 일 때의 점근 근사를 얻는 방법, 즉 **정류 위상법**(method of stationary phase)을 고안하였는데, 이하에서는 이 방법에 따라 식 (28.79)의 점근 근사를 얻는 과정과 결과를 보이기로 한다.

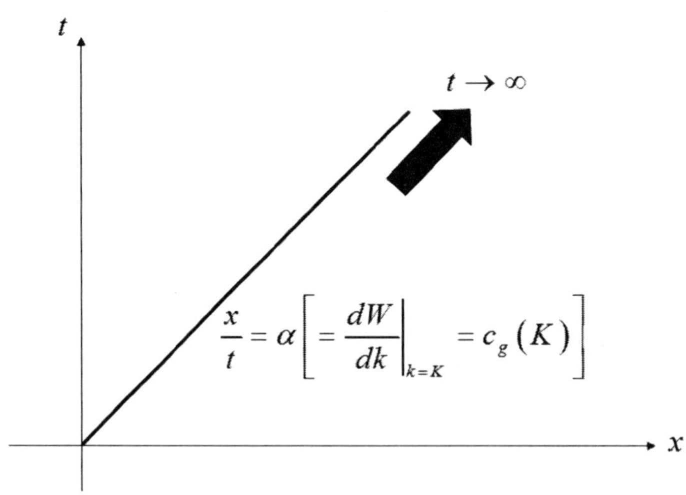

그림 28.3 식 (28.76)으로 주어지는 적분의 $t\rightarrow\infty$ 일 때에 대한 점근 근사

그는 먼저 피적분 함수가 싸인 또는 코싸인으로 주어지는 주기 함수인 점에 착안하였는데, $t \to \infty$ 일 경우 그 위상함수 $t\chi(k)$의 값이 k의 조그만 변화에도 매우 크게 변화할 것이며, 따라서 피적분 함수는 진동수가 매우 큰 주기 함수가 되므로, 적분값에 주요한 영향을 끼치는 k의 구간은 다음과 같은 조건을 만족하는 점을 포함하는 매우 작은 구간, 즉 위상함수의 값이 가장 작게 변화하는 점 부근의 구간뿐일 것이라고 가정하였다.

$$\frac{d\chi}{dk} = 0. \tag{28.80}$$

위 식을 만족하는 k는 위상함수의 **정류치**(stationary value)에 상응하므로 켈빈의 이 방법은 보통 정류 위상법이라고 불리고 있다.

식 (28.80)에 식 (28.79)에서 주어진 함수 $\chi(k)$를 대입하고 또 식 (28.78)을 이용하면 다음을 얻으며,

$$\frac{dW}{dk} - \frac{x}{t} = 0, \ \therefore \ W' = \frac{x}{t} = \alpha, \tag{28.81}$$

주어진 α에 대해 위 식을 만족하는 k가 하나밖에 없다고 가정하고, $k = K$라고 하면 식 (28.79)의 적분은 $t \to \infty$ 일 때 다음과 같이 근사할 수 있다.

$$I(x,t) \sim \int_{K-\epsilon}^{K+\epsilon} A(k) e^{-it\left\{\chi(K) + \frac{W''(K)}{2}(k-K)^2\right\}} dk \approx A(K) e^{-it\chi(K)} I_1(K,t), \tag{28.82}$$

$$I_1(K,t) = \int_{K-\epsilon}^{K+\epsilon} e^{-it\frac{W''(K)}{2}(k-K)^2} dk \tag{28.83}$$

여기서 $\epsilon > 0$은 상수이다.

식 (28.83)의 우변 피적분 함수의 지수에 대해 $\beta = t\dfrac{W''(K)}{2}$ 라고 하고, $\kappa = k - K$를 적분 변수로 사용하기로 하면 $I_1(K,t)$에 대해 다음을 얻는다.

$$I_1(\beta) = \int_{-\epsilon}^{\epsilon} e^{-i\beta\kappa^2} d\kappa. \tag{28.84}$$

여기서 $W''(K) > 0$ 임을 가정하고 새로운 적분 변수 $\xi = \sqrt{\beta}\kappa$ 를 도입하여 다음을 얻는데,

$$I_1(\beta) = \frac{1}{\sqrt{\beta}} \int_{-\infty}^{\infty} e^{-i\xi^2} d\xi = \sqrt{\frac{\pi}{\beta}}\, e^{-i\pi/4}, \tag{28.85}$$

적분의 구간은 $t \to \infty$ 임을 고려하여 얻었으며, 마지막 등호는 식 (28.62)로부터 얻었다.

이 결과를 식 (28.82)에 대입하면 식 (28.77)로 주어진 적분 $I(x,t)$ 에 대해 $t \to \infty$ 일 때의 점근 근사를 다음과 같이 얻는다.

$$I(x,t) \sim \sqrt{\frac{\pi}{\beta}}\, A(K) e^{-it\chi(K) - i(\pi/4)} = \sqrt{\frac{2\pi}{W''(K)t}}\, A(K) e^{i\{Kx - W(K)t - (\pi/4)\}}. \tag{28.86}$$

여기서 x, t 는 식 (28.81)로 주어진다.

식 (28.81), (28.19)에 따르면 $x = W'(K)t = c_g t$ 를 얻고, 따라서 (x, t) 평면 상에서 $x = c_g t$ 의 직선을 따라 파수가 K 인 파동이 군속도 c_g 로 전파하며, 위의 결과는 그와 같은 파동의 진폭이 시간이 지남에 따라 $t^{-1/2}$ 에 비례하여 감소함을 보여주고 있다.

만약 식 (28.80)을 만족하는 k 가 둘 이상 있다면 $I(x,t)$ 는 각각의 정류치에 대한 적분들의 합으로 주어질 것이며, 또한 $W''(K) < 0$ 인 경우에 대한 $I_1(\beta)$ 의 계산은 [연습문제 2]에서 보인 바대로 얻을 수 있으므로, 이들을 모두 종합하면 결국 $I(x,t)$ 의 $t \to \infty$ 일 때에 대한 점근 근사를 다음과 같이 얻는다.

$$I(x,t) \sim \sum_{j=1}^{J} \sqrt{\frac{2\pi}{|W''(K_j)|t}}\, A(K_j) e^{i\{K_j x - W(K_j)t \mp (\pi/4)\}}. \tag{28.87}$$

여기서 J는 정류치의 개수이고, 지수 함수의 지수에 포함된 $\pi/4$ 앞의 부호는 $W''(K) > 0$ 이면 $-$, $W''(K) < 0$ 이면 $+$ 를 취한다.

식 (28.75)에 대해 정류 위상법을 적용하기로 할 때, $W(k)>0$이고, 만약 $W(k)$가 기함수, 즉 $W(-k)=-W(k)$이면, W'은 우함수이므로, 주어진 $\frac{x}{t}=\alpha>0$에 대해 피적분 함수의 첫째 항에 대해 두 개의 정류치 $k=\pm K$를 얻으며, 둘째 항에 대해서는 정류치가 없으므로, 식 (28.87)로부터 다음을 얻는다.

$$\eta(x,t)\sim\frac{1}{2}\sqrt{\frac{1}{2\pi|W''(K)|t}}\left[N_0(K)e^{i\{Kx-W(K)t\mp(\pi/4)\}}+N_0(-K)e^{-i\{Kx-W(K)t\mp(\pi/4)\}}\right]$$

$$=\frac{1}{\sqrt{2\pi|W''(K)|t}}Re\left[N_0(K)e^{i\{Kx-W(K)t\mp(\pi/4)\}}\right],\ x=c_g(K)t. \tag{28.88}$$

위 식에서 등호는 식 (28.17)에 보인 $N_0(-k)=N_0^*(k)$를 이용하여 얻었다.

만약 $W(k)$가 우함수, 즉 $W(-k)=W(k)$이면, W'은 기함수이므로, 주어진 $\frac{x}{t}=\alpha>0$에 대해 위의 피적분 함수의 첫째 항과 둘째 항에 대해 각각 한 개의 정류치 $k=K$를 얻으며, 식 (28.87)로부터 식 (28.88)에 보인 것과 같은 결과를 얻는다.

따라서 식 (28.88)은 파가 좌우 양쪽으로 진행하는 두 개의 모드를 가지는 파동에 대해, $\frac{x}{t}=\alpha>0$에 대해 $t\to\infty$일 때에 대한 점근 근사이며, $W(k)$가 기함수 또는 우함수인 경우, 모두 적용할 수 있다.

예를 들어 $\eta_0(x)=\delta(x)$라고 하면, 식 (28.15)로부터 $N_0(k)=1$을 얻으므로, 식 (28.88)로부터 다음을 얻는다.

$$\eta(x,t)\sim\frac{\cos[Kx-W(K)t\mp(\pi/4)]}{\sqrt{2\pi|W''(K)|t}},\ x=c_g(K)t,\ t\to\infty. \tag{28.89}$$

수심이 깊은 심해의 선형 수면파에 대한 분산 관계식은 식 (28.47)에 보인 바와 같이 다음과 같이 쓸 수 있으므로,

$$W(k)=\sqrt{gk}\,, \tag{28.90}$$

군속도는 다음과 같고,

$$c_g = \sqrt{\frac{g}{4k}} = \frac{x}{t}\,, \tag{28.91}$$

따라서 정류치 $k = K$에 대해 다음을 얻으며,

$$K = \frac{gt^2}{4x^2}\,, \tag{28.92}$$

이로부터 $W(K)$와 $W''(K)$를 다음과 같이 얻으므로,

$$W(K) = \frac{gt}{2x}\,,\ \ W''(K) = -\frac{1}{4}\sqrt{\frac{g}{K^3}} = -\frac{2x^3}{gt^3} < 0\,, \tag{28.93}$$

이들을 식 (28.89)에 대입하여 다음 결과를 얻는다.

$$\eta\,(x,t) \sim \frac{\cos\left(\dfrac{gt^2}{4x} - \dfrac{gt^2}{2x} + \dfrac{\pi}{4}\right)}{\sqrt{4\pi x^3/gt^2}} = \frac{1}{2}\sqrt{\frac{g}{\pi}}\,\frac{t}{x^{3/2}}\cos\left(\frac{gt^2}{4x} - \frac{\pi}{4}\right),\ \ t \to \infty\,. \tag{28.94}$$

이 결과는 식 (28.63)에서 얻은 코쉬-프와송 해와 같음을 확인할 수 있으며, 코쉬-프와송 해는 코쉬(1827)[46]와 프와송(1818)[47]에 의해 독립적으로 수면파와 관련하여 얻어진 최초의 해인데, 물론 그들은 위에서 보인 것과는 다른 방법을 사용하였다.

한편 식 (28.92)에 따르면 파수 k, 또는 파장이 일정한 파동에 대해서는 [그림 28.4]에 보인 바와 같이 다음이 만족되며,

$$x = \sqrt{g/4k}\,t\,, \tag{28.95}$$

또한 식 (28.94)에 따르면 파도의 위상이 일정할 경우, $x \propto t^2$ 임을 얻는다.

심해파의 위상속도 $c = \sqrt{g/k}$ 이고, 따라서 식 (28.91)로 주어지는 군속도는 위상속도의 반이므로, 위상이 일정한 점, 예를 들면 파정 또는 파저는 군속도로 전파하는 파수가 일정한 파동을 지속적으로 따라 잡으며 전파한다.

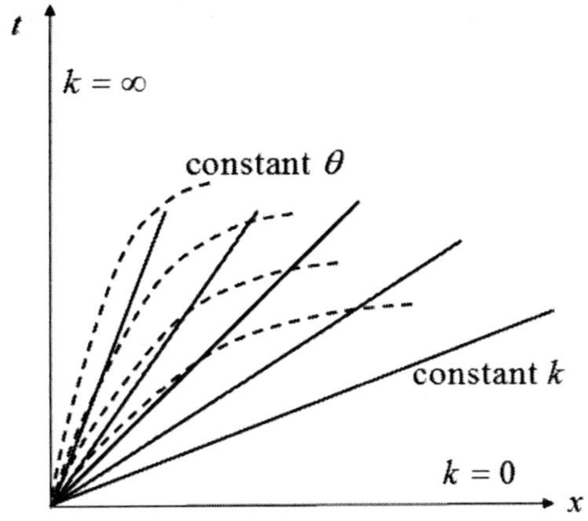

그림 28.4 심해 수면파에 대한 파수 일정 직선과 위상 일정 곡선

28.3 비선형 분산성 파동

27.3절에서 천수파에 대해 분산성을 무시하고 쌍곡선형 비선형 파동 방정식으로 식 (27.72), (27.73)을 얻은 바 있다. 만약 분산성과 비선형성이 균형을 이룬다고 가정하면, 속도 포텐셜의 깊이 방향 평균 $f(x,t)$와 수면의 변위 $\eta(x,t)$를 두 개의 미지 함수로 취하고, 질량 보존 법칙과 수표면에 대한 경계 조건으로부터 다음과 같은 연립 1계 편미분 방정식을 얻을 수 있다.[2)]

$$\eta_t + \{(\eta + h_0)f_x\}_x = 0, \tag{28.96}$$

$$g\eta = -f_t - \frac{1}{2}f_x^2 + \frac{h_0^2}{3}f_{xxt}. \tag{28.97}$$

식 (28.97)을 사용하여 식 (28.96)으로부터 η를 소거하고 고차항을 무시하면 다음을 얻는데,

$$f_{tt} - c_0^2 f_{xx} + f_t f_{xx} + 2f_x f_{xt} - \frac{h_0^2}{3}f_{xxtt} = 0, \tag{28.98}$$

2) 이 절에서 보인 방정식들의 자세한 유도 과정에 대해서는 이승준(2017a)<18>을 참조하기 바란다.

이 식은 식 (24.74)에서 소개한 바 있는 **부즈네스크 방정식**(Boussinesq equation, Boussinesq, 1842-1929, France, 1872)[48]이다.

식 (28.98)에서 비선형 항들을 무시하면 다음과 같은 선형 부즈네스크 방정식을 얻는데,

$$f_{tt} - c_0^2 f_{xx} - \frac{h_0^2}{3} f_{xxtt} = 0, \tag{28.99}$$

이 식에 대한 분산 관계식은 식 (28.9)에서처럼 다음과 같이 얻는다.

$$\omega = \pm c_0 k \left(1 + \frac{1}{3} k^2 h_0^2\right)^{-1/2}. \tag{28.100}$$

유한 수심에 대한 분산 관계식에 식 (28.47)에 $h = h_0$을 대입하고, 천수 근사, 즉 $kh_0 \ll 1$의 가정을 도입한 뒤, $\tanh x \approx x\left(1 - \dfrac{x^2}{3}\right)$, $x \ll 1$임을 이용하면 다음과 같은 근사식을 얻으며,

$$\omega^2 \approx gk kh_0 \left(1 - \frac{1}{3} k^2 h_0^2\right) = c_0^2 k^2 \left(1 - \frac{1}{3} k^2 h_0^2\right), \tag{28.101}$$

이 결과는 위의 식 (28.100)과 일관된 결과임을 알 수 있다.

위의 논의로부터 부즈네스크 방정식은 그 선형 방정식이 유한 수심에 대한 분산 관계식의 천수 근사를 만족하며, 또 식 (28.98) 좌변의 비선형 항들은 그 크기가 분산성을 나타내는 항과 같은 크기임을 고려하여 유도된 식이므로, 천수파에 대한 비선형 분산성 방정식임을 알 수 있다.

위에서 얻은 부즈네스크 방정식은 파동 방정식과 같이 x축의 양과 음의 방향으로 움직이는 파동을 모두 나타낼 수 있다. 한편, x축의 양의 방향으로 움직이는 파동만 고려하는 경우에는, KdV 방정식을 유도하여 생각할 수 있다. 아래에서는 부즈네스크 방정식에 대해 파동의 전파 방향을 x축의 양의 방향으로만 한정하여 논의하기로 한다.

유체 입자의 x방향 속도 성분의 깊이 방향 평균 $u(x,t)$와 수면의 변위 $\eta(x,t)$를 두 개의 미지 함수로 취하면 식 (28.96), (28.97)로부터 다음을 얻으며,

$$\eta_t + \{(h_0 + \eta)u\}_x = 0, \tag{28.102}$$

$$g\eta_x + u_t + uu_x - \frac{h_0^2}{3} u_{xxt} = 0, \tag{28.103}$$

여기서 x축의 양의 방향으로만 움직이는 파동, 즉 오른 쪽으로 움직이는 **단방향성 파동**(unidirectional wave)에 대해서만 고려하기로 하고 분산성과 비선형성이 비슷한 크기를 가지는 것을 이용하면 다음과 같은 **KdV 방정식**(KdV equation; Korteweg, 1848-1941, de Vries, 1866-1934, Netherlands, 1895)[49]을 얻을 수 있다.

$$\frac{\eta_t}{c_0} + \left(1 + \frac{3}{2h_0}\eta\right)\eta_x + \frac{h_0^2}{6}\eta_{xxx} = 0. \tag{28.104}$$

위 식 좌변에서 분산성을 나타내는 마지막 항을 무시하면, 23.1절에서 고려한 쌍곡선형 파동에 대한 전형적인 비선형 방정식, 식 (23.13)과 동일한 식으로 볼 수 있어 만약 분산성을 대표하는 항이 포함되어 있지 않다면 이 방정식은 23장에서 고려한 충격파, 또는 쇄파 등의 해를 고려해야 하는 문제임에 유의한다.

한편, KdV 방정식의 비선형 항을 무시하면 다음과 같은 선형 KdV 방정식을 얻으며,

$$\eta_t + c_0\eta_x + \frac{c_0 h_0^2}{6}\eta_{xxx} = 0, \tag{28.105}$$

이 식에 식 (28.7)의 대응성을 사용하면 다음과 같은 분산 관계식을 얻는데,

$$\omega = c_0 k\left(1 - \frac{1}{6}k^2 h_0^2\right), \tag{28.106}$$

이 식은 식 (28.100) 또는 (28.101)과 일관된 결과임을 확인할 수 있다.

23장에서 본 바와 같이 비선형성은 파도를 가파르게 만들고, 앞 절들에서 살펴본 바와 같이 분산성은 파도의 기울기를 감소시키는 성향을 가진다. 만약 이들이 균형을 이루어 식 (28.104)의 KdV 방정식이 그 모양이 변하지 않은 채 일정한 속도로 전파하는 파동을 해로 가지는지 알아보기 위해, $\eta(\xi)$의 형태를 가지는 해, 즉 **영구파**(permanent wave)를 구해보기로 한다. 여기서 $\xi = x - ct$, c는 속도의 차원을 가지는 정해진 상수라고 한다.

먼저 식 (28.104)의 KdV 방정식을 다음과 같이 다시 쓰고,

$$\frac{1}{c_0}\eta_t + (1 + a\eta)\eta_x + b\eta_{xxx} = 0\,,\ a = \frac{3}{2h_0}\,,\ b = \frac{h_0^2}{6}\,, \tag{28.107}$$

이 식에 $\eta(\xi)$를 대입하여 다음을 얻으며,

$$(1-\gamma)\frac{d\eta}{d\xi} + a\eta\frac{d\eta}{d\xi} + b\frac{d^3\eta}{d\xi^3} = 0\,,\quad \gamma = \frac{c}{c_0}\,, \tag{28.108}$$

이 식을 ξ에 대해 한 번 적분하여 다음을 얻는데,

$$(1-\gamma)\eta + \frac{a}{2}\eta^2 + b\frac{d^2\eta}{d\xi^2} + C_1 = 0\,, \tag{28.109}$$

여기서 C_1은 적분 상수이다.

식 (28.109)의 양변에 $\dfrac{d\eta}{d\xi}$를 곱한 뒤 ξ에 대해 한 번 적분하고 정리하여 다음을 얻는데,

$$b\left(\frac{d\eta}{d\xi}\right)^2 = (\gamma - 1)\eta^2 - \frac{a}{3}\eta^3 - 2C_1\eta - C_2\,, \tag{28.110}$$

여기서 C_2 또한 적분 상수이다. 이 식과 관련하여 아래에서는 두 가지 경우에 대해 생각하기로 한다.

1) $C_1 = C_2 = 0$인 경우,
식 (28.110)으로부터 다음을 얻으며,

$$\sqrt{\frac{3b}{a}}\frac{d\eta}{d\xi} = \pm\eta\sqrt{H_0 - \eta}\,,\ H_0 = \frac{3(\gamma-1)}{a} = 2h_0(\gamma - 1)\,, \tag{28.111}$$

여기서 H_0의 차원은 길이임에 유의한다. 이 식은 분리형이므로 다음과 같이 다시 쓸 수 있는데,

$$\sqrt{\frac{a}{3b}}\,\xi = \pm\int \frac{d\eta}{\eta\sqrt{H_0-\eta}}, \tag{28.112}$$

이 식은 $\xi(\eta)$의 형태로 주어진 해이다.

이 식 우변의 부호를 양으로 취한 뒤, 피적분 함수에 $\eta = H_0 \,\mathrm{sech}^2\theta$의 치환을 도입하면 다음을 얻는다.

$$\sqrt{\frac{a}{3b}}\,\xi = \frac{2}{\sqrt{H_0}}\int d\theta = \frac{2}{\sqrt{H_0}}\theta, \quad \therefore \theta = \sqrt{\frac{aH_0}{12b}}\,\xi = \sqrt{\frac{3H_0}{4h_0}}\frac{\xi}{h_0}. \tag{28.113}$$

여기서 마지막 등호는 식 (28.107)로부터 얻었다.

따라서 $\eta(\xi)$에 대해 다음 결과를 얻는데,

$$\eta(\xi) = H_0\,\mathrm{sech}^2\sqrt{\frac{3H_0}{4h_0}}\frac{\xi}{h_0}, \tag{28.114}$$

여기서 식 (28.111)의 둘째 식으로부터 H_0는 γ, 즉 c와 다음과 같은 관계를 가진다.

$$\gamma = \frac{c}{c_0} = 1 + \frac{H_0}{2h_0}, \quad \therefore c = c_0\left(1 + \frac{H_0}{2h_0}\right). \tag{28.115}$$

식 (28.114)에 따르면 이 영구파는 모든 $\xi \in (-\infty, \infty)$에 대해 영보다 크고, 하나의 파정만을 가져 통상 **고립파**(solitary wave)라고 부르는데, H_0는 $\xi = 0$에서의 파동의 최대값으로 **파고**(waveheight)에 상응하는 양이다. 또한 식 (28.115)에 따르면 이 영구파의 전파속도 c는 파고 H_0의 함수로 주어지는데, 클수록 빨리 전파하는 비선형성을 가지고 있음을 확인할 수 있다.

고립파는 파정으로부터 멀어지면 파동의 크기가 지수 함수적으로 감소하므로, 파정 바로 부근에서만 꽤 큰 크기를 가지는데, 이와 같은 파정부의 범위는 $\dfrac{H_0}{h_0}$에 따라 결정되며, 이 매개변수의 값이 크면 클수록 파정부의 범위는 좁아져 상대적으로 보다 뾰쪽한 파형을 가진다.

2) $C_1 = C_2 = 0$이 아닌 일반적인 경우,

이 경우에는 $\eta = 0$에서 $\dfrac{d\eta}{d\xi} = 0$, 즉 기울기가 0이라고 가정해도 일반성을 잃지 않으므로, $C_2 = 0$을 가정할 수 있으며, 따라서 식 (28.110)을 다음과 같이 다시 쓸 수 있는데,

$$\frac{3b}{a}\left(\frac{d\eta}{d\xi}\right)^2 = -\eta^3 + H_0\eta^2 - \frac{6C_1}{a}\eta = \eta(H-\eta)\{\eta-(H-B)\} = \rho(\eta), \quad (28.116)$$

여기서 $H > 0$, $B > H$를 가정하면, 위 식 우변의 3차 다항식 $\rho(\eta)$는 [그림 28.5]에 보인 것과 같은 형상을 가진다.

식 (28.116)의 좌변은 영보다 크므로, $\rho(\eta) > 0$인 구간, 즉 $\eta \in [0, H]$ 만 식 (28.116)의 해에 상응하며, 위에서 고려했던 식 (28.114)로 주어지는 고립파는 $C_1 = 0$이므로, $H = B = H_0$인 경우에 해당하고, 따라서 $\eta = 0$가 $\rho(\eta)$의 중근이 되는 경우이다.

지금 고려하고 있는 경우에 대해서는 주기해를 생각할 수 있으며, 식 (28.116)의 주기해는 Jacobi(1804-1851, Germany, 1829)[50]의 **타원 함수**(elliptic function), 또는 크노이달 함수로 알려져 있고, 그 제곱으로 주어지는 파도는 **크노이달 파**(cnoidal wave)로 불린다.

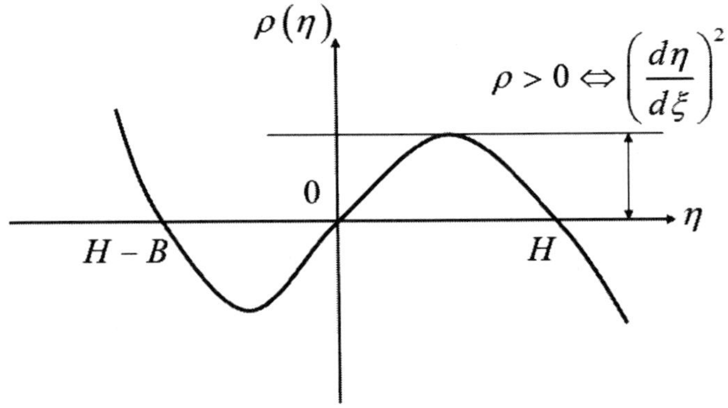

그림 28.5 식 (28.116)과 관련된 3차 다항식 $\rho(\eta)$

식 (28.116)이 분리형임을 고려하여 다음 결과를 얻으며,

$$\sqrt{\frac{a}{3b}}\,\xi = \pm\int\frac{d\eta}{\sqrt{\eta(H-\eta)(\eta-H+B)}}, \tag{28.117}$$

이 식 역시 $\xi(\eta)$의 형태로 주어진 해이다. 우변의 부호를 양으로 취하고, 피적분 함수에 대해 $\eta = H\zeta^2$, $d\eta = 2H\zeta d\zeta$의 치환을 도입하면 다음을 얻는데,

$$\sqrt{\frac{a}{3b}}\,\xi = \frac{2}{\sqrt{H}}\int\frac{d\zeta}{\sqrt{(1-\zeta^2)(\zeta^2-1+s^{-2})}},\ s = \sqrt{\frac{H}{B}} \in (0,1), \tag{28.118}$$

$$\therefore\ \sqrt{\frac{3B}{4h_0^3}}\,\xi = \int_z^1\frac{d\zeta}{\sqrt{(1-\zeta^2)(1-s^2+s^2\zeta^2)}},\ z \in [0,H], \tag{28.119}$$

여기서 식 (28.119)의 우변 적분은 **제1종 타원 적분**(elliptic integral of the first kind)으로 주어질 수 있으며, 매개변수 s는 **타원 지수**(elliptic modulus)라고 불리고, 적분의 상한과 하한은 아래에서 기술할 크노이달 함수의 정의를 고려하여 정하였다.

제1종 타원 적분 $F(s,\theta)$는 다음과 같이 정의되는데,

$$F(s,\theta) = \int_0^\theta\frac{d\psi}{\sqrt{1-s^2\sin^2\psi}},\ s \in (0,1), \tag{28.120}$$

위의 $F(s,\theta) \equiv u$라고 하면, **크노이달 함수**(cnoidal function)는 다음 식으로 정의할 수 있다.

$$\mathrm{cn}u \equiv \cos\theta,\ 또는\ u \equiv \mathrm{cn}^{-1}\cos\theta. \tag{28.121}$$

여기서 $s \to 0$인 경우, $u \sim \theta$이므로, $\mathrm{cn} \sim \cos$임을 알 수 있고, $s \to 1$인 경우, $u \sim \ln\sqrt{\frac{1+\sin\theta}{1-\sin\theta}}$ 이므로, $\sin\theta \sim \tanh u$를 얻으며, 따라서 $\mathrm{cn} \sim \mathrm{sech}$임을 알 수 있다([연습문제 3] 참조). 다시 말하면 식 (28.120), (28.121)로 정의된 cn 함수는 그 극한의 경우 cos 함수 또는 sech 함수와 같아진다.

식 (28.120) 우변의 적분에 $\zeta = \cos\psi$의 치환을 도입하면 다음을 얻는데,

$$u = \int_z^1 \frac{d\zeta}{\sqrt{(1-\zeta^2)(1-s^2+s^2\zeta^2)}}, \quad s \in (0,1), \tag{28.122}$$

여기서 $z = \cos\theta$이다. 이 식의 우변은 식 (28.119)의 우변과 같으므로, 따라서 다음을 얻으며,

$$u = \sqrt{\frac{3B}{4h_0^3}}\,\xi, \tag{28.123}$$

식 (28.121)의 정의로부터 다음을 얻는다.

$$\mathrm{cn}\,u = z, \quad \therefore \eta(\xi) = H\mathrm{cn}^2\sqrt{\frac{3B}{4h_0}}\frac{\xi}{h_0}. \tag{28.124}$$

여기서 둘째 식의 등호는 $\eta = Hz^2$으로부터 얻었다. 위 식에서 H는 크노이달 파의 파고를 나타내는 것을 확인할 수 있다. cn^2으로 주어지는 크노이달 파도의 변위 또한 모든 $\xi \in (-\infty, \infty)$에 대해 영보다 크므로, 평형 상태에서 $\eta = 0$의 수평면을 유지하기 위해서는 위 식으로부터 적절한 상수를 빼 주어야 질량 보존에 위배되지 않을 것이다.

한편, 식 (28.116)으로부터 η^2 항의 계수를 비교하여 다음 관계를 얻는데,

$$H_0 = 2H - B = H(2 - s^{-2}), \tag{28.125}$$

식 (28.111)의 둘째 식을 사용하여 다음 결과를 얻는다.

$$\gamma \equiv \frac{c}{c_0} = 1 + \frac{2H-B}{2h_0} = 1 + \frac{H}{2h_0}(2 - s^{-2}). \tag{28.126}$$

따라서 크노이달 파의 무차원 전파 속도 $\frac{c}{c_0}$는 무차원 변수인 $\frac{H}{h_0}$와 타원 지수 s(또는 $\frac{B}{h_0}$)의 함수이며, H는 파도의 파고를 나타내므로, 파도가 클수록 빨리 전파하는 비선형성을 가지고 있음을 확인할 수 있다. 전파 속도 c에 대해, $2H = B$(즉 $s^2 = 2^{-1}$)를 경계로 $2H < B(s^2 < 2^{-1})$이면 $c < c_0$, $2H > B(s^2 > 2^{-1})$이면 $c > c_0$임을 얻는다.

크노이달 파의 파장 λ는 식 (28.119)로부터 다음과 같이 주어지는데,

$$\sqrt{\frac{3B}{4h_0^3}}\lambda = 2\int_0^1 \frac{d\zeta}{\sqrt{(1-\zeta^2)(1-s^2+s^2\zeta^2)}}, \tag{28.127}$$

$z=\cos\theta$ 이므로 $z=0$ 는 $\theta=\frac{\pi}{2}$ 에 상응하고, 따라서 위 식은 다음과 같이 다시 쓸 수 있다.

$$\sqrt{\frac{3B}{4h_0^3}}\lambda = 2F\left(s, \frac{\pi}{2}\right) \equiv 2K(s^2). \tag{28.128}$$

여기서 $K(s^2)$ 는 12.2절에서 다룬 바 있는 **제1종 완전 타원 적분**(complete elliptic integral of the first kind)이며, 따라서 파장 λ 에 대해 다음을 얻는다.

$$\frac{\lambda}{h_0} = \sqrt{\frac{h_0}{3B}}\,4K(s^2),\ s=\sqrt{\frac{H}{B}}\in(0,1). \tag{28.129}$$

제1종 완전 타원 적분에 대한 식, 12.2절의 식 (12.36)은 다음과 같은 형태의 급수로 주어지므로,

$$K(s^2) = \frac{\pi}{2}\left[1+\sum_{n=1}^{\infty}\left\{\frac{(2n-1)!!}{2^n n!}\right\}^2 s^{2n}\right], \tag{28.130}$$

이를 식 (28.128)에 대입하여 다음 결과를 얻으며,

$$\frac{\lambda}{h_0} = 2\pi\sqrt{\frac{h_0}{3B}}\left(1+\frac{s^2}{4}+\frac{9s^4}{64}+\cdots\right),\ s^2=\frac{H}{B}\in(0,1), \tag{28.131}$$

이 식에 따르면 무차원 파장, $\frac{\lambda}{h_0}$ 는 무차원 변수인 s 와 $\frac{B}{h_0}$ 의 함수이다. $s\to 0$ 일 때에 대해서는 다음을 얻으므로,

$$\frac{\lambda}{h_0} = 2\pi\sqrt{\frac{h_0}{3B}}, \quad \therefore kh_0 = \sqrt{\frac{3B}{h_0}}, \tag{28.132}$$

무차원 변수인 $\dfrac{B}{h_0}$는 분산성을 나타내는 매개변수임을 알 수 있다. 식 (28.116)에서 3차 다항식 $\rho(\eta)$의 인수 분해를 위해 도입한 H와 B가 크노이달 파의 기하학적 형상 및 역학적 성질을 결정하며, $\dfrac{H}{h_0}$는 비선형성, $\dfrac{B}{h_0}$는 분산성을 대표함을 알 수 있다.

식 (28.131)로부터 파수 k에 대해 다음을 얻으므로,

$$k \equiv \frac{2\pi}{\lambda} \sim \frac{1}{h_0}\sqrt{\frac{3B}{h_0}}\frac{4}{4+s^2}, \quad s^2 = \frac{H}{B} \in (0,1), \tag{28.133}$$

위에서 식 (28.126)으로 얻은 크노이달 파의 전파 속도 c와 위 식을 이용하여 분산 관계식을 다음과 같이 얻을 수 있다.

$$\omega \equiv ck \simeq \frac{c_0}{h_0}\sqrt{\frac{3B}{h_0}}\left(1 + \frac{2H-B}{2h_0}\right)\frac{4}{4+s^2}. \tag{28.134}$$

따라서 무차원 진동수 $\dfrac{\omega h_0}{c_0}$는 무차원 변수인 $\dfrac{H}{h_0}$, $\dfrac{B}{h_0}$, s^2의 함수임을 확인할 수 있다.

$s \to 0$일 때에 대해서는 식 (28.133)으로부터 다음을 얻으므로,

$$k \sim \frac{1}{h_0}\sqrt{\frac{3B}{h_0}}, \quad \therefore B \sim \frac{h_0}{3}k^2 h_0^2, \tag{28.135}$$

이 식을 이용하여 식 (28.134)로부터 다음을 얻으며,

$$\omega \sim \frac{c_0}{h_0}\sqrt{\frac{3B}{h_0}}\left(1 - \frac{B}{2h_0}\right) = c_0 k\left(1 - \frac{1}{6}k^2 h_0^2\right), \tag{28.136}$$

이 결과는 선형 KdV 방정식에 대해 얻은 분산 관계식, 식 (28.106)과 같은 결과임을 확인할 수 있다.

[그림 28.6]에 크노이달 파의 형상을 보였는데, 여기서 $\eta=0$는 평형 상태의 수평면이 되도록 조절하여 얻었다. s의 증가에 따라 그 절대값으로 볼 때 음의 최대값보다 양의 최대값이 훨씬 커지는 것을 볼 수 있고, 양의 변위를 가지는 부분은 더욱 뾰쪽해지고, 음의 변위를 가지는 부분은 더욱 펑퍼짐해지는 등, 전형적인 비선형 파도의 특징을 보이고 있다.

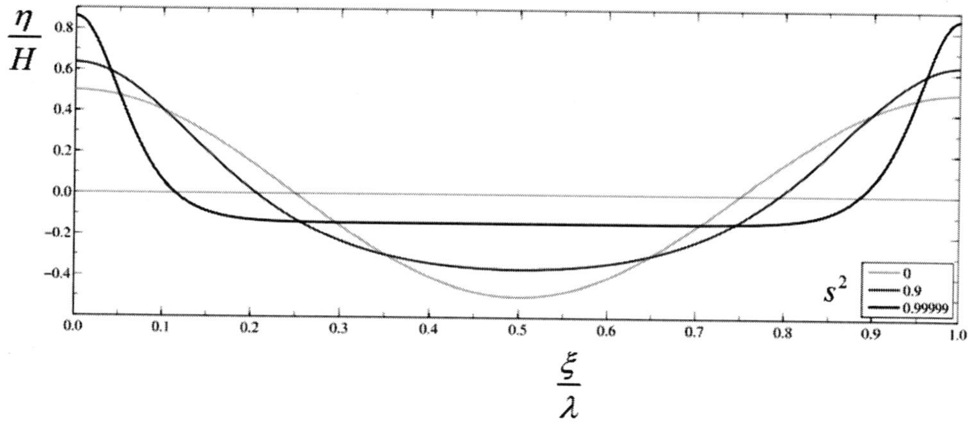

그림 28.6 크노이달 파의 형상

연습문제

1. 초기 조건이 식 (28.71)로 주어진 경우, 식 (28.70)으로부터 다음이 성립하므로,

$$\eta_0(x) = \int_{-\infty}^{\infty} \{A_1(k) + A_2(k)\} e^{ikx} dk, \tag{28.72}$$

$$\eta_1(x) = i\int_{-\infty}^{\infty} W(k)\{-A_1(k) + A_2(k)\} e^{ikx} dk, \tag{연28.1}$$

$N_0(k)$, $N_1(k)$를 각각 $\eta_0(x)$, $\eta_1(x)$의 푸리에 변환이라고 하면, 이들과 식 (28.16)의 비교로부터 다음을 얻고,

$$A_1(k) + A_2(k) = \frac{N_0(k)}{2\pi}, \tag{연28.2}$$

$$-A_1(k) + A_2(k) = \frac{N_1(k)}{2\pi i\, W(k)}, \tag{연28.3}$$

이들로부터 다음 결과를 얻음을 보이시오.

$$A_1(k) = \frac{1}{4\pi}\left\{N_0(k) + \frac{iN_1(k)}{W(k)}\right\}, \tag{연28.4}$$

$$A_2(k) = \frac{1}{4\pi}\left\{N_0(k) - \frac{iN_1(k)}{W(k)}\right\}. \tag{연28.5}$$

2. 식 (28.83)에서 $W''(K) < 0$인 경우에는, 식 (28.84)에 $\xi = \sqrt{-\beta}\kappa$의 치환을 도입하면 식 (28.85) 대신에 다음을 얻고,

$$I_1(\beta) = \frac{1}{\sqrt{-\beta}} \int_{-\infty}^{\infty} e^{i\xi^2} d\xi = \sqrt{\frac{\pi}{|\beta|}}\, e^{i\pi/4}, \tag{연28.6}$$

따라서 다음 결과를 얻음을 보이시오.

$$I(x,t) \sim \sqrt{\frac{2\pi}{|W''(K)|t}}\, A(K) e^{i\{Kx - W(K)t + (\pi/4)\}}. \tag{연28.7}$$

3. 수심이 유한한 경우에는 식 (28.47)로 주어진 분산 관계식을 사용해야 하며, 이 경우에 대해 식 (28.89)를 이용하여 유한 수심에 대한 코쉬-프와송 해를 구하시오.

4. 식 (28.120)에서 $s \to 1$인 경우 다음을 얻으며,

$$\lim_{s\to 1} u = \lim_{s\to 1} F(s,\theta) = \int_0^\theta \frac{d\psi}{\sqrt{1-\sin^2\psi}} = \int_0^\theta \frac{d\psi}{\cos\psi} = \ln\sqrt{\frac{1+\sin\theta}{1-\sin\theta}}, \tag{연28.8}$$

이 식으로부터 다음을 얻고,

$$e^{2u} \sim \frac{1+\sin\theta}{1-\sin\theta}, \tag{연28.9}$$

따라서 결국 $s \to 1$인 경우에 대해, 다음 결과를 얻으므로,

$$\sin\theta \sim \tanh u, \tag{연28.10}$$

다음 관계를 이용하여 $\mathrm{cn} \sim \mathrm{sech}$를 얻음을 보이시오.

$$\mathrm{cn}^2 u \equiv \cos^2\theta = 1 - \sin^2\theta \sim 1 - \tanh^2 u = \mathrm{sech}^2 u. \tag{연28.11}$$

5. 크노이달 파에 대해 $s^2 = 0.9$, $\dfrac{H}{h_0} = 0.1$ 인 경우, 식 (28.126)을 사용하여 $\dfrac{c}{c_0}$ 를 구하고, 식 (28.131)을 이용하여 $\dfrac{\lambda}{h_0}$ 를 1% 이내로 정확하게 구하시오. 이 크노이달 파에 대해 식 (28.124)를 사용하여 구간 $\xi \in \left[0, \dfrac{\lambda}{2}\right]$ 를 10등분하여 각 점에서의 $\dfrac{\eta}{H}$ 의 값을 구하고, [그림 28.6]의 결과와 비교하시오.

부 록

참고문헌

[1] Gauss, C.F.(1831), Untitled publication, discussion of his 'Theoria residuorum biquadraticum, Commentatio Secunda,' Göttingen gelehrte Anzeigen.

[2] Argand, J.-R.(1814), Réflexions sur la nouvelle théorie d'analyse (Reflections on the new theory of analysis), Annales de mathematiques of Gergonne, Vol. V.

[3] Argand, J.-R.(1806), Essai sur une manière de représenter les quantités imaginaires dans les constructions géométriques (Essay on a method of representing imaginary quantities).

[4] Euler, L.(1748) Chapter 8: On transcending quantities arising from the circle, Introduction to the Analysis of the Infinite, page 214, section 138 (translation by Ian Bruce).

[5] Cauchy, A.L.(1829), Leçons sur le Calcul Différentiel, Paris.

[6] Cauchy, A.L.(1814), Mémoire sur les intégrales définies, Oeuvres complètes Ser. 1, 1, Paris (published 1882), pp. 319-506.

[7] Riemann, B.(1851), Grundlagen für eine allgemeine Theorie der Funktionen einer veränderlichen komplexen Grösse, in H. Weber, Riemann's gesammelte math. Werke, Dover (published 1953), pp. 3-48.

[8] Cauchy, A.L.(1825), Mémoire sur les intégrales définies prises entre des limites imaginaires (Memorandum on definite integrals taken between imaginary limits), submitted to the Académie des Sciences on February 28, 1825.

[9] Goursat, Édouard Jean-Baptiste(1884), Démonstration du théorèm de Cauchy, Cours d'analyse mathématique Vol. 1.

[10] Cauchy, A.L.(1831), Sur la mécanique céleste et sur un nouveau calcul qui s'applique à un grande nombre de questions diverses (On the celestial mechanics and on a new calculus that can be applied to a great number of diverse questions), presented to the Academy of Sciences of Turin, October 11, 1831.

[11] Liouville, Joseph(1847), Leçons sur les fonctions doublement périodiques, Journal für die Reine und Angewandte Mathematik (published 1879), 88, pp. 277-310,

[12] Morera, Giacinto(1886b), Un teorema fondamentale nella teorica delle funzioni di una variabile complessa, (A fundamental theorem in the theory of functions of a complex variable), Rendiconti del Reale Instituto Lombardo di Scienze e Lettere, Serie II, (in Italian), XIX (2): 304-307, JFM 18.0338.02: the paper containing the first proof of Morera's theorem.

[13] Cauchy, A.L.(1821), Analyse Algébrique, Cours d'Analyse de l'Ecole royale polytechnique, 1. L'Imprimerie Royale, Debure frères, Libraires du Roi et de la Bibliothèque du Roi. reissued by Cambridge University Press, 2009.

[14] Laurent, P.A.(1843), Mémoire sur le calcul des variations, submitted for the Grand Prix of the Academy of Sciences of 1842, but not published.

[15] Cauchy, A.L.(1826), Sur un nouveau genre de calcul analogue au calcul infinitésimal (On a new type of calculus analogous to the infinitesimal calculus), Exercices de Mathématique, Vol. 1, p. 11.

[16] Bromwich, T. J. I'A.(1916), Normal co-ordinates in dynamic systems, Proc. Lond. Math. Soc. (2) 15, 401-448.

[17] Doetsch, G.(1937), Theorie und Anwendung der Laplacesche Transformation (Theory and Application of the Laplace Transform) (in German), Berlin, Springer, English translation 1943.

[18] Dirichlet, P.G.L.(1850), Über einen neuen Ausdruck zur Bestimmung der Dichtigkeit einer unendlich dünnen Kugelschale, wenn der Werth des Potentials derselben in jedem Punkte ihrer Oberfläche gegeben ist, Abh. Königlich. Preuss. Akad. Wiss. pp. 99-116.

[19] Riemann, B.(1851), Grundlagen für eine allgemeine Theorie der Functionen einer veränderlichen complexen Grösse, Ph.D. Dissertation to University of Göttingen.

[20] Poisson, S. D.(1820), Journal de l'Ecole Polytechnique, Vol. 2, p. 422.

[21] Neumann, C.(1877), Untersuchungen über das Logarithmische und Newton'sche potential, B. G. Teubner, Leipzig.

[22] Joukowski, N.E.(1910), Über die Konturen der Tragflächen der Drachenflieger, Zeitschrift für Flugtechnik und Motorluftschiffahrt. 1: 281-284 and (1912) 3: 81-86.

[23] Kutta, M.W.(1902), Auftriebskräfte in strömenden Flüssigkeiten, Illustrierte Aeronautische Mitteilungen, 6.

[24] Joukowski, N.E.(1906), De la chute dans l'air de corps léger de forme allongée, animés d'in mouvement rotatoire, Bulletin de l'Institute Aérodynamic de Koutchino, Fascicule 1. St. Petersburg.

[25] Schwarz, H.A.(1869), Journal für Math. 70, pp. 105-20.

[26] Christoffel, E.B.(1867), Annali di Math. (2) 1, pp. 95-103.

[27] Poincaré, J.H.(1881-1886, 1882), Memoire sur les courbes définies par les équation différentielles (On curves defined by differential equations), Liouville's Journal, in four parts.

[28] Laplace, P.-S.(1799), Méchanique Céleste, Paris.

[29] Prandtl, L.(1904), On fluid motion with very small friction, Proc. 3rd International Congress of Mathematicians, pp. 484-491.

[30] Duffing, G.(1918), Erzwungene Schwingungen bei veränderlicher Eigenfrequenz. F. Vieweg u. Sohn, Braunschweig.

[31] Rayleigh, 3rd Baron(1883), On maintained vibrations, Phil. Mag. Series 5, Vol. 15, 229-235.

[32] Poincaré, J.H.(1882), Mémoire sur les courbes définies par une équation différentielle (2nde partie) Journal de mathématiques pures et appliquées, 8, 1882, 251-296.

[33] Van der Pol, B.(1922), On oscillation hysteresis in a simple triode generator, Phil. Mag. Series 6, Vol. 43, 700-719.

[34] Liénard, A.(1928), Etude des oscillations entretenues, Revue générale de l'électricité 23, pp. 901-912 and 946-954.

[35] Cauchy, A.L.(1842), Mémoire sur l'emploi du calcul des limites dans l'intégration des équations aux dérivées partielles, Comptes rendus, 15 Reprinted in Oeuvres completes, 1 serie, Tome VII, pp. 17-58.

[36] von Kowalevsky, S.(1875), Zur Theorie der partiellen Differentialgleichung, Journal für die reine und angewandte Mathematik, 80: 1-32 (German spelling of her surname used at that time.)

[37] Green, G.(1828), Essay on the application of mathematical analysis to the theory of electricity and magnetism, Nottingham.

[38] Gauss, C. F.(1840), Allgemeine Lehrsätze in Beziehung auf die im verkehrten Verhältnisse des Quadrats der Entfernung wirkenden Anziehungs- und Abstossung-Kräfte, Oswald's Klassiker der exacten Wissenschaften, Nr. 2, Leipzig, Verlag von Wilhelm Engelman, 1889.

[39] Burgers, J. M.(1948), A mathematical model illustrating the theory of turbulence. Advances in applied mechanics, Vol. 1, pp. 171-199. Elsevier.

[40] Cole, J.(1951), On a quasi-linear parabolic equation occurring in aerodynamics. Quarterly of applied mathematics, 9(3), 225-236.

[41] Hopf, E.(1950), The partial differential equation $u_t + uu_x = \mu u_{xx}$, Communications on Pure and Applied Mathematics, 3 (3): 201-230.

[42] Riccati, J.(1724), Animadversiones in aequationes differentiales secundi gradus (Observations regarding differential equations of the second order), Actorum Eruditorum, quae Lipsiae publicantur, Supplementa, 8 : 66-73. Translation of the original Latin into English by Ian Bruce.

[43] D'Alembert, J.L.R.(1747), Recherches sur la courbe que forme une corde tenduë mise en vibration (Researches on the curve that a tense cord forms [when] set into vibration), Histoire de l'académie royale des sciences et belles lettres de Berlin, Vol. 3, pp. 214-219.

[44] Riemann, B.(1860), Über die Fortpflanzung ebener Luftwellen von endlicher Schwingungsweite. Abhandlungen der Königlichen Gesellschaft der Wissenschaften zu Göttingen. 8.

[45] Kelvin, 1st Baron(1887), On the waves produced by a single impulse in water of any depth, or in a dispersive medium, Philosophical Magazine, Vol. 23, 1887, pp. 252-255.

[46] Cauchy, A.L.(1827), Théorie de la propagation des ondes à la surface d'un fluide pesant d'une profondeur indéfinie (Theory of propagation of waves on the surface of fluid with infinite depth), Mém. présentés par divers Savants à l'Acad. Roy. Sci. Inst. France 1.

[47] Poisson, S.D.(1818), Mémoire sur la théorie des ondes (Treatise on the theory of waves), Mém. Acad. Roy. Sci. Inst. France (2) 1(1816), 71-186(1818).

[48] Boussinesq, J.V.(1872). Théorie des ondes et des remous qui se propagent le long d'un canal rectangulaire horizontal, en communiquant au liquide contenu dans ce canal des vitesses sensiblement pareilles de la surface au fond. Journal de Mathématiques Pures et Appliquées. Deuxième Série. 17: 55-108.

[49] Korteweg & de Vries(1895), On the Change of Form of Long Waves advancing in a Rectangular Canal and on a New Type of Long Stationary Waves, Philosophical Magazine, 5th series, 39, pp. 422-443.

[50] Jacobi, C.G.J.(1829), Fundamenta nova theoriae functionum ellipticarum (in Latin), Königsberg, ISBN 978-1-108-05200-9, Reprinted by Cambridge University Press 2012.

참고도서

〈1〉 이승준(2014), 공학도를 위한 응용수학, GS인터비전.

〈2〉 Wu, T. Y.(2014), Theory of functions of a complex variable, Caltech.

〈3〉 Churchill, R. V.(1960), Complex variables and applications, 2nd Ed., McGraw-Hill Book Company.

〈4〉 이승준(2010), 역사로 배우는 공학수학, GS인터비전.

〈5〉 Page, C. H.(1954), Physical mathematics, D. Van Nostrand Company Inc.

〈6〉 Cohn, H.(1967), Conformal mapping on Riemann surfaces, Dover.

〈7〉 Milne-Thomson, L. M.(1996), Theoretical hydrodynamics, Dover.

〈8〉 이승준(2009), 역사로 배우는 유체역학, 2판, GS인터비전.

〈9〉 Newman, J. N.(1977), Marine hydrodynamics, MIT Press.

〈10〉 이승준(2017b), 해석역학과 비선형동요, GS인터비전.

〈11〉 Jordan, D. W. & Smith, P.(1999), Nonlinear ordinary differential equations, 3rd Ed., Oxford University Press.

〈12〉 Bender, C. M. & Orszag, S. A.(2010), Advanced Mathematical Methods for Scientists and Engineers, Springer.

〈13〉 Van Dyke, M.(1964), Perturbation methods in fluid mechanics, Academic Press,

〈14〉 Gradshteyn, I. S. & Ryzhik, I. M.(1980), Table of Integrals, Series, and Products, Corrected and Enlarged Edition, Academic Press.

〈15〉 Stoker, J. J.(1966), Nonlinear Vibrations, Interscience Publishers.

〈16〉 John, F.(1982), Partial differential equations, 4th Ed., Springer-Verlag.

〈17〉 Garabedian, P. R.(1964), Partial Differential Equations, John Wiley & Sons.

〈18〉 이승준(2017a), 수면파이론, GS인터비전.

〈19〉 Whitham, G. B.(1974), Linear and nonlinear waves, John Wiley & Sons.

〈20〉 Kellogg, O. D.(1967), Foundations of potential theory, Springer-Verlag.

〈21〉 Widder D. V.(1975), The heat equation, Academic Press.

〈22〉 Churchill, R. V.(1963), Fourier series and boundary value problems, 2nd Ed., McGraw-Hill Book Company.

〈23〉 De Bruijn, N. G.(1981), Asymptotic methods in analysis, Dover.

〈24〉 Greenberg, M. D.(1978), Foundations of applied mathematics, Prentice-Hall, Inc.

찾아보기

(C)

(ㅇ)

(ㅈ)

공학도를 위한 응용수학 2

2018년 8월 24일 초판 인쇄
2018년 8월 29일 인쇄 발행

저　　자 이승준
발 행 인 송기수
발 행 처 도서출판 GS인터비전
편 집 처 도서출판 GS인터비전
인 쇄 처 대명프린팅
등록번호 제 25100-2016-000050 호
I S B N 979-11-5576-252-3(94530)

주　　소 서울 은평구 증산로 15길 69, 2층
전　　화 02-976-7898
팩　　스 02-6468-7898
홈페이지 gsintervision.co.kr
E-Mail gsinter7@gmail.com

정가 27,000원